颗粒技术导论

（第二版）

Introduction to Particle Technology

Second Edition

Martin Rhodes 著

侯新凯 张 强 译

U0283788

中国建材工业出版社

北 京

图书在版编目（CIP）数据

颗粒技术导论：第二版/侯新凯，张强译．--
北京：中国建材工业出版社，2023.10
书名原文：Introduction to Particle Technology-
Second Edition
ISBN 978-7-5160-3636-5

Ⅰ．①颗…　Ⅱ．①侯…　②张…　Ⅲ．①材料科学—颗
粒分析　Ⅳ．①TB3

中国国家版本馆 CIP 数据核字（2023）第 007341 号

Title：Introduction to Particle Technology-Second Edition by Martin Rhodes.

ISBN 978-0-470-01427-1（cloth）-ISBN 978-0-470-01428-8（pbk）

Copyright © 2008 John Wiley & Sons Ltd，The Atrium，Southern Gate，Chichester.

West Sussex PO19 8SQ，England Telephone（＋44）1243 779777

颗粒技术导论（第二版）

KELI JISHU DAOLUN（DI-ER BAN）

Martin Rhodes　著

侯新凯　张强　译

出版发行：中国建材工业出版社
地　　址：北京市海淀区三里河路 11 号
邮　　编：100831
经　　销：全国各地新华书店
印　　刷：北京印刷集团有限责任公司
开　　本：787mm×1092mm　　1/16
印　　张：21
字　　数：480 千字
版　　次：2023 年 10 月第 2 版
印　　次：2023 年 10 月第 1 次
定　　价：**78.00 元**

著者简介

凯伦·哈普古德（Karen P. Hapgood）持有澳大利亚昆士兰大学化学工程学士和博士学位。她的博士学位专业方向是造粒工艺，主要从事该领域和粉体技术相关领域的研究。凯伦在美国默克公司工作了 5 年，在那里致力于片剂和胶囊制造工艺的设计、故障排除和升级换代。凯伦目前是澳大利亚莫纳什大学化学工程系的高级讲师。

乔治·文森特·弗兰克斯（George Vincent Franks）持有麻省理工学院材料科学与工程学士学位（1985 年）和加州大学圣巴巴拉分校材料工程博士学位（1997 年）。乔治在陶瓷加工行业工作了 7 年，担任诺顿公司和陶瓷工艺系统公司的工艺开发工程师。他的企业工作主要集中在陶瓷生坯的近净成形和非氧化陶瓷烧成。他有澳大利亚墨尔本大学和纽卡斯尔大学的研究和教学经历。乔治目前是墨尔本大学化学与生物分子工程系的副教授，也是最近成立的澳大利亚矿物科学研究所副教授。他的研究方向包括矿物加工，特别是絮凝、高级陶瓷粉体加工，以及胶体和表面化学、专性离子效应、氧化铝表面和悬浮液流变学。

詹妮弗·辛克莱·柯蒂斯（Jennifer Sinclair Curtis）在普渡大学获得化学工程学士学位，在普林斯顿大学获得化学工程博士学位。詹妮弗在开发和验证用于预测颗粒流现象的数值模型方面有一项国际公认的研究项目。詹妮弗是美国国家科学基金会主席青年研究者奖、澳大利亚工程师学会颁发的杰出海外讲师奖和美国工程教育协会为女性工程人才颁发的莎朗·凯勒奖的获得者。她现在为美国化学工程师学会期刊《粉体技术》以及《药物开发与技术》期刊的编辑顾问委员会成员，还担任了非营利性的计算机辅助化学工程公司董事和美国国家工程院工程教育委员会委员。她目前是佛罗里达大学化学工程系的教授和系主任。

马丁·罗兹（Martin Rhodes）持有英国布拉德福德大学化学工程学士学位和颗粒技术博士学位，有着化学和燃烧工程方面的企业工作经验以及布拉德福德大学和莫纳什大学多年的学术研究经历。他的研究兴趣涉及气体流化和颗粒技术的各个方面，在此领域的期刊和国际会议上发表过许多论文。马丁是《粉体技术》和《科纳（KONA）》的编辑委员会成员，也是《高等粉体技术》的顾问委员会成员。马丁对颗粒技术教育有着浓厚的兴趣，出版了关于实验室演示的书籍和光盘，指导了英国和澳大利亚的工业继续教育课程。他是澳大利亚颗粒技术学会的共同创始人。马丁在澳大利亚莫纳什大学化学工程系有个人教席，现任该系主任。

第二版序

自第一版《颗粒技术导论》出版以来已有 10 年。在此期间，来自世界各地的许多同行给我提出了改进意见。在编写第二版时我将这些意见考虑在内。此外，我拓宽了颗粒技术主题的覆盖范围——增加了浆体输送、胶体和细颗粒物两章，完善了粒度增大和造粒一章。本书三位合著者詹妮弗·辛克莱·柯蒂丝、乔治·弗兰克斯和凯伦·哈普古德，为这些章节做出了贡献，在此表示感谢。我还增加了一章，细颗粒物对健康的影响，包括有利和有害作用。我还要感谢同事彼得·维皮希（Peter Wypych）、林恩·贝茨（Lyn Bates）、德里克·吉尔达特（Derek Geldart）、彼得·阿诺德（Peter Arnold）、约翰·桑德森（John Sanderson）和生·林（Seng Lim）为第 16 章提供实例分析。

马丁·罗兹
巴纳林，2007 年 12 月

第一版序

颗粒技术是指与颗粒及粉体处理和加工有关的科学技术。颗粒技术也经常被称作粉体技术、颗粒科学和粉体科学。粉体和颗粒通常被称为散状固体、固体颗粒和粒状固体。如今的颗粒技术包括对液滴、乳状液、气泡以及固体颗粒的研究。本书只涉及固体颗粒，颗粒、粉体和固体颗粒三个术语可互换使用。

颗粒技术这一学科现在涵盖了各种各样的主题，如气溶胶的形成和斗式提升机设计、结晶和气力输送、浆体过滤和筒仓设计。颗粒技术知识在石油工业中可用于设计催化裂化反应器，该装置用来将原油炼制成汽油；在法医学中则可用于将被告与犯罪现场联系起来的调查工作。对颗粒技术的无知可能会导致生产损失、产品质量差、健康风险、粉尘爆炸或储存仓坍塌等较为严重的问题。

本教科书的目标是向一些学科的学生在学习学位课程时介绍颗粒技术的主题，这些学科需要颗粒和粉体加工和处理的知识。虽然本书的主要读者群是化学工程学科的学生，但所包含的素材资料也是其他学科学生学习有关颗粒技术课程的基础，这些学科包括机械工程、土木工程、应用化学、制药、冶金和矿物工程。

本书研究了颗粒技术中一些关键主题，介绍了这些主题所涉及的基础科学知识，并尽可能地与工业实践相联系；对每个主题的介绍意在起到示范性作用，而非详尽无遗。本书并不打算作为化学工程师在粉体技术方面的单元操作文本。读者如果希望更多地了解有关的工业实践以及处理和加工的设备，可以参阅各种现成的粉体技术手册。

本书选择的主题涵盖了基本颗粒技术的广泛领域：表征（粒度分析）、加工（流化床造粒）、颗粒成形（造粒、粒度减小）、流体—颗粒分离（过滤、沉降、气体旋风分离器）、安全（粉尘爆炸）、输送（气力输送和立管），未包括细颗粒或粉尘的健康危害。这并不是说该主题不如其他主题重要。省略它是因为篇幅所限，也因为在许多关于工业或职业卫生的现有文章文件中已经有妥善处置粉尘健康危害的详细资料。然而，学生们必须知道，即使是化学惰性粉尘或"扬尘污染"也可能对健康造成重大危害，特别是在产品含有相当比例 $10\ \mu m$ 以下颗粒的场合，以及在处理和加工过程中材料可能会悬浮的地方，更是如此。应对细粉健康危害的工程方案应该尽可能是战略性的；目标如：通过团聚减少粉尘，设计抑制物料外泄设备，尽量减少工人与粉尘接触。

这些主题表明，粉体的行为如何常常与液体和气体的行为大不相同。当直觉是基于我们对流体的经验时，粉体的行为可能是令人惊讶而且往往是反直觉的。以下是这类行为的例子：当钢球放置在沙子容器的底部，容器在竖直面上振动时，钢球会上升到表面。如果空气向上通过沙床使其流化，那么在沙床表面上的钢球就会迅速下沉。搅拌两种不同粒度自由流动粉体的混合物，可能导致离析而不是提高混合质量。

工程师和科学家们习惯于处理液体和气体，它们的性质易于测量、制表甚至计算出来。纯苯的沸点在一个大气压下保持在 80.1℃，这是有把握的。水的黏度在 20℃ 时是 0.001 Pa·s，铜的导热系数在 100℃ 时是 377 W/ (m·K)，这些都是可以准确预测的。对于颗粒固体，情况就完全不同。例如，碳酸氢钠粉体的流动特性不仅取决于颗粒粒度分布、颗粒形状和表面性质，还取决于大气湿度和粉体的压实状态。这些变量都不容易表征，因此它们对流动特性的影响很难准确预测。

在颗粒性固体的情况下，几乎总是需要对所讨论的实际粉体进行适当测量，而不是依赖表列值。所做的测量通常是对整体性质（如剪切应力、堆积密度）的测量，而不是对基本性质（如颗粒粒度、颗粒形状和颗粒密度）的测量。虽然这是现状，但在不久的将来，我们能够依靠先进的计算机模型来模拟颗粒物系统。颗粒固体行为的数学建模是世界上一个快速发展的研究领域，随着计算能力的提高和可视化软件的改进，我们很快就能将颗粒的基本性质直接与粉体的整体行为联系起来。即使粉体内存在气体和液体或包含有化学反应，也可能根据基本原理预测它们的影响。

颗粒技术是值得研究的领域。许多现象至今仍无法解释，许多设计程序很大程度上依赖过去的经验而不是根据基本的认识。这种情况给世界各地广大的科学和工程学科研究人员提出了令人兴奋的挑战。许多研究小组都建有网站，内容丰富有趣，适应不同水平的人群，范围从小学生到专业研究人员。我们鼓励学生访问这些网站，了解更多有关颗粒技术的知识。我们在莫纳什大学的网站可以通过化学工程系的网页访问。

马丁·罗兹

伊丽莎山，1998 年 5 月

颗粒材料，粉体或散状固体广泛应用于加工工业的所有领域，例如食品加工、制药、生物技术、石油、化工、矿物加工、冶金、洗涤剂、发电、涂料、塑料和化妆品业。这些行业涉及许多不同类型的专业科学家和工程师，如化学工程师、化学家、生物学家、物理学家、药剂师、矿物工程师、食品技术专家、冶金学家、材料科学家/工程师、环境科学家/工程师、机械工程师、燃烧工程师和土木工程师。一些数字可以表明颗粒技术在世界经济中的重要性：杜邦公司的业务涵盖化工、农业、制药、油漆、染料、陶瓷等，其产品的三分之二涉及颗粒固体（粉体、结晶固体、颗粒剂、片剂、分散体或糊状物）；全世界约1%的电力用于减小颗粒粒度；粒状产品对美国经济的影响估计为1万亿美元。

一些包含颗粒和粉体加工步骤的实例，包括颗粒成形过程（例如结晶、沉淀、造粒、喷雾干燥、压片、挤压成形和研磨）、输送过程（例如气力和液力输送、机械输送和螺旋给料）以及混合、干燥和涂层过程。此外，有些涉及颗粒物的过程需要可靠的储存设施，有些则会引起健康和安全问题，必须得到满意的处理。在这些广泛的行业中，设计和操作这些过程都需要了解粉体和颗粒的特性。当直觉是基于我们对液体和气体的知识时，粉体的行为常常是反直觉的。例如，搅拌、摇动或振动两种液体的操作会导致它们混合，而对于不同粒度的自由流动粉体混合物，则容易产生离析。如果料斗设计不正确，容纳500 t粉体的储料斗，当出口阀门打开时，可能连1 kg也不能排出。当把钢球放在装沙子容器的底部，容器在竖直平面内振动时，钢球就会上升到沙子表面。如果空气向上通过沙子使其流态化，这个钢球就会再次迅速下沉到底部。

工程师和科学家们习惯于处理气体和液体，它们的性质很容易测量、制表甚至计算出来。纯苯的沸点在大气压下可以安全地假定保持在80.1℃，铜的导热系数在100℃时是377 W/（m·K），这总是很可靠的。水在20℃时的黏度可以确信为0.001 Pa·s。然而，对颗粒固体，情况就大不相同。例如，碳酸氢钠粉体的流动特性不仅取决于颗粒的粒度分布，还取决于颗粒的形状和表面特性、周围大气的湿度和粉体的压实状态。这些变量都不容易表征，因此它们对粉体流动特性的影响很难有把握地预测或控制。有趣的是，粉体似乎具有固体、液体和气体这三种相的一些行为特征。例如，像气体一样，粉体可以被压缩；像液体一样，它们可以流动；像固体一样，它们可以承受一些变形。

有关颗粒材料的科学知识（通常称为颗粒技术或粉体技术）对加工业的重要性怎么强调都不为过。在设计阶段，如果忽略处理或加工粉体时的困难，结果常常是，因粉体的相关问题导致过多生产中断。然而，即使是将有关粉体行为方式的基本知识付诸应用，也可以大大减少这类问题的发生，从而减少停机时间，改善质量控制和环境排放。

本书旨在介绍颗粒技术，选择的主题涵盖颗粒技术的广泛领域：表征（粒度分析）、加工（造粒、流化）、颗粒成形（造粒、粒度减小）、储存和输送（料斗设计、气力输送、立管、浆体输送）、分离（过滤、沉降、旋风分离）、安全（火灾和爆炸危险、健康危害）、颗粒系统的工程特性（胶体、可吸入药物、浆体流变学）；对于所研究的每个主题，介绍了所涉及的基础科学，并尽可能地与工业实践相联系；每一章都有例题和练习题，使读者能够练习相关的计算，还有"自测题"部分，意在强调所包含的主要概念。最后一章包括一些实例分析——加工业中出现的问题及其如何被解决的真实例子。

著　者
2023 年 1 月

目　录

1　颗粒粒度分析——— **1**

1.1　引言 / 1

1.2　单颗粒粒度的描述 / 1

1.3　颗粒群的描述 / 3

1.4　分布之间的转换 / 4

1.5　用单个数值表征颗粒群 / 5

1.6　平均值的等值性 / 7

1.7　表现粒度分布的常用方法 / 8

1.8　粒度测量方法 / 10

1.9　取样 / 12

1.10　例题 / 13

自测题 / 18

练习题 / 19

2　流体中的单个颗粒———————————————————————————————————— **21**

2.1　固体颗粒在流体中的运动 / 21

2.2　颗粒在流体中的重力沉降 / 22

2.3　非球形颗粒 / 24

2.4　边界对终端速度的影响 / 25

2.5　延伸阅读 / 25

2.6　例题 / 25

自测题 / 32

练习题 / 33

3　多颗粒系统——— **36**

3.1　悬浮颗粒的沉降 / 36

3.2　间歇沉降 / 37

3.3　连续沉降 / 43

3.4　例题 / 49

自测题 / 56

练习题 / 57

4 浆体输送 ————————————————————————————————————— **65**

   4.1　引言　/ 65

   4.2　流动状况　/ 65

   4.3　均匀浆体的流变学模型　/ 66

   4.4　不均匀浆体　/ 73

   4.5　浆体流动系统的组成部分　/ 74

   4.6　延伸阅读　/ 78

   4.7　例题　/ 78

   自测题　/ 82

   练习题　/ 82

5 胶体和细颗粒物 ————————————————————————————— **85**

   5.1　引言　/ 85

   5.2　布朗运动　/ 86

   5.3　界面力　/ 87

   5.4　界面力对空气和水中颗粒行为的影响　/ 95

   5.5　颗粒粒度和界面力对沉淀法固液分离的影响　/ 96

   5.6　悬浮液流变学　/ 98

   5.7　界面力对悬浮液流动的影响　/ 101

   5.8　纳米颗粒　/ 105

   5.9　例题　/ 106

   自测题　/ 108

   练习题　/ 109

6 流体通过颗粒填充床的流动 ——————————————————— **111**

   6.1　压降-流动关系式　/ 111

   6.2　过滤　/ 114

   6.3　延伸阅读　/ 117

   6.4　例题　/ 117

   自测题　/ 120

   练习题　/ 120

7 流态化 ————————————————————————————————————— **123**

   7.1　基本原理　/ 123

   7.2　有关的粉体和颗粒特性　/ 125

   7.3　鼓泡和非鼓泡流态化　/ 126

   7.4　粉体的分类　/ 127

   7.5　流化床的膨胀　/ 129

   7.6　夹带　/ 132

   7.7　流化床内的传热　/ 134

　　7.8　流化床应用　/ 138

　　7.9　一种简化的鼓泡流化床反应器模型　/ 139

　　7.10　一些实际问题　/ 142

　　7.11　例题　/ 143

　　自测题　/ 147

　　练习题　/ 148

8　气力输送和立管────────────────────────────● **152**

　　8.1　气力输送　/ 152

　　8.2　立管　/ 165

　　8.3　延伸阅读　/ 169

　　8.4　例题　/ 170

　　自测题　/ 174

　　练习题　/ 174

9　气体中颗粒的分离：气体旋风分离器──────────● **176**

　　9.1　气体旋风分离器简介　/ 177

　　9.2　流动特性　/ 177

　　9.3　分离效率　/ 177

　　9.4　旋风分离器的放大　/ 180

　　9.5　操作范围　/ 182

　　9.6　一些实际设计和操作上的细节　/ 183

　　9.7　例题　/ 184

　　自测题　/ 187

　　练习题　/ 187

10　粉体的储存和流动-料斗设计──────────────● **189**

　　10.1　引言　/ 189

　　10.2　质量流和漏斗流　/ 189

　　10.3　设计原理　/ 190

　　10.4　剪切仪试验　/ 193

　　10.5　剪切仪试验结果分析　/ 194

　　10.6　设计流程综述　/ 200

　　10.7　卸料助流装置　/ 200

　　10.8　高圆柱形料仓底部的压力　/ 200

　　10.9　质量流量　/ 202

　　10.10　总结　/ 202

　　10.11　例题　/ 202

　　自测题　/ 205

　　练习题　/ 205

11 混合与离析 ————————————————————————————————• 209

11.1 引言 / 209

11.2 混合类型 / 209

11.3 离析 / 210

11.4 减少离析 / 213

11.5 颗粒混合设备 / 214

11.6 混合的评价 / 216

11.7 例题 / 218

自测题 / 220

练习题 / 221

12 粒度减小 ————————————————————————————————• 222

12.1 引言 / 222

12.2 颗粒破碎机理 / 222

12.3 预测能量需求和产品粒度分布的模型 / 224

12.4 粉碎设备类型 / 228

12.5 例题 / 235

自测题 / 237

练习题 / 237

13 粒度增大 ————————————————————————————————• 239

13.1 简介 / 239

13.2 颗粒间力 / 239

13.3 造粒 / 242

13.4 例题 / 252

自测题 / 253

练习题 / 254

14 细粉对健康的影响 ————————————————————————————• 255

14.1 引言 / 255

14.2 人体呼吸系统 / 255

14.3 细粉与呼吸系统的相互作用 / 257

14.4 肺部给药 / 261

14.5 细粉的有害作用 / 263

自测题 / 264

练习题 / 264

15 细粉的火灾和爆炸危险 ——————————————————————————• 266

15.1 引言 / 266

15.2 燃烧基础知识 / 266

15.3　粉尘云燃烧　/ 270

15.4　危险控制　/ 273

15.5　例题　/ 276

自测题　/ 280

练习题　/ 281

16　实例分析 ————————————————————————————— **282**

16.1　实例分析 1　/ 282

16.2　实例分析 2　/ 285

16.3　实例分析 3　/ 287

16.4　实例分析 4　/ 288

16.5　实例分析 5　/ 289

16.6　实例分析 6　/ 291

16.7　实例分析 7　/ 295

16.8　实例分析 8　/ 300

符号表 ————————————————————————————————————— **304**

参考文献 ——————————————————————————————————— **312**

1

颗粒粒度分析

1.1 引　言

在许多粉体处理和加工过程中，颗粒粒度及粒度分布对确定粉体的整体性能起决定性作用。因此，描述组成粉体的粒度分布是粉体表征的核心。在许多工业应用中，常常需要用单个数值来表征粉体的粒度。对均一粒度的球形或立方体形颗粒粉体，这是非常容易做到并能准确表达的。然而对于实际的颗粒，其形状往往需要多于一维度（尺寸）才能充分地描述，而且实际粉体的颗粒粒度一般在一个范围之内。这意味着在实践中，确定出单一数值以恰当地描述颗粒粒度远远不是这么简单的。本章研究如何解决这一问题。

1.2　单颗粒粒度的描述

对于形状规则的颗粒，可以通过给出形状和若干尺寸来准确地描述，见表1.1。

表 1.1　规则形状颗粒

形状	球	立方体	圆柱体	长方体	圆锥体
尺寸	半径	边长	半径和高度	3个边长	半径和高度

对不规则形状颗粒进行描述本身就是一门科学，在此不作详细讨论。想深入了解这个主题的读者可以参考霍金斯（Hawkins，1993）的著作。然而，读者应该清楚，没有一个单一外形尺寸可以充分地描述不规则形状颗粒的尺寸，就像一个单一尺寸不能描述圆柱体、长方体、圆锥体的形状一样。实际上究竟应选用哪个尺寸取决于两方面：（a）我们能够测量出哪种颗粒性质或尺寸；（b）该尺寸将做何用。

假如我们用带有图像分析的显微镜观察颗粒并测量粒度，我们能够看到的只是颗粒形状的投影像。显微分析得到的常用粒径是统计粒径，如 Martin 径（沿一定方向将颗粒投影像面积等分的线段长度），Feret 径（颗粒投影像相对两边两平行切线间距离），剪切径（用图像剪切设备得出的颗粒宽度），等效圆径如投影面积径（与处于稳定静置颗粒投影面积相等的圆直径）等，如图1.1所示一些直径。必须记住，颗粒在显微镜载物片上方向，将影响投影图像，从而影响测量出的等效直径。

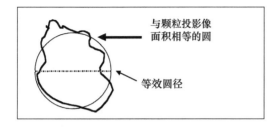
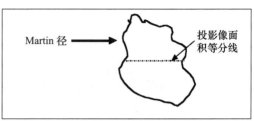

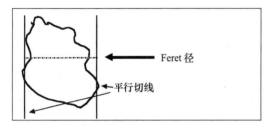
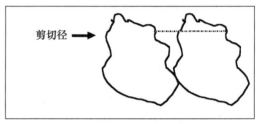

图 1.1　显微镜下的粒径

　　假如用筛析法测量颗粒粒度，我们得到一种等效球径，即可以通过相同筛孔的球直径。假如用沉降法测量颗粒粒度，得到的则是另一种等效球径，它表示在相同条件下与颗粒有相同自由沉降速度的球径。一些其他的颗粒性质测量实例及相应的等效球径，见图 1.2。

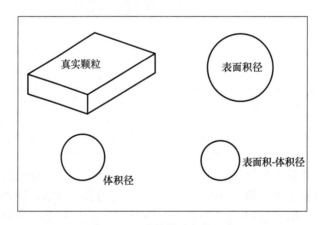

图 1.2　几种等效球径的比较

　　表 1.2 比较了三边长分别为 1、3、5 长方体与直径为 3 高为 1 圆柱体，4 种不同的等效球径。

　　体积等效球径或等体积球径是常用的等效球径。在本章的后面，我们将看到它在库尔特计数器粒度测量技术中的应用。顾名思义，等体积球径是与颗粒有相同体积的球径。当用渗透测粒度法（见 1.8.4）测量粒度时，测出的是表面积—体积等效球径。与颗粒具有相同的表面积对体积之比的球直径，称为表面积—体积等效球径。实践中，选用合适的粒度测定方法非常重要，该方法应当能直接给出与应用场合相关的颗粒粒度。（见本章末例题 1.1）

表 1.2 4 种等效球径的比较

形状	能通过相同筛孔的球径 x_P	有相同体积的球径 x_V	有相同表面积的球径 x_S	有相同比表面积的球径 x_{SV}
长方体	3	3.06	3.83	1.95
圆柱体	3	2.38	2.74	1.80

1.3 颗粒群的描述

颗粒群用颗粒的粒度分布来描述。粒度分布可以用频率分布曲线或累积分布曲线表示，如图 1.3 所示。两者在数学上关联为累积分布是频率分布的积分；即若累积分布以 F 表示，则频率分布为 $\mathrm{d}F/\mathrm{d}x$。为简单起见，$\mathrm{d}F/\mathrm{d}x$ 通常简写为 $f(x)$。粒度分布可以用个数、表面积、质量或体积分布表示（颗粒密度不随粒度变化时，其质量分布和体积分布相同）。将这些信息合并到符号中，以 $f_N(x)$ 表示个数密度分布，$f_S(x)$ 表示表面积密度分布，F_S 表示表面积累积分布，F_M 表示质量累积分布。实际上这些分布是光滑的连续曲线，然而粒度测量中往往将连续粒度谱分为许多粒度范围或粒级，用柱状图表示粒度分布。

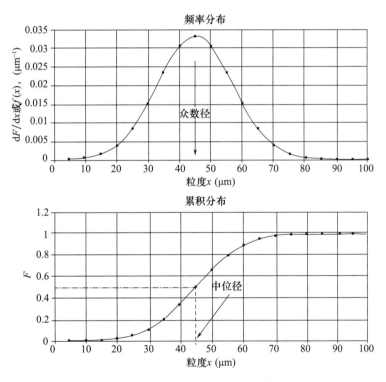

图 1.3 典型的频率分布和累积分布

对于一个给定的颗粒群，其质量分布、个数分布、表面积分布可能截然不同，参见图 1.4。

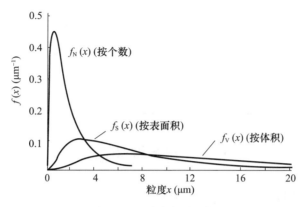

图 1.4　几种分布的比较

表 1.3 给出同一颗粒群属性分布间差异的又一实例，该表是绕地球运转人造物的粒度分布（《新科学家》1991.10.13）。个数分布表明大于 10 cm 物体只有 0.2%，但这些较大物体质量却占总质量的 99.96%；而小于 1 cm 物体的个数分数为 99.3%，仅占总质量 0.01%。选用何种粒度分布应根据该信息的最终用途而定。

表 1.3　绕地球运转人造物的质量分布和个数分布

尺寸（cm）	数量（个）	个数分布（%）	质量分布（%）
10~1 000	7 000	0.2	99.96
1~10	17 500	0.5	0.03
0.1~1.0	3 500 000	99.3	0.01
合计	3 524 500	100.00	100.00

1.4　分布之间的转换

许多现代粒度分析仪器实际测出的是个数分布，其实这很少用到。这些仪器都带有软件，将所得分布转换成更实用的质量分布、表面积分布等粒度分布。

对于几何形状相同粒度不同的颗粒群，其个数分布 $f_N(x)$ 与表面积分布 $f_S(x)$ 间的关系可推导如下：

x 到 $x+\mathrm{d}x$ 粒度范围内颗粒个数分数 $=f_N(x)\mathrm{d}x$

x 到 $x+\mathrm{d}x$ 粒度范围内颗粒表面积分数 $=f_S(x)\mathrm{d}x$

若 N 为颗粒群中颗粒总数，则 x 到 $x+\mathrm{d}x$ 范围内颗粒数 $=Nf_N(x)\mathrm{d}x$，这些颗粒表面积 $=(x^2\alpha_S)Nf_N(x)\mathrm{d}x$，其中 α_S 是颗粒线性尺寸对表面积的相关因子。

因此，这些颗粒的表面积占总表面积的分数 $f_S(x)\mathrm{d}x$ 为：

$$\frac{(x^2\alpha_S)\ Nf_N(x)\mathrm{d}x}{S}$$

式中，S 为颗粒群总表面积。

对于给定的颗粒群，总颗粒数 N 和总表面积 S 都是常数，同时假设颗粒形状不随粒度变化，则 α_S 也是常数，因此

$$f_S(x) \propto x^2 f_N(x) \text{ 或 } f_S(x) = k_S x^2 f_N(x) \tag{1.1}$$

式中，

$$k_S = \frac{\alpha_S N}{S}$$

同理，对于体积分布，有

$$f_V(x) = k_V x^3 f_N(x) \tag{1.2}$$

式中，

$$k_V = \frac{\alpha_V N}{V}$$

上式中，V 是颗粒群总体积，α_V 是颗粒线性尺寸对体积间的相关因子。

对于质量分布，有

$$f_m(x) = k_m \rho_p x^3 f_N(x) \tag{1.3}$$

式中，

$$k_m = \frac{\alpha_V N}{\rho_p V}$$

同时假设颗粒密度 ρ_p 不随粒度变化。

常数 k_S，k_V，k_m 可通过下式求得：

$$\int_0^\infty f(x)\mathrm{d}x = 1 \tag{1.4}$$

可见，当我们进行分布间的转换时，必须假设颗粒形状和密度不随粒度变化。由于这些假设不一定总是有效，所以转换很可能是错误的。同时，转换中还会引入计算误差。例如，设想我们用电子显微镜测得个数分布含有 $\pm 2\%$ 测量误差，个数分布转换为质量分布时，我们就把误差扩大了 3 倍（即误差为 $\pm 6\%$）。因此，应尽可能避免分布之间的转换，选用可直接测得所需分布的方法。

1.5 用单个数值表征颗粒群

在大多数实际应用中，需要用单个数值表征由数以百万计颗粒组成的颗粒群的粒度。有多种表征方式可供选择，如众数、中位值、各种不同的平均值（算术平均值、几何平均值、均方值、调和平均值）等。在这些颗粒群粒度中心趋势的表达方式中，无论我们选择哪一种，它都必须能反映那些对我们有重要意义的颗粒群特性。事实上，我们是用假想的均一粒度颗粒群模拟真实颗粒群。本节讨论各种粒度中心趋势表达方式的计算，以及对特定应用如何选择最合适的表达方式。

众数是试样中出现频率最高的粒度。然而我们注意到，对于同一试样，用个数分布、表面积分布和体积分布描述时，所得众数并不相同。虽然众数是颗粒群粒度中心趋势的一个指标，但它对我们并没有实际意义，因此在实践中很少使用。

中位值即累积分布为 50% 的粒度，它很容易读取，这个粒度将分布划分为相等的两部分。以质量分布为例，这意味着有一半质量的颗粒粒度小于中位值。由于中位值很容易确定，所以经常使用它。然而这个颗粒群粒度中心趋势的指标对我们也没有特殊意义。

对于一个给定的粒度分布，可以给出许多不同平均值的定义，如斯瓦罗夫斯基（Svarovsky，1990）指出的那样。但它们可以被统一表示成：

$$g(\overline{x}) = \frac{\int_0^1 g(x)\,\mathrm{d}F}{\int_0^1 \mathrm{d}F}，但 \int_0^1 \mathrm{d}F = 1，因此 g(\overline{x}) = \int_0^1 g(x)\,\mathrm{d}F \tag{1.5}$$

式中 $\overline{x}$ 为均值，g 为权函数，它对于每种均值有不同的定义。表 1.4 给出了示例。

表 1.4　均值的定义

$g(x)$	均值和符号
x	算数平均值，$\overline{x}_a$
x^2	均方值（或二次方平均值），$\overline{x}_q$
x^3	立方平均值，$\overline{x}_c$
$\log x$	几何平均值，$\overline{x}_g$
$1/x$	调和平均值，$\overline{x}_h$

式（1.5）表明，$g(\overline{x})$ 是 $F(x) - g(x)$ 坐标图中权函数曲线 $g(x)$ 与 $F(x)$ 轴间的面积（见图 1.5）。实际上，我们总是推荐用图解法确定均值，因为用连续曲线来表示分布更准确。

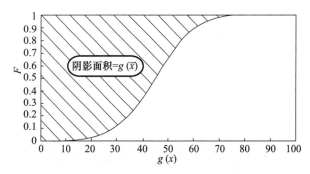

图 1.5　累积分布与权函数 $g(x)$ 关系图

可以证明，每种均值都可以使原始颗粒群的两个特性保持不变。例如表面积分布的算术平均径使原始颗粒群的表面积和体积保持不变，这在例题 1.3 中有证明。这种平均径通常被称作表面积—体积平均径或索特（Sauter）平均径。个数分布的算术平均径 $\overline{x}_{aN}$ 则保持了原始颗粒群的个数和长度，因此又被称作个数—长度平均径 $\overline{x}_{NL}$：

$$个数-长度平均径，\overline{x}_{NL} = \overline{x}_{aN} = \frac{\int_0^1 x\,\mathrm{d}F_N}{\int_0^1 \mathrm{d}F_N} \tag{1.6}$$

再如，个数分布的二次方平均径 $\overline{x}_{qN}$ 保持了原始颗粒群的个数和表面积，所以又被称为个数—表面积平均径 $\overline{x}_{NS}$：

$$个数-表面积平均径，\overline{x}_{NS}^2 = \overline{x}_{qN}^2 = \frac{\int_0^1 x^2\,\mathrm{d}F_N}{\int_0^1 \mathrm{d}F_N} \tag{1.7}$$

图 1.6 给出给定粒度分布中各种平均值、众数和中位值的比较。此图突出两点：
（a）不同中心趋势表达式的值有显著差异；（b）两个完全不同的分布可能有相同的算术平均值或中位值等。如果我们在建立关联式或进行质量控制时，选择了错误的粒度表征方式，会导致严重的错误。

那么，对于某个给定的应用，如何选择最合适的平均粒径呢？例题 1.3 和 1.4 指出了应当如何做。

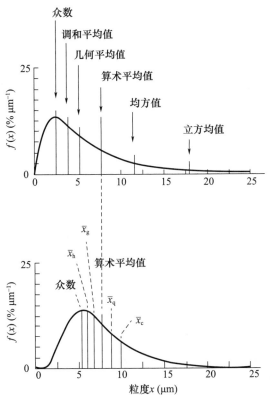

图 1.6 中心趋势指标的比较

引自 Rhodes (1990)，得到许可

例题 1.3 还给出了表面积－体积平均径的定义 [式（1.8）]。

1.6 平均值的等值性

不同分布的各种平均值之间可以是数值相等的。例如，表面积分布的算数平均径与体积分布（或质量分布）的调和平均径等值（即数值相等），证明如下：

表面积分布的算术平均径为：

$$\overline{x}_{aS} = \frac{\int_0^1 x \mathrm{d}F_S}{\int_0^1 \mathrm{d}F_S} \tag{1.9}$$

体积分布的调和平均径 $\overline{x}_{hV}$ 定义为：

$$\frac{1}{\overline{x}_{hV}} = \frac{\int_0^1 (1/x)\mathrm{d}F_V}{\int_0^1 \mathrm{d}F_V} \tag{1.10}$$

由式（1.1）和（1.2）可知，表面积分布和体积分布的关系为：

$$\mathrm{d}F_V = x\mathrm{d}F_S\frac{k_V}{k_S} \tag{1.11}$$

因此，

$$\frac{1}{\overline{x}_{hV}} = \frac{\int_0^1 \left(\frac{1}{x}\right)x\frac{k_V}{k_S}\mathrm{d}F_S}{\int_0^1 x\frac{k_V}{k_S}\mathrm{d}F_S} = \frac{\int_0^1 \mathrm{d}F_S}{\int_0^1 x\mathrm{d}F_S} \tag{1.12}$$

（假设 k_S 和 k_V 不随粒度变化）

即

$$\overline{x}_{hV} = \frac{\int_0^1 x\mathrm{d}F_S}{\int_0^1 \mathrm{d}F_S}$$

通过比较可以看出，上式等于表面积分布的算术平均径 $\overline{x}_{aS}$ 的表达式［式（1.9）］。

回想起 $\mathrm{d}F_S = x^2 k_S \mathrm{d}F_N$，从式（1.9）可知

$$\overline{x}_{aS} = \frac{\int_0^1 x^3 \mathrm{d}F_N}{\int_0^1 x^2 \mathrm{d}F_N}$$

上式也是表面积-体积平均径 $\overline{x}_{SV}$ 的表达式［式（1.8），见例题1.3］。

综上所述，表面积—体积平均径，可以按表面积分布的算数平均径，或按体积分布的调和平均径来计算。颗粒平均径间等值的实际意义，在于可由某一种粒度分析结果很容易地计算出多种实用的平均径。

读者可自行研究其他平均径的等值性。

1.7 表现粒度分布的常用方法

1.7.1 算术正态分布

此分布如图1.7所示。在此分布中，与算术平均径之差（绝对值）相等的粒度出现的频率相同（即频率分布曲线以算术平均径对称），其众数、中位值和算术平均值相同。此分布的数学表达式如下：

$$\frac{\mathrm{d}F}{\mathrm{d}x} = \frac{1}{\sigma\sqrt{2\pi}}\exp\left[-\frac{(x-\overline{x})^2}{2\sigma^2}\right] \tag{1.13}$$

式中，σ 为标准偏差（又称标椎差）。

为了检验是否服从算术正态分布，可将粒度分析数据在正态概率纸上绘出。若数据符合算术正态分布，就会得到一条直线。

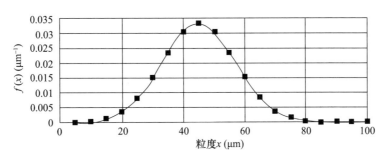

图 1.7 算术平均值为 45、标准差为 12 的算术正态分布

1.7.2 对数正态分布

这种分布在天然存在的颗粒群中更加常见。图 1.8 展示了一个这种分布的例子。如果在 $\mathrm{d}F/\mathrm{d}(\log x)$ -$\log x$ 坐标系中，而不是在 $\mathrm{d}F/\mathrm{d}x$－x 坐标系中作图，这种分布图就成为关于 $\log x$ 的算术正态分布图（图 1.9）。此分布的数学表达式如下：

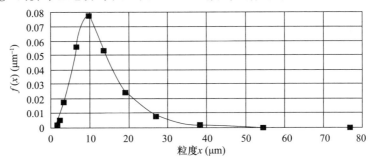

图 1.8 对数正态分布的线性坐标表示

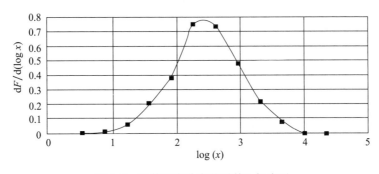

图 1.9 对数正态分布的对数坐标表示

$$\frac{\mathrm{d}F}{\mathrm{d}z} = \frac{1}{\sigma_z \sqrt{2\pi}} \exp\left[-\frac{(z-\bar{z})^2}{2\sigma_z{}^2}\right] \tag{1.14}$$

式中，$z = \log x$；$\bar{z}$ 是 $\log x$ 的算术平均值；σ_z 是 $\log x$ 的标准差。

为了检验是否服从对数正态分布，可将粒度分析数据在对数正态概率纸上绘出。若数据符合对数正态分布，就会得到一条直线。

1.8 粒度测量方法

1.8.1 筛分法

使用编织金属丝网筛的干筛分法是一种简单、廉价的粒度分析方法，适用于粒度大于 45 μm 的颗粒。筛分法给出的是质量分布，以及被称作筛孔直径的粒度。因为颗粒长度不妨碍其通过筛孔（除非颗粒十分细长），所以筛孔直径取决于颗粒的最大宽度和最大厚度。现在最常用筛子的相邻筛孔尺寸之比是 2 的 4 次方根（1.1892），依此组成孔径系列（例如 45、53、63、75、90、107 μm）。如果按照标准程序细心操作，筛分法可提供可靠且可重复的粒度分析结果。空气喷射筛分是用射流或空气将筛上粉体流化，可以实现下至 20 μm 的粒度分析。湿法筛分是将粉体样本悬浮在液体中的筛分，则可实现下至 5 μm 的粒度分析。

1.8.2 显微镜法

光学显微镜可测量的颗粒粒度最小为 5 μm。对于粒度小于 5 μm 的颗粒，因光衍射会使其边界变得模糊不清，测得的是一种表观粒度。电子显微镜可用于测量 5 μm 以下的颗粒。光学或电子显微镜装配图像分析仪可很容易地给出粒度个数分布和颗粒形状。这些系统根据颗粒的投影像计算出各种粒径（例如 Martin 径、Feret 径、剪切径、投影面积径等）。应注意，对于不规则形状的颗粒，观察者看到的投影面积会因颗粒取向变化发生显著变化。如在显微镜载玻片上涂胶等技术可确保颗粒是随机取向的。

1.8.3 沉降法

在这个方法中，颗粒试样在液体中沉降速率被跟踪记录下来。由于悬浮液浓度很低，因此可认为颗粒在液体（通常是水）中以单颗粒终端速度沉降。若要符合斯托克斯定律（$Re_p < 0.3$），以水为介质的沉降法仅适合于直径小于 50 μm 的粒度测量。通过描绘不同时间同一竖直位置的悬浮液浓度（即单位体积悬浮液中悬浮颗粒质量。下同）图，跟踪记录颗粒沉降速率。悬浮液浓度与筛下累积颗粒量直接相关；而时间则通过终端速度与颗粒粒度相关。这一点证明如下：

参考图 1.10，悬浮液浓度的取样点，处于悬浮液面以下垂直距离为 h 的位置。作如下假定：

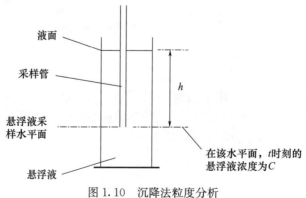

图 1.10 沉降法粒度分析

- 悬浮液足够稀，以致所有颗粒都以单独存在状态下沉（即无干扰沉降。参见第 3 章）。
- 液体中颗粒运动遵循斯托克斯定律（通常适用于 <50 μm 的颗粒）。
- 假定所有颗粒都迅速加速到各自自由沉降终端速度 U_T，因而加速时间可忽略不计。

设初始均匀悬浮液浓度为 C_0，在开始沉降后 t 时刻，采样点悬浮液浓度为 C。在 t 时刻，所有沉降速度超过 h/t 的颗粒，都落在采样点以下。因此 t 时刻采样仅包含沉降速度 $\leqslant h/t$ 的颗粒。如果 C_0 代表整个颗粒群在悬浮液中的浓度，那么 C 就代表所有沉降速度 $\leqslant h/t$ 的颗粒在悬浮液中的浓度。所以，C/C_0 就是原始颗粒群中沉降速度 $\leqslant h/t$ 的颗粒质量分数。即

$$累积质量分数 = \frac{C}{C_0}$$

颗粒终端速度由斯托克斯定律给出［第 2 章，式（2.13）］：

$$U_T = \frac{x^2 (\rho_p - \rho_f) g}{18\mu}$$

于是，令 $U_T = h/t$，我们就可以确定沉降界限速度为 h/t 的颗粒直径，也就是

$$x = \left[\frac{18\mu h}{t (\rho_p - \rho_f) g} \right]^{\frac{1}{2}} \tag{1.15}$$

小于 x 的颗粒沉降速度都小于 h/t，在采样点仍然处于悬浮状态。由一系列 C/C_0 与 x 对应值，就能给出粒度累积质量分布。所测得的粒度是斯托克斯径，即与实际颗粒同处于斯托克斯区，且与实际颗粒沉降终端速度相同的球径。

沉降法常用方式是安德瑞森（Andreason）移液管法，能测量 2~100 μm 粒度范围。粒度小于 2 μm，布朗（Brownian）运动造成较大误差。通过离心悬浮增大作用于颗粒的体积力，能减小布朗运动的影响，可测量粒度低到 0.01 μm。这种装置称作移液管离心机。

采用光吸收法或 X-射线吸收法测量悬浮液浓度，可以减少沉降法的工作量。光吸收法给出表面积粒度分布，而 X-射线吸收法给出质量粒度分布。

1.8.4 渗透测定法

这是一种基于流体通过填充床的粒度分析方法（见第 6 章）。通过均一球形粒度 x 随机填充床层流的卡曼-康采尼（Carman-Kozeny）方程为［式（6.9）］：

$$\frac{(-\Delta p)}{H} = 180 \frac{(1-\varepsilon)^2}{\varepsilon^3} \frac{\mu U}{x^2}$$

式中，$(-\Delta p)$ 是通过床的压降，ε 是填充床空隙率，H 是床层深度，μ 是流体黏度，U 是流体表观流速。在例题 1.3 中我们将会看到，当我们处理某种粒度分布的非球形颗粒时，适合该式的平均直径是表面积－体积平均径 $\bar{x}_{SV}$，它可由表面积分布的算术平均径 $\bar{x}_{aS}$ 计算出。

在此方法中，测定出通过已知空隙率填充床的压力梯度，它作为流速的函数。由卡曼-康采尼方程计算出直径，就是表面积分布的算术平均径（见第 6 章例题 6.1）。

1.8.5 电传感法

将颗粒悬浮于稀电解质溶液中，溶液从小孔抽入，小孔内外加有电压（图 1.11）。

当颗粒通过小孔时，记录一个电压脉冲。

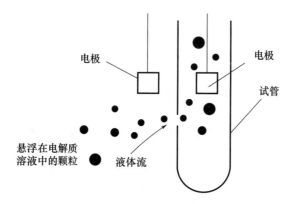

图 1.11 电子传感装置示意图

脉冲振幅与通过小孔颗粒的体积相关。于是，将脉冲计数并按脉冲振幅分类，就可给出等体积球径的个数分布。

此法所测粒度下限取决于最小实际孔径，上限则由能维持悬浮态的最大颗粒粒度而定。尽管用比水黏性大的液体能减少颗粒沉降，该法实际测量粒度范围是 0.3 — 1 000 μm。如果一次有一个以上颗粒通过孔板，就会产生误差，所以应采用稀悬浮液来减少这种误差的可能性。

1.8.6 激光衍射法

此法依据这样的事实：通过悬浮颗粒的光线，衍射角与颗粒粒度成反比。仪器主要由下列单元组成：已知固定波长（一般为 0.63 μm）的激光作为相干光源，适合的探测器（通常是一片带有若干分立检测器的光敏硅片），以及一些使颗粒样本通过激光束的装置（可以将颗粒群悬浮于液体与气体中，并抽取它们通过激光束）。

为了将衍射角与颗粒粒度相关联，早期的仪器曾采用夫琅和费（Fraunhofer）理论，这在有些情况下会产生较大误差（例如，当颗粒材料与悬浮介质的折射率相互接近时）。现代仪器采用米（Mie）理论分析光与物质的相互作用。只要已知颗粒材料与悬浮介质的折射率，现在所测粒度范围是 0.1～2 000 μm。

该法给出的是体积分布，所测粒度称为激光径。激光衍射粒度分析在当今工业中应用非常普遍。相关软件技术可以显示各种粒度分布，并能从原始测量分布数据导出各种平均值。

1.9 取 样

实践中成百上千吨粉体的粒度分布，通常认为是，用仅几克甚至几毫克样本作分析得出的。样本对整个粉体代表性的重要意义无论怎样强调都不为过。然而，正如第 11 章关于混合与离析所述，大多数粉体在处理和加工过程中（如倾倒、皮带输送、装袋或装桶、样本瓶摇/转动，等）都会引起颗粒按粒度离析，较小程度上按密度和形状发生离析。这种离析的自然趋势意味着取样时必须特别小心。

取样时有两条黄金法则：

1. 取样时粉体应处于运动状态。

2. 应对整个移动粉体流进行多次短时间段取样。

由于最终用于分析的样本量非常小，为达到要求的分析量，常常需要分割原始样本。取样和分样的每一步都必须遵循这些取样法则。

有关各种不同场合下所用取样、分样的设备与技术的详细内容已超出本章范围。艾伦（Allen，1990）对此有很好的讲述，可供读者参考。

1.10 例　　题

例题 1.1

计算边长分别为 1、2、4 mm 的长方体形颗粒的体积等效球径和表面积－体积等效球径。

解

该长方体的体积＝$1 \times 2 \times 4 = 8$ mm^3

颗粒表面积＝$(1 \times 2) + (1 \times 2) + (1 + 2 + 1 + 2) \times 4 = 28$ mm^2

直径为 x_V 球的体积是 $\pi x_V^3 / 6$

因此，体积为 8 mm^3 的球直径 $x_V = 2.481$ mm

所以，长方体形颗粒的体积等效球径为 $x_V = 2.481$ mm

长方体颗粒表面积与体积之比＝$28/8 = 3.5$ mm^2/mm^3

直径为 x_{sv} 球体的表面积与体积之比是 $6/x_{sv}$

所以，与颗粒具有相同表面积与体积之比的球径＝$6/3.5 = 1.714$ mm

即长方体形颗粒的表面积－体积等效球径 $x_{sv} = 1.714$ mm。

例题 1.2

将下式描述的表面积分布转换为累积体积分布：

$$F_S = (x/45)^2，对于 x \leqslant 45 \ \mu m$$
$$F_S = 1，对于 x > 45 \ \mu m$$

解

由式（1.1）～（1.2），

$$f_V(x) = \frac{k_V}{k_S} x f_S(x)$$

在粒度 $0 \sim x$ 区间积分上式：

$$F_V(x) = \int_0^x \left(\frac{k_V}{k_S} \right) x f_S(x) \mathrm{d}x$$

注意到 $f_S(x) = \mathrm{d}F_S/\mathrm{d}x$，可见

$$f_S(x) = \frac{\mathrm{d}}{\mathrm{d}x} \left(\frac{x}{45} \right)^2 = \frac{2x}{(45)^2}$$

上积分式变为

$$F_V(x) = \int_0^x \left(\frac{k_V}{k_S} \right) \frac{2x^2}{(45)^2} \mathrm{d}x$$

假定 k_V 和 k_S 与粒度无关，

$$F_V(x) = \left(\frac{k_V}{k_S}\right)\int_0^x \frac{2x^2}{(45)^2}\mathrm{d}x$$
$$= \frac{2}{3}\left[\frac{x^3}{(45)^2}\right]\frac{k_V}{k_S}$$

注意到 $F_V(45)=1$，由此可求出 k_V/k_S：

$$\frac{90}{3}\frac{k_V}{k_S}=1，\text{因此}\frac{k_V}{k_S}=0.0333$$

所以，累积体积分布表达式为

$$F_V(x)=1.096\times10^{-5}x^3，\text{对于 } x\leqslant45 \ \mu m$$
$$F_V(x)=1，\text{对于 } x>45 \ \mu m$$

例题 1.3

在应用卡曼-康采尼方程（见第 6 章）计算流体流过颗粒填充床的压力梯度时，我们采用哪种平均粒度？

解

通过随机颗粒填充床层流的卡曼-康采尼方程是：

$$\frac{(-\Delta p)}{L}=K\frac{(1-\varepsilon)^2}{\varepsilon^3}S_V^2\mu U$$

式中，S_V 是床颗粒的比表面积（每单位体积颗粒的表面积），其他术语定义见第 6 章。如果假定床层空隙率与粒度无关，那么，为了以平均粒度来表示该方程，我们必须用平均径表示比表面积。我们采用的颗粒粒度必须与原始颗粒群具有相同的 S_V 值。因此，该平均直径必须保持颗粒群的表面积和体积不变，即该平均粒径必须让我们能够由颗粒群的总表面积计算出其总体积。此平均粒径就是表面积－体积平均径 $\overline{x}_{SV}$。

$$\overline{x}_{SV}\times（\text{总表面积}）\times\frac{\alpha_V}{\alpha_S}=\text{总体积}（\text{例如：球形颗粒,}\frac{\alpha_V}{\alpha_S}=\frac{1}{6}）$$

粉体总体积，$V=\int_0^\infty x^3\alpha_V N f_N(x)\mathrm{d}x$

粉体总表面积，$S=\int_0^\infty x^2\alpha_S N f_N(x)\mathrm{d}x$

所以，$\overline{x}_{SV}=\dfrac{\alpha_S}{\alpha_V}\dfrac{\int_0^\infty x^3\alpha_V N f_N(x)\mathrm{d}x}{\int_0^\infty x^2\alpha_S N f_N(x)\mathrm{d}x}$

因为 α_V、α_S 和 N 与粒度 x 无关，所以

$$\overline{x}_{SV}=\frac{\int_0^\infty x^3 f_N(x)\mathrm{d}x}{\int_0^\infty x^2 f_N(x)\mathrm{d}x}=\frac{\int_0^1 x^3\mathrm{d}F_N}{\int_0^1 x^2\mathrm{d}F_N}$$

这就是保持表面积和体积不变的平均径定义，称为表面积－体积平均径 $\overline{x}_{SV}$。

因此

$$\overline{x}_{SV}=\frac{\int_0^1 x^3\mathrm{d}F_N}{\int_0^1 x^2\mathrm{d}F_N} \tag{1.8}$$

所以，正确的平均粒度就是上式定义的表面积－体积平均径。（我们已在 1.6 节中看到，此平均径也可以按表面积分布的算术平均径，或体积分布的调和平均径来计算。）那么，我们就可以用下式替换卡曼－康采尼方程中的 S_V：

$$S_V = \frac{1}{\overline{x}_{SV}} \frac{\alpha_S}{\alpha_V}$$

例如，球形颗粒，

$$S_V = \frac{6}{\overline{x}_{SV}}$$

例题 1.4 （出自 SVAROVSKY，1990）

一重力沉降设备处理粒度分布为 $F(x)$ 的物料，具有分级效率 $G(x)$。其总效率定义为：

$$E_T = \int_0^1 G(x) \mathrm{d}F_M$$

如何确定其平均粒度？

解

假定为栓塞流，$G(x) = U_T A / Q$。式中 A 是沉降面积，Q 是悬浮流体体积流量，U_T 是粒度为 x 的单个颗粒终端速度。由下式给出［在斯托克斯（Stokes）区］：

$$U_T = \frac{x^2(\rho_P - \rho_f)g}{18\mu} \qquad （第 2 章）$$

因此，

$$E_T = \frac{Ag(\rho_P - \rho_f)}{18\mu Q} \int_0^1 x^2 \mathrm{d}F_M$$

可以看到，式中的 $\int_0^1 x^2 \mathrm{d}F_M$ 是质量分布的二次方平均径 $\overline{x}_{qM}$ 的定义（见表 1.4）。

此法可在很多应用场合中用来确定正确的平均值。

例题 1.5

一裂解催化剂样本的库尔特计数器分析结果，给出下列累积体积分布：

通道	1	2	3	4	5	6	7	8
体积分布％	0	0.5	1.0	1.6	2.6	3.8	5.7	8.7

通道	9	10	11	12	13	14	15	16
体积分布％	14.3	22.2	33.8	51.3	72.0	90.9	99.3	100

（a）绘制累积体积分布－粒度图并确定中位径。

（b）确定表面积分布，给出所用到的假设；并与体积分布进行比较。

（c）求体积分布的调和平均径。

（d）求表面积分布的算术平均径。

解

用库尔特计数器测粒度，各通道的粒度范围因所使用管子不同而异。因此我们必须补充以下信息：对本例，通道 1 的粒度范围是 3.17～4.0 μm，通道 2 粒度范围是 4.0～

$5.4~\mu m$，如此等等直到通道 16 的粒度范围为 $101.4\sim128~\mu m$。相邻粒度范围边界的比值总是 2 的立方根，例如：

$$\sqrt[3]{2}=\frac{4.0}{3.17}=\frac{5.4}{4.0}=\cdots=\frac{128}{101.4}(=1.26)，等。$$

各通道粒度上下限值列于表 1W5.1 的第 2，3 列。

表 1W5.1　与例题 1.5 相关的粒度分布数据

1 通道号	2 最小粒度 (μm)	3 最大粒度 (μm)	4 累积筛下百分数	5 F_V	6 $1/x$	7 $1/x$ 对 F_V 下累积面积	8 F_S	9 x 对 F_S 下累积面积
1	3.17	4.00	0	0	0.250 0	0.000 0	0.000 0	0.000 0
2	4.00	5.04	0.5	0.005	0.198 4	0.001 1	0.040 3	0.182 3
3	5.04	6.35	1	0.01	0.157 5	0.002 0	0.072 3	0.364 6
4	6.35	8.00	1.6	0.016	0.125 0	0.002 9	0.102 8	0.583 4
5	8.00	10.08	2.6	0.026	0.099 2	0.004 0	0.143 2	0.948 0
6	10.08	12.70	3.8	0.038	0.078 7	0.005 0	0.181 6	1.385 5
7	12.70	16.00	5.7	0.057	0.062 5	0.006 4	0.229 9	2.078 2
8	16.00	20.16	8.7	0.087	0.049 6	0.008 1	0.290 4	3.172 0
9	20.16	25.40	14.3	0.143	0.039 4	0.010 6	0.380 0	5.213 8
10	25.40	32.00	22.2	0.222	0.031 3	0.013 4	0.480 4	8.094 2
11	32.00	40.32	33.8	0.338	0.024 8	0.016 6	0.597 3	12.323 6
12	40.32	50.80	51.3	0.513	0.019 7	0.020 5	0.737 4	18.704 1
13	50.80	64.00	72	0.72	0.015 6	0.024 2	0.868 9	26.251 4
14	64.00	80.63	90.9	0.909	0.012 4	0.026 8	0.964 2	33.142 4
15	80.63	101.59	99.3	0.993	0.009 8	0.027 7	0.997 8	36.205 1
16	101.59	128.00	100	1	0.007 8	0.027 8	1.0000	36.460 3

注：基于粒度范围的算术平均值

（a）小于某粒度的累积体积分布在表 1W5.1 第 5 列用数值和在图 1W5.1 中用图表示。经检验，发现粒度中位径是 $50~\mu m$，即总体积 50% 的颗粒粒度小于 $50~\mu m$。

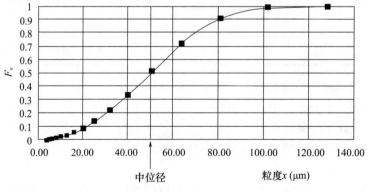

图 1W5.1　累积体积分布

（b）表面积分布与体积分布的关系可表达为

$$f_{\mathrm{S}}(x) = \frac{f_{\mathrm{V}}(x)}{x} \times \frac{k_{\mathrm{S}}}{k_{\mathrm{V}}} \qquad [\text{由式}(1.1)\text{和}(1.2)\text{得}]$$

回想 $f(x) = \mathrm{d}F/\mathrm{d}x$，在 $0-x$ 区间积分上式：

$$\frac{k_{\mathrm{S}}}{k_{\mathrm{V}}} \int_0^x \frac{1}{x} \frac{\mathrm{d}F_{\mathrm{V}}}{\mathrm{d}x} \mathrm{d}x = \int_0^x \frac{\mathrm{d}F_{\mathrm{S}}}{\mathrm{d}x} \mathrm{d}x$$

或

$$\frac{k_{\mathrm{S}}}{k_{\mathrm{V}}} \int_0^x \frac{1}{x} \mathrm{d}F_{\mathrm{V}} = \int_0^x \mathrm{d}F_{\mathrm{S}} = F_{\mathrm{S}}(x)$$

（假定颗粒形状不随粒度变化，则 $k_{\mathrm{S}}/k_{\mathrm{V}}$ 为常数。）

可见，表面积分布等于 $1/x$ 对 F_{V} 图中曲线下的面积乘以因子 $k_{\mathrm{S}}/k_{\mathrm{V}}$（其值可由 $\int_{x=0}^{x=\infty} \mathrm{d}F = 1$ 求出）。表 1W5.1 第 7 列所示为 $1/x$ 对 F_{V} 图中曲线下的面积。因此，因子 $k_{\mathrm{S}}/k_{\mathrm{V}}$ 的值等于 $1/0.027\,8$。第 7 列的值除以 $0.027\,8$ 就得出表面积分布 F_{S}，其值见第 8 列。表面积分布如图 1W5.2 所示。表面积分布图与体积分布图形状有很大不同；小颗粒占总表面积的比例大。表面积分布的中位径大约是 35 μm，即小于 35 μm 的颗粒对总表面积的贡献率为 50%。

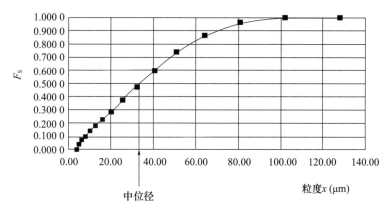

图 1W5.2　累积表面积分布

（c）体积分布的调和平均值由下式给出：

$$\frac{1}{\overline{x}_{\mathrm{hV}}} = \int_0^1 \left(\frac{1}{x} \right) \mathrm{d}F_{\mathrm{V}}$$

这可用图解法由 $1/x$ 对 F_{V} 图求出，也可由表 1W5.1 第 7 列的数值得出。于是有，

$$\frac{1}{\overline{x}_{\mathrm{hV}}} = \int_0^1 \left(\frac{1}{x} \right) \mathrm{d}F_{\mathrm{V}} = 0.027\,8$$

因此，$\overline{x}_{\mathrm{hV}} = 36$ μm。

我们回想一下：体积分布的调和平均径等于同一颗粒群的表面积—体积平均径。

（d）表面积分布的算术平均径由下式给出：

$$\overline{x}_{\mathrm{aS}} = \int_0^1 x \mathrm{d}F_{\mathrm{S}}$$

这可用图解法由 x 对 F_{S} 图（图 1W5.2）求出，也可用表 1W5.1 中的数据算出。表中第 9 列的数值表示的就是用 F_S 对 x 图求出的累积面积，因此该列最后那个数值就等于上述积分值。

所以，$\bar{x}_{aS} = 36.4\ \mu m$。

我们还记得：表面积分布的算术平均径也等于同一颗粒群的表面积－体积平均径。此值与上面（c）所得结果比较，二者吻合良好。

例题 1.6

考虑一个 $5.00 \times 3.00 \times 1.00$ mm 的长方体形颗粒，计算此颗粒的下列粒径：

（a）体积直径（具有与颗粒相同体积的球径）；

（b）表面积直径（具有与颗粒相同表面积的球径）；

（c）表面积－体积直径（具有与颗粒相同表面积对体积之比的球径）；

（d）筛孔直径（颗粒可以通过最小筛孔的宽度）；

（e）投影面积直径（面积与处于稳定静置位置颗粒投影面积相等的圆直径）。

解

（a）该颗粒的体积 $= 5 \times 3 \times 1 = 15$ mm³

球的体积 $= \pi x_V^3 / 6$

所以，体积球径为，$x_V = \sqrt[3]{\dfrac{15 \times 6}{\pi}} = 3.06$ mm

（b）该颗粒的表面积 $= 2 \times (5 \times 3) + 2 \times (1 \times 3) + 2 \times (1 \times 5) = 46$ mm²

球的表面积 $= \pi x_S^2$

因此，表面积直径为，$x_S = \sqrt{46/\pi} = 3.83$ mm

（c）颗粒的表面积与体积之比 $= 46/15 = 3.0667$

对于球，表面积与体积之比 $= \dfrac{6}{x_{SV}}$

因此，$x_{SV} = \dfrac{6}{3.0667} = 1.96$ mm

（d）此颗粒可以通过的最小方孔边长为 3 mm，因此，筛孔直径为，$x_p = 3$ mm

（e）此颗粒有三个稳定位置的投影面积：

面积 1 $= 3$ mm²，面积 2 $= 5$ mm²，面积 3 $= 15$ mm²

圆的面积 $= \dfrac{\pi x^2}{4}$

因此，投影面积直径为：

投影面积直径 1 $= 1.95$ mm

投影面积直径 2 $= 2.52$ mm

投影面积直径 3 $= 4.37$ mm

自测题

1.1 定义下列等效球径：体积等效球径；表面积等效球径；表面积－体积等效球径。确定一个 $2\ mm \times 3\ mm \times 6\ mm$ 的长方体的各直径值。

1.2 列出三种可用以表达某一样本所含粒度范围的分布类型。

1.3 如果我们测量出个数分布并打算把它转换为表面积分布，必须作何假定？

1.4 写出定义下列平均值的数学表达式：（a）二次方平均值；（b）调和平均值。

1.5 对于一个给定的粒度分布，众数、算术平均值、调和平均值和均方值都有不同数值。我们如何确定何种平均值适合描述所给过程的粉体特性？

1.6 什么是取样黄金法则？

1.7 在采用沉降法确定粒度分布时，要作何假设？

1.8 电传感法粒度分析中，（a）测出的是哪种等效球径，（b）报告的是哪种类型的分布？

练习题

1.1 对于一个尺寸为 $1.00 \times 2.00 \times 6.00$ mm 的规则长方体颗粒，计算下列直径：

（a）体积等效球径；

（b）表面积等效球径；

（c）表面积－体积等效球径（具有与颗粒相同外表面积对体积之比的球直径）；

（d）筛孔直径（颗粒可以通过的最小筛孔的宽度）；

（e）投影面积直径（面积与处于稳定静置位置的颗粒投影面积相等的圆直径）。

［答案：（a）2.84 mm；（b）3.57 mm；（c）1.80 mm；（d）2.00 mm；（e）2.76 mm，1.60 mm 和 3.91 mm］

1.2 对一个直径 0.100 mm 和长度 1.00 mm 的规则圆柱体，重复练习题 1.1。

［答案：（a）0.247 mm；（b）0.324 mm；（c）0.142 mm；（d）0.10 mm；（e）0.10 mm（此位置不大可能是稳定的）和 0.357 mm］

1.3 对一个直径 2.00 mm 和长度 0.500 mm 的圆盘状颗粒，重复练习题 1.1。

［答案：（a）1.44 mm；（b）1.73 mm；（c）1.00 mm；（d）2.00 mm；（e）2.00 mm 和 1.13 mm（此位置不大可能是稳定的）］

1.4 粉体 1.28 g 装入一渗透法测粒度装置的小容器内，以测量粒度和比表面积。该粉体的颗粒密度为 2500 kg/m³。圆柱状的小容器直径 1.14 cm，粉体在其内形成深 1 cm 的床。密度 1.2 kg/m³ 黏度 18.4×10^{-6} Pa·s 的干空气以 36 cm³/min 的体积流量流过该粉体床（沿平行于圆柱容器轴的方向）并产生 100 mm 水柱的压差。确定该粉体样本的表面积－体积平均径以及比表面积。

（答案：20 μm；120 m²/kg）

1.5 粉体 1.1 g 装入一渗透法测粒度装置的小容器内，以测量粒度和比表面积。该粉体的颗粒密度为 1 800 kg/m³。圆柱形的小容器直径 1.14 cm，粉体在其内形成深 1 cm 的床。密度 1.2 kg/m³ 黏度 18.4×10^{-6} Pa·s 的干空气流过该粉体床（沿平行于圆柱容器轴的方向），所产生的压差随空气体积流量的变化见下表：

空气流量（cm³/min）	20	30	40	50	60
通过粉体床的压差（mm 水柱）	56	82	112	136	167

确定该粉体样本的表面积－体积平均径以及比表面积。

（答案：33 μm；100 m^2/kg）

1.6 对下列分布，估算：（a）算术平均值；（b）二次方平均值；（c）立方平均值；（d）几何平均值；（e）调和平均值。

粒度（μm）	2	2.8	4	5.6	8	11.2	16	22.4	32	44.8	64	89.6
累积筛下（%）	0.1	0.5	2.7	9.6	23	47.9	73.8	89.8	97.1	99.2	99.8	100

［答案：（a）13.6；（b）16.1；（c）19.3；（d）11.5；（e）9.8］

1.7 下表所列体积分布是由筛分析法得出的。

粒度（μm）	37～45	45～53	53～63	63～75	75～90	90～106	106～126	126～150	150～180	180～212
体积百分数（%）	0.4	3.1	11	21.8	27.3	22	10.1	3.9	0.4	0

（a）估算体积分布的算术平均径。由体积分布导出个数分布和表面积分布，给出所作的假设。

（b）求表面积分布的众数。

（c）求表面积分布的调和平均径。

证明表面积分布的算术平均径可保持颗粒群的表面积对体积的比值不变。

［答案：（a）86 μm；（b）70 μm；（c）76 μm］

2 流体中的单个颗粒

本章论述单个固体颗粒在流体中的运动。目的在于使读者理解有哪些力阻碍颗粒运动，并给出估算稳定状况下颗粒与流体相对速度的方法。本章主题将在后续章节中有关颗粒在流体中的悬浮特性、流态化、气体旋风分离以及气力输送等方面得到应用。

2.1 固体颗粒在流体中的运动

直径为 x 的刚性球与黏度为 μ 的无限域流体间发生非常缓慢的稳定相对运动（蠕动）时，阻碍运动的力由两部分组成（Stokes，1851）：

$$压差阻力 \quad F_{\mathrm{p}} = \pi x \mu U \tag{2.1}$$

$$剪应力阻力 \quad F_{\mathrm{s}} = 2\pi x \mu U \tag{2.2}$$

$$阻止运动的总阻力 \quad F_{\mathrm{D}} = 3\pi x \mu U \tag{2.3}$$

式中 U 是相对运动速度。

这被称作斯托克斯定律。实验发现，单颗粒雷诺数 $Re_{\mathrm{p}} \leqslant 0.1$ 时，斯托克斯定律与实验数据几乎精确吻合；$Re_{\mathrm{p}} \leqslant 0.3$，吻合精度（偏差）在 0.9% 以内；$Re_{\mathrm{p}} \leqslant 0.5$，在 3% 以内；$Re_{\mathrm{p}} \leqslant 1.0$，在 9% 以内。这里，单颗粒雷诺数的定义见式（2.4）。

$$单颗粒雷诺数 \quad Re_{\mathrm{p}} = x U \rho_{\mathrm{f}} / \mu \tag{2.4}$$

$$阻力系数 C_{\mathrm{D}} 的定义 \quad C_{\mathrm{D}} = R' / \left(\frac{1}{2} \rho_{\mathrm{f}} U^2\right) \tag{2.5}$$

式中 R' 是颗粒每单位投影面积的阻力。

于是，对球形颗粒有：

$$R' = F_{\mathrm{D}} / \left(\frac{\pi x^2}{4}\right) \tag{2.6}$$

按照阻力系数，斯托克斯定律可表示为

$$C_{\mathrm{D}} = 24 / Re_{\mathrm{p}} \tag{2.7}$$

相对速度较高时，流体惯性开始占主导地位（流体必须加速绕过颗粒）。纳维-斯托克斯（Navier-Stokes）方程在此情况下已无法求得解析解。然而，实验给出了阻力系数与颗粒雷诺数间的关系，图 2.1 以所谓的标准阻力曲线的形式表示了这种关系。该图可划分为四个区：斯托克斯定律区；牛顿定律区，此区内阻力系数与雷诺数无关；斯托克斯区与牛顿定律区之间的过渡区；边界层分离区。各区的雷诺数范围和阻力系数关联式见表 2.1。

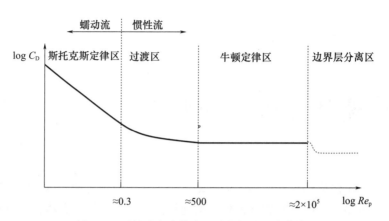

图 2.1　刚性球在流体中运动的标准阻力曲线

表 2.1　各区单颗粒雷诺数范围和阻力系数关联式

区域	斯托克斯	过渡	牛顿
Re_p 范围	<0.3	$0.3<Re_p<500$	$500<Re_p<2\times10^5$
C_D	$24/Re_p$	$\dfrac{24}{Re_p}(1+0.15Re_p^{0.687})$	~0.44

表 2.1 中给出的过渡区 C_D 表达式是席勒（Schiller）和瑙曼（Naumann）（1933）提出的，它与过渡区实验数据的吻合精度大约在 ±7％ 左右。也提出了一些用于整个雷诺数范围的 C_D 表达式，式（2.8）是其中之一，它是海德（Haider）和列文斯比尔（Levenspiel）（1989）提出的，与实验数据的均方根偏差为 0.024。

$$C_D=\frac{24}{Re_p}(1+0.180\,6Re_p^{0.6459})+\left(\frac{0.425\,1}{1+\dfrac{6\,880.95}{Re_p}}\right) \tag{2.8}$$

2.2　颗粒在流体中的重力沉降

流体中的颗粒在重力作用下发生的相对运动特别值得关注。一般地，这种情况下作用于颗粒上的力有浮力、阻力和重力。

$$\text{重力－浮力－阻力＝加速度力} \tag{2.9}$$

初始静止于流体中的颗粒开始沉降时具有较高的加速度，因为黏性剪切阻力开始时很小，是随相对速度增大而增大的。随着颗粒的加速，阻力逐渐增大，引起颗粒运动加速度减小。最终达到力平衡，这时加速度为零，颗粒达到最大也是最终相对速度。此速度称作单颗粒终端速度或末速度。

对球形颗粒，式（2.9）变成

$$\frac{\pi x^3}{6}\rho_p g-\frac{\pi x^3}{6}\rho_f g-R'\frac{\pi x^2}{4}=0 \tag{2.10}$$

结合式（2.5）和（2.10）：

$$\frac{\pi x^3}{6}(\rho_p-\rho_f)g-C_D\,\frac{1}{2}\rho_f U_T^2\,\frac{\pi x^2}{4}=0 \tag{2.11}$$

式中 U_T 是单颗粒终端速度。由式（2.11）得出终端速度条件下的阻力系数为：

$$C_D = \frac{4gx}{3U_T^2}\left[\frac{(\rho_p - \rho_f)}{\rho_f}\right] \tag{2.12}$$

于是在斯托克斯定律区，利用 $C_D = 24/Re_p$，得出单颗粒终端速度为：

$$U_T = \frac{x^2(\rho_p - \rho_f)g}{18\mu} \tag{2.13}$$

可见，在斯托克斯定律区终端速度正比于颗粒直径的平方。

在牛顿定律区，利用 $C_D = 0.44$，得出终端速度为

$$U_T = 1.74\left[\frac{x(\rho_p - \rho_f)g}{\rho_f}\right]^{1/2} \tag{2.14}$$

注意，在牛顿定律区终端速度与流体黏度无关，且与粒径的平方根成正比。

在过渡区，得不出 U_T 的显式表达式，然而终端速度随颗粒和流体物性的变化可近似描述如下：

$$U_T \propto x^{1.1},(\rho_p - \rho_f)^{0.7},\rho_f^{-0.29},\mu^{-0.43}$$

一般地，当给定颗粒粒度求终端速度，或者给定了终端速度求颗粒粒度时，事先并不知道是处于哪个区。解决此问题的方法之一是先以公式表示无因次量群 $C_D Re_p^2$ 和 C_D/Re_p：

· 给定 x，计算 U_T。先计算无因次量群

$$C_D Re_p^2 = \frac{4}{3}\frac{x^3\rho_f(\rho_p - \rho_f)g}{\mu^2} \tag{2.15}$$

此值与 U_T 无关。（注意，$C_D Re_p^2 = (4/3)Ar$，这里 Ar 是阿基米德数）。

给定颗粒和流体物性的条件下，$C_D Re_p^2$ 是常数，因此，在标准阻力曲线所在的对数坐标系（$\log C_D$ 对 $\log Re_p$）中绘出式（2.15）的图，就会是一条斜率为 -2 的直线。该直线与阻力曲线的交点就给出了 Re_p 的值，从而计算出 U_T（图 2.2）。

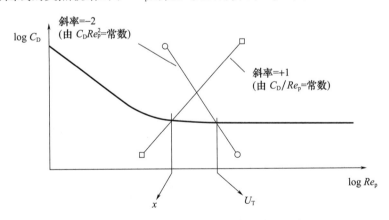

图 2.2 给定粒度估算速度（或反过来）的方法

(注意：Re_p 是以体积等效球径 x_V 计算的)

· 给定 U_T，计算粒度 x。先计算无因次量群

$$\frac{C_D}{Re_p} = \frac{4}{3}\frac{g\mu(\rho_p - \rho_f)}{U_T^3\rho_f^2} \tag{2.16}$$

此值与粒度 x 无关。

给定终端速度、颗粒密度和流体物性条件下，C_D/Re_p 是常数，在标准阻力曲线所在的对数坐标系（$\log C_D$ 对 $\log Re_p$）中绘出式（2.16）的图，就会是一条斜率为 $+1$ 的直线。该直线与阻力曲线的交点就给出了 Re_p 的值，从而计算出 x（图 2.2）。另一种与图解法原理相同的解法，是运用 Re_p、C_D、$C_D Re_p{}^2$ 和 C_D/Re_p 的对应数值表。例见佩里（Perry）和格林（Green）（1984）。

2.3 非球形颗粒

非球形颗粒的形状对阻力系数的影响已证明是很难理清的。这或许是因为描述不规则的颗粒形状本身就很困难。工程师和科学家往往需要用单个数值来描述颗粒的形状。一个简单的方法是以球形度来描述颗粒的形状。球形度即与颗粒体积相等的球表面积对颗粒表面积的比率。例如，边长为一个单位的立方体具有 1 立方单位的体积和 6 平方单位的表面积。同体积的球直径 x_v 为 1.24 单位，其表面积为 4.836 平方单位。因此立方体的球形度为 0.806（$=4.836/6$）。

过渡区和牛顿定律区颗粒形状对阻力系数的影响，比斯托克斯定律区大得多。有意思的是人们注意到，在斯托克斯定律区颗粒沉降时其最长的表面几乎平行于其运动方向，而在牛顿定律区颗粒却总是以其最大面积迎着来流。

对于非球形颗粒，颗粒雷诺数是以等体积球径，即与颗粒体积相同的球径来计算的。图 2.3（出自 Brown *et al.*，1950）表示不同球形度颗粒的阻力曲线。它包括了规则和不规则的颗粒。使用该图要谨慎，因为在某些情况下球形度本身并不能充分描述所有类型颗粒的形状。

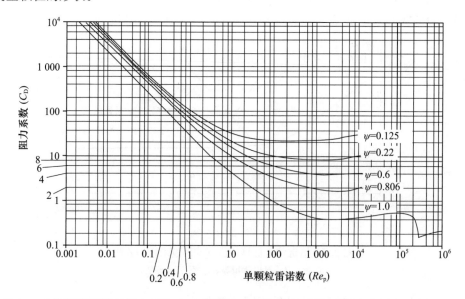

图 2.3　不同形状颗粒的阻力系数 C_D 与雷诺数 Re_p 关系图，颗粒球形度范围从 0.125 到 1.0
（注意：Re_p 和 C_D 都是基于体积等效球径）

气体中的小颗粒以及液体中的所有常见颗粒都会迅速加速到终端速度。举一个例子，100 μm 颗粒在水中从静止状态开始下沉，只需 1.5 ms 就能达到其终端速度 2 mm/s。表 2.2 给出了不同粒度沙粒在空气中从静止状态开始下沉时，其终端速度、加速时间和距离的有趣比较。

表 2.2 空气中沙粒的重力沉降（颗粒密度 2 600 kg/m³）

粒度	达到 99% U_T 所用时间（s）	U_T（m/s）	该时间内移动距离（m）
30 μm	0.033	0.07	0.001 85
3 mm	3.5	14	35
3 cm	11.9	44	453

2.4 边界对终端速度的影响

当颗粒在有固体边界的流体中沉降时，其终端速度要小于在无限域流体中沉降的速度。实际上，这一影响真正关系到的仅是用落球法测量液体的黏度，该方法限定于斯托克斯区。对于颗粒在竖直管道内沿轴向下沉，该影响以壁因子 f_w 来描述，它表示管道内终端速度 U_D 与无限域流体中的终端速度 U_∞ 之比。式（2.17）是弗朗西斯（Francis）（1933）给出的 f_w 关联式。

$$f_W = \left(1 - \frac{x}{D}\right)^{2.25} \qquad Re_p \leqslant 0.3 ; x/D \leqslant 0.97 \qquad (2.17)$$

2.5 延伸阅读

有关单个颗粒在流体中运动的更深入的详细内容（加速运动、附加质量、气泡和液滴、非牛顿流体等），读者可参考库尔森（Coulson）和理查森（Richardson）（1991），克利夫特（Clift）等（1978）和哈布拉（Chhabra）（1993）的论著。

2.6 例 题

例题 2.1

对于斯托克斯定律区的颗粒重力沉降，计算作为颗粒密度 ρ_p 函数的颗粒直径上限 x_{max}。将结果绘制成 x_{max} 对 ρ_p 图，$0 \leqslant \rho_p \leqslant 8\ 000$ kg/m³，在环境条件下的水中和空气中沉降。假定颗粒为球形，斯托克斯定律适用范围为 $Re_p \leqslant 0.3$。

解

斯托克斯区颗粒直径上限由单颗粒雷诺数的上限决定：

$$Re_p = \frac{\rho_f x_{max} U}{\mu} = 0.3$$

斯托克斯区内颗粒重力沉降时，会迅速加速到其终端速度。斯托克斯区中，终端速度由式（2.13）给出：

$$U_{\mathrm{T}}=\frac{x^2(\rho_{\mathrm{p}}-\rho_{\mathrm{f}})g}{18\mu}$$

解这两个方程，得到 $x_{\max}$ 的计算式

$$x_{\max}=\left[0.3\times\frac{18\mu^2}{g(\rho_{\mathrm{p}}-\rho_{\mathrm{f}})\rho_{\mathrm{f}}}\right]^{1/3}$$

$$=0.82\times\left[\frac{\mu^2}{(\rho_{\mathrm{p}}-\rho_{\mathrm{f}})\rho_{\mathrm{f}}}\right]^{1/3}$$

于是，对于空气（密度 1.2 kg/m³，黏度 1.84×10^{-5} Pa·s）：

$$x_{\max}=5.37\times10^{-4}\left[\frac{1}{(\rho_{\mathrm{p}}-1.2)}\right]^{1/3}$$

对于水（密度 1 000 kg/m³，黏度 0.001 Pa·s）：

$$x_{\max}=8.19\times10^{-4}\left[\frac{1}{(\rho_{\mathrm{p}}-1\,000)}\right]^{1/3}$$

根据这些公式，将 $x_{\max}$ 作为颗粒密度（大于和小于流体密度）的函数绘于图 2W1.1 中。

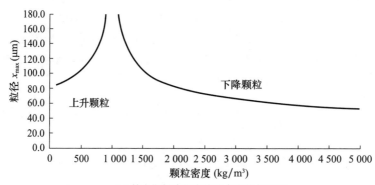

(a) 符合斯托克斯定律的水中粒径极限

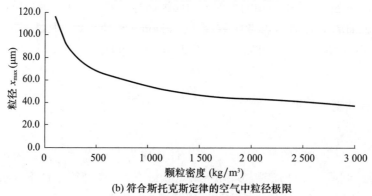

(b) 符合斯托克斯定律的空气中粒径极限

图 2W1.1　极限粒径-颗粒密度函数关系曲线

例题 2.2

一重力分离器用来去除水中的油滴（假设油滴表现得如同刚性球）。该分离器由一个矩形室构成，其间装有若干倾斜的隔板，如图 2W2.1 所示。

（a）导出此分离器理想的集油效率与油滴粒度、油物性、分离器尺寸、流体物性和

流速（假定为均匀速度）之间函数关系的表达式。

（b）据此，计算当水流量增大为原先的 1.2 倍，且油滴密度由 750 增大到 850 kg/m³ 时，集油效率变化的百分数。

解

（a）参看图 2W2.1，假定所有上升到隔板下表面的颗粒（油滴）都将被收集。因此，在颗粒前行一个分离器长度 L 所需的时间内，任何能够上升距离 h 及上升更快的颗粒都将被收集。设对应的颗粒最小竖直速度为 U_{Tmin}。

由于假设流体速度均匀，且忽略油滴与水之间的水平方向相对速度，所以

油滴停留时间，$t = L/U$

那么，

$$U_{Tmin} = \frac{h}{t} = hU/L$$

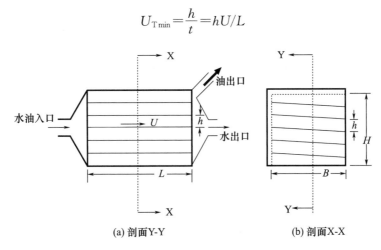

图 2W2.1 油水分离器示意图

这就是不论油滴进入隔板之初处于什么竖向位置，都可以被收集的油滴最小上升速度。

由于假设油滴足够小，斯托克斯定律适用，且油滴加速到终端速度所需时间和距离都可以忽略不计，所以油滴上升速度可由式（2.13）确定：

$$U_T = \frac{x^2(\rho_p - \rho_f)g}{18\mu}$$

假定所有油滴颗粒沿分离器竖直高度方向均匀分布，那么，在前行一个分离器长度的时间内，那些上升距离等于 h 及上升更快，即 $U_T \geqslant U_{Tmin}$ 的油滴都可以被收集；而那些上升距小于 h，即 $U_T < U_{Tmin}$ 的油滴则只能部分被收集，是否被收集取决于它们最初处于相邻两个隔板间的竖向位置。那些以 $0.5U_{Tmin}$ 速度上升的油滴只有 50% 会被收集，亦即，只有初始处于相邻隔板上半部空间的油滴才会被收集。同理，以 $0.25U_{Tmin}$ 速度上升的油滴只有 25% 能被收集。因此，

$$收集效率\ \eta = \frac{油滴实际的\ U_T}{U_{Tmin}}$$

于是有

$$\eta = \left[\frac{x^2(\rho_p - \rho_f)g}{18\mu}\right] \bigg/ \frac{hU}{L}$$

（b）当水流量增大为原先的 1.2 倍且油滴密度由 750 kg/m³ 增大到 850 kg/m³ 时，

我们来比较变化前后的集油效率。

令原来条件和新条件分别用下标 1 和 2 标记。流量增大为原来的 1.2 倍意味着 $U_2/U_1 = 1.2$。因此，由上面导出的集油效率表达式可知：

$$\frac{\eta_2}{\eta_1} = \left(\frac{\rho_{p_2} - \rho_f}{U_2}\right) / \left(\frac{\rho_{p_1} - \rho_f}{U_1}\right)$$

$$\frac{\eta_2}{\eta_1} = \left(\frac{850 - 1\,000}{750 - 1\,000}\right) \times \frac{1}{1.2} = 0.5$$

可见集油效率减小了 50%。

例题 2.3

一个直径 10 mm 密度 7 700 kg/m³ 的球体，以终端速度在密度为 900 kg/m³ 的液体中发生重力沉降，液体处于直径 12 mm 的管道中。测得该终端速度为 1.6 mm/s。计算该液体的黏度并证明斯托克斯定律可以应用。

解

为了求解本题，先将测得的终端速度转换为无限域流体中该球可以达到的终端速度。假定斯托克斯定律可以应用，就能够确定流体黏度。最后再检查斯托克斯定律是否适用。

利用弗朗西斯壁因子表达式［式（2.17）］：

$$\frac{U_{T_\infty}}{U_{T_D}} = \frac{1}{(1 - x/D)^{2.25}} = 56.34$$

于是，无限域流体中该球的终端速度为

$$U_{T_\infty} = U_{T_D} \times 56.34 = 0.090\,1\ \text{m/s}$$

令此值等于斯托克斯区内 $U_{T\infty}$ 表达式［式（2.13）］的值：

$$U_{T_\infty} = \frac{(10 \times 10^{-3})^2 \times (7\,700 - 900) \times 9.81}{18\mu}$$

因此，该液体黏度 $\mu = 4.11\ \text{Pa·s}$。

检验斯托克斯定律是否适用：单颗粒雷诺数

$$Re_p = \frac{x\rho_f U}{\mu} = 0.197$$

Re_p 小于 0.3，所以斯托克斯定律适用的假定有效。

例题 2.4

A、B 两种材料的球形颗粒混合物，用一股上升的液体流进行分离。两种材料的颗粒粒度范围均为 15~40 μm。（a）证明用水作为分离液不可能实现完全的分离。材料 A 和 B 的密度分别为 7 700 kg/m³ 和 2 400 kg/m³。（b）要实现完全分离，流体物性必须有何改变？假设斯托克斯定律适用。

解

（a）首先，我们考虑当把单个颗粒放入一根内有向上流动液体的管道中央时，会发生什么情况。设液体流速为 U 且在管道横截面上均匀分布。假定颗粒足够小以致可以忽略其加速到终端速度所需的时间和距离。参看图 2W4.1（a），如果液体速度大于颗粒的终端速度 U_T，那么颗粒将向上运动；如果液体速度小于 U_T，颗粒将下沉；如果液体速度等于 U_T，颗粒将停留在同一竖直高度上。每一种情况下，颗粒相对于管道壁的速度都是（$U-U_T$）。接下来，考虑放入的是两个粒度和密度不同的颗粒，它们的终端速度分别为 U_{T1} 和 U_{T2}。参看图 2W4.1（b），液体速度低时（$U<U_{T2}<U_{T1}$），两个颗粒都下沉；液体速度高（$U>U_{T1}>U_{T2}$），两个颗粒都被携带向上运动；中等液体速度时（$U_{T1}>U>U_{T2}$），颗粒 1 下沉而颗粒 2 上升。这样我们对于按照颗粒粒度和密度进行分离的原理就有了基本的认识。由上面的分析可知，要使 A、B 两种材料的颗粒完全分离，必须两种颗粒的终端速度范围没有重叠；即，高密度材料 A 所有粒度颗粒的终端速度，都必须大于低密度材料 B 所有颗粒的终端速度。

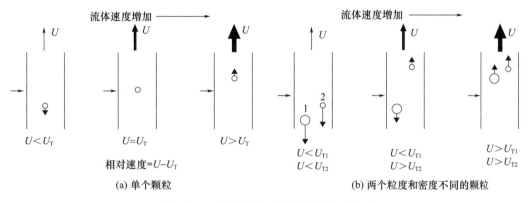

图 2W4.1　颗粒在移动流体中的相对运动

假定斯托克斯定律适用，利用式（2.13），以水的密度 1 000 kg/m³ 和黏度 0.001 Pa·s 代入，可得

$$U_T = 545x^2(\rho_p - 1\ 000)$$

由上式计算出的 A、B 两种颗粒端点粒度所对应的终端速度为：

粒度（μm）→	15	40
U_{T_A}（mm/s）	0.82	5.84
U_{T_B}（mm/s）	0.17	1.22

可见终端速度范围有重叠，因此无论选择怎样的水流速都不能完全分离 A、B 两种颗粒。

（b）通过观察斯托克斯区内终端速度的表达式［式（2.13）］看到，改变流体黏度对于本题颗粒的完全分离没有作用，因为改变流体黏度将使所有颗粒的终端速度以相同的比例改变。然而，改变流体密度将对不同密度的颗粒产生不同的作用，而且这正是我们要寻求的效果。分离 A、B 两种颗粒的临界条件是，A 颗粒最小颗粒的终端速度等于 B 颗粒最大颗粒的终端速度，即

$$U_{T_{B40}} = U_{T_{A15}}$$

因此，

$$545 \times x_{40}^2 \times (2\ 400 - \rho_f) = 545 \times x_{15}^2 \times (7\ 700 - \rho_f)$$

由此可得，临界最小流体密度为 $\rho_f = 1\ 533$ kg/m³。

例题 2.5

一个球体密度为 2 500 kg/m³，在密度 700 kg/m³ 黏度 0.5×10⁻³ Pa·s 的液体中发

生重力自由沉降。已知球的终端速度为 0.15 m/s，求其直径。一个相同材料的立方体，在相同液体中以相同的终端速度沉降，其边长是多少？

解

此情况为已知终端速度 U_T，求颗粒粒度 x。由于不知道处于哪一区，我们必须先计算无因次量群 C_D/Re_p［式（2.16）］：

$$\frac{C_D}{Re_p} = \frac{4}{3} \frac{g\mu(\rho_p - \rho_f)}{U_T^3 \rho_f^2}$$

因此，

$$\frac{C_D}{Re_p} = \frac{4}{3}\left[\frac{9.81 \times (0.5 \times 10^{-3}) \times (2\,500 - 700)}{0.15^3 \times 700^2}\right] = 7.12 \times 10^{-3}$$

这就是密度为 2 500 kg/m³ 具有终端速度 0.15 m/s 的颗粒，在密度为 700 kg/m³ 黏度为 0.5×10^{-3} Pa·s 的流体中沉降时，阻力系数 C_D 与单颗粒雷诺数 Re_p 间的关系式。由于 C_D/Re_p 是常数，此关系式在标准阻力曲线所在的双对数坐标系中的图像，将是一条斜率为 +1 的直线。

为了绘制该直线，计算出下列对应值：

Re_p	C_D
100	0.712
1 000	7.12
10 000	71.2

将这些数据点描绘于有不同球形度颗粒的标准阻力曲线的坐标图上（图 2.3），据此绘出的直线示于图 2W5.1。

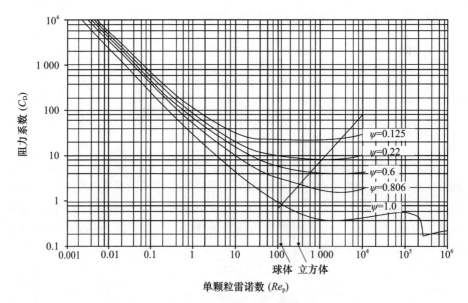

图 2W5.1　阻力系数 C_D 对雷诺数 Re_p 图

图中直线与球体的标准阻力曲线（$\psi=1$）的交点对应的 $Re_p=130$。球的直径由下式求出：

$$Re_p = 130 = \frac{\rho_f x_v U_T}{\mu}$$

因此，球直径为 $x_v = 619\ \mu m$。

对于在相同条件下具有相同终端速度的立方体，也可用同样的 C_D 对 Re_p 关系式，只是标准阻力曲线要用立方体的（$\psi = 0.806$）。此时交点对应的 $Re_p = 310$。

立方体球形度

1 单位边长立方体，体积为 1 立方单位，表面积为 6 平方单位。设 x_v 为与立方体同体积的球径，那么 $\frac{\pi x_v^3}{6} = 1$，解出 $x_v = 1.24$ 单位。因此，

$$\text{球形度 } \psi = \frac{\text{与颗粒等体积的球表面积}}{\text{颗粒的表面积}},$$

$$\psi = \frac{4.836}{6} = 0.806$$

回想起该图雷诺数用的是体积等效球径，

$$x_v = \frac{310 \times (0.5 \times 10^{-3})}{0.15 \times 700} = 1.48 \times 10^{-3}\ m$$

所以该颗粒体积 $\frac{\pi x_v^3}{6} = 1.66 \times 10^{-9}\ m^3$

从而得出立方体的边长为 $(1.66 \times 10^{-9})^{1/3} = 1.18 \times 10^{-3}\ m$（1.18 mm）。

例题 2.6

一颗粒的体积等效球径为 0.5 mm，密度为 2 000 kg/m³，球形度为 0.6，在密度 1.6 kg/m³ 黏度 2×10^{-5} Pa·s 的流体中发生重力自由沉降。试估算该颗粒的终端速度。

解

本题情况为已知颗粒粒度求其终端速度，且不知道处于哪个区。因此，第一步是先计算无因次量群 $C_D Re_p^2$：

$$C_D Re_p^2 = \frac{4}{3} \frac{x^3 \rho_f (\rho_p - \rho_f) g}{\mu^2}$$

$$= \frac{4}{3} \left[\frac{(0.5 \times 10^{-3})^3 \times 1.6 \times (2\ 000 - 1.6) \times 9.81}{(2 \times 10^{-5})^2} \right] = 13\ 069$$

这就是粒度为 0.5 mm 密度为 2 000 kg/m³ 的颗粒，在密度为 1.6 kg/m³ 黏度为 2×10^{-5} Pa·s 的流体中沉降时，阻力系数 C_D 与单颗粒雷诺数 Re_p 间的关系式。由于 $C_D Re_p^2$ 是常数，此关系式在标准阻力曲线的双对数坐标系中的图形，将是一条斜率为 -2 的直线。

为了绘制该直线，计算出下列对应值：

Re_p	C_D
10	130.7
100	1.307
1 000	0.013

将这些数据点描绘在有不同球形度颗粒的标准阻力曲线的坐标图上（图 2.3），据此绘出的直线示于图 2W6.1。

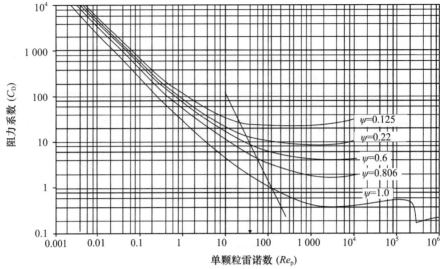

图 2W6.1　阻力系数 C_D 对雷诺数 Re_p 图

图中直线与球形度为 0.6（$\psi=0.6$）标准阻力曲线交点对应的 $Re_p=40$。

终端速度 U_T 可由下式计算出

$$Re_p = 40 = \frac{\rho_f x_v U_T}{\mu}$$

因此，终端速度为 $U_T=1.0 \text{ m/s}$。

自测题

2.1　作用于颗粒的总阻力是以下哪一项的函数：

（a）颗粒阻力系数；

（b）颗粒的投影面积；

（c）（a）和（b）都是；

（d）以上都不是。

2.2　颗粒阻力系数是以下哪一项的函数：

（a）颗粒雷诺数；

（b）颗粒球形度；

（c）（a）和（b）都是；

（d）以上都不是。

2.3　斯托克斯阻力假设：

（a）阻力系数是常数；

（b）颗粒雷诺数是常数；

（c）阻力是常数；

（d）以上都不是。

2.4　颗粒雷诺数不是以下哪一项的函数：

（a）颗粒密度；

(b) 管道直径；

(c) (a) 和 (b) 都对；

(d) 以上都不对。

2.5　颗粒所受浮力取决于：

(a) 颗粒密度；

(b) 颗粒粒度；

(c) (a) 及 (b) 都对；

(d) 以上都不对。

2.6　颗粒所受重力取决于：

(a) 颗粒密度；

(b) 颗粒粒度；

(c) (a) 和 (b) 都对；

(d) 以上都不对。

2.7　颗粒雷诺数取决于：

(a) 颗粒密度；

(b) 流体密度；

(c) (a) 和 (b) 都对；

(d) 以上都不对。

2.8　悬浮于流体中的颗粒，流体在管道内流动，当管道尺寸增大（其他条件不变）时，颗粒雷诺数：

(a) 增大；

(b) 减小；

(c) 保持不变。

2.9　颗粒雷诺数不取决于：

(a) 颗粒密度；

(b) 流速；

(c) 黏度；

(d) 以上都不对。

2.10　黏度的单位：

(a) 长度；

(b) 质量/长度；

(c) 质量×长度/时间；

(d) 以上都不是。

练习题

2.1　一个沉降室如图 2E1.1 所示。该沉降室用作初级分离装置，以除去密度 0.7 kg/m³ 黏度 1.90×10^{-5} Pa·s 的空气中灰尘，灰尘颗粒密度为 1 500 kg/m³。

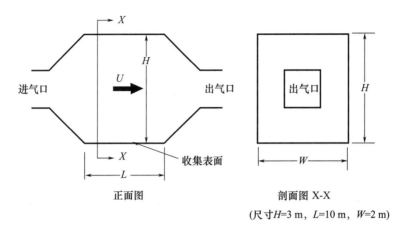

图 2E1.1　沉降室示意图

（a）假设斯托克斯定律适用，证明粒度为 x 的颗粒收集效率可用下式表达：

$$收集效率,\eta_x = \frac{x^2 g(\rho_p - \rho_f)L}{18\mu HU}$$

式中　U 是通过沉降室横截面（图中 X-X 截面）的气体速度（设均布于截面）。说出用到的其他假设。

（b）适用斯托克斯定律的颗粒粒度上限值是多少？

（c）当气体体积流量为 $0.9\ \mathrm{m^3/s}$，沉降室尺寸如图 2E1.1 所示时，计算直径 30 μm 的球形颗粒的收集效率。

［答案：（b）57 μm；（c）86%］

2.2　某一颗粒的体积等效球径为 0.2 mm，密度为 2 500 $\mathrm{kg/m^3}$，球形度为 0.6，在密度1.0 $\mathrm{kg/m^3}$ 黏度 2×10^{-5} Pa·s 的流体中发生自由重力沉降。估算该颗粒的终端速度。

（答案：0.6 m/s）

2.3　球形颗粒密度为 2 500 $\mathrm{kg/m^3}$，粒度范围 20～100 μm，连续地放入水流中。水在大直径的竖直管道内向上流动，水的密度 1 000 $\mathrm{kg/m^3}$，黏度 0.001 Pa·s。要确保没有直径大于 60 μm 的颗粒被水携带向上运动，水的最大流速为多少？

（答案：2.9 mm/s）

2.4　球形颗粒密度为 2 000 $\mathrm{kg/m^3}$，粒度范围 20～100 μm，连续地放入水流中。水在大直径的竖直管道内向上流动，水的密度 1 000 $\mathrm{kg/m^3}$，黏度 0.001 Pa·s。要确保没有直径大于 50 μm 的颗粒被水携带向上运动，水的最大流速为多少？

（答案：1.4 mm/s。）

2.5　某一颗粒的体积等效球经为 0.3 mm，密度为 2 000 $\mathrm{kg/m^3}$，球形度为 0.6，在密度 1.2 $\mathrm{kg/m^3}$ 黏度 2×10^{-5} Pa·s 的流体中发生自由重力沉降。估算该颗粒的终端速度。

（答案：0.67 m/s）

2.6　假设一辆小汽车相当于一块 1.5 m 见方的平板正对着气流移动，阻力系数为 $C_D=1.1$，计算其在水平地面上以 100 km/h 的速度稳定运动时所需功率。雷诺数是多少？假定空气密度为 1.2 $\mathrm{kg/m^3}$ 黏度为 1.71×10^{-5} Pa·s。（剑桥大学）

（答案：32.9 kW；2.95×10^6）

2.7　一板球以某一雷诺数抛出，该雷诺数下阻力系数是 0.4（$Re \approx 10^5$）。

（a）求该板球在空气中水平飞出 100 m 后速度变化的百分数。

（b）如果是一新球且以更高的雷诺数抛出，则阻力系数降为 0.1。这时该板球在空气中水平飞出 100 m 后，速度变化的百分数又是多少？

两种情况下球的质量和直径均分别取为 0.15 kg 和 6.7 cm，空气密度为 1.2 kg/m³。不熟悉板球运动的读者可换作棒球理解。（剑桥大学）

[答案：（a）43.1%；（b）13.1%]

2.8　一直径为 x 的球以速度 u 通过密度为 ρ 黏度为 μ 的流体，所受阻力 F 随雷诺数（$Re = \rho u x / \mu$）的变化见下表。

求，直径 0.013 m 以稳定的速度 0.6 m/s 在大而深的水箱中沉降（水的密度 1 000 kg/m³ 黏度 0.001 5 Pa·s）的球质量。（剑桥大学）

$\log_{10} Re$	2.0	2.5	3.0	3.5	4.0
$C_D = \dfrac{F}{\frac{1}{2}\rho u^2 (\pi x^2/4)}$	1.05	0.63	0.441	0.385	0.39

（答案：0.002 1 kg）

2.9　一直径 2 mm 密度为 2 500 kg/m³ 的颗粒在黏滞性流体中沉降，并遵循斯托克斯定律。

（a）计算流体的黏度，如果流体密度为 1 000 kg/m³，颗粒沉降的终端速度为 4 mm/s。

（b）此条件下颗粒所受阻力是多少？

（c）此条件下颗粒阻力系数是多少？

（d）此条件下颗粒加速度是多少？

（e）颗粒的表观重量是多少？

2.10　从颗粒在终端速度下的力平衡入手，证明：

$$C_D = \frac{4gx}{3U_T^2}\left[\frac{(\rho_p - \rho_f)}{\rho_f}\right]$$

式中符号具有它们通常的含义。

2.11　一球形颗粒密度为 1 500 kg/m³，在密度 800 kg/m³ 黏度 0.001 Pa·s 的流体中具有 1 cm/s 的终端速度。估算颗粒的直径。

2.12　球形颗粒的密度为 2 000 kg/m³，估算该球在密度 1.2 kg/m³ 黏度 18×10^{-6} Pa·s 的空气中能够遵循斯托克斯定律的最大直径。

3

多颗粒系统

3.1 悬浮颗粒的沉降

许多颗粒在流体中彼此极为接近地流动时，每个颗粒运动受其他颗粒的影响。对单个颗粒作的流体-颗粒相互作用的简单分析此时已不再有效，但适用于多颗粒系统的建模。

对悬浮于液体中的颗粒群，假设可以应用斯托克斯定律，但要采用有效悬浮液黏度和有效平均悬浮液密度：

$$有效黏度，\mu_e = \mu / f(\varepsilon) \tag{3.1}$$

$$平均悬浮液密度，\rho_{ave} = \varepsilon \rho_f + (1-\varepsilon) \rho_p \tag{3.2}$$

其中 ε 是空隙率或液体所占体积分数。悬浮液的有效黏度可看作等于经液体体积分数函数 $f(\varepsilon)$ 修正过的液体黏度。

第 2 章给出斯托克斯定律区中，单个颗粒的阻力系数公式 $C_D = 24/Re_p$。代入悬浮液的有效黏度和平均密度，斯托克斯定律变为

$$C_D = \frac{24}{Re_p} = \frac{24\mu_e}{U_{rel}\rho_{ave}x} \tag{3.3}$$

其中 $C_D = R' / \left(\frac{1}{2} \rho_{ave} U_{rel}^2 \right)$，$U_{rel}$ 是颗粒与流体的相对速度。

悬浮颗粒在重力作用下以终端速度沉降时的力平衡：

$$阻力 = 重力 - 浮力$$

即

$$\left(\frac{\pi x^2}{4} \right) \frac{1}{2} \rho_{ave} U_{rel}^2 C_D = (\rho_p - \rho_{ave}) \left(\frac{\pi x^3}{6} \right) g \tag{3.4}$$

从而给出

$$U_{rel} = (\rho_p - \rho_{ave}) \frac{x^2 g}{18\mu_e} \tag{3.5}$$

代入悬浮液的平均密度 ρ_{ave} 和有效黏度 μ_e 表示式，得出悬浮液中颗粒终端沉降速度的如下表达式：

$$U_{rel_T} = (\rho_p - \rho_f) \frac{x^2 g}{18\mu} \varepsilon f(\varepsilon) \tag{3.6}$$

与流体中单颗粒自由沉降终端速度表达式［式（2.13）］比较，发现

$$U_{rel_T} = U_T \varepsilon \cdot f(\varepsilon) \tag{3.7}$$

$U_{\text{rel T}}$ 称为存在其他颗粒时，该颗粒的沉降速度，或干涉沉降速度。

下面的分析中，假设流体和颗粒不可压缩，并且流体和颗粒的体积流量 Q_f、Q_p 恒定不变。分别定义流体和颗粒的表观速度 U_{fs}、U_{ps}：

$$\text{流体表观速度,} U_{fs} = \frac{Q_f}{A} \tag{3.8}$$

$$\text{颗粒表观速度,} U_{ps} = \frac{Q_p}{A} \tag{3.9}$$

其中 A 是容器横截面积。

各向同性条件下，流体和颗粒占据的流动面积为：

$$\text{流体占据的流动面积,} A_f = \varepsilon A \tag{3.10}$$

$$\text{颗粒占据的流动面积,} A_p = (1-\varepsilon) A \tag{3.11}$$

从而由连续性得出：

$$\text{流体流量:} Q_f = U_{fs} A = U_f A \varepsilon \tag{3.12}$$

$$\text{颗粒流量:} Q_p = U_{ps} A = U_p A (1-\varepsilon) \tag{3.13}$$

因此，流体和颗粒实际速度 U_f 和 U_p 由下式给出：

$$\text{流体实际速度,} U_f = U_{fs}/\varepsilon \tag{3.14}$$

$$\text{颗粒实际速度,} U_p = U_{ps}/(1-\varepsilon) \tag{3.15}$$

3.2　间歇沉降

3.2.1　沉降通量与悬浮液浓度的函数关系

当悬浮液中的固体颗粒进行间歇沉降时，例如在实验室量筒中悬浮液的沉淀，没有净流量通过容器，即

$$Q_p + Q_f = 0 \tag{3.16}$$

因此

$$U_p(1-\varepsilon) + U_f \varepsilon = 0 \tag{3.17}$$

以及

$$U_f = -U_p \frac{(1-\varepsilon)}{\varepsilon} \tag{3.18}$$

重力作用下的干涉沉降，颗粒与流体间的相对速度 $(U_p - U_f)$ 为 $U_{\text{rel T}}$，因此应用 $U_{\text{rel T}}$ 的表达式［式（3.7）］，有

$$U_p - U_f = U_{\text{rel}_T} = U_T \varepsilon f(\varepsilon) \tag{3.19}$$

将式（3.19）、（3.18）联立，得到 U_p 的表达式，即间歇沉降时，颗粒相对于容器壁的干涉沉降速度

$$U_p = U_T \varepsilon^2 f(\varepsilon) \tag{3.20}$$

有效黏度中函数 $f(\varepsilon)$ 的表达式，对均一球形颗粒形成的悬浮液，固体体积分数小于 0.1［$(1-\varepsilon) \leqslant 0.1$］时，理论上证明是

$$f(\varepsilon) = \varepsilon^{2.5} \tag{3.21}$$

理查森（Richardson）和扎基（Zaki）（1954）用实验证明，$Re_p < 0.3$ 时（在斯托

克斯定律区，阻力与流体密度无关），

$$U_p = U_T \varepsilon^{4.65} \quad [\text{或} \ f(\varepsilon) = \varepsilon^{2.65}] \qquad (3.22)$$

而当 $Re_p > 500$ 时（在牛顿定律区，阻力与流体黏度无关），

$$U_p = U_T \varepsilon^{2.4} \quad [\text{或} \ f(\varepsilon) = \varepsilon^{0.4}] \qquad (3.23)$$

总的来说，理查森和扎基关系式为：

$$U_p = U_T \varepsilon^n \qquad (3.24)$$

卡恩（Khan）和理查森（1989）推荐在整个雷诺数范围内，指数 n 的值用下面的关系式确定：

$$\frac{4.8 - n}{n - 2.4} = 0.043 Ar^{0.57} \left[1 - 2.4 \left(\frac{x}{D} \right)^{0.27} \right] \qquad (3.25)$$

其中 Ar 是阿基米德数 $[x^3 \rho_f (\rho_p - \rho_f) g / \mu^2]$，$x$ 是粒度，D 是容器直径。此处最适合的粒度是表面积一体积平均径。

将式（3.24）表示为固体体积沉降通量 U_{ps} 的公式，则变为

$$U_{ps} = U_p (1 - \varepsilon) = U_T (1 - \varepsilon) \varepsilon^n \qquad (3.26)$$

或表示为无因次颗粒沉降通量，

$$\frac{U_{ps}}{U_T} = (1 - \varepsilon) \varepsilon^n \qquad (3.27)$$

对式（3.27）取一阶和二阶导数，表明在无因次颗粒沉降通量与悬浮液体积浓度 $1-\varepsilon$（或 C）关系图中，在 $\varepsilon = n/(n+1)$ 处，该通量具有最大值，在 $\varepsilon = (n-1)/(n+1)$ 处有拐点。因此，该图的理论形式如图 3.1 所示。

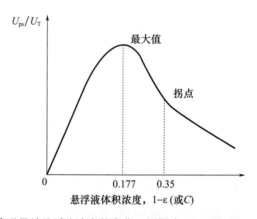

图 3.1　无因次沉降通量随悬浮液浓度的变化，根据式（3.27）（$Re_p < 0.3$，即 $n = 4.65$）

3.2.2　沉淀中的突变界面

颗粒悬浮液沉淀或沉降过程中，会出现浓度突变界面或浓度不连续面。

为方便起见，本章的剩余部分中符号 C 表示颗粒体积分数 $1-\varepsilon$，而颗粒体积分数也称作悬浮液的浓度。

参看图 3.2，该图显示了在浓度为 C_1 颗粒沉降速度为 U_{p1} 的悬浮液，与浓度为 C_2 颗粒沉降速度为 U_{p2} 的悬浮液之间的界面。该界面以速度 U_{int} 下降。这里所有速度都是相对于容器壁的速度。假设流体和颗粒都是不可压缩的，在界面处的质量平衡给出

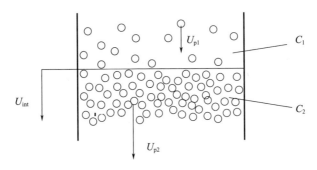

图 3.2　沉淀中的浓度界面

$$(U_{p_1} - U_{int})C_1 = (U_{p_2} - U_{int})C_2$$

所以

$$U_{int} = \frac{U_{p_1}C_1 - U_{p_2}C_2}{C_1 - C_2} \tag{3.28}$$

或者，因为 U_pC 也等于颗粒体积通量 U_{ps}，于是有

$$U_{int} = \frac{U_{ps_1} - U_{ps_2}}{C_1 - C_2} \tag{3.29}$$

其中 U_{ps1} 和 U_{ps2} 是浓度分别为 C_1、C_2 的悬浮液中颗粒的体积通量。于是，

$$U_{int} = \frac{\Delta U_{ps}}{\Delta C} \tag{3.30}$$

并且，在 $\Delta C \to 0$ 的极限情况下，有

$$U_{int} = \frac{dU_{ps}}{dC} \tag{3.31}$$

因此，在通量图（U_{ps} 对浓度 C 的图）上：

（a）浓度 C 处曲线的斜率是该浓度悬浮液层的速度。

（b）连接曲线上浓度为 C_1 和 C_2 两点间弦的斜率，就是这两种浓度的悬浮液间不连续面或界面的速度。

图 3.3 对此进行了说明。

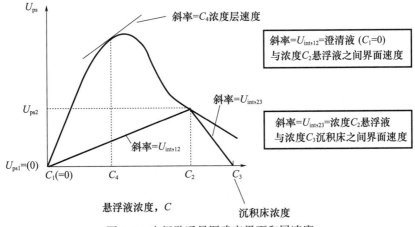

图 3.3　由间歇通量图确定界面和层速度

3.2.3 间歇沉降测试

简单间歇沉降测试，能为从流体中分离颗粒的浓密机设计提供所有信息。本测试先在量筒中制备已知浓度的悬浮液。摇荡量筒使悬浮液完全混匀，然后将量筒竖直放置使悬浮液开始沉淀。沉淀形成的界面位置被实时监测。根据悬浮液初始浓度不同形成两类沉淀。第一类如图 3.4 所示（类型 1 沉淀），形成 3 个恒定浓度区。它们是：A 区，澄清液体（$C=0$）；B 区，浓度等于初始悬浮液浓度（C_B）；S 区，沉积物浓度（C_S）。图 3.5 是 AB、BS 和 AS 界面高度随时间变化的典型示意图。在这张图中，直线斜率给出界面速度。例如，AB 界面以恒定速度下降，BS 界面以恒定速度上升。下降的 AB 界面与上升的 BS 界面相遇，形成澄清液体和沉积物界面（AS），该界面是稳定的，此时沉降测试结束。

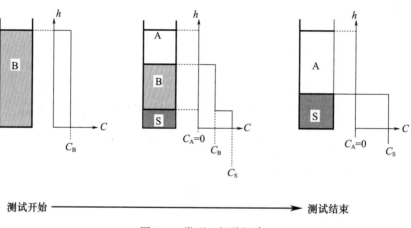

测试开始 ➞ 测试结束

图 3.4　类型 1 间歇沉降

区域 A、B 和 S 是恒定浓度区。A 区是澄清区；

B 区是浓度等于初始浓度的悬浮液区；S 区是沉淀床或沉积物浓度区

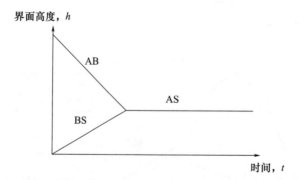

图 3.5　在类型 1 间歇沉降中，AB、BS 和 AS 界面高度随时间的变化

（例如 AB 是 A 区和 B 区之间的界面；见图 3.4）

图 3.6 所示第二类沉淀中（类型 2 沉淀），除了恒定浓度区（A、B 和 S）外，还形成一个浓度变化区 E。E 区悬浮液浓度随位置变化，然而在 E 区内最小浓度 $C_{E_{min}}$ 和最大浓度 $C_{E_{max}}$ 是恒定的。图 3.7 是这类沉淀中 AB、BE_{min}、$E_{max}S$ 和 AS 界面高度随时间变

化的典型示意图。

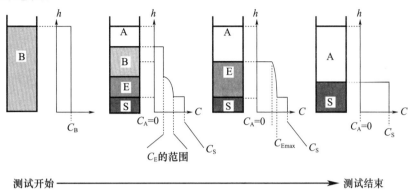

图 3.6　类型 2 间歇沉降

区域 A、B 和 S 是恒定浓度区，其中 A 区是澄清液；

B 区是浓度等于初始浓度的悬浮液区；S 区是沉积床。E 区是浓度变化区

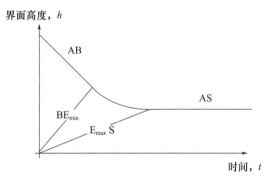

图 3.7　在类型 2 间歇沉降中，界面 AB、BE_{min}、$E_{max}S$ 和 AS 位置随时间的变化

（例如，AB 是 A 区和 B 区之间的界面；BE_{min} 是 B 区与浓度变化区 E 中最小

浓度悬浮液层之间的界面。见图 3.6）

发生类型 1 或类型 2 沉淀取决于悬浮液初始浓度 C_B。简单地说，如果在 B 区与浓度大于 C_B 小于 C_S 的悬浮液之间有界面，该界面比 B、S 间界面上升快，就会形成浓度变化区（E 区）。观察颗粒通量图能确定发生哪种沉淀。参阅图 3.8，过点（$C=C_s$，$U_{ps}=0$）画曲线的切线。切点的浓度为 C_{B2}，延伸切线与曲线交点的浓度为 C_{B1}。悬浮液初始浓度小于 C_{B1} 和大于 C_{B2}，发生类型 1 沉淀。初始悬浮液浓度处于 C_{B1} 和 C_{B2} 之间，发生类型 2 沉淀。严格说，超过 C_{B2} 时，类型 1 沉淀再次发生，但这没有什么实际意义。

3.2.4　高度-时间曲线与通量图的关系

在简单间歇沉降测试中，追踪 AB 界面的位置可以产生高度-时间曲线，如图 3.9 所示（类型 2 沉淀）。事实上，对于不同初始浓度，有一系列这样的曲线。下面的分析使我们可以从高度-时间曲线推导出颗粒通量图。

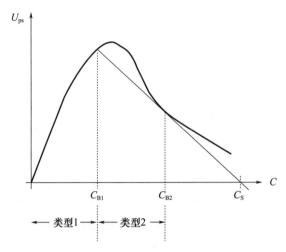

图 3.8 确定沉淀是类型 1 还是类型 2

通过 C_S 与通量曲线相切的直线给出 C_{B1} 和 C_{B2}。

当初始悬浮液浓度在 C_{B1} 和 C_{B2} 之间，发生类型 2 沉淀

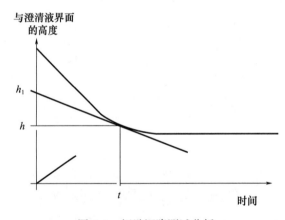

图 3.9 间歇沉降测试分析

由图 3.9 可知，t 时刻澄清液和浓度为 C 悬浮液之间的界面，处于距容器底部高度 h 处，界面速度是此时曲线的斜率：

$$界面速度 = \frac{\mathrm{d}h}{\mathrm{d}t} = \frac{h_1 - h}{t} \tag{3.32}$$

此速度也等于 U_p，即界面上颗粒相对于管壁的速度。因此，

$$U_p = \frac{h_1 - h}{t} \tag{3.33}$$

现在考虑从容器底部升起的高浓度波或平面。t 时刻，浓度为 C 的平面已经从底部上升了距离 h。因此，浓度为 C 的平面从底部上升的速度是 h/t。此平面或浓度波穿过悬浮液向上传播。因此，颗粒相对于该平面的速度为：

$$颗粒相对于该平面的速度 = U_p + \frac{h}{t} \tag{3.34}$$

当颗粒通过该平面时，它们的浓度为 C（参见图 3.10）。因此，

t 时间内通过平面的颗粒体积＝面积×颗粒速度×浓度×时间＝$A\left(U_p+\dfrac{h}{t}\right)Ct$

$$(3.35)$$

但是，在 t 时刻，此平面正是与澄清液的界面，因而在此时，所有测试颗粒都通过了这个平面。

所有测试颗粒的总体积＝$C_B h_0 A$　　　　　　　　　(3.36)

其中 h_0 是初始悬浮液高度。

因此

$$C_B h_0 A = A\left(U_p+\frac{h}{t}\right)Ct \qquad (3.37)$$

将式（3.33）的 U_p 代入，从而得出

$$C=\frac{C_B h_0}{h_1} \qquad (3.38)$$

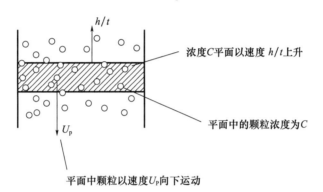

图 3.10　间歇沉降分析；浓度为 C 的平面与平面内颗粒的相对速度

3.3　连续沉降

3.3.1　流动流体中悬浮物的沉降

我们现在来看将净流动流体加到颗粒沉降过程的效果，最终目的是开发浓密机的设计程序。该分析遵循弗赖尔（Fryer）和尤海尔（Uhlherr）（1980）提出的方法。

首先，我们考虑在容器中向下流动的沉降悬浮液。固体颗粒浓度为（$1-\varepsilon_F$）或 C_F 的悬浮液，以体积流量 Q 连续送入到横截面积为 A 的容器顶部（图 3.11）；悬浮液以同样速率从容器底部抽出。容器中给定的轴向位置 X 处，令此处固体浓度为（$1-\varepsilon$）或 C，固体和流体的体积通量分别为 U_{ps}、U_{fs}。然后假设流体和固体不可压缩，由连续性给出

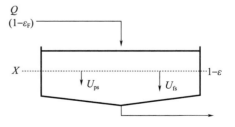

图 3.11　连续沉降，仅向下流动

$$Q=(U_{ps}+U_{fs})A \qquad (3.39)$$

X 位置处，流体和颗粒之间相对速度为

$$U_{\mathrm{rel}}=\frac{U_{\mathrm{ps}}}{1-\varepsilon}-\frac{U_{\mathrm{fs}}}{\varepsilon} \tag{3.40}$$

间歇沉降分析中给出了如下相对速度的表达式：

$$U_{\mathrm{rel}}=U_{\mathrm{T}}\varepsilon f(\varepsilon) \tag{3.7}$$

因此，联立式（3.39）、（3.40）和（3.7），可以得出：

$$U_{\mathrm{ps}}=\frac{Q}{A}(1-\varepsilon)+U_{\mathrm{T}}\varepsilon^{2}(1-\varepsilon)f(\varepsilon) \tag{3.41}$$

或

总固体通量＝整体流引起的通量＋沉降引起的通量

可以用这个表达式将间歇通量图转换为连续向下总通量图。参阅图 3.12，绘制一条经原点斜率为 Q/A 的直线，来表示整体流通量线；叠加到间歇通量曲线上，就得到连续向下总通量曲线。现在为了用图解法确定容器中水平位置 X 处的固体浓度，应用进料点与 X 点的质量平衡。沿进料浓度 C_{F} 向上读到整体流通量线上，给出进入容器的颗粒体积通量值为 QC_{F}/A。根据连续性，这一定也是 X 水平位置或任何水平位置的总通量。因此，从 QC_{F}/A 通量横向读到连续总通量曲线上，可读取容器内向下流动颗粒浓度，称它为 C_{B}。（下标 B 最终是指连续浓密机"底部"截面）。向下流流体中，C_{B} 值总是低于进料浓度 C_{F}，因为向下流中固体颗粒速度比进料中颗粒速度大（浓度×速度＝通量）。

对容器中颗粒悬浮液向上流应用类似的分析，得到颗粒向下总通量为

$$U_{\mathrm{ps}}=U_{\mathrm{T}}\varepsilon^{2}(1-\varepsilon)f(\varepsilon)-\frac{Q}{A}(1-\varepsilon) \tag{3.42}$$

或

总固体通量＝沉降引起的通量－整体流引起的通量

因此，对于向上流动，从间歇通量曲线减去代表整体流引起通量的直线，得出连续总通量图（图 3.13）。如对向下流动的分析一样，应用物料平衡，我们能用图解法确定容器内向上流颗粒浓度 C_{T}（下标 T 是指连续浓密机的"顶"截面）。从图 3.13 可以看出，向上流动悬浮液颗粒浓度值 C_{T} 总是大于进料浓度 C_{F}。这是因为向上流颗粒速度总是小于进料流的颗粒速度。

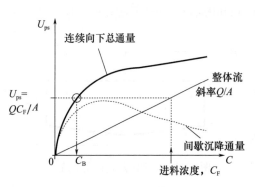

图 3.12　向下流动沉降总通量图

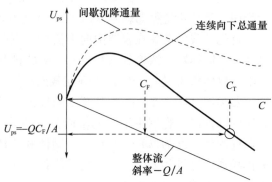

图 3.13　向上流动沉降总通量图

3.3.2　真实浓密机（有向上流部分和向下流部分）

现在考虑一个真实的浓密机，如图 3.14 所示。悬浮液浓度为 C_F，以体积流量 F 进入到容器顶部与底部之间某部位。"底流"从容器底端抽出，体积流量为 L，浓度为 C_L。容器顶部溢流的悬浮液浓度为 C_V，体积流量为 V（该流体称为"溢流"）。设底部（向下流段）、顶部（向上流段）的颗粒平均浓度分别为 C_B、C_T。浓密机总的和颗粒的物料平衡式分别为：

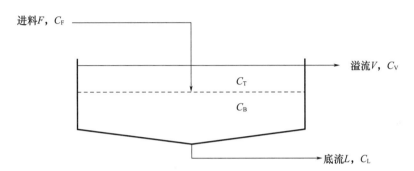

图 3.14　真实浓密机，向上流和向下流相结合

（F、L 和 V 是体积流量；C_F、C_L 和 C_V 是浓度）

$$总的：F=V+L \tag{3.43}$$
$$颗粒的：FC_F=VC_V+LC_L \tag{3.44}$$

这些物料平衡式可以把连续浓密机中向上流段总通量图和向下流段总通量图连接起来。

3.3.3　临界负荷浓密机

图 3.15 显示临界负荷浓密机的通量图。斜率为 F/A 的直线表示进料体积流量为 F 时，进料浓度与进料通量的关系。物料平衡方程［式（3.43）和（3.44）］确定，斜率为 F/A 直线与向下流段总通量曲线相交，交点对应的向上流段总通量为 0。临界负荷条件下进料浓度恰好等于临界值，该临界浓度下的进料通量，就等于向下流段在该浓度下能够输送的连续总通量。因此向下流段的整体流和沉降作用综合效应规定了进料通量值。该条件下因进入浓密机的所有颗粒都能由向下流段处理掉，所以向上流段通量为 0。物料平衡决定了向下流段浓度 C_B 等于 C_F，底流浓度 $C_L=FC_F/L$。物料平衡可以用图形表示，如图 3.15 所示。通过进料通量线求出，进料浓度为 C_F 时进料通量是 $U_{ps}=FC_F/A$。该通量时向下流段浓度是 $C_B=C_F$。向下流段通量恰好等于进料通量，因而向上流段通量为 0。底流中不发生沉降，底流通量 LC_L/A 就等于向下流段的通量。此通量下的底流浓度 C_L 由底流通量线确定。

图 3.15 表明，在临界条件下，向上流段浓度 C_T 有两种可能的解。一个明显解是 $C_T=0$；另一个是 $C_T=C_B$。第二种情形时，向上流段可观察到颗粒流化床，床的浓度为 C_B 并且有清晰的表面。

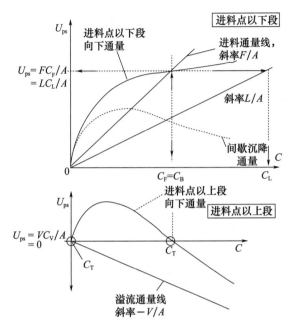

图 3.15　临界负荷下浓密机总通量曲线

3.3.4　欠负荷浓密机

当进料浓度 C_F 小于临界浓度时，浓密机为欠负荷。这种情况如图 3.16 所示。进料通量 FC_F/A，小于向下流段整体流和沉降所能提供的最大通量。向上流段通量再次为 0（$C_T = C_V = 0$；$VC_V/A = 0$）。图 3.16 所示的图形化质量平衡可以确定 C_B 和 C_L（进料通量＝向下流段通量＝底流通量）。

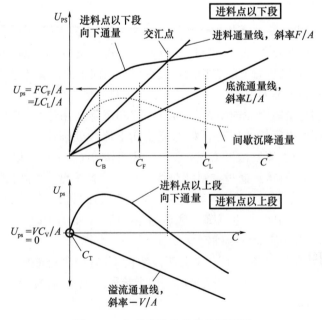

图 3.16　欠负荷浓密机的总通量图

3.3.5 超负荷浓密机

当进料浓度 C_F 大于临界浓度时，浓密机为超负荷。这种情况如图 3.17 所示。这里进料通量 FC_F/A，大于向下流段整体流和沉降所能提供的最大通量。超出通量必须通过向上流段，从溢流排出。图形化的物料平衡示于图 3.17。进料浓度为 C_F 时，进料通量与向下流段总通量差产生的超出通量，必须通过向上流段排出。该通量应用到向上流段通量图上，给出向上流段浓度值 C_T 和溢流浓度值 C_V（向上流段通量＝溢流通量）。

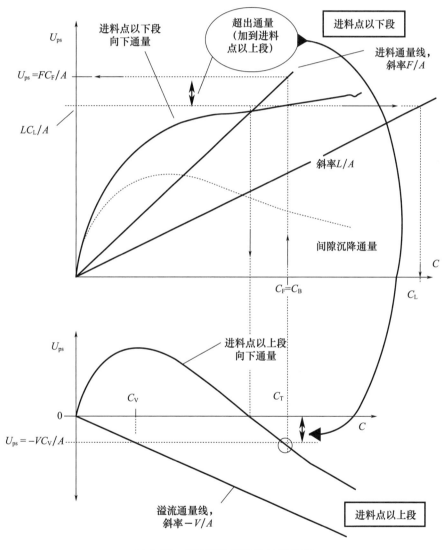

图 3.17　超负荷浓密机的总通量图

3.3.6　总通量图的另一种形式

连续通量图的常见形式，如图 3.18 所示，在临界负荷条件下，总通量是极小值。在此通量图中，当进料浓度引起通量等于总通量曲线上极小值时，出现临界负荷情况。

大于这个临界负荷，向下流段不能稳定运行。临界条件下向上流段通量再次为 0，图 3.18所示的物料平衡给出 C_B、C_L 值。应当注意在这些条件下有两个可能的 C_B 值；它们可以在向下流段共存，进料面和底流间任一位置会有它们之间的不连续界面。

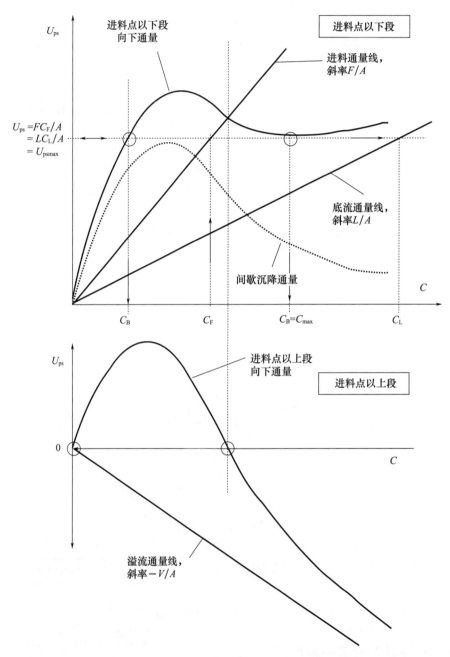

图 3.18　另一种形状的总通量图；临界负荷浓密机

　　图 3.19 显示了这种另一形式的超负荷通量图。这种情况的图解法是，为了确定 C_T、C_V 的值，将向下流段图通量轴上读取的超出通量，应用到向上流段通量图中。注

意，在这种情况下，虽然理论上有两个可能的 C_B 值，实际上只有较大的 C_B 值才能与其上面浓度较高的 C_T 值稳定共存。

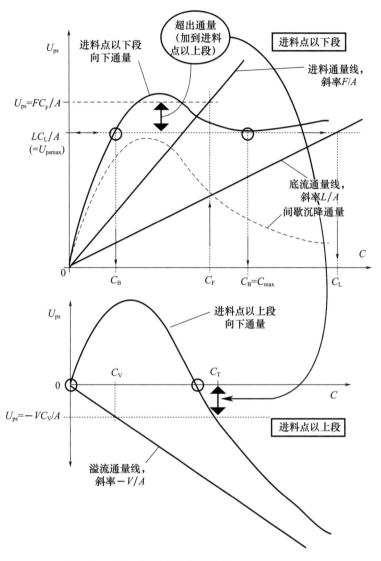

图 3.19　另一种形状的总通量图；超负荷浓密机

3.4　例　　题

例题 3.1

竖直放置的圆柱体容器内初始悬浮液浓度为 0.1，其沉降的高度—时间曲线，如图 3W1.1 所示。确定：

（a）澄清液与浓度为 0.1 悬浮液界面的速度；

（b）澄清液与浓度为 0.175 悬浮液界面的速度；

（c）浓度为 0.175 的悬浮液层从容器底部向上传播的速度；

（d）最终沉积物的浓度。

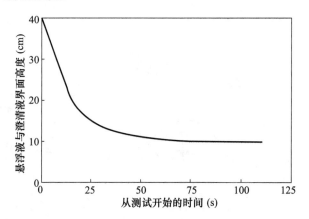

图 3W1.1 间歇沉降测试：高度-时间曲线

解

（a）由于初始悬浮液浓度为 0.1，本题所求速度是 AB 界面的速度。这由高度—时间曲线直线段的斜率给出。

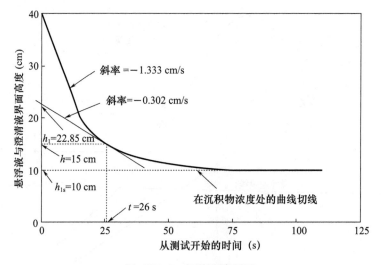

图 3W1.2 间歇沉降测试

$$斜率 = \frac{20-40}{15-0} = -1.333 \text{ cm/s}$$

（b）我们必须首先找到曲线上浓度 0.175 悬浮液与澄清液界面的点。由式（3.38），$C = \dfrac{C_B h_0}{h_1}$，以及 $C = 0.175$，$C_B = 0.1$，$h_0 = 40$ cm，可得 $h_1 = \dfrac{0.1 \times 40}{0.175} = 22.85$ cm。

过 $t = 0$，$h = h_1$ 点绘制直线与曲线相切，切点对应时间是浓度 0.175 悬浮液与澄清液界面出现的时间（图 3W1.2）。该点坐标 $t = 26$ s，$h = 15$ cm。这个界面的速度是曲线在该点上的斜率：26 s，15 cm 点处曲线斜率 $= \dfrac{15-22.85}{26-0} = -0.302$ cm/s，所以界面向下的速度为 0.302 cm/s。

（c）由以上讨论可知，经过 26 s 后浓度为 0.175 的悬浮液层刚达到与澄清液的界面处，此时从容器底部向上经过距离为 15 cm。因此，这一层向上传播速度 $=\dfrac{h}{t}=\dfrac{15}{26}=0.577$ cm/s。

（d）为求最终沉淀物的浓度，再次应用式（3.38），$C=\dfrac{C_Bh_0}{h_1}$。式中的 h_1 对应的是最终沉淀物的 h_{1s} 值，该值可通过绘制曲线上最终沉淀物对应点的切线并投射到 h 轴上而得出。

此时 $h_{1s}=10$ cm，由式（3.38），最终沉淀物浓度 $C=\dfrac{C_0h_0}{h_{1s}}=\dfrac{0.1\times40}{10}=0.4$。

例题 3.2

悬浮在水中粒度均一的球（直径 150 μm，密度 1 140 kg/m³）体积百分浓度为 25%。悬浮液沉淀为固体体积百分浓度 55% 的床层。计算：

（a）水与悬浮液界面下降的速率；

（b）沉积物与悬浮液界面上升的速率（假设水的性质：密度 1 000 kg/m³；黏度 0.001 Pa·s）。

解

（a）初始悬浮液固体浓度，$C_B=0.25$。

式（3.28）可以计算不同浓度悬浮液间界面的速度，初始浓度悬浮液（B）与澄清液（A）间界面速度为

$$U_{int,AB}=\frac{U_{pA}C_A-U_{pB}C_B}{C_A-C_B}$$

由于 $C_A=0$ 方程简化为

$$U_{int,AB}=U_{pB}$$

U_{pB} 为间歇沉降中颗粒相对于容器壁的干涉沉降速度，由式（3.24）给出：

$$U_p=U_T\varepsilon^n \quad (U_p=U_{pB})$$

假设斯托克斯定律适用，$n=4.65$，单颗粒（沉降）终端速度由式（2.13）给出（见第 2 章）：

$$U_T=\frac{x^2(\rho_p-\rho_f)g}{18\mu}$$

$$U_T=\frac{(150\times10^{-6})^2\times(1\,140-1\,000)\times9.81}{18\times0.001}=1.717\times10^{-3} \text{m/s}$$

为检验是否可应用斯托克斯定律，计算单颗粒的雷诺数：

$$Re_p=\frac{(150\times10^{-6})\times1.717\times10^{-3}\times1\,000}{0.001}=0.258$$

小于斯托克斯定律的限值（0.3），所以假设成立。

初始悬浮液的孔隙率 $\varepsilon_B=1-C_B=0.75$，因此，

$$U_{pB}=1.717\times10^{-3}\times0.75^{4.65}=0.45\times10^{-3} \text{ m/s}$$

所以，初始浓度悬浮液与澄清液界面的速度为 0.45 mm/s。速度为正值表明界面是向下移动。

（b）再次利用式（3.28），来计算不同浓度悬浮液间界面速度。因此，初始悬浮液

（B）与沉积物（S）间的界面速度

$$U_{\text{int,BS}} = \frac{U_{\text{pB}}C_{\text{B}} - U_{\text{pS}}C_{\text{S}}}{C_{\text{B}} - C_{\text{S}}}$$

对于 $C_{\text{B}} = 0.25$，$C_{\text{S}} = 0.55$，由于沉淀物的速度 $U_{\text{pS}} = 0$，结果是

$$U_{\text{int,BS}} = \frac{U_{\text{pB}}0.25 - 0}{0.25 - 0.55} = -0.833U_{\text{pB}}$$

从（a）部分，我们知道 $U_{\text{pB}} = 0.45 \text{ mm/s}$，结果是 $U_{\text{int,BS}} = -0.833 \times 0.45 \text{ mm/s} = -0.375 \text{ mm/s}$。

负号表示界面向上移动。因此初始悬浮液与沉积物的界面以 0.375 mm/s 速度向上移动。

例题 3.3

对于图 3W3.1 所示的间歇沉降通量图，沉积物固相浓度为固体体积分数 0.4。

（a）确定在间歇沉降条件下，形成浓度变化区的初始悬浮液浓度范围。

（b）初始悬浮液固体体积分数为 0.1，悬浮液高度 100 cm，进行间歇沉降测试，计算并绘制 50 min 后浓度分布图。

（c）什么时间可以完成沉降测试？

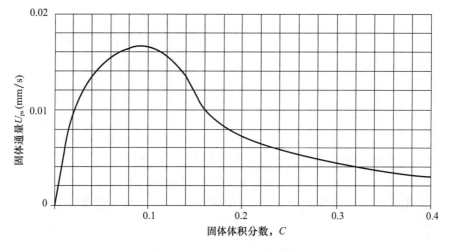

图 3W3.1　间歇沉降通量曲线

解

（a）过 $U_{\text{ps}} = 0$，$C = C_{\text{S}} = 0.4$ 的点，画一条曲线的切线，如图 3W3.2 中 XC_{S} 线所示，以确定初始悬浮液的浓度范围。在间歇沉降（类型 2 沉降）中，形成浓度变化区的初始悬浮液浓度范围，由 $C_{\text{B}_{\min}}$ 和 $C_{\text{B}_{\max}}$ 定义。$C_{\text{B}_{\min}}$ 是 XC_{S} 线与沉降曲线相交的 C 值，$C_{\text{B}_{\max}}$ 是切点的 C 值，从图 3W3.2 可以看出

$$C_{\text{B}_{\min}} = 0.036, C_{\text{B}_{\max}} = 0.21$$

（b）为确定浓度分布图，必须首先计算 A、B、E 和 S 区之间界面速度，并找到它们在 50min 后的位置。

在图 3W3.2 中连接 A 和 B 两点的线 AB，其斜率等于 A、B 界面速度，A、B 两点分别代表澄清液点（0，0）和初始悬浮液点（0.1，U_{ps}）。从图 3W3.2 可以看出 $U_{\text{int,AB}} = +$

0.166 mm/s 或＋1.00 cm/min。

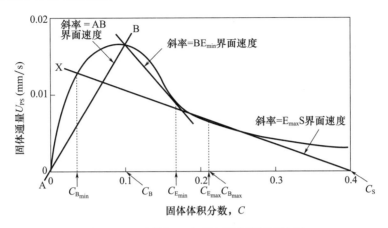

图 3W3.2 例题 3.3 间歇沉降问题的图解法

从 B 点与曲线相切直线的斜率，等于初始悬浮液浓度 B 与浓度变化区浓度最小值 C_{Emin} 间界面的速度。从图 3W3.2，$U_{int, BE_{min}} = -0.111$ mm/s 或 -0.66 cm/min。

过代表沉降物的点（$C = C_S = 0.4$，$U_{ps} = 0$）与曲线相切直线的斜率，等于浓度变化区最大值与沉积区界面的速度。从图 3W3.2，$U_{int, E_{max}S} = -0.035\,5$ mm/s 或 -0.213 cm/min。

因此，50 min 之后界面移动的距离是：

AB 界面 50.0 cm（1.00×50）向下移动

BE_{min} 界面 33.2 cm 向上移动

$E_{max}S$ 界面 10.6 cm 向上移动

因此，过 50 min 后，界面的位置（与测试容器底部的距离）

AB 界面 50.0 cm

BE_{min} 界面 33.2 cm

$E_{max}S$ 界面 10.6 cm

从图 3W3.2，可以确定悬浮液浓度变化区浓度的最小值和最大值，$C_{E_{min}} = 0.16$，$C_{E_{max}} = 0.21$。

利用这些信息，我们可以画出测试开始 50 min 后容器内浓度分布图，如图 3W3.3 所示。浓度变化区域内，浓度分布的形状由以下方法确定。回想起间歇沉降图在悬浮液浓度为 C 处的斜率是该浓度悬浮液层的速度（图 3W3.1），找到 2 个或多个浓度值处的斜率，然后可确定这些层 50 min 后的位置：

• 间歇通量图中在 C=0.18 处的斜率为 0.44 cm/min 向上移动。

因此，浓度为 0.18 液层 50 min 后位置为距容器底部 22.0 cm。

• 间歇通量图中在 C=0.20 处斜率为 0.27 cm/min 向上移动。

因此，浓度为 0.20 液层 50 min 后位置为距容器底部 13.5 cm。

将这两点绘制在浓度分布图中，以确定浓度变化区分布形状。

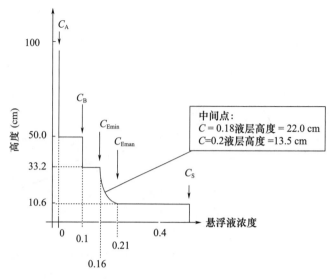

图 3W3.3　间歇沉降实验容器内 50 min 后浓度分布示意图

图 3W3.4 是根据以上信息构建的测试高度—时间曲线示意图。通过绘制两个或更多个不同浓度悬浮液层的位置，可以再次确定曲线的弯曲部分形状。当 AB 线与 BE_{min} 线相交，初始悬浮浓度区（B）结束（消失），这两条线都是根据它们斜率绘制的。

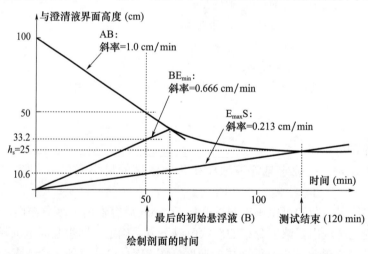

图 3W3.4　例 3.3 间歇沉降测试的高度—时间曲线示意图

（c）测试结束时间可以通过下面方式找到。$E_{max}S$ 界面位置与最终沉积物的高度一致时，测试结束。最终沉积物的高度用式（3.38）求得［参见例题 3.1 的（d）部分］：

$$C_S h_S = C_B h_0$$

其中 h_S 是最终沉积物的高度，h_0 是悬浮液初始高度（测试开始时）。当 $C_S=0.4$，$C_B=0.1$，$h_0=100$ cm 时，得到 $h_S=25$ cm。在图 3W3.4 上绘制 h_S，发现大约在 120 min 时 $E_{max}S$ 线与最终沉降线相交，所以测试在此时结束。

例题 3.4

使用图 3W4.1 所示的通量图：

（a）用图解法确定面积 100 m^2 浓密机极限进料浓度。进料流量为 0.019 m^3/s，底流流量 0.01 m^3/s。在这种情况下底流与溢流的浓度为多少？

（b）上述相同流量条件下，进料浓度增加到 0.2。估算浓密机溢流、底流、向上流段和向下流段的固体浓度。

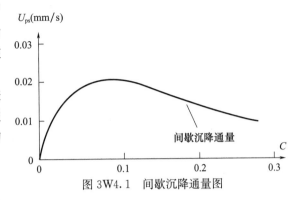

图 3W4.1　间歇沉降通量图

解

（a）进料流量，$F=0.019$ m^3/s，底流流量 $L=0.01$ m^3/s，物料平衡给出溢流流量 $V=F-L=0.009$ m^3/s。

根据浓密机面积（$A=100$ m^2），把这些流量表示为流体的通量：

$$F/A=0.19 \text{ mm/s}, L/A=0.10 \text{ mm/s}, V/A=0.09 \text{ mm/s}$$

于是，因整体流引起的固体通量与悬浮液浓度的关系为：

$$进料通量=C_F(F/A)，底流通量=C_L(L/A)，溢流通量=C_V(V/A)$$

绘于通量图中的斜率为 F/A、L/A 和 V/A 的直线分别代表进料、底流和溢流的通量（图 3W4.2）。通过将间歇通量线加到底流通量线上，得到进料点以下段的总通量图；通过将间歇通量线加到溢流通量线上，得到进料点以上段的总通量图（溢流通量为负值，因为它是向上流的），如图 3W4.2 所示。

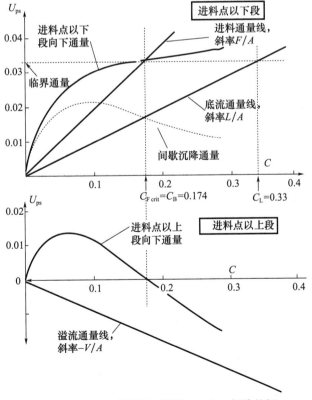

图 3W4.2　总通量图：例题 3.4（a）部分的解

临界进料浓度是进料通量线与向下流段总通量线相交点处浓度（图 3W4.2），由此得出临界进料通量为 0.033 35 mm/s。进料点以下向下流段不能接受比这更大的通量。相应的进料浓度为 $C_{F\,crit}=0.174$。

向下流段的浓度 C_B 也是 0.174。

临界通量线与底流通量线交点处浓度就是相应的底流浓度，从而得出 $C_L=0.33$。

（b）参照图 3W4.3，如果进料浓度增加到 0.2，则对应的进料通量为 0.038 mm/s。此进料浓度时向下流段只能接受 0.034 mm/s，得到底流浓度 $C_L=0.34$。超出通量为 0.004 mm/s 进入向上流段。向上流段通量给出浓度 $C_T=0.2$，对应的溢流浓度 $C_V=0.044$。

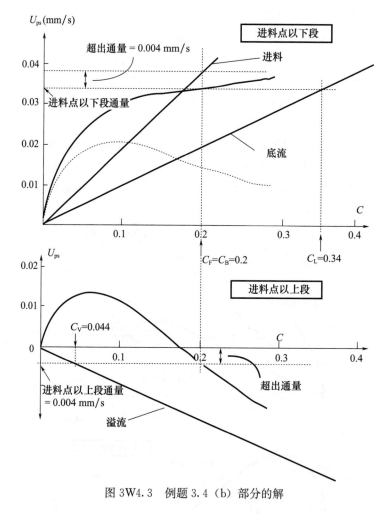

图 3W4.3　例题 3.4（b）部分的解

自测题

3.1　流体－颗粒悬浮液中颗粒沉降速度：

（a）随粒径与系统特征尺寸比值的增大而增大；

（b）随着颗粒浓度的增加而增加；

(c) 随着流体黏度的增加而增加；

(d) 以上都不是。

3.2　颗粒在静止流体中沉降的终端速度：

(a) 随粒径与系统特征尺寸比值的增大而增大；

(b) 随固体浓度的增大而增大；

(c) (a) 和（b）；

(d) 以上都不是。

3.3　在超负荷浓密机中，浓密机向下流段的浓度等于（总通量线没有极小值）：

(a) 进料浓度；

(b) 溢流浓度；

(c) (a) 和（b）；

(d) 以上都不对。

3.4　在欠负荷浓密机中，浓密机向下流段的浓度是（当总通量图没有极小值时）：

(a) 大于进料浓度；

(b) 小于进料浓度；

(c) 等于进料浓度。

3.5　在欠负荷浓密机中，溢流的浓度是（当总通量图没有极小值时）：

(a) 大于进料浓度；

(b) 小于进料浓度；

(c) 等于进料浓度。

3.6　在欠负荷浓密机中，底流的浓度是（当总通量图没有极小值时）：

(a) 大于向下流段浓度；

(b) 小于向下流段浓度；

(c) 等于向下流段浓度。

3.7　当颗粒达到终端速度时：

(a) 颗粒加速度是常数；

(b) 颗粒加速度是 0；

(c) 颗粒加速度等于颗粒表观重量；

(d) 以上都不是。

3.8　下列哪一项不影响颗粒干涉沉降速度？

(a) 颗粒密度；

(b) 颗粒粒度；

(c) 颗粒悬浮液浓度；

(d) 以上都不是。

练习题

3.1　悬浮在水中粒度均一球体，直径 100 μm，密度 1 200 kg/m^3，固体体积分数为 0.2。悬浮液沉淀为固体体积分数为 0.5 的颗粒床。（水的密度 1 000 kg/m^3，黏度

0.001 Pa·s)

球在水中单颗粒终端速度取 1.1 mm/s，计算：

(a) 澄清液与悬浮液界面的沉降速度；

(b) 沉积层与悬浮液界面的上升速度。

[答案：(a) 0.39 mm/s；(b) 0.26 mm/s]

3.2 竖直放置圆柱体容器内悬浮液沉降的高度－时间曲线，如图 3E2.1 所示。悬浮液的初始固体浓度为 150 kg/m³。

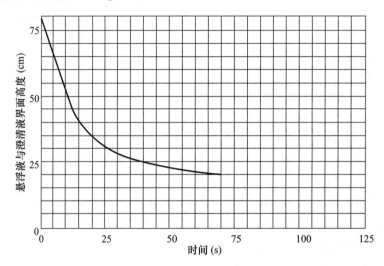

图 3E2.1 间歇沉降测试结果。练习题 3.2 和 3.4 高度-时间曲线

确定：

(a) 澄清液与浓度 150 kg/m³ 悬浮液界面的速度；

(b) 从测试开始到浓度 240 kg/m³ 悬浮液与澄清液接触的时间；

(c) 澄清液与浓度 240 kg/m³ 悬浮液的界面速度；

(d) 浓度 240 kg/m³ 液层从容器底部向上传播速度；

(e) 最终沉淀物的浓度。

[答案：(a) 2.91 cm/s；(b) 22 s；(c) 向下 0.77 cm/s；(d) 向上 1.50 cm/s；(e) 600 kg/m³]

3.3 悬浮在水中粒度均一球体，直径为 90 μm，密度 1 100 kg/m³，固体体积分数为 0.2。悬浮液沉淀为固体体积分数为 0.5 的床层。（水的密度为 1 000 kg/m³，黏度为 0.001 Pa·s）

单颗粒球在水中沉降的终端速度可以取 0.44 mm/s。

计算：

(a) 澄清液与悬浮液界面沉降的速度；

(b) 沉积层与悬浮液界面上升的速度。

[答案：(a) 0.156 mm/s；(b) 0.104 mm/s]

3.4 竖直圆柱体容器内悬浮液沉降的高度－时间曲线，如图 3E2.1 所示。悬浮液初始固体浓度为 200 kg/m³。

确定：

(a) 澄清液与浓度为 200 kg/m³ 悬浮液界面的速度；

(b) 从测试开始到浓度为 400 kg/m³ 悬浮液与澄清液接触的时间；

(c) 澄清液与浓度为 400 kg/m³ 悬浮液界面的速度；

(d) 浓度为 400 kg/m³ 液层从容器底部向上传播速度；

(e) 最终沉淀物的浓度。

［答案：(a) 向下 2.9 cm/s；(b) 32.5 s；(c) 向上 0.40 cm/s；(d) 向上 0.815 cm/s；(e) 800 kg/m³］

3.5　(a) 直径 40 μm 密度 2 000 kg/m³ 的均一球形颗粒，在密度 880 kg/m³ 黏度 0.000 8 Pa·s 液体中，形成体积分数为 0.32 的悬浮液。假设斯托克斯定律适用，计算：(ⅰ) 沉降速度；(ⅱ) 该悬浮液沉降的体积通量。

(b) 圆柱形容器中悬浮液沉降的高度-时间曲线如图 3E5.1 所示。测试中初始悬浮液浓度为 0.12 m³/m³。

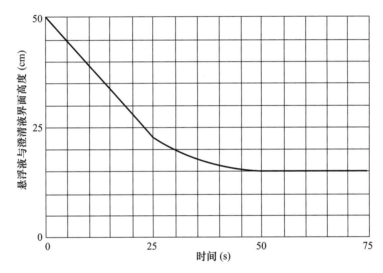

图 3E5.1　间歇沉降实验结果。习题 3.5 高度-时间曲线

计算：

(ⅰ) 澄清液与浓度为 0.12 m³/m³ 悬浮液之间的界面速度；

(ⅱ) 澄清液与浓度为 0.2 m³/m³ 悬浮液之间的界面速度；

(ⅲ) 浓度为 0.2 m³/m³ 悬浮液层从容器底部向上传播的速度；

(ⅳ) 最终沉淀物的浓度；

(ⅴ) 沉淀物层从底部向上传播的速度。

［答案：(a) (ⅰ) 0.203 mm/s，(ⅱ) 0.065 mm/s；(b) (ⅰ) 向下 1.1 cm/s；(ⅱ) 向下 0.343 cm/s；(ⅲ) 向上 0.514 cm/s；(ⅳ) 0.4；(ⅴ) 向上 0.30 cm/s］

3.6　竖直圆柱体容器内悬浮液沉降的高度-时间曲线如图 3E6.1 所示，悬浮液初始固体浓度为 100 kg/m³。

计算：

(a) 澄清液与浓度为 100 kg/m³ 悬浮液之间的界面速度；

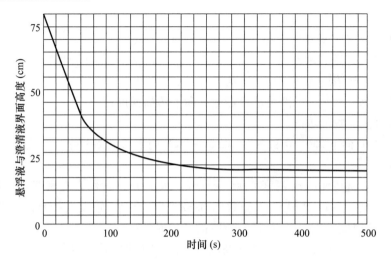

图 3E6.1　间歇沉降实验结果。习题 3.6 和 3.8 中高度-时间曲线

（b）从测试开始到浓度为 200 kg/m³ 的悬浮液与澄清液接触的时间；

（c）澄清液与浓度为 200 kg/m³ 悬浮液界面的速度；

（d）浓度为 200 kg/m³ 悬浮液层从容器底部向上传播的速度；

（e）最终沉淀物的浓度。

［答案：（a）向下 0.667 cm/s；（b）140 s；（c）向下 0.096 cm/s；（d）向上 0.189 cm/s；（e）400 kg/m³］

3.7　悬浮在水中粒度均一的球体，直径为 80 μm 密度为 1 300 kg/m³，固体体积分数为 0.10。悬浮液沉淀为固体床的体积分数为 0.4。（水的密度为 1 000 kg/m³，黏度为 0.001 Pa·s）

在此条件下，单颗粒球的终端沉降速度为 1.0 mm/s。

计算：

（a）澄清液与悬浮液间界面沉降速度；

（b）沉积物与悬浮液界面上升的速度。

［答案：（a）0.613 mm/s；（b）0.204 mm/s］

3.8　竖直圆柱体容器内悬浮液沉降的高度-时间曲线如图 3E6.1 所示。悬浮液的初始固体浓度为 125 kg/m³。

计算：

（a）澄清液与浓度为 125 kg/m³ 悬浮液之间的界面速度；

（b）从测试开始到浓度为 200 kg/m³ 悬浮液与澄清液接触的时间；

（c）澄清液与浓度为 200 kg/m³ 悬浮液界面的速度；

（d）浓度为 200 kg/m³ 悬浮液层从容器底部向上传播的速度；

（e）最终沉淀物的浓度。

［答案：（a）向下 0.667 cm/s；（b）80 s；（c）向下 0.188 cm/s；（d）向上 0.438 cm/s；（e）500 kg/m³］

3.9　用图 3E9.1 中间歇通量图回答下列问题。（注意：沉积物浓度是体积分数 0.44。）

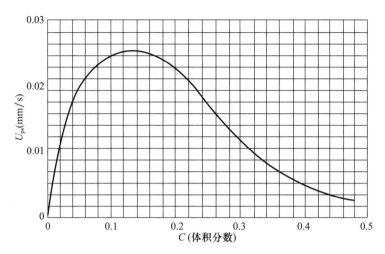

图 3E9.1　习题 3.9 的间歇通量图

(a) 确定间歇沉降时能形成变化浓度区的初始悬浮液浓度范围；

(b) 对于初始浓度为体积分数 0.18、初始高度为 50 cm 的悬浮液进行间歇沉降实验，确定澄清液与浓度为体积分数 0.18 悬浮液之间界面的沉降速度；

(c) 确定测试开始 20 min 后此界面的位置；

(d) 绘制测试开始 20 min 后，各浓度区位置的示意图。

［答案：(a) 0.135 到 0.318；(b) 0.80 cm/min；(c) 距底部 34 cm；(d) BE 界面距底部 12.5 cm］

3.10　分析如图 3W3.1 所示的间歇通量图，给定最终沉积物浓度是体积分数 0.36：

(a) 确定间歇沉降时能形成浓度变化区的初始悬浮液浓度范围；

(b) 初始悬浮液浓度为 0.08，高度为 100 cm 的间歇沉降测试，计算并绘制 40 min 后浓度分布示意图；

(c) 估算最终沉积物的高度和测试完成的时间。

［答案：(a) 0.045 到 0.20；(c) 22.2 cm；83 min］

3.11　图 3E11.1 中提供的间歇和连续通量图用于面积为 200 m^2 的浓密机，其进料流量为 0.04 m^3/s，底流流量为 0.025 m^3/s。

(a) 利用这些图形，采用图解法确定浓密机的临界或极限进料浓度；

(b) 如果进料浓度为 0.18 m^3/m^3，确定溢流、底流的固体浓度，以及向上流段和向下流段的固体浓度；

(c) 此浓密机在相同流量条件下，进料浓度增加到 0.24。估算一旦达到稳定状态，溢流和底流的固体浓度。

［答案：(a) 0.21；(b) $C_V = 0$，$C_T = 0$，$C_L = 0.29$，$C_B = 0.087$；(c) $C_V = 0.08$，$C_L = 0.34$］

3.12　(a) 利用表 3E12.1 中给出的间歇通量图数据，用图解法确定面积为 300 m^2 的浓密机，在进料流量 0.03 m^3/s 和底流流量 0.015 m^3/s 时的极限进料浓度。确定该条件时底流浓度和溢流浓度。画出浓密机中可能的浓度分布示意图，图中清楚地表示出溢流槽位置、进料点位置和底流抽取点的位置（忽略浓密机的圆锥体底部）。

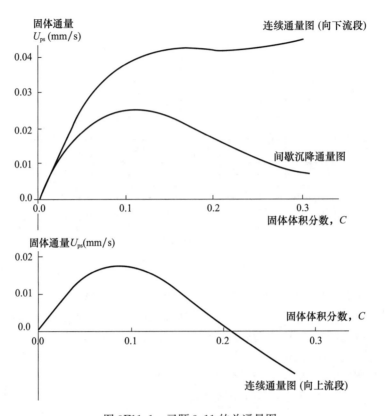

图 3E11.1　习题 3.11 的总通量图

表 3E12.1　间歇通量测试数据

C	0.01	0.02	0.04	0.06	0.08	0.10	0.12	0.14	0.16	0.18	0.20
通量 mm/s（×10³）	5.0	9.1	13.6	15.7	16.4	16.4	15.7	13.3	10.0	8.3	7.3
C	0.22	0.24	0.26	0.28	0.30	0.32	0.34	0.36	0.38	0.40	
通量 mm/s（×10³）	6.7	5.6	5.1	4.5	4.2	3.8	3.5	3.3	3.0	2.9	

（b）上述相同流量条件下，进料浓度增加到极限值的 110%，估算浓密机溢流、底流、进料点以上段和进料点以下段的固体浓度。

〔答案：（a）C_{Fcrit} = 0.17；C_B = 0.05，C_B = 0.19（两种可能）；C_L = 0.34；（b）C_V = 0.034；C_L = 0.34；C_T = 0.19；C_B = 0.19〕

3.13　粒度均一的球体，直径为 50 μm 密度为 1 500 kg/m³，均匀地悬浮在密度为 1 000 kg/m³ 黏度为 0.002 Pa·s 的液体中。形成悬浮液的固体体积分数为 0.30。

该液体中单个球体颗粒终端沉降速度可取 0.000 34 m/s（Re_p < 0.3），计算澄清液与悬浮液界面沉降速度。

3.14　计算直径为 155 μm 的玻璃球在 293 K 水中沉降速度。浆体悬浮液中 60 wt% 的固体含量，玻璃球的密度是 2467 kg/m³。

对球形度为 0.3 等效球径为 155 μm 的颗粒，沉降速度有何变化？

3.15 建立一个表达式来确定单颗粒在液体中沉降速度达到终端速度 99% 所需的时间。

3.16 悬浮在水中均一粒度的球体（直径 150 μm 密度 1 140 kg/m³），固体体积分数为 25%。悬浮液沉降为固体体积分数为 62% 的床层。计算球在此悬浮液中沉降的速度，计算沉积床高度上升的速度。

3.17 如果密度为 2 000 kg/m³ 的 20 μm 颗粒，以 50 kg/m³ 浓度悬浮在密度 900 kg/m³ 液体中，悬浮液中固体体积分数是多少？悬浮液的体积密度（平均密度）是多少？

3.18 图 3E18.1 为，固体浓度为 100 kg/m³ 的初始均匀悬浮液，在竖直圆柱体容器内沉降的高度-时间曲线。

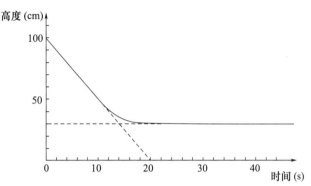

图 3E18.1 习题 3.18 沉降测试，澄清液界面高度-时间关系图

（a）沉积物与悬浮液界面上升的速度是多少？

（b）澄清液与浓度为 133 kg/m³ 悬浮液界面的速度是多少？

（c）浓度为 133 kg/m³ 悬浮液层从容器底部上升的速度是多少？

（d）沉积物与悬浮液界面何时开始上升？

（e）何时与澄清液接触的悬浮液浓度不再是 100 kg/m³？

3.19 图 3E19.1 为，在面积 300 m² 的浓密机，进料固体体积浓度为 0.1 时，进料点以下段的通量图。

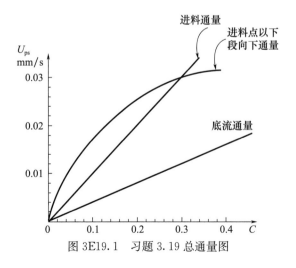

图 3E19.1 习题 3.19 总通量图

（a）浓密机向上流段的固体浓度是多少？

（b）浓密机向下流段的固体浓度是多少？

（c）排出浓密机的固体浓度是多少？

（d）进料点以下段整体流引起的通量是多少？

（e）进料点以下段沉降引起的通量是多少？

4

浆体输送

4.1 引　言

浆体是液体和固体颗粒的混合物。术语"污泥"通常是指含高浓度细颗粒物的浆体。每年都要泵送大量的浆体。常见的如煤、磷酸盐和矿物浆料的泵送。又如在维护水道时疏浚沙子和淤泥，也是以浆体形式处理固体的例子。在大多数浆体中，液相是水。然而，也有除水之外液体组成浆体的例子，如煤-油和煤-甲醇燃料等。

浆体混合物的密度 ρ_m，用固体体积分数 C_v 表示为下式：

$$\rho_m = C_v \rho_s + (1 - C_v) \rho_f \tag{4.1}$$

其中 ρ_f 是液体的密度，ρ_s 是固体颗粒的密度。混合物密度也可用固体重量分数或质量分数 C_w 等效地表达为：

$$\frac{1}{\rho_m} = \frac{C_w}{\rho_s} + \frac{1 - C_w}{\rho_f} \tag{4.2}$$

4.2　流动状况

通常，浆体或浆体输送的流动状况可分为以下几种类型：

（a）均匀流动。在均匀流动中，颗粒均匀地分布在管道横截面上。颗粒沉降非常缓慢并保持悬浮状态。固体对载流液体的流动性质有显著影响。高浓度和细粒度（通常小于 $75\mu m$）浆体更容易发生均匀流动。对于细颗粒，固体浓度高的液体-颗粒混合物更可能导致均匀悬浮液。这是由于干涉沉降效应（第 3 章）。均匀浆体也称为"非沉降浆体"。表现出最小沉降趋势的典型浆体有污水污泥、钻井泥浆、洗涤剂浆液、细煤浆、纸浆悬浮液和送入水泥窑的细石灰石浓悬浮液。

（b）非均匀流动。在非均匀流动中，管道横截面上存在明显的浓度梯度。非均匀浆体的范围从能完全悬浮却有显著浓度梯度的细颗粒浆体，到快速沉降的大颗粒浆体。非均匀流动浆体表现出明显的沉降倾向。另外，固体颗粒的存在对载流液体的流动性质影响极小。例如由粗煤、碳酸钾或岩石组成的浆体。

（c）跃变状态。在这种流动状态下，颗粒开始沿管底滑动、滚动和/或跳跃。这种颗粒跃变层可能积聚，然后沿管道底部形成移动的颗粒床。在颗粒移动床的上方，存在与固体颗粒分离的液体流动层。

管道泵送浆体所需的压降是工程师们最关心的问题。在不同操作条件下，泵送一定浓度浆体所需的压力梯度通常用图的形式表示。这种图通常称为浆体的水力特性，并显示为压降与表观速度的双对数图，表观速度定义为体积流量除以管道横截面积。水力特性类似于用以显示气固两相流流动特性的曾子（Zenz）图（见第 8 章）。如图 4.1 所示的水力特性，阐明了沉降浆体和非沉降浆体的流动模式。

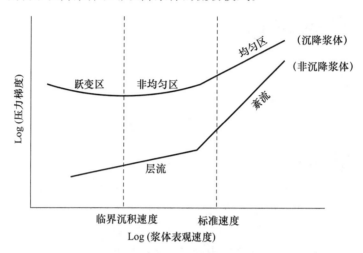

图 4.1　沉降和非沉降浆体的水力特性示例

对于沉降浆体，在很高速度时颗粒以悬浮态输运，其流动特性近似于均匀悬浮液。只要速度维持在"标准速度"以上，颗粒浓度梯度就会极小。当表观速度降低到低于转变速度或者说标准速度时，颗粒浓度梯度就会变大，流动会变为非均匀流。

沉降浆体水力特性曲线上最小值点对应于"临界沉积速度"，这是颗粒开始沉淀时的流速。良好的浆体输送设计，要求在选择管径和/或泵时，能使管道内的流速在整个操作条件范围内，防止颗粒沉淀。因此，速度必须保持在临界沉积速度之上。当速度降低到临界沉积速度以下，沉淀颗粒的滑动、滚动或颗粒移动床的累积，会导致压降稳定增加。

非沉降（均匀）浆体能通过管道以层流或紊流泵送。非沉降浆体的水力特征通常表现为特性斜率的变化，反映了随表观速度的增加，从层流到紊流的转变。沉降浆体通常不会出现随速度增加压降突然变化的现象。

4.3　均匀浆体的流变学模型

虽然没有一种浆体是完全均匀或不沉降的，但均匀流动是实际浆体所能接近的一种极限流动形态。如果固体颗粒沉降非常缓慢，连续介质流体模型可用来描述浆体的流动特征。与液体一样，非沉降浆体可能表现出牛顿流动或非牛顿流动特性。固体浓度较高时，均匀浆体混合物的流动特征本质上与单相流相似，但其流动性与原液（加入固体之前）有显著差异。黏度测定技术通常可以用来分析非沉降性浆体的流动特性，其方法与用于单相液体的方法基本相同。

在牛顿流体中，层流剪切应力与剪切速率呈线性关系。

$$\tau = \mu \dot{\gamma} \tag{4.3}$$

其中 τ 是剪切应力（单位面积 A 上的力 F，单位如 Pa）；$\dot{\gamma}$ 是剪切速率或速度梯度（单位为时间 t 的倒数，例如 s^{-1}），μ 是牛顿黏度（单位为 Ft/A，例如 Pa·s）。剪切应力对剪切速率图上直线的斜率等于流体黏度 μ。此外，任何有限应力都会引发流动。

如果颗粒沉降缓慢，则可以测量浆体的黏度。对于细颗粒的稀悬浮液，浆体可能表现出牛顿流体特征。在这种情况下，均一球形颗粒稀悬浮液（固体体积分数小于2%）的黏度可以用爱因斯坦（Einstein，1906）推导出的理论公式来描述。爱因斯坦公式是：

$$\mu_r = \frac{\mu_m}{\mu_f} = 1 + 2.5C_v \tag{4.4}$$

其中 μ_r 是相对黏度，也就是浆体黏度 μ_m 与单相流体黏度 μ_f 之比。当颗粒是非球形的或颗粒浓度增大时，因子2.5通常会增大。事实上，在这些情况下 μ_r 值与式（4.4）的偏差会非常明显。

颗粒浓度较高时，浆体通常是非牛顿型的。对于非牛顿流体，剪切应力和剪切速率之间的关系描述了浆体的流变性，它不是线性的，和/或在开始流动之前需要某一最小应力。幂律流体、宾汉（Bingham）塑性流体和赫歇尔-巴尔克利（Herschel-Bulkley）流体是用于描述浆体流动特性的几种模型，在这些流体模型中，剪切应力和剪切速率之间存在其他类型的关系。尽管不太常见，一些浆体会表现出随时间变化的流动特性。这些情况下，当剪切速率保持不变，剪切应力可以随时间而降低［触变性流体（thixotropic fluid）］，也可以是当剪切速率保持不变时，剪切应力随时间增加而增加［反触变流体或触稠性流体（rheopectic fluid）］。牛奶是非沉降性浆体的一个例子，其表现为触变性液体。

4.3.1　非牛顿流体的幂律模型

在幂律流体中，剪切应力和剪切速率之间的关系是非线性的，并且有限量应力就将引发流动。其数学模型（有时称为奥斯沃尔特-迪-怀尔 Ostwald-de-Waele 方程）为

$$\tau = k\dot{\gamma}^n \tag{4.5}$$

它描述了剪切应力和剪切速率之间关系，其中 k 和 n 是常数。注意，稠度系数 k 的单位（国际单位为 Ns^n/m^2），取决于无因次的流动特性指数 n 的值，n 表示与牛顿流体的偏离量。在牛顿流体中，$n=1$，k 等于牛顿黏度。

在幂律流体中，"表观黏度" μ_{app} 以与牛顿流体类似的方式定义，

$$\mu_{app} = \frac{\tau}{\dot{\gamma}} = k\dot{\gamma}^{n-1} \tag{4.6}$$

表观黏度 μ_{app} 等于从原点与剪应力－剪切速率曲线上点连线的斜率；它随着剪切速率的增加而减少或者增大。因此，需要明确具体的剪切速率，否则非牛顿流体术语"黏度"没有意义。在剪切变稀（或称为假塑性）浆体中，表观黏度随着剪切速率的增加而降低，n 小于1。在剪切变稠（或称胀流性）浆体中，表观黏度随着剪切速率的增加而增加，n 大于1（图4.2）。

在剪切变稀浆体中，由于表观黏度随着剪切速率的增加而减小，因此管道中速度剖面变得越来越平钝，随着 n 的减小趋向于活塞流的剖面。在剪切变稠浆体中，速度剖面变得更加尖锐，整个流动区域中速度梯度较大。对于极端胀流性流体（$n\to\infty$），在管道

中，速度几乎随径向位置成线性变化，如图 4.3 所示。

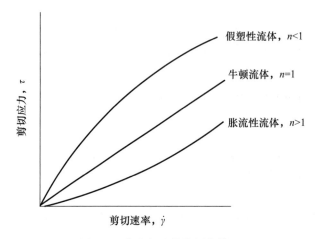

图 4.2　非牛顿流体的幂律模型

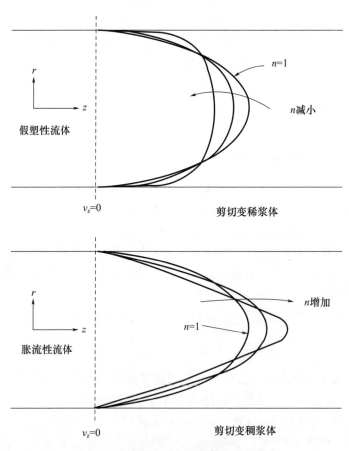

图 4.3　幂律流变学特性浆体的速度分布

　　大多数浆体是剪切变稀的。据推测，这种剪切变稀特性是由于形成了颗粒聚集体，它提供了比完全分散的颗粒更低的流动阻力。

4.3.2 幂律流变学特性浆体的压降预测

层流

幂律流体在直径为 D 的水平管道中层流、充分发展流动的情形，应用动量平衡，得到压降 $\Delta P/L$ 和平均流速 v_{AV} 之间关系的以下表达式：

$$v_{\mathrm{AV}} = \frac{Dn}{2(3n+1)}\left(\frac{D\Delta P}{4kL}\right)^{\frac{1}{n}} \tag{4.7}$$

或重新排列为

$$\frac{\Delta P}{L} = \frac{4k}{D}\left[\frac{2v_{\mathrm{AV}}(3n+1)}{Dn}\right]^n \tag{4.8}$$

注意，对于 $n=1$ 且 $k=\mu$，式（4.7）和式（4.8）简化为我们熟悉的哈根-泊肃叶（Hagen-Poiseuille）方程，它是描述牛顿流体层流的压降-速度关系式。

$$\frac{\Delta P}{L} = \frac{32\mu v_{\mathrm{AV}}}{D^2} \tag{4.9}$$

摩擦系数法-层流和紊流

摩擦系数法也可用于确定均匀浆体的压降。它与牛顿流体的应用方式相同，但摩擦系数取决于新定义的雷诺数。

由于水平管道摩擦系数与摩擦压头损失 h_{f}（具有长度单位）的关系为

$$h_{\mathrm{f}} = 2f_{\mathrm{f}}\left(\frac{L}{D}\right)\frac{v_{\mathrm{AV}}^2}{g} \tag{4.10}$$

按照修正的伯努利（Bernoulli）方程，水平管道压降与摩擦压头损失的关系为，

$$h_{\mathrm{f}} = \frac{\Delta P}{\rho_{\mathrm{m}}g} \tag{4.11}$$

因此压降与摩擦系数的关系如下：

$$\Delta P = 2f_{\mathrm{f}}\rho_{\mathrm{m}}\left(\frac{L}{D}\right)v_{\mathrm{AV}}^2 \tag{4.12}$$

在这些等式中，f_{f} 为范宁（Fanning）摩擦系数。

对于管网中有竖直流动的更一般情况，包括管道横截面积变化、由于泵（正压头）、涡轮机（负压头）、阀门和连接件（负压头）等引起的压头损失和压头增益，修正的伯努利方程为：

$$\sum H - \sum h_{\mathrm{f}} = -\frac{\Delta P}{\rho_{\mathrm{m}}g} + \Delta z + \Delta\left(\frac{v_{\mathrm{AV}}^2}{2g}\right) \tag{4.13}$$

其中 $\Delta z = z_2 - z_1$ 是出口（2）与入口（1）之间的竖直高度差，$\sum H$ 是由于管网中的泵、涡轮机、阀门或配件引起的所有压头（具有长度单位）的总和。

根据有效黏度 μ_{e} 定义广义雷诺数

$$Re^* = \frac{\rho_{\mathrm{m}}Dv_{\mathrm{AV}}}{\mu_{\mathrm{e}}} \tag{4.14}$$

为了定义幂律流体的有效黏度，将牛顿流体中黏度表达式推广到非牛顿流体。对于牛顿流体，将哈根-泊肃叶方程重新整理为

$$\mu = \frac{\left(\dfrac{D\Delta P}{4L}\right)}{\left(\dfrac{8v_{\mathrm{AV}}}{D}\right)} = \frac{\tau_0}{\left(\dfrac{8v_{\mathrm{AV}}}{D}\right)} \tag{4.15}$$

其中 τ_0 是管壁的剪切应力。幂律流体的有效黏度 μ_e 以类似的方式定义，

$$\mu_e = \frac{\tau_0}{\left(\dfrac{8v_{AV}}{D}\right)} \tag{4.16}$$

并且，通过重新整理公式（4.8）给出幂律流体的壁面剪切应力：

$$\tau_0 = \frac{D\Delta P}{4L} = k\left[\frac{2v_{AV}(3n+1)}{Dn}\right]^n = \frac{k(3n+1)^n}{(4n)^n}\left(\frac{8v_{AV}}{D}\right)^n \tag{4.17}$$

因此，将方程（4.16）和（4.17）联立，得到幂律流体的有效黏度：

$$\mu_e = \frac{k(3n+1)^n}{(4n)^n}\left(\frac{8v_{AV}}{D}\right)^{n-1} \tag{4.18}$$

且幂律流体的广义雷诺数是：

$$Re^* = \frac{8\rho_m D^n v_{AV}^{2-n}}{k}\left[\frac{n}{(6n+2)}\right]^n \tag{4.19}$$

对于表现出幂律流变学特性的浆体，从层流到紊流的转变速度由浆体的流动特性指数 n 值控制。在汉克斯（Hanks）和瑞克斯（Ricks）（1974）提出的方程中，这种转变点的广义雷诺数 Re^* 用下式估算。

$$Re^*_{transition} = \frac{6\,464n}{(1+3n)^n}(2+n)^{\left(\frac{2+n}{1+n}\right)}\left(\frac{1}{1+3n}\right)^{2-n} \tag{4.20}$$

对于牛顿流体，$n=1$，层流和紊流间转变点的广义雷诺数 Re^* 是 2 100。

对于层流，

$$f_f = \frac{16}{Re^*}$$

对于紊流，道奇（Dodge）和梅茨纳（Metzner）（1959）在半理论分析的基础上，推导出光滑管道中幂律流体的方程：

$$\frac{1}{\sqrt{f_f}} = \frac{4}{n^{0.75}}\log(Re^*\sqrt{f_f^{2-n}}) - \frac{0.4}{\sqrt{n}} \tag{4.21}$$

在紊流中，幂律流体模型描述的浆体范宁摩擦系数 f_f，既依赖于广义雷诺数 Re^*，也依赖于流动特性指数 n。

4.3.3 非牛顿流体的屈服应力模型

有些浆体需要最小应力 τ_y，才能开始流动，这个最小应力称为浆体的屈服应力。例如，在倾斜表面上新浇注的混凝土，当倾斜面与水平面的角度达到一定值后才会流动。其他表现出屈服应力的浆体，例如油漆和印刷油墨。这种情况下存在一个临界膜厚度，在该厚度以下这些浆体在重力作用下不会流动。

浆体表现出屈服应力特性可用一个模型来表示，这个模型中有效应力 $\tau - \tau_y$ 和剪切速率之间的关系或者如牛顿流体是线性的（宾汉塑性模型），或者如假塑性或胀流性流体遵循幂律（赫歇尔-布尔克利模型或屈服幂律模型）。这些模型的剪切应力-剪切速率关系如图 4.4 所示。

宾汉塑性模型中，屈服应力 τ_y 和塑性黏度 μ_p（图 4.4 中剪切应力-剪切速率曲线的斜率）描述这种浆体的特征。

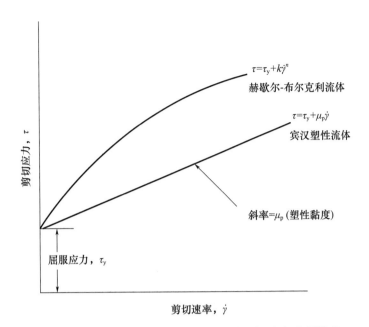

图 4.4　非牛顿流体的宾汉塑性模型和赫歇尔-布尔克利模型

$$\tau = \tau_y + \mu_p \dot{\gamma} \qquad (4.22)$$

因为

$$\mu_p = \frac{\tau - \tau_y}{\dot{\gamma}} \qquad (4.23)$$

所以宾汉流体的表观黏度是

$$\mu_{app} = \frac{\tau}{\dot{\gamma}} = \mu_p + \frac{\tau_y}{\dot{\gamma}} \qquad (4.24)$$

赫歇尔-布尔克利模型中，屈服应力、稠度系数 k 和流动特性指数 n 表征了浆体的性质。

$$\tau = \tau_y + k \dot{\gamma}^n \qquad (4.25)$$

其表观黏度为

$$\mu_{app} = \frac{\tau_y}{\dot{\gamma}} + k \dot{\gamma}^{n-1} \qquad (4.26)$$

因此，宾汉塑性模型是赫歇尔－布尔克利模型中 $n=1$ 时的特例。下一节将更详细讨论遵循宾汉塑性模型的浆体。

在管道流动中，有屈服应力浆体的速度分布形状比幂律流变学特性浆体的速度分布形状更复杂（图 4.5）。在 $r=0$ 和 $r=R^*$ 之间（$0<R^*<R$），$\mathrm{d}v_z/\mathrm{d}r=0$，存在一个活塞流区。在管道的中心区域，剪切应力 τ_{rz} 小于屈服应力值 τ_y。在中心区域之外，$R^*<r<R$，剪切应力 τ_{rz} 大于屈服应力 τ_y，$\tau_{rz}>\tau_y$。在管壁上，剪切应力 $\tau_{rz}|_{r=R}$ 由与牛顿流体一样的关系式给出，即

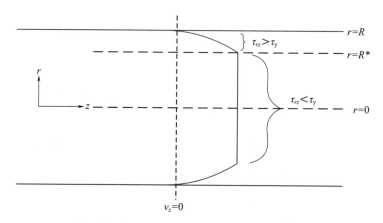

图 4.5　有屈服应力浆体的速度分布

$$\tau_{rz}\big|_{r=R}=\tau_0=\frac{\Delta PR}{2L} \tag{4.27}$$

4.3.4　宾汉塑性流变学特性浆体的压降预测

层流

与遵循幂律流动模型的浆体一样，准确预测直径为 D 水平管道中，充分发展流动条件下层流的压降，也是很有必要的。对宾汉塑性模型的一个基本分析，推导出如下以屈服应力 τ_y 和壁面剪应力 τ_0 表示的平均速度表达式。

$$v_{AV}=\frac{R\tau_0}{4\mu_p}\left[1-\frac{4}{3}\frac{\tau_y}{\tau_0}+\frac{1}{3}\left(\frac{\tau_y}{\tau_0}\right)^4\right] \tag{4.28}$$

如果 τ_y/τ_0 的比率很小（经常如此），宾汉浆体的平均速度可以用线性表达式近似表示为

$$v_{AV}\approx\frac{D}{8\mu_p}\left(\tau_0-\frac{4}{3}\tau_y\right) \tag{4.29}$$

用 ΔP 表示 τ_0 并重新整理，得出压降与平均速度的关系：

$$\frac{\Delta P}{L}=\frac{32\mu_p v_{AV}}{D^2}+\frac{16\tau_y}{3D} \tag{4.30}$$

当屈服应力为零，$\tau_y=0$，导出哈根-泊肃叶方程。

紊流

在光滑管道中紊流流动，范宁摩擦系数既依赖于以塑性黏度 μ_p 所定义的雷诺数

$$Re=\frac{\rho_m D v_{AV}}{\mu_p} \tag{4.31}$$

也依赖于赫斯特罗姆数（Hedstrom number）He

$$He=\frac{\rho_m D^2 \tau_y}{\mu_p^2} \tag{4.32}$$

赫斯特罗姆数是雷诺数和一个比率的乘积，该比率是流体内部应变特性（τ_y/μ_p）与管道中普遍存在的剪切应变条件 v_{AV}/D 之比。

因此，可以根据赫斯特罗姆提出的方法，利用图 4.6 中给出的摩擦系数图和式（4.12），估算水平管道中紊流浆体的压降。

对于宾汉塑性浆体，从层流到紊流的转变取决于赫斯特罗姆数。临界雷诺数能计算浆体在转变点的平均速度，它可由图 4.7 给出的经验关系估算。

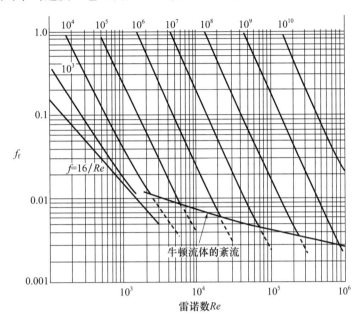

图 4.6　宾汉塑性浆体的摩擦系数与 Re 和 He 的函数关系

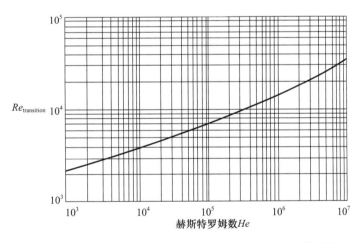

图 4.7　宾汉塑性流变学浆体的临界雷诺数与 He 的函数关系

4.4　不均匀浆体

当浆体呈现不均匀流动特性时，预测临界沉积速度是管道设计的重要组成部分。如果管道以临界沉积速度或低于临界沉积速度运行，由于颗粒沉降在水平管道底部形成固定床，会导致管道堵塞。除了保持运行速度大于沉积速度外，管道设计还需要预测压力梯度。因为临界沉积速度和压降依赖于众多变量，包括颗粒粒度、管道直径、颗粒浓度、颗粒密度等，所以沉积速度和压降是通过总结实验研究结果得出的关联式来估算的。由于许多这种关联式基于实验，实验并未报导所有的相关变量，因此由关联式计算的值应该被视为估计值（概数），我们不应该期望它们的预测偏差会优于±20%。此外，在使用这些关联式时都应谨慎，因为推导出这些关联式的数据库有局限性。对不均匀浆体流动情形，大多数公布的实验数据，是针对于直径小于 150 mm（明显小于现代工业实际管道）的管道尺寸、单分散系的颗粒混合物，以及环境温度下的水基浆体。因此对于其他流动情形，应使用中试装置实验结果，或以前由类似浆体获得的经验来估计沉积速度和压降。

临界沉积速度

最广泛使用的估计临界沉积速度的关联式，是基于杜兰德和康多利奥斯（Durand and Condolios）（1954 年）的早期工作。他们发现，以下简单关系式可以很好地描述临界沉积速度 V_C：

$$V_C = F\sqrt{gD\left(\frac{\rho_s}{\rho_f} - 1\right)}$$

沃思普（Wasp）等人（1977 年），将其中无因次因子 F 表示为粒度和固体浓度的函数。

$$F = 1.87 C_v^{0.186}\left(\frac{x}{D}\right)^{\frac{1}{6}}$$

最近，吉利斯（Gillies）等人（2000 年）证明，F 最好用颗粒阿基米德数 Ar 表示

$$Ar = \frac{4x^3\rho_f(\rho_s - \rho_f)g}{3\mu_f^2}$$

$$80 < Ar < 160 \quad F = 0.197 Ar^{0.4}$$

$$160 < Ar < 540 \quad F = 1.19 Ar^{0.045}$$

$$Ar > 540 \quad F = 1.78 Ar^{-0.019}$$

应强调的是，上述 F 与颗粒阿基米德数之间的关系式，不包括颗粒形状或颗粒浓度等变量的影响，因此这种关联式只能得到沉积速度 V_C 的一个近似值。

颗粒阿基米德数小于 80 的情形，应采用威尔逊和贾奇（Wilson and Judge）（1976）的以下关联式。

$$Ar < 80 \quad F = \sqrt{2}\left[2 + 0.3\log_{10}\left(\frac{x}{DC_D}\right)\right]$$

$$1 \times 10^{-5} < \frac{x}{DC_D} < 1 \times 10^{-3}$$

4.5 浆体流动系统的组成部分

浆体输送系统的主要组成部分如图 4.8 所示。

载流液体回收（或者废弃）

图 4.8 浆体输送系统的组成部分

4.5.1　浆体制备

　　首先，浆体必须通过物理和/或化学处理，使之具备适当的浆体特性以便于有效输送。浆体制备包括浆化，也就是将液相加入干燥固体中。此外如化学缓蚀处理，或通过减小粒度来改善浆体流变性的操作，往往都是浆体制备的内容。

　　磨碎加工时理想的颗粒粒度应足够小，以便使生产的浆体均匀易于输送，但粒度又不能太小使浆体难以脱水。如果粒度太粗，非均匀浆体需要较高的泵送速度，因此能耗成本高。此外，颗粒粒度越大管道磨损越严重。大块固体粉碎（粒度减小）通常是通过压碎或研磨来完成的，例如用颚式破碎机（第 12 章），直到颗粒粒度约 2 mm。然后在棒磨机或球磨机中进一步粉碎（第 12 章）。如果需要大幅度减小颗粒粒度，那么浆体制备成本可能与泵送成本相当，它们构成浆体输送总成本的两大组成部分。

　　通常的做法是将液相加入到固体的搅拌槽中，形成浓度略高于最终管道浓度的浆体。当浆体进入管道时，再加入液体调节到浆体设定浓度。

4.5.2　泵

　　有几种类型的泵可用于输送浆体。对于特定的浆体输送管道，具体选择什么样的泵，要根据输送压力和颗粒特性（粒度和磨蚀性）来决定。所用的泵或是容积式泵或是离心（旋转动力）泵。

　　输送压力大约 45 bar 以下，离心泵在经济性方面优于容积式泵。由于离心泵工作压力低，其应用一般局限于短距离；它们通常用于厂内输送浆体。离心泵由于在设计上要保证叶轮的强度，以及叶轮与外壳体之间有较宽的流动通道，所以离心泵的效率较低。离心泵的效率通常为 65%，而容积泵的效率为 85%～90%。然而，离心泵中流体通道宽因而可以输送较大的颗粒，甚至最大粒度到 150 mm。相反，容积泵最大粒度通常为 2 mm 左右。为了减少磨损，输送粗颗粒的离心泵一般内衬橡胶或耐磨合金。

　　浆体离心泵的扬程—流量特性相对平坦。因此，如果系统流动阻力增加，并且流动速率降低到临界速度以下，就会导致固体颗粒沉积为固床，堵塞管道。为防止这种情况发生，大多数离心泵有变速驱动器来保持流量。

　　对于要求排出压力大于 45 bar 的浆体输送系统，只有容积式泵或往复式泵在技术上是可行的。这些泵分成两大类：柱塞式和活塞式。选择使用哪种类型的泵取决于浆体的磨蚀性。柱塞泵和活塞泵在结构上类似，它们都具有柱塞或活塞，该柱塞或活塞在腔室内往复运动。在柱塞泵中，柱塞往复运动，使液体交替吸入、排出缸室，气缸内有相当大的径向间隙（图 4.9）。当柱塞上下移动时，两个阀门交替打开和关闭。柱塞式泵总是"单作用"的，因为柱塞只有一端用于驱动流体。应用于浆体输送时，柱塞在吸入冲程期间连续地用清洗液冲洗，以大大减少内部磨损。

　　活塞泵可以是单作用的也可以是双作用的（图 4.10 和图 4.11）。在双作用活塞泵中，活塞的两端面都用来输送流体。在活塞泵中，与柱塞泵相同，当活塞前后移动时，阀门（单作用泵有两个，双作用泵有四个）轮流打开和关闭。在双作用活塞泵中，吸入和排出都是通过活塞在一个方向上的运动来完成的。因为容积式泵的吞吐量远低于离心泵，所以通常将多台泵并联接于浆体管线中，可大体积流量长距离输送浆体。容积式泵的另一个特征是排量为活塞速度或柱塞速度的函数，不依赖于排出压力。因此，一个恒速泵在 30 bar 时流量为 20 m³/h，在 200 bar 时流量也接近 20 m³/h。

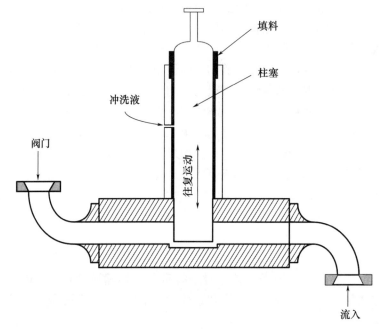

图 4.9　立式柱塞泵

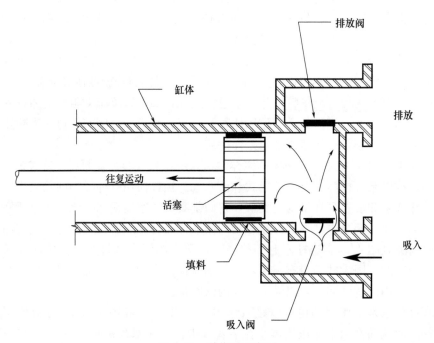

图 4.10　单作用活塞泵

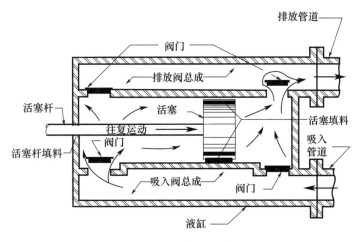

图 4.11　双作用活塞泵

4.5.3　管道

选择管道时，最主要考虑的是管道材料可承受的压力，以及管道材料的耐磨性。高速（＞3 m/s）输送磨蚀性颗粒时，侵蚀磨损可能是一个问题。基于这些考虑，管道材料通常分为这样几大类：硬化金属、弹性体（橡胶和聚氨酯橡胶）和陶瓷。

钢是最广泛使用的材料；在处理磨蚀性浆体时，常将橡胶或塑料内衬与钢管一起使用。在安装管道时，如果在压力低的管段采用薄壁管，则可以节约成本。

橡胶和聚氨酯比金属更耐磨损。然而，高温环境以及有油或化学品的地方，这种选择却不合适。陶瓷是最耐磨的材料，但它的韧性和冲击强度低。此外，陶瓷管道通常是最昂贵的。因此，陶瓷通常用作内衬，特别是用在局部磨损严重的区域，如弯管或离心泵内。

4.5.4　浆体脱水

管道排放端口浆体脱水初投资和运行成本，是浆体管道系统可行性研究中决定性的因素。此外，浆体脱水的难度，通常决定了固体颗粒是以粗颗粒状态输送还是以细颗粒状态输送。在浆体输送系统中，常见的脱水工艺有：

1. 由重力或辅以离心力场进行颗粒沉淀；
2. 由重力或辅以离心力场、压力或真空进行过滤；
3. 加热干燥。

一个浆体输送系统中，可以同时采用三种脱水方法。

如果颗粒粒度相对较大，采用颗粒沉淀技术时，可包括使用滤网。如果浆体中的颗粒较小，则可以在大容器内重力自然沉降。对于连续沉降操作，可以采用浓密机（第3章）。固体沉入圆锥体底部，并使用一系列的旋转耙子将其导向中心出口。澄清液体从浓密机的顶部排出。

水力旋流器也用于液-固分离。水力旋流器在设计和操作上与气体旋风分离器相似；在压力下将浆体切向送入水力旋流器。由此产生的旋流作用使颗粒受到较高离心力。水力旋流器的溢流主要运送澄清液体，底流则包含剩余的液体和固体。小部分颗粒从溢流管排出；这部分的比例取决于浆体的粒度范围和水力旋流器的切割粒度。

4.6　延伸阅读

有关浆体流动的进一步阅读，请参阅以下文献：

Brown，N. P. and N. I. Heywood（1991），Slurry Handling Design of Solid-Liquid Systems，Elsevier Applied Science，London.

Shook，C. A. and M. C. Roco（1991），Slurry Flow：Principles and Practice，Butterworth-Heinemann，Boston.

Wilson，K. C.，Addie，G. R. and R. Clift（1992），Slurry Transport Using Centrifugal Pumps，Elsevier Applied Science，London.

4.7　例　　题

例题 4.1

具有幂律流动特性的浆体，以平均速度 0.07 m/s 流过内径 5 cm 长 15 m 的管道。浆体的密度为 1 050 kg/m³，其流动指数和稠度系数分别为 $n=0.4$，$k=13.4\ \mathrm{Ns^{0.4}/m^2}$。计算管道中的压降。

解

首先，通过给定的流动条件，计算广义雷诺数 Re^* 来检验流动是层流还是紊流。然后将这个雷诺数与层流过渡到紊流的临界广义雷诺数比较。

由式（4.20）

$$Re^*_{\text{transition}}=\frac{6\ 464\times0.4}{[1+3\times0.4]^{0.4}}\times(2+0.4)^{\left(\frac{2+0.4}{1+0.4}\right)}\times\left[\frac{1}{1+3\times0.4}\right]^{2-0.4}$$

$$Re^*_{\text{transition}}=2\ 400$$

由式（4.19）可求得管道内流动的广义雷诺数 Re^*，

$$Re^*=\frac{8\times1\ 050\ \mathrm{kg/m^3}\times(0.05\ \mathrm{m})^{0.4}\times(0.07\ \mathrm{m/s})^{1.6}}{13.4\ \mathrm{Ns^{0.4}/m^2}}\left(\frac{0.4}{4.4}\right)^{0.4}$$

$$Re^*=1.03<2\ 400\Rightarrow 流动是层流$$

然后，用式（4.8）计算压降。

$$\frac{\Delta P}{15\ \mathrm{m}}=\frac{4\times13.4\ \mathrm{Ns^{0.4}/m^2}}{0.05\ \mathrm{m}}\times\left[\frac{2\times0.07\ \mathrm{m/s}\times2.2}{(0.05\ \mathrm{m}\times0.4)}\right]^{0.4}$$

$$\Delta P=48\ 000\ \mathrm{N/m^2}$$

应用摩擦系数法，

$$f_{\mathrm{f}}=\frac{16}{Re^*}=\frac{16}{1.03}=15.53$$

由式（4.12）

$$\Delta P=2f_{\mathrm{f}}\rho_{\mathrm{m}}\left(\frac{L}{D}\right)v_{\mathrm{AV}}^2=2\times15.53\times1\ 050\ \mathrm{kg/m^3}\times\left(\frac{15\ \mathrm{m}}{0.05\ \mathrm{m}}\right)\times(0.07\ \mathrm{m/s})^2$$

$$\Delta P = 48\,000 \text{ N/m}^2$$

因此，管道压降为 48 kPa。

例题 4.2

浆体的密度为 2 000 kg/m³，屈服应力为 0.5 N/m²，塑性黏度为 0.3 Pa·s，在直径 1.0 cm 长 5 m 的管道内流动。采用驱动压力 4 kPa，计算浆体流量。流动是层流还是紊流？

解

我们先假设流动是层流，然后返回检验该假设。对于宾汉塑性流体的层流，

$$v_{AV} = \frac{R\tau_0}{4\mu_p}\left[1 - \frac{4}{3}\frac{\tau_y}{\tau_0} + \frac{1}{3}\left(\frac{\tau_y}{\tau_0}\right)^4\right]$$

其中壁面剪切应力 τ_0 为

$$\tau_0 = \frac{\Delta PR}{2L}$$

$$\tau_0 = \frac{(4\,000 \text{ N/m}^2) \times (0.005 \text{ m})}{2 \times (5.0 \text{ m})} = 2.0 \text{ N/m}^2$$

于是，

$$v_{AV} = \frac{0.005 \text{ m} \times 2.0 \text{ N/m}^2}{4 \times 0.3 \text{ Ns/m}^2}\left[1 - \frac{4}{3} \times \left(\frac{0.5}{2.0}\right) + \frac{1}{3} \times \left(\frac{0.5}{2.0}\right)^4\right]$$

$$v_{AV} = 0.005\,6 \text{ m/s}$$

并且计算得

$$Q = v_{AV}\frac{\pi D^2}{4} = (0.005\,6 \text{ m/s}) \times \left[\frac{\pi}{4} \times (0.01 \text{ m})^2\right]$$

$$Q = 4.37 \times 10^{-7} \text{ m}^3/\text{s}$$

现在通过计算 Re 和 He 来检查流动是否是层流。

$$Re = \frac{\rho_m D v_{AV}}{\mu_p} = \frac{(2\,000 \text{ kg/m}^3) \times (0.01 \text{ m}) \times (0.056 \text{ m/s})}{0.3 \text{ kg/m/s}}$$

$$Re = 0.37$$

$$He = \frac{\rho_m D^2 \tau_y}{\mu_p^2} = \frac{(2\,000 \text{ kg/m}^3) \times (0.01 \text{ m})^2 \times (0.5 \text{ kg/m/s}^2)}{(0.3 \text{ kg/m/s})^2}$$

$$He = 1.1$$

根据 Re 值和 He 值判断，流动是层流。

例题 4.3

对于含有矿物固体质量分数为 60% 的浆体进行流变学实验，得到如下结果（表 4W3.1）。哪种流变模型能描述这种浆体，这种浆体适合的流变特性是什么？

解

零剪切速率下的剪切应力为 6.00 Pa，因此屈服应力等于 6.00 Pa。为了确定浆体是否表现为宾汉流体或遵循赫歇尔-布尔克利模型，我们需要绘制 $\tau - \tau_y$ 对剪切速率 $\dot{\gamma}$ 的图（见表 4W3.2 和图 4W3.1）。由图得斜率为 0.05 Pa·s 的直线，因此是宾汉流体，0.05 Pa·s 是塑性黏度 μ_p 的值。

表 4W3.1

剪切速率（s⁻¹）	剪应力（Pa）
0	5.80
0	5.91
0	6.00
1	6.06
10	6.52
15	6.76
25	7.29
40	8.00
45	8.24

表 4W3.2

$\tau-\tau_y$（Pa）	剪切速率 $\dot{\gamma}$（s⁻¹）
0.06	1
0.52	10
0.76	15
1.29	25
2.00	40
2.24	45

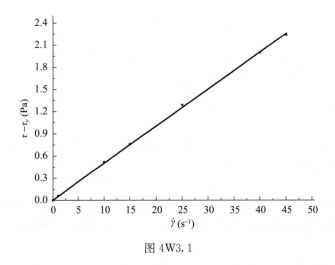

图 4W3.1

例题 4.4

将煤体积分数为 65％ 的水煤浆（煤的比重＝2.5），以 3.41 m³/h 的流量从储罐送至锅炉，通过的水平管道长度 50 m 内径 1.58 cm。储罐的压强为 1 atm，浆体必须在表压为 1.38 bar 下送至锅炉。如果该浆体为宾汉塑性流体，屈服应力为 80 Pa 塑性黏度为 0.2 Pa·s，那么泵送需要的功率是多少？

解

首先通过计算 Re 数和 He 数来判断流动是层流还是紊流。计算混合物密度 ρ_m

$$\rho_m = C_v\rho_s + (1-C_v)\rho_f$$

$$\rho_m = (0.65) \times (2\ 500\ \text{kg/m}^3) + (0.35) \times (1\ 000\ \text{kg/m}^3)$$

$$\rho_m = 1\ 975\ \text{kg/m}^3$$

根据体积流量 Q 计算速度 v_{AV}。

$$Q = v_{AV}\pi\frac{D^2}{4}, \quad \text{因此} \quad v_{AV} = \frac{3.41}{3\ 600} \times \frac{1}{\frac{\pi}{4} \times (0.015\ 8)^2} = 4.83\ \text{m/s}.$$

计算雷诺数

$$Re = \frac{\rho_m D v_{AV}}{\mu_p} = \frac{(1\ 975\ \text{kg/m}^3) \times (0.015\ 8\ \text{m}) \times (4.83\ \text{m/s})}{(0.2\ \text{kg/m/s})} = 754$$

计算赫斯特罗姆数 He

$$He = \frac{\rho_m D^2 \tau_y}{\mu_p^2} = \frac{1\ 975 \times 0.015\ 8^2 \times 80}{0.2^2} = 986$$

根据 $Re = 754$，$He = 986$，判定流动是层流。

将式（4.13）应用于点"1"和点"2"之间的过程（图 4W4.1）

$$H_{泵提供} - h_f = \frac{p_2 - p_1}{\rho_m g} + \frac{v_{AV}^2}{2g}$$

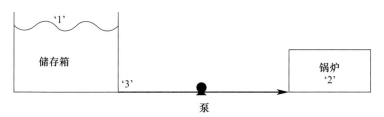

图 4W4.1

管道摩擦压头损失仅涉及点"3"与点"2"间的压降

$$h_f = \frac{p_3 - p_2}{\rho_m g} = \frac{1}{\rho_m g}\left(\frac{32\mu_p v_{AV} L}{D^2} + \frac{16\tau_y L}{3D}\right)$$

所以

$$h_f = \frac{1}{1\ 975 \times 9.81} \times \left(\frac{32 \times 0.2 \times 4.83 \times 50}{0.015\ 8^2} + \frac{16 \times 80 \times 50}{3 \times 0.015\ 8}\right) = 390\ \text{m}$$

$$H_{泵提供} = 390 + \frac{1.38 \times 10^5}{1\ 975 \times 9.81} + \frac{4.83^2}{2 \times 9.81} = 398\ \text{m}$$

水泵提供的压头与需要功率 $\dot{W}$ 的关系：$H_{泵提供} = \dfrac{\dot{W}}{\rho_m g Q} = 398\ \text{m}$

因而 $\dot{W} = 1\ 975 \times 9.81 \times (3.41 \div 3\ 600) \times 398 = 7\ 300\ \text{J/s}$。

因此，泵送功率需要 7.3 kW。

自测题

4.1 浆体中均匀流和非均匀流的主要区别特征是什么？

4.2 对于沉降性浆体，术语"临界沉积速度"是什么意思？

4.3 列举三种可描述高浓度非沉降悬浮液流变性能的模型。

4.4 触变性流体的主要特征是什么？

4.5 绘制（a）胀流性流体和（b）假塑性流体的剪切应力对应变速率关系图。

4.6 绘制剪切变稀流体在管内流动的径向速度分布图。

4.7 概述预测幂律流变特性浆体在管内流动压降的步骤。

4.8 如何区分浆体性能是宾汉塑性流体还是赫歇尔-布尔克利流体？

4.9 定义赫斯特罗姆数。该数如何用于预测宾汉塑性流变学浆体在管内流动的压降？

4.10 在准备用管道输送浆体时，通常涉及哪些步骤？

4.11 用管道输送磨蚀性的非沉降浆体，要求压力高达 60 bar，应选用哪种类型泵？

4.12 如何防止浆体在管道中冲蚀磨损？

练习题

4.1 在实验室分析磷酸盐浆体混合物样本。以下数据（表 4E1.1）描述了剪切应力与剪切速率之间的关系；浆体混合物是非牛顿型的。如果认为是幂律浆体，剪应力与剪切速率的关系是什么？

（答案：$\tau = 23.4\dot{\gamma}^{0.15}$）

4.2 证明式（4.7）。

表 4E1.1

剪切速率，$\dot{\gamma}(s^{-1})$	剪切应力，$\tau(Pa)$
25	38
75	45
125	48
175	51
225	53
325	55.5
425	58
525	60
625	62
725	63.2
825	64.3

4.3 证明式 (4.28)。

4.4 一种表现为假塑性流体的浆体，以平均速度为 8.5 m/s 流过一根内径为 5 cm 的光滑圆管。浆体的密度为 900 kg/m³，其流动指数 $n=0.3$ 和稠度系数 $k=3.0$ Ns$^{0.3}$/m²。(a) 计算流过 50 m 水平管道的压降；(b) 计算克服重力作用流过 50 m 竖直管道的压降。

［答案：(a) 338 kPa；(b) 779 kPa］

4.5 水基浆体样本的浓度是在烘箱中烘干浆体来确定的。根据以下数据确定浆体的质量浓度：

容器加上干固体质量 0.31 kg，容器加上浆体质量 0.48 kg，容器质量 0.12 kg。如果固体比重为 3.0，确定浆体的密度。

（答案：1 546 kg/m³）

4.6 水煤浆的比重为 1.3。如果煤的比重是 1.65，那么煤浆体中煤的质量百分比是多少？煤的体积百分比是多少？

（答案：58.6%，46%）

4.7 以下（表 4E7.1）是固体质量含量为 60% 浆体的流变学测试结果。哪种流变学模型描述这种浆体，这种浆体适合的流变学特性是什么？

（答案：赫歇尔-布尔克利模型：$\tau_y=4.0$，$k=0.20$，$n=0.81$）

表 4E7.1

剪切速率（s^{-1}）	剪切应力（Pa）
0	4.0
0.1	4.03
1	4.2
10	5.3
15	5.8
25	6.7
40	7.8
45	8.2

4.8 泥浆通过 15.24 m 长的水平塑料软管从储存罐中排出。软管为椭圆形横截面，长轴 101.6 mm，短轴为 50.8 mm。软管的开口端在罐内水平面 3.05 m 以下。泥浆为宾汉塑性流体，屈服应力为 10 Pa，塑性黏度 50 cP，密度为 1 400 kg/m³。

（a）水从软管排出的速度是多少？

（b）泥浆从软管中排出的速度是多少？

（答案：(a) 3.65 m/s；(b) 3.20 m/s）

4.9 煤浆为幂律流体，流动特性指数为 0.3，比重为 1.5，剪切速率为 100 s^{-1} 时表观黏度为 0.07 Pa·s。

（a）在内径为 12.7 mm 长 4.57 m 的光滑管道内流动，要达到紊流需要多大的体积流量？

（b）在此情况下，管道内的压降（Pa）是多少？

［答案：(a) 0.72 m³/h；(b) 19.6 kPa］

4.10 泥浆通过长 1 m、内径为 1 cm 的竖直管从大储存罐底部排出。管道出口端在罐内水平面以下 4 m。该泥浆特征为宾汉塑性流体，屈服应力为 10 N/m²，塑性黏度为 0.04 kg/m/s，密度为 1 500 kg/m³。泥浆从软管中排出的速度是多少？

（答案：3.5 m/s）

4.11 泥浆通过长 5 m 内径为 1 cm 的水平管道从大储罐以层流排出。管道的开口端在罐内水平面以下 5 m。该泥浆为宾汉塑性流体，屈服应力为 15 N/m²，塑性黏度为 0.06 kg/m/s，密度为 2 000 kg/m³。泥浆从软管中排出速度是多少？

（答案：0.6 m/s）

5

胶体和细颗粒物

5.1 引　　言

　　历史上胶体和细颗粒物在许多领域，包括油漆、陶瓷、食品、矿产、纸张、生物技术和其他行业中，早已具有非常重要的地位。随着纳米技术和微流体技术的出现，它们的重要性更加凸显，已经逐渐成为人们关注的焦点。胶体和细颗粒物与大颗粒物的主要区别是细颗粒物的表面积与质量之比非常大。细颗粒的特性是受界面力支配（译者注：本章"界面"指颗粒与液体间的相界面，亦即颗粒表面。），而不是体积力支配。胶体是 1 nm 到 10 μm 之间悬浮在流体中非常细小的颗粒。界面作用常表现为细颗粒物的黏聚性、浓悬浮液黏度大和分散胶体悬浮液中沉降缓慢。

　　由球体直径，可计算出球形颗粒的表面积与体积之比，如下式所示（其中 x 是颗粒直径）：

$$\frac{\text{表面积}}{\text{体积}} = \frac{\pi x^2}{\frac{\pi}{6} x^3} = \frac{6}{x} \tag{5.1}$$

颗粒质量与其密度、体积直接相关。随着粒径的减小，相对于体积力（取决于颗粒质量）而言，界面力（见 5.3 节）将主导粉体及其悬浮系统特性。物体的体积力很容易理解，因为它们只是牛顿运动定律的结果，该力取决于质量和加速度，表达为 $F = ma$。如第 2 章所述，体积力的典型例子是颗粒在重力（$F = mg$）作用下沉降。

　　直径 10 nm 二氧化硅颗粒的质量仅有 1.4×10^{-21} kg。由于细颗粒和胶体的质量很小，它们体积力的量级小于界面作用力的量级。这些界面力是多种物理－化学相互作用的结果，例如范德华力、双电层力、桥接力和空间力，下面几节将详细描述。正是这些力控制着细粉和胶体悬浮系的特性，本章以下几节中将详细讨论。理解这些力并不像理解体积力那么容易，因为它们取决于颗粒界面特定的化学相互作用。对这些专业信息的基本了解见 5.3 节中描述，而更详细的知识可由胶体和界面化学教科书获得（Hiemenz 和 Rajagopolan，1997；Hunter，2001；Israelechvili，1992）。

　　界面作用导致颗粒间的吸引或排斥，这取决于构成颗粒的材料、流体类型和颗粒间的距离。通常，如果不采取任何措施来控制颗粒间的相互作用，它们就会因总是存在的范德华力而相互吸引。（范德华力具有排斥性仅限少数罕见情况，见第 5.3.1 节中描述。）细颗粒在空气中通常具有黏聚性，这主要是由于它们之间的吸引力占优势。

另一方面胶体颗粒分散在液体中，它们会表现出像分子一样的布朗运动，它们在液体中扩散并无序运动。

5.2 布朗运动

当胶体分散在液体中时，它们会受到第2章所述流体动力学体积力的影响。它们也会发生一种被称为布朗运动的现象。来自环境的热能使液体分子振动。这些振动分子相互碰撞并与颗粒界面碰撞。碰撞的随机性使颗粒无序运动，如图5.1所示。这种现象以罗伯特·布朗的名字命名，他在1827年首次观察到花粉颗粒在水中随机运动的现象（Perrin，1913）。

简单地应用运动学模型可以确定影响悬浮颗粒平均速度的关键参数。环境的热能以动能形式传递给颗粒。平均热能为 $(3/2)kT$（其中 k 为玻尔兹曼常数，$k=1.38\times10^{-23}$ J/K，T 是开尔文温度）。如果忽略阻力、碰撞和其他因素，通过将颗粒动能 $(1/2)mv^2$（其中 m 是颗粒的质量）与热能相等，来估算颗粒的平均速度，如下所示：

$$\overline{v}=\sqrt{\frac{3kT}{m}} \tag{5.2}$$

这个简单的分析不能用于确定颗粒与其初始位置的实际距离，因为颗粒不是沿直线运动（见图5.1及下述），但它确实表明，升高温度或降低颗粒质量都会增强布朗运动。

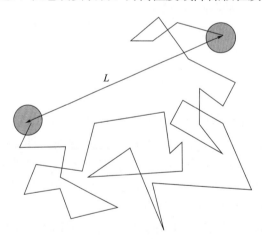

图5.1 布朗颗粒随机游动示意图

颗粒在一段时间内移动距离是 L

热力学原理表明，悬浮液体系的最低自由能（最大熵）状态，是颗粒在整个液体中均匀分布。因此，由布朗运动引起的颗粒随机游动，导致颗粒在整个液体中均匀分布。结果是颗粒从高浓度区域扩散到低浓度区域。爱因斯坦（Einstein）和斯莫鲁霍夫斯基（Smoluchowski）运用一维随机游动的统计分析法确定了布朗运动颗粒，其游动平均距离（均方根）与时间的函数关系（Einstein，1956）：

$$L=\sqrt{2\alpha t} \tag{5.3}$$

其中 α 是扩散系数。爱因斯坦进一步推导出了扩散系数的关系式，该式可描述球形颗粒流体动力学摩擦阻力：

$$\alpha f = kT \tag{5.4}$$

其中摩擦系数 f 定义为 F_D/U，这里 U 是颗粒与液体的相对速度。对于蠕变层流，我们可从斯托克斯定律 [式 (2.3)] 得出 $f = 3\pi x\mu$，因此：

$$\alpha = \frac{kT}{3\pi x\mu} \tag{5.5}$$

和

$$L = \sqrt{\frac{2kT}{3\pi x\mu}t} \tag{5.6}$$

于是可以确定颗粒在一段时间内移动的平均距离。温度升高会增加一段时间内移动距离，而颗粒粒度和流体黏度增加则会减少移动距离。请注意，距离与时间的平方根成正比，而不是与时间成线性关系。

要注意，式 (5.3) ～ (5.6) 是针对一维随机游动推导出来的。这些方程式将在后面用于分析重力作用下的沉降。在重力作用下，我们只关注一个方向（一维）的运动。因为在沉降中我们只对重力场作用方向上的运动感兴趣，而对另外两个正交方向上的横向运动不感兴趣。在三维随机游动情况下，与式 (5.3) 类似的公式是 $L = \sqrt{6\alpha t}$。

5.3 界面力

界面力本质上源于颗粒中所有分子（或原子）间穿越中间介质的相互作用力之和。分子间（和原子间）力是材料中原子间电磁相互作用的结果 (Israelechvili, 1991)。对这种力的全面认识在胶体和界面化学课文中有详细描述 (Hiemenz 和 Rajagopolan, 1997；Hunter, 2001；Israelechvili, 1992)。这里的讨论仅限于最具有技术意义的几种力。

通常，两个颗粒之间的力 (F) 可以是吸引力，也可以是排斥力。该力取决于这两个颗粒界面之间分离距离 (D) 和该分离距离处势能 (V)。力与势能之间的关系是，力是势能对距离梯度的负值。

$$F = -\frac{dV}{dD} \tag{5.7}$$

两个微细颗粒典型的势能、力与其分离距离间关系，如图 5.2 所示。热力学原理指出颗粒对总是移动到能量最低的平衡位置。如果颗粒对处于其他任何分离距离，它们之间就会产生力。分离距离为零时会有一个很强的斥力，阻止颗粒占据相同的空间。当存在引力时（在其他所有分离距离处），颗粒驻留在平衡分离距离的势能阱（最低能量处）中 [图 5.2 (a) 和 (b)]。在某些情况下，由于颗粒没有足够的热能或动能来越过势能垒（就力而言，作用在颗粒上的力不足以克服斥力场力），存在排斥势能垒，阻止颗粒移动到通常情况下最小能量的平衡位置。在这种情况下，颗粒不能相互接触，只能处于排斥势垒范围更远的位置，该距离通常至少几纳米或更大些 [图 5.2 (c) 和 (d)]。

图 5.2 中四幅图的说明：

(a) 相互吸引作用时，能量-分离距离曲线。颗粒驻留在能量最低的分离距离处。

(b) 对 (a) 所示引力势的情况，力-分离距离的关系。（本书中约定，颗粒间相斥为正作用力。）当颗粒处于平衡分离距离时，它们间无作用力。需要施加一个大于最大值的力才能把颗粒分开。

（c）相互排斥作用时，能量-分离距离曲线。势能垒大于可获得的热能和动能时，颗粒不能相互接触而相互远离以降低能量。

（d）对（c）所示斥力势的情况，力-分离距离曲线。颗粒相距很远时，颗粒间没有相互作用力。要使颗粒相互接触，所施之力必须超过最大斥力。

下文介绍几种具有重要技术意义的力，描述其中力与距离之间的关系，说明产生这些力的基本物理和化学机制。

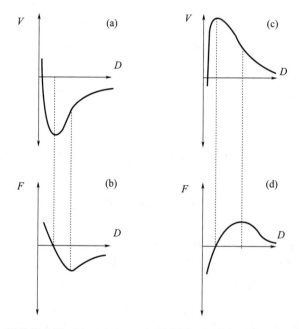

图 5.2　颗粒间势能（V）、力（F）与颗粒界面间分离距离（D）的示意图

5.3.1　范德华力

范德华（van der Waals）力通常指一组电动力学相互作用，包括两个不同颗粒中原子间的葛生（Keesom）力、德拜（Debye）力和伦敦（London）色散力。两个颗粒间范德华力的主要贡献来自于色散力。色散力是构成两个颗粒的原子中与涨落相关联的瞬时偶极矩之间库仑力作用的结果。为理解这个概念，设想材料中每个原子都有带正电的原子核和绕轨道运行的负电子。原子核和电子间距很短，约为埃（10^{-10} m）数量级。任一瞬间原子核和电子密度中心间都有一个偶极矩。随着电子绕原子核运动，偶极矩随时间迅速波动。每个原子偶极矩都产生一个电场，该电场与两个颗粒中所有其他原子的电场相互作用。两个颗粒中所有原子偶极矩保持一定的关系以降低系统的总能量（即，它们把自己排列得如同音乐剧中一群经过精心编排的成对舞者那样，尽管它们在不停地运动，但始终保持同步）。当两个颗粒由相同材料构成时，相关偶极子的最低能量配置使偶极子之间为吸引力，如图 5.3 所示。两个颗粒中所有偶极子引力之和是颗粒间总引力。一般来说，范德华相互作用可以是引力，也可以是斥力，这取决于两个颗粒的介电

特性和介质。

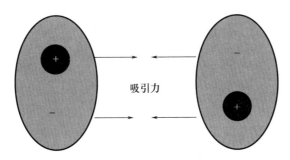

图 5.3　两个颗粒中两个原子瞬时偶极子间偶极-偶极吸引力的示意图

图 5.3 为两个颗粒中两个原子瞬时偶极子间偶极-偶极吸引力的示意图，"＋"表示原子核，"－"表示电子密度中心。因为电子密度中心通常与原子核不重合，所以每个原子中两个分离的相反电荷间存在偶极矩。电荷间应用库仑定律，表明最低自由能配置如图所示。根据库仑定律，正电荷和负电荷配位结果使得两个原子间相互吸引。

两个相同粒度的球形颗粒，当它们之间距离（D）远小于粒度（x）时，对两个颗粒中所有原子之间成对的相互作用力求和，得到一个非常简单的方程，它表示该两颗粒间的总作用力。

$$V_{vdW} = -Ax/24D \tag{5.8a}$$

和

$$F_{vdW} = -Ax/24D^2 \tag{5.8b}$$

其中 V_{vdW} 是范德华力相互作用能，F_{vdW} 是范德华力。如果两个颗粒粒度不同或粒度比它们间距离还小，则关系式更为复杂。在给定介质中，一对特定颗粒间相互作用力的符号和大小用哈马克（Hamaker）常数 A 的数值来表示。哈马克常数大于零时，作用力为引力；哈马克常数小于零时，作用力为斥力。图 5.4 显示两个颗粒（材料 1 和 3）和中间介质（材料 2）的构型。从三种材料的介电性能可计算出哈马克常数。表 5.1 给出颗粒和几种介质组合的哈马克常数。注意，从乳液和泡沫相互作用力与稳定性角度看，乳液中的油滴和泡沫中的气泡也可视为颗粒。

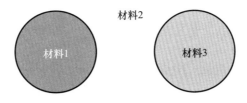

图 5.4　表示每个颗粒和中间介质材料类型的符号

当材料 1 和 3 相同时，范德华相互作用力总是吸引力，例如表 5.1 中所示矿物氧化物在水或空气中相互作用。注意，与空气介质相比，在水中颗粒的范德华相互作用力减小。因此，在液体中比在空气中更容易分离（分散）细颗粒物。材料 1 和材料 3 是不同材料时，如果中间介质的介电性能在两个颗粒介电性能之间，两个颗粒间会产生斥力，例如二氧化硅颗粒和气泡在水中相互作用的情况。

表 5.1　一些常见材料组合的哈马克常数

材料 1	材料 2	材料 3	哈马克常数（近似值）(J)	实例
氧化铝	空气	氧化铝	15×10^{-20}	空气中的氧化矿物具有很强的吸引力和黏着性
二氧化硅	空气	二氧化硅	6.5×10^{-20}	
氧化锆	空气	氧化锆	20×10^{-20}	
二氧化钛	空气	二氧化钛	15×10^{-20}	
氧化铝	水	氧化铝	5.0×10^{-20}	水中的氧化矿物也具有吸引力，但比空气中的小
二氧化硅	水	二氧化硅	0.7×10^{-20}	
氧化锆	水	氧化锆	8.0×10^{-20}	
二氧化钛	水	二氧化钛	5.5×10^{-20}	
金属	水	金属	40×10^{-20}	金属的导电性使它们有强烈的吸引力
空气	水	空气	3.7×10^{-20}	泡沫
辛烷	水	辛烷	0.4×10^{-20}	水包油乳剂
水	辛烷	水	0.4×10^{-20}	油包水乳剂
二氧化硅	水	空气	-0.9×10^{-20}	矿物浮选时颗粒附着气泡，弱斥力

5.3.2　双电层力

当颗粒浸入液体时，它们可以通过多种机制产生界面电荷。在这里，我们来考虑氧化物颗粒浸入水溶液的情况。颗粒界面由不饱和键的原子组成。在真空中，这些不饱和键会产生等量的带正电荷的金属离子和带负电荷的氧离子，如图 5.5（a）所示。当颗粒暴露于大气（通常至少 15％的相对湿度）中或浸入水中时，颗粒界面与水反应产生界面羟基（表示为 M—OH），如图 5.5（b）所示。

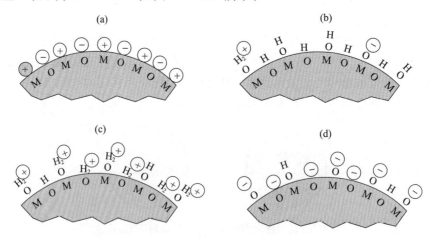

图 5.5　金属氧化物界面示意

（a）在真空中，不饱和键分别产生金属原子的正电点、氧原子的负电点。

（b）界面点与环境中水或水蒸气反应形成界面羟基（M—OH）。在等电点（IEP），以中性点为主，有少量正电荷点、负电荷点，它们数量相等。

（c）低 pH 溶液中，界面羟基与溶液中 H^+ 反应产生带正电荷界面，它主要由（M—OH_2^+）基团组成。

（d）高 pH 溶液中，界面羟基与溶液中 OH^- 反应产生带负电荷界面，它主要由（M—O^-）基团组成。

界面羟基分别在低 pH 环境与酸反应、高 pH 环境与碱反应，其界面离子反应式如下（Hunter，2001）：

$$M-OH+H^+ \xrightarrow{K_a} M-OH_2^+ \tag{5.9a}$$

$$M-OH+OH^- \xrightarrow{K_b} M-O^- + H_2O \tag{5.9b}$$

反应产生如图 5.5（c）所示的正电荷界面（$M-OH_2^+$），或如图 5.5（d）所示的负电荷界面（$M-O^-$）。界面离子反应常数（K_a 和 K_b）值取决于特定材料种类（例如 SiO_2，Al_2O_3 和 TiO_2）。对于每种类型的材料，都有一个 pH，称为等电点（IEP），其中大部分界面点是中性的（$M-OH$），界面净电荷为零。分别加入酸（H^+）或碱（OH^-）后，pH 低于或高于 IEP 时，颗粒界面带正电荷（$M-OH_2^+$）或负电荷（$M-O^-$）。图 5.6 显示了界面点密度随 pH 变化的情况。表 5.2 列出了一些常见材料的 IEP。

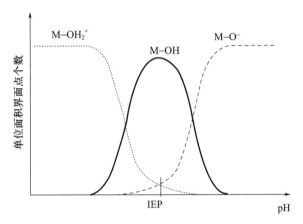

图 5.6　单位面积上中性（$M-OH$）、阳性（$M-OH_2^+$）、
阴性（$M-O^-$）界面点密度与 pH 的函数关系

对颗粒界面的每一个带电点，溶液中存在一个带相反电荷的反号离子。例如，用 HCl 降低 pH，界面带正电荷点的反号离子是 Cl^- 阴离子；如果用 NaOH 提高 pH，则界面带负电荷点的反号离子是 Na^+ 阳离子。整个系统是电中性的。颗粒界面和本体溶液之间的电荷分离产生的电位差称为界面电位（Ψ_0）。

表 5.2　一些常见材料的等电点

材料	IEP 的 pH
二氧化硅	2~3
氧化铝	8.5~9.5
二氧化钛	5~7
氧化锆	7~8
赤铁矿	7~9
方解石	8
油	3~4
空气	3~4

这些反号离子形成一个弥散的云，包裹每个颗粒使体系为电中性。当两个颗粒被挤在一起时，它们的反号离子云开始重叠，使颗粒间反号离子浓度增加。如果两个颗粒带相同电荷，则由于反号离子的渗透压而产生排斥电位，称为双电层（EDL）斥力。如果两个颗粒带相反电荷，则产生双电层引力。重要的是要认识到双电层相互作用不是简单地由两个带电球体之间的库仑作用力决定，而是由颗粒间隙中反号离子渗透压（浓度）作用决定。

反号离子云厚度（即斥力范围）的度量是德拜长度（κ^{-1}），其中德拜屏蔽参数（κ）对于一价盐为（Israelachvili，1992）：

$$\kappa = 3.29\sqrt{[c]} \, (\mathrm{nm}^{-1}) \tag{5.10}$$

其中 $[c]$ 是一价电解质的摩尔浓度。德拜长度较大（反号离子浓度小）时，颗粒在较大的分离距离仍有排斥，因此范德华吸引力不足以克服它，如图 5.2（c）和（d）所示。通过添加盐也就是增加颗粒周围反号离子浓度，可以压缩双电层（减小德拜长度）。当加入足够多盐时，双电层斥力范围会大大减小，使得范德华吸引力在较大分离距离上占优势。此时，产生了一个吸引势能阱，如图 5.2（a）和（b）所示。

两个带相同界面电荷直径为 x 球形颗粒之间的 EDL 势能（V_{EDL}），与界面间分离距离（D）关系的近似表达式为（Israelachvili，1992）：

$$V_{\mathrm{EDL}} = \pi \varepsilon \varepsilon_0 x \Psi_0^2 \mathrm{e}^{-\kappa D} \tag{5.11}$$

其中 Ψ_0 为界面电位（由界面电荷产生）；ε 是水的相对介电常数，而不是本书其他章节经常提到的空隙率；ε_0 是真空介电常数，为 $8.854 \times 10^{-12} \, \mathrm{C^2/J/m}$；而 κ 为德拜长度的倒数。当界面电位恒定且小于 25 mV，且颗粒间分离距离小于颗粒粒度时，该表达式适用（Israelachvili，1992）。

由于颗粒界面存在一层不动（固定）的离子和水分子，直接测量颗粒的界面电位并不容易。通常是测量一个与之密切相关的电位，该电位称为 ζ 电位（zeta 电位）。ζ 电位可以通过测量颗粒在电场中速度来确定。ζ 电位是固定化界面层和本体溶液之间剪切平面处的电位。该平面通常位于距界面仅几个埃位置，因此 ζ 电位和界面电位之间几乎没有差异。实际上，可以用 ζ 电位代替式（5.11）中的界面电位，预测作为分离距离函数的颗粒间作用力，几乎没有误差。如上所述，悬浮液中加入盐可降低 ζ 电位，以及压缩双电层厚度（降低德拜长度）。图 5.7 是 pH 和盐浓度如何影响氧化铝颗粒 ζ 电位的一个例子。

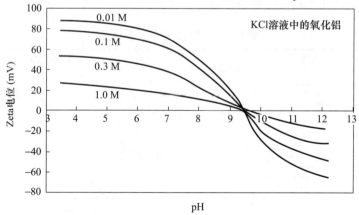

图 5.7　氧化铝颗粒的 zeta 电位随 pH 和盐浓度的变化

（引自 Johnson et al.，2000 年的数据）

5.3.3 吸附聚合物，桥接和空间力

另一种有效控制悬浮颗粒之间界面力的方法，是向溶液中加入可溶性聚合物。考虑这样一种情况，聚合物对颗粒界面有亲和力并倾向于吸附在颗粒界面上。根据聚合物分子量和吸附量不同，可以产生由聚合物桥接引起的引力，也可以产生由空间相互作用（steric interactions，也称位阻作用）引起的斥力，如图 5.8 所示。

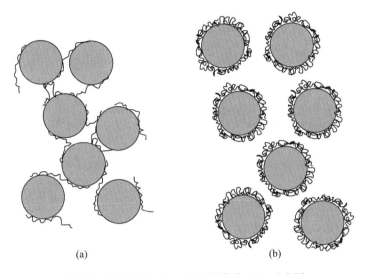

(a) (b)

图 5.8 桥接絮凝（a）和空间排斥（b）示意图

桥接絮凝法（Gregory，2006；Hiemenz 和 Rajagopolan，1997）是一种将可吸附在颗粒界面的聚合物加入到溶液中的方法，加入量不足以完全覆盖颗粒界面。吸附在一个颗粒界面上的聚合物链，可以延伸并吸附在另一个颗粒界面上，把它们连接在一起。最佳的聚合物加入量，通常是恰好能覆盖整个颗粒界面积一半。最佳桥接絮凝剂通常是 $1 \times 10^6 \sim 20 \times 10^6$ g/mol 高到超高分子量的聚合物，这样的聚合物很容易在颗粒之间架桥。商业用的聚合物絮凝剂通常是带电荷（离子型）的或者非离子型聚丙烯酰胺共聚物。它们广泛用于水处理、废水处理、造纸和选矿等行业，以促进固/液分离。其作用原理是在细颗粒之间产生吸引力从而形成聚集体，称为絮凝体。絮凝体质量远大于单个颗粒质量，相对于支配单个颗粒行为的布朗运动随机效应，体积力在控制絮凝体行为上变得非常重要，重力沉降占主导地位。

添加聚合物也可以通过空间机制（steric mechanism）在颗粒之间产生排斥力。当颗粒界面完全被厚厚的聚合物层覆盖时，就会出现位阻排斥力。聚合物必须吸附在颗粒界面并延伸到溶液中。在良溶剂中，分离距离小于被吸附聚合物层厚度的两倍时，聚合物层开始重叠并产生强烈的排斥作用，如图 5.2（c）和（d）所示。最易产生位阻斥力的聚合物通常为低分子量至中等分子量（通常小于 1×10^6 g/mol），并且颗粒界面应被完全覆盖。用不良溶剂，空间相互作用在中等至较远距离有吸引力。当难溶性聚合物吸附到颗粒界面时会出现这种情况。当聚合物是带电的聚合电解质（高分子电解质）时，双电层排斥和位阻排斥都很活跃，就会发生电空间稳定现象。位阻排斥稳定和电空间稳定是陶瓷加工中常用的控制悬浮液稳定性和黏度的方法。

5.3.4 其他作用力

还有其他几种机制能导致颗粒间的作用力。在非常干燥的空气中，静电荷能引起颗粒间的库仑力。在大气中，库仑作用力通常不重要，因为大气通常充分湿润，静电荷会迅速消散。在溶液中，非吸附性聚合物可引起另一种类型的弱吸引力，称为空位引力（depletion attraction）。颗粒界面上的溶剂分子层，例如强水合性界面上的水，可产生短程排斥力，这种短程斥力称为水合力或结构力。疏水表面（润湿性差）浸入水中，会表现出一种特殊的强吸引力。这种所谓的疏水力可引起水中油滴合并和疏水颗粒聚集。

5.3.5 净相互作用力

20 世纪 40 年代，德加根（Derjaguin），兰多（Landau），威尔威（Verwey）和奥贝克（Overbeek）（DLVO）提出了一个假说：只要将范德华力和 EDL 力的贡献简单相加，就可以确定总颗粒间作用力。与此同时，DLVO 理论也得到了广泛的实验验证。此外，已经发现许多其他力也可用相同的方式合成，以确定颗粒间总作用力。一些颗粒间净作用力的例子如图 5.9 所示。

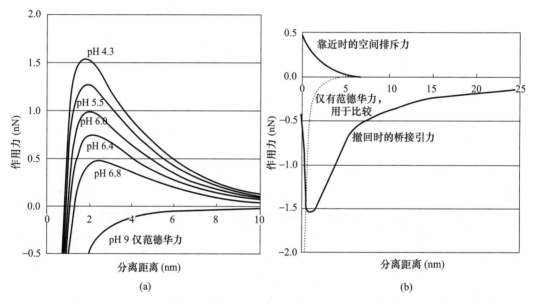

图 5.9　颗粒间净作用力的例子

图 5.9 中两幅图的说明：

（a）根据式（5.8）和式（5.11）计算出的氧化铝颗粒在不同 pH 下力-距离曲线，参数详见 Franks 等（2000 年）。pH 等于 9 时，范德华引力占主导地位。随着 pH 降低，EDL 斥力的作用范围和大小，随着 ζ 电位的增大而增大（见图 5.7）。在非常小的分离距离处，范德华引力总是高出 EDL 斥力。

（b）二氧化硅颗粒与一个吸附聚合物相互作用的力-距离曲线（Zhou et al，2008）。它们相互接近时，吸附聚合物提供一个弱的空间排斥力。它们相互分离（撤回）时，聚合物产生了强长程引力，因为链吸附在了双方界面上。图中也显示了仅有范德华力作用的情况，以作比较。

5.4 界面力对空气和水中颗粒行为的影响

由范德华力方程［式（5.8）］和 EDL 排斥势能方程［式（5.11）］可以看出，界面力大小随粒度线性增加。而体积力取决于颗粒的质量，随粒度的立方增加（因为质量等于体积和密度的乘积，而体积取决于粒度的立方）。重要的是体积力与界面力的相对值。虽然小颗粒比大颗粒的界面力小，但相对于其体积力，小颗粒的颗粒间界面力却较大。产生这种现象是因为体积力对粒度的依赖性比界面力强得多。

当颗粒界面在空气中相互作用时，例如干细粉，主导作用力是范德华引力或毛细管桥引力（见第 13 章）。在空气、其他气体和真空中，产生斥力的唯一机制是带静电荷（例如摩擦带电）。如果颗粒上的电荷符号相同，因库仑定律会产生斥力；而带相反电荷的颗粒间则会产生引力。如果相对湿度大于 45%，静电力虽有可能但通常并不显著，因为电荷在室温下潮湿空气中会迅速消散。

结果表明，由于范德华引力和毛细管引力，空气中细粉有黏聚性。颗粒间吸引力导致了粉体的黏聚特性。颗粒间强内聚力是细粉体难以流态化的原因（Geldart 的 C 类粉体，见第 7 章）。强内聚力也是第 10 章所述粉体无侧限屈服应力高的原因。这些粉体高无侧限屈服应力意味着它不能自由流动，与相同堆积密度的自由流动粉体相比，需要更大尺度的料斗开口。无论是原生的大颗粒还是细粉体制成的颗粒剂，只要质量大则体积力（而不是界面黏着力）将主导这些大颗粒的行为，从而成为自由流动的粉体。

人们观察细干粉间引力的作用，发现粒度大小影响堆积密度。随着粒度减小，松装堆积密度和振实堆积密度逐渐降低。这是由于随着粒度减小，界面吸引力的影响逐渐大于体积力的影响。体积力（如重力）使颗粒重新排列成更密集的堆积结构，它有助于粉体的压实。细颗粒间界面引力则阻碍粉体重排成致密的堆积结构。注意，这似乎与一些读者的直觉相反（他们认为吸引力会增加堆积密度）。事实并非如此，因为吸引力产生的强键，阻碍颗粒重排成更致密的堆积结构。

细干粉和溶液中胶体的差别之一是，空气（以及其他气体）黏度低，使得干粉在很多情况下流体动力学阻力极小，除了颗粒密度极低（例如灰尘和烟雾）或气体流速非常高的情况外。由于液体的黏度远大于气体，正如第二章所述，细颗粒在液体中受到的流体动力学阻力较大。

当细颗粒悬浮或分散在液体中，如水中，我们通过仔细选择溶液的化学性质，来控制相互作用力。控制这种相互作用力具有重要的技术意义，因为我们可以由此控制悬浮行为，如稳定性、沉降速度、黏度和沉积物密度。如图 5.9 所示，如酸、碱、聚合物和界面活性剂等添加剂可以很方便地用于配方中，以形成不同斥力或引力的作用范围和大小。当细颗粒悬浮或分散在液体中，如水中，如果想要保持颗粒分散，有几种机制能使颗粒间产生的斥力超过范德华引力。需要保持颗粒分散的一个例子是在陶瓷加工中。该应用中不但期望分散颗粒物的黏度低，而且要求成型陶瓷元件中填充颗粒物均匀致密，后者也需要由斥力提供。然而，在需要固液分离时，高 ζ 电位悬浮颗粒间有强排斥力不利于分离，可通过产生引力作用使它们聚集而迅速沉降，提高固液分离效率。桥接聚合物的这种应用将在 5.5 节中讨论。

总之，如图 5.10 所示悬浮行为取决于颗粒间相互作用力，这些作用力又取决于溶液性质。以下各节将讨论有趣的悬浮液特性，如稳定性、沉降、沉积物密度、颗粒堆积和流变学（流动）特性。

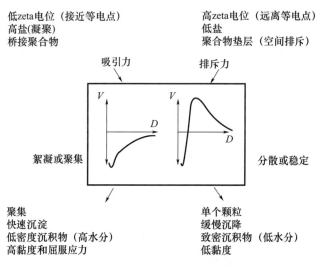

图 5.10 溶液条件对悬浮液特性的影响

图的上半部分给出溶液条件如何影响颗粒间力的例子；图下半部分显示吸引力和排斥力如何影响悬浮液的一些特性

5.5 颗粒粒度和界面力对沉淀法固液分离的影响

影响固/液重力分离效率的两个主要因素是沉降速率和沉积物含水量（固体浓度）。沉降速率应尽量大，而沉积物的含水量应尽量小。

5.5.1 沉降速率

胶体悬浮液克服重力而处于稳定状态的时间（稳定时间范围），取决于沉降通量与布朗通量的比率。沉降通量往往使密度大于流体的颗粒向下移动，密度小于流体的颗粒向上移动。布朗通量则往往使颗粒位置随机化。可以从颗粒和流体的性质估算稳定时间范围：假设在一段时间内布朗运动引起颗粒移动的平均距离，大于同一时间段颗粒沉降的距离，此时悬浮液就是稳定的。因此令式（5.6）与变形后的斯托克斯沉降定律表达式（见第 2 章）相等，即可确定该时间范围：

$$L=\sqrt{\frac{2kT}{3\pi x\mu}t}=\frac{(\rho_{\mathrm{p}}-\rho_{\mathrm{f}})x^{2}g}{18\mu}t \tag{5.12}$$

解出时间（非零）：

$$t=\frac{216kT\mu}{\pi g^{2}(\rho_{\mathrm{p}}-\rho_{\mathrm{f}})^{2}x^{5}} \tag{5.13}$$

因为布朗距离与时间的平方根成比例，而沉降距离与时间成线性关系，只要有足够的时间，所有悬浮颗粒最终都会沉淀下来。工程目标是固/液分离时，稳定时间范围是一个很重要的指标，因为在单元操作例如浓密机中，颗粒滞留时间是小时量级而不是周或月量级时，进行沉降固/液分离通常才经济可行。

对于那些能保持数天或数周稳定的胶体悬浮液，为了提高其沉降速率，通常向悬浮液中加入一种聚合物絮凝剂，这种絮凝剂能产生桥接引力。颗粒间的这种相互吸引会形成比原颗粒大的团聚体，它们的沉降速度超过布朗运动的随机化效应，因此在常规的重力沉降浓密机上可经济地实现固/液分离。

5.5.2　沉积物的浓度和固结

沉积物含水率和在固结压力（例如，沉积物上面的重量或过滤时的压力）作用下沉积物如何固结，取决于颗粒间力。间歇沉降过程中，假若时间足够长沉积物/浮层的界面将停止向下移动，达到最终平衡沉积物浓度。实际上，细颗粒和胶体产生的沉积物通常可压缩，由于局部固体压力作用，沉积物浓度从顶部到底部是变化的。在排斥力和布朗运动占优势时，尽管沉降速率很慢，但最终形成的沉积床较浓密，接近单分散系球体随机致密填充的浓度值 $[\phi_{max}=(1-\varepsilon)_{max}=0.64]$（注意，这里 ε 是指空隙率，ϕ 是固体体积分数）。这是因为加入到沉积床中有相互间排斥力的颗粒，能重新排列到较低的能量位置（高度较低），如图 5.11（a）所示。然而相互间有吸引力的颗粒（和聚集体）形成的沉积物，则相当稀疏含有较多残留水分。这是因为颗粒间的强吸引力在各个颗粒之间形成强键，阻止其重新排列成致密的沉积物结构，如图 5.11（b）所示。

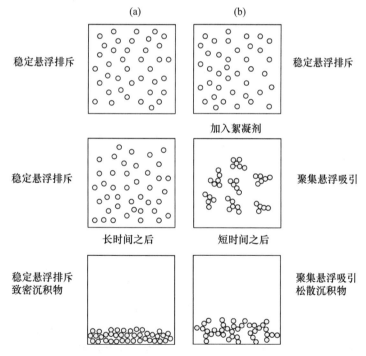

图 5.11　（a）排斥性胶体颗粒形成稳定的分散状态，只有在较长时间后才会形成沉积物。
沉积物较浓密。（b）絮凝剂加入到稳定的分散悬浮液中产生引力使颗粒聚集，
絮凝体迅速沉降。这种情况下沉积物较松散

压力可以通过多种方式施加到颗粒网络上，包括如在压滤机或离心机中直接施加压力，以及沉积物中特定水平面以上的颗粒重量。颗粒网络对外加压力的反应取决于各个

颗粒间的作用力。相互排斥颗粒与相互吸引颗粒的差别如图 5.12 所示。相互排斥颗粒（分散悬浮）在所有固结压力下，容易被压紧到接近最大随机紧密堆积极限。在一定压力下强吸引力颗粒堆积密度最低，弱吸引力颗粒的堆积密度处于两者之间。

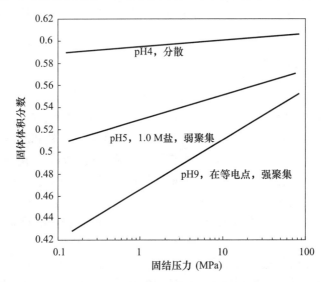

图 5.12　200 nm 粒径的氧化铝在压滤机中，平衡体积分数与固结压力的
函数关系（引自 Franks and Lange，1996）
pH 为 4，颗粒间强斥力使在大压力范围内为高密度固结。pH 为 9 是粉体的等电点，
强吸引力导致颗粒难以固结和压力依赖性的过滤特性。加盐后 pH 等于 5，
颗粒弱吸力使固结特性居于两者之间。

可见固/液分离时的两难抉择，快速沉积和低水分沉积物两者只能选择其一。目前固液分离研究的焦点是控制颗粒间相互作用力，优化分离过程每一步；也就是说，需要快速沉降时使颗粒间相互吸引，需要固结时使颗粒间相互排斥。本章作者采用的方法是使用应激反应絮凝剂来达到这一效果。

5.6　悬浮液流变学

流变学是研究物质流动和变形的学科（Barnes 等，1989）。它涵盖了从胡克弹性特性到牛顿流体特性广泛的力学特性。颗粒悬浮液可以表现出从黏度接近水的牛顿液体到高屈服应力、高黏度浆体（如灰浆或牙膏）的全范围特性。影响悬浮液流变特性的主要参数是固体体积分数、流体黏度、颗粒间界面力、颗粒粒度和形状。

本节我们首先讨论颗粒间没有界面力的情况下，颗粒体积分数的影响。在这种情况下，只考虑流体动力学力和布朗运动，称为无相互作用力的硬球模型。下一节将考虑界面力的影响。

考虑牛顿型分子液体（见第 4 章），如水、苯、乙醇、癸烷等。由于液体与球形颗粒之间的流体动力相互作用产生额外能量耗散，在液体中加入球形颗粒会增加其黏度。进一步添加球形颗粒，悬浮液黏度线性增加。爱因斯坦建立了稀悬浮液黏度与球形固体颗粒体积分数之间的关系如下（Einstein，1906）：

$$\mu_s = \mu_1(1 + 2.5\phi) \tag{5.14}$$

式中，μ_s 是悬浮液黏度；μ_1 是液体黏度；ϕ 是固体体积分数（$\phi = 1 - \varepsilon$，其中 ε 是空隙率）。注意固体体积分数小于 7%，悬浮液仍属牛顿流体，其黏度遵循爱因斯坦的预测。这种关系已得到广泛的证实。图 5.13 显示琼斯（Jones）等人（1991）对二氧化硅球形颗粒的测量结果。

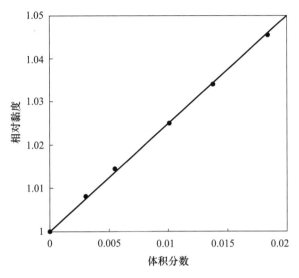

图 5.13　二氧化硅颗粒硬球悬浮液的相对黏度（μ_s/μ_1）（黑圆圈）
和爱因斯坦关系式（线）（引自 Jones et al.，1991）

　　爱因斯坦的分析是基于这样的假设：颗粒相距足够远时，它们不会相互影响。当固体体积分数达到大约 10%，颗粒间平均分离距离约等于颗粒直径。这时液体受到一个球形颗粒的流体动力扰动，开始影响其他球体。在半稀状态（约 7%～15% 体积分数的固体），球体间流体动力学相互作用导致与爱因斯坦关系式的正偏差。巴彻勒（Batchelor，1977）将爱因斯坦解析式扩展到包含体积分数的高阶项，发现悬浮液黏度仍为牛顿型，但随体积分数按下式增加：

$$\mu_s = \mu_1(1 + 2.5\phi + 6.2\phi^2) \tag{5.15}$$

颗粒浓度更高时，颗粒与颗粒之间的流体动力相互作用变得更加显著，悬浮液黏度增加甚至比巴彻勒预测的更快，悬浮液流变特性变成剪切变稀型（见第 4 章）而不是牛顿型。

　　静止和低剪切速率时布朗运动决定浓悬浮液特性，结果是随机颗粒结构，该结构使得黏度仅依赖于颗粒体积分数（与剪切速率无关）。参见图 5.14，一般存在一个低剪切速率区域，在该区域内黏度与剪切速率无关。该区域通常被称为低剪切速率牛顿平台。高剪切速率时，流体动力相互作用比布朗运动更为显著，形成了如图 5.14 所示优选的流动结构，如颗粒片结构和颗粒串结构。具有这种优选流动结构的悬浮液黏度，远低于同固体体积分数随机结构的悬浮液黏度。随着剪切速率增大，这种减小颗粒—颗粒流体动力相互作用的优选流动结构会自然形成和发展。通常存在一个高剪切速率区域，黏度达到另一平台（高剪切速率牛顿平台）。浓硬球悬浮液所表现出的剪切变稀特性，是低剪切速率牛顿平台中随机结构到高剪切速率牛顿平台中充分发展优选流动结构的过渡态，如图 5.14 所示。

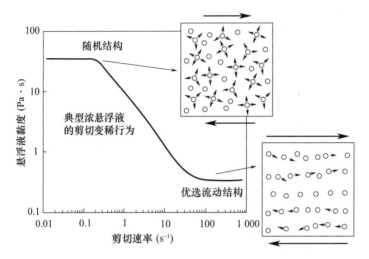

图 5.14　随剪切速率增加，布朗运动主导的随机结构向优选流动结构
转变是浓硬球胶体悬浮液剪切变稀特性的机理

　　随着颗粒体积分数继续增加悬浮液黏度不断增大，当粉体加入分数接近最大值时，黏度发散至无穷大。虽然目前还没有机理模型能预测浓悬浮液的流变特性，但有一些半经验模型可用于描述浓悬浮液的流变特性：克里奇-多尔蒂（Kreiger 和 Dougherty，1959）模型采用以下形式：

$$\mu_s^* = \mu_1 \left(1 - \frac{\phi}{\phi_{max}} \right)^{-[\eta]\phi_{max}} \tag{5.16}$$

其中 μ_s^* 既可以表示低剪切速率牛顿平台黏度，也可以表示高剪切速率牛顿平台黏度。参数 ϕ_{max} 是一个拟合参数，看作最大粉体加入分数的估计值。$[\eta]$ 为固有黏度，表示单个颗粒的耗散作用。球形颗粒 $[\eta]$ 值为 2.5（在爱因斯坦关系式中发现 2.5 一值并非巧合），非球形颗粒该值更大。真实粉体的 ϕ_{max} 和 $[\eta]$ 精确值不容易确定，因为 $\phi_{max} \times [\eta]$（0.64×2.5）接近 2，因此经常使用凯默达（Quemada，1982）开发的克里奇-多尔蒂模型的简化版：

$$\mu_s^* = \mu_1 \left(1 - \frac{\phi}{\phi_{max}} \right)^{-2} \tag{5.17}$$

图 5.15 显示，$\phi_{max} = 0.631$ 时，凯默达模型与琼斯（Jones）等人（1991）对二氧化硅硬球悬浮液在低剪切速率下黏度实验结果有良好相关性。

　　当固体颗粒体积分数非常接近最大加入分数，且剪切速率较高时，已形成的优选流动结构会变得不稳定。巨大的流体动力相互作用会将颗粒推到一起形成团簇，这些团簇不能产生良好流动结构。实际上，这些流体动力团簇会开始阻滞整个悬浮液的流动，导致黏度增加。依据条件的不同，这种剪切变稠（黏度随剪切速率增加而增加）或胀流现象可以是渐变或突变的。严格地说，胀流意味着悬浮液体积必须增大（膨胀），以便使颗粒能够彼此通过，但胀流与剪切变稠两个术语通常可互换使用。图 5.16 显示了典型硬球悬浮液在大范围颗粒浓度和剪切速率下的流变特性。

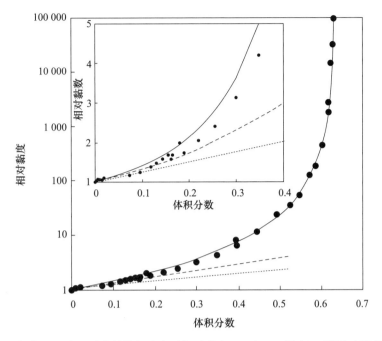

图 5.15　二氧化硅硬球悬浮液低剪切速率下相对黏度（μ_s/μ_1）（圆点）。凯默达模型（实线），$\phi_{max} = 0.631$；巴彻勒模型（虚线）和爱因斯坦模型（点线）。（数据来自 Jones et al.，1991）

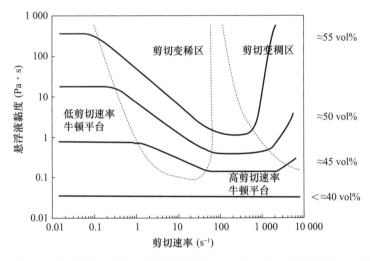

图 5.16　固体颗粒体积分数 $40\%\sim55\%$ 的硬球悬浮液，典型流变特性随剪切速率的变化图。虚线表示牛顿型与非牛顿型边界的大致位置

　　值得注意的是，对于硬球，粒度对黏度没有影响。颗粒粒度唯一影响的是，硬球悬浮液中如果颗粒太大它们会沉淀。如果颗粒有平衡浮力，沉降就不显著。

5.7　界面力对悬浮液流动的影响

　　影响细颗粒和胶体悬浮液流变特性的第二个因素是颗粒间相互作用力（第一个因素是颗粒的体积分数）。界面力性质（吸引或排斥）、作用范围和大小都影响悬浮液流变特性。

5.7.1　排斥力

具有远程排斥力的颗粒，当颗粒间距离大于排斥力作用范围时，它们的流变特性很像硬球。这通常发生在体积分数小（颗粒间平均距离大）和/或颗粒相对较大（与颗粒大小相比，斥力范围较小）的情况下。如果体积分数大，颗粒的排斥力场相互重叠，悬浮液黏度与硬球悬浮液相比要增大。如果颗粒非常小（通常为 100nm 或更小），则颗粒间平均距离在排斥力范围内（即使为中等体积分数），因此斥力场重叠，黏度增大。

即使是斥力颗粒的稀悬浮液，其黏度也会略大于硬球悬浮液，这是因为流体流经颗粒周围的斥力区域时，会产生额外的黏性耗散。对于具有 DEL（双电层）斥力的颗粒，这称为初级电滞效应（Hunter，2001）。颗粒和 DEL 产生的总阻力要大于硬球产生的阻力。由初级电滞效应引起的黏度增加通常是最小的。

浓悬浮液黏度会因重叠 DEL 的相互作用而显著提高（相对于相同体积分数的硬球悬浮液）。要使颗粒相互推挤通过，双电层结构必须被扭曲。这种效应称为二级电滞效应（Hunter，2001）。当排斥是由空间机制产生时，也会产生类似的效应。

排斥力对悬浮液黏度的影响，通常是采用颗粒的有效体积分数来处理。有效体积分数是颗粒体积分数，加上颗粒周围斥力区域所占据的体积分数。

$$\phi_{eff} = \frac{颗粒体积 + 排斥区体积}{总体积} \qquad (5.18)$$

如图 5.17 所示，有效体积包括了部分流体体积，这部分体积不能被颗粒占据，因为排斥力将它们排除在该区域之外。用 ϕ_{eff} 代替 ϕ，克里奇-多尔蒂或凯默达模型就可以合理地预测悬浮液的流变特性。

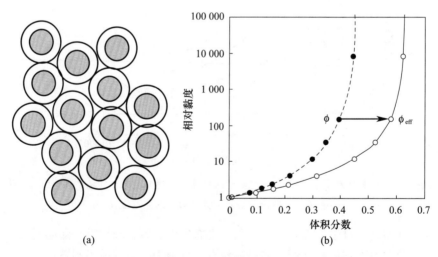

(a)　　　　　　　　　　　(b)

图 5.17　（a）体积分数为 0.4 的悬浮颗粒（灰色圆）示意图，因斥力
相互作用颗粒界限延伸至点线，使有效体积分数变为 0.57。
（b）斥力颗粒悬浮液的相对黏度（黑点和虚线）与实际体积分数的函数关系。
当流变实验结果作为有效体积分数函数描绘时，数据映射到凯默达模型线上（实线）

5.7.2 吸引力

有相互吸引力的颗粒悬浮液，由于颗粒之间有引力键，其流变特性与硬球或斥力颗粒悬浮液有本质差别。颗粒之间的键必须被打破，才能将颗粒拉开发生流动。当悬浮颗粒处于静止状态时，颗粒间的引力键形成了引力颗粒网络。这种引力的键合作用使材料表现出黏弹性、屈服应力（流动所需最小应力）和剪切变稀的流变学特性。

引力颗粒网络的剪切变稀现象比同种颗粒相同体积分数的硬球悬浮液更为明显，这是由不同的机制引起的。剪切变稀的机理如图 5.18 所示。在静止状态下，颗粒网络跨越容器的整个体积并阻止流动。在低剪切速率下，颗粒网络被分解成大的团簇，并以其为单元流动。大量的液体被包裹在颗粒团簇中，黏度很高。随着剪切速率的增加和流体动力克服颗粒间引力，颗粒团簇被分解成越来越小的流动单元，释放出越来越多的液体使黏度降低。在非常高的剪切速率下，颗粒网络完全被破坏，颗粒再次以单体形式流动，就好像它们间无相互作用力一样。

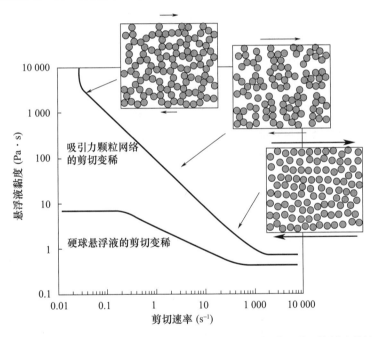

图 5.18 有吸引力颗粒网络通常的剪切变稀特性，与剪切变稀不明显的硬球悬浮液比较。随着剪切速率的增加，引力颗粒网络被分解成更小的流动单元

所有剪切速率下，颗粒间引力增大都会导致黏度增加。因此，颗粒间的吸引力越强，黏度越大。引力颗粒网络也表现出屈服应力（流动所需的最小应力）特性，因为必须有一个超过吸引力的力［如图 5.2（a）和（b）所示］，才能将两个颗粒分开。悬浮液的屈服应力也取决于吸引力的大小，吸引力越大屈服应力越大。图 5.19 给出了氧化铝悬浮液屈服应力随 pH 变化的一个例子。最大屈服应力与粉体的 IEP 相对应。在低盐浓度下，当 pH 远离 IEP 时，DEL 斥力随着 ζ 电位的增加而增加（见图 5.7），于是降低了总引力并降低了屈服应力。在远离 IEP 的 pH 处，随着盐浓度增加，ζ 电位值减小（见图 5.7）以及双电层排斥力减小。因此，由此产生的总相互作用力是引力，引力随

着盐含量的增加而增加。图 5.19 中的结果表明，在远离 IEP 的 pH 处，屈服应力随着盐含量增加而增加，这与引力的变化趋势一致。

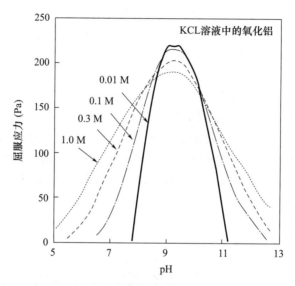

图 5.19　氧化铝体积分数为 25% 悬浮液（0.3 μm 直径），屈服应力与 pH、盐浓度的函数关系（数据来自 Johnson et al.，1999）

上节中已经指出，硬球（无相互作用的颗粒）悬浮液流变特性不受颗粒粒度影响，但有吸引力的颗粒网络并非如此。当悬浮液中颗粒相互吸引时，粒度越小会导致如屈服应力、黏度和弹性模量等流变特性值增大（以下将介绍）。粒度的这种影响可以用下面的方法确定。一般认为，引力颗粒网络的流变特性取决于颗粒间的键强度，以及每单位体积需要破坏的键数。例如，考虑剪切屈服应力：

$$\tau_Y \propto \frac{\text{键的数目}}{\text{单位体积}} \times \text{键的强度} \tag{5.19}$$

由式（5.8）和（5.11）可知，引力颗粒网络键强度随颗粒粒度增大呈线性增加：

$$\text{键的强度} \propto x \tag{5.20}$$

这可能会使人认为，颗粒越大悬浮液的屈服应力、黏度和弹性模量越大。然而，正是单位体积键数影响会产生相反的结果。单位体积需要破坏的键数取决于颗粒网络的结构和颗粒粒度。初步假设颗粒网络结构不随粒度变化（聚合体和颗粒网络结构的详细内容超出了本文的范围），那么每单位体积键数就会随粒度立方的倒数变化：

$$\frac{\text{键的数目}}{\text{单位体积}} \propto \frac{1}{x^3} \tag{5.21}$$

同时考虑键强度和断裂键数的贡献时，发现流变特性如屈服应力、黏度、弹性模量等与粒度平方成反比：

$$\tau_Y \propto \left(\frac{1}{x^3} \times x\right) \propto \frac{1}{x^2} \tag{5.22}$$

许多实验测量结果证实了这一结论，尽管在许多情况下与平方反比关系有相当大的偏差。图 5.20 给出了一个控制得很好的实验例子，它证实了屈服应力与粒度平方成反比关系。

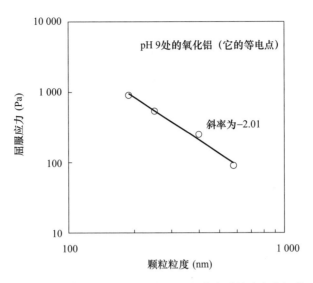

图 5.20　氧化铝悬浮液在 IEP 处屈服应力随粒度变化规律
最佳拟合直线斜率为 −2.01，与式（5.22）预测的平方反比
规律相关性很好。（数据来自 Zhou et al.，2001）

当一个小于屈服应力的应力作用于有吸引力的颗粒网络时，该网络发生类弹性响应。颗粒间的引力键被拉伸而不是断裂，当应力消除后，颗粒被引力键拉回到一起，悬浮液恢复到接近于原样。由于键的拉伸和断裂具有统计规律，纯弹性通常是无法实现的，不如说引力颗粒网络是一种表现出固体和流体行为特征的黏弹性材料。使材料变形的部分能量以弹性形式储存，另一部分则以黏性机制被耗散掉。

5.8　纳米颗粒

纳米颗粒因独特的性质，在许多技术领域中得到广泛应用。界面原子个数与体内原子个数的比率非常高，这是纳米颗粒具有独特性质的主要原因。由于纳米颗粒具有很大的比表面积和量子效应，其光学、电子等性质与相同材料的大颗粒大不相同。由于纳米颗粒的特殊性质，使其在许多新兴领域和工艺中得到应用。纳米颗粒的应用，例见如下不同课题：

抗反射涂层；
生物技术荧光标签；
药物输送系统；
透明无机（ZnO）防晒霜；
高性能太阳能电池；
催化剂；
高密度磁存储介质；
高能密度电池；
自洁玻璃；
改进的 LED；

高性能燃料电池；

纳米结构材料。

纳米颗粒的这些潜在应用能否成功，在很大程度上取决于高效生产、运输、分离和安全处理纳米颗粒的能力。本章关于细颗粒物和胶体的概念，为解决这些问题提供了一个基础。

5.9 例 题

例题 5.1

布朗运动和沉降

计算以下各种悬浮液在室温（300 K）下，依靠布朗运动抵抗沉降而保持稳定的时间。

(a) 直径为 200 nm 的氧化铝（$\rho=3\,980\ \text{kg/m}^3$）在水中（典型的陶瓷加工悬浮液）；

(b) 直径为 200 nm 的乳胶颗粒（$\rho=1\,060\ \text{kg/m}^3$）在水中（典型的涂料配方）；

(c) 直径为 150 nm 的脂肪球（$\rho=780\ \text{kg/m}^3$）在水中（均质牛奶）；

(d) 直径为 1\,000 nm 的脂肪球（$\rho=780\ \text{kg/m}^3$）在水中（非均质牛奶）。

解

悬浮液在重力作用下保持稳定的时间，可以近似地由颗粒因布朗运动移动的平均距离，等于重力沉降移动的距离来确定。该时间以式（5.13）表示：

$$t=\frac{216kT\mu}{\pi g^2(\rho_p-\rho_f)^2 x^5}$$

其中 $k=1.381\times10^{-23}$ J/K，$\mu_{\text{water}}=0.001$ Pa·s，$g=9.8$ m/s²，$\rho_{\text{water}}=1\,000$ kg/m³。则

$$t=\frac{216(1.381\times10^{-23}\ \text{J/K})300\ \text{K}(0.001\ \text{Pa·s})}{\pi(9.8\ \text{m/s}^2)^2(\rho_p-1\,000\ \text{kg/m}^3)^2 x^5}$$

$$t=\frac{2.96\times10^{-24}\ \text{kg}^2\,\text{s/m}}{(\rho_p\ \text{kg/m}^3-1\,000\ \text{kg/m}^3)^2 x^5\ \text{m}^5}$$

(a) 氧化铝悬浮液

$$t=\frac{2.96\times10^{-24}\ \text{kg}^2\,\text{s/m}}{(3\,980\ \text{kg/m}^3-1\,000\ \text{kg/m}^3)^2(200\times10^{-9})^5\ \text{m}^5}=1042\text{s}=17.4\ \text{min}$$

(b) 涂料中乳胶颗粒

$$t=\frac{2.96\times10^{-24}\ \text{kg}^2\,\text{s/m}}{(1\,060\ \text{kg/m}^3-1\,000\ \text{kg/m}^3)^2(200\times10^{-9})^5\ \text{m}^5}=2.57\times10^6\text{s}=30\ \text{d}$$

(c) 均质牛奶

$$t=\frac{2.96\times10^{-24}\ \text{kg}^2\,\text{s/m}}{(780\ \text{kg/m}^3-1\,000\ \text{kg/m}^3)^2(150\times10^{-9})^5\ \text{m}^5}=8.06\times10^5\text{s}=9.3\ \text{d}$$

(d) 非均质牛奶

$$t=\frac{2.96\times10^{-24}\ \text{kg}^2\,\text{s/m}}{(780\ \text{kg/m}^3-1\,000\ \text{kg/m}^3)^2(1\,000\times10^{-9})^5\ \text{m}^5}=61\text{s}$$

这些特征时间与第一个颗粒沉积的时间最吻合。所有颗粒都沉积下来的时间则取决于容器的高度。尽管如此，人们由此可以理解为什么氧化铝悬浮液需要拌合，以保持所有颗粒长时间悬浮，为什么乳胶漆存放一个月必须搅拌，为什么牛奶在冰箱里放一个或两个星期要搅匀防止奶油脱出。

例题 5.2

范德华力和双电层力

用 DLVO 公式 $F_T = \pi\varepsilon\varepsilon_0 x\Psi_0^2\kappa e^{-\kappa D} - (Ax/24D^2)$，绘制两个氧化铝颗粒和两个油滴在下列条件下，总相互作用力（F_T）与分离距离（D）的关系图。直径为 1 μm 球形颗粒，悬浮在 0.01 M NaCl 水溶液中。对每种材料绘制三种条件的图：（a）在 IEP；（b）$\zeta = 30$ mV；（c）$\zeta = 60$ mV。评述两种不同材料的性能差异。哪种颗粒较容易分散，为什么？

解

设界面电位等于 ζ 电位（$\Psi_0 = \zeta$）。用式（5.10）计算德拜长度的倒数（κ）。

$$\kappa = 3.29\sqrt{[c]}\,(\text{nm}^{-1}) = 3.29\sqrt{0.01}\,(\text{nm}^{-1}) = 0.329\,(\text{nm}^{-1}) = 3.29\times10^8\,\text{m}^{-1}$$

水的相对介电常数（ε）为 80，真空介电常数（ε_0）为 8.854×10^{-12} C^2/J/m。颗粒直径为 1×10^{-6} m。则

$$F_T = \pi80(8.854\times10^{-12}\,\text{C}^2/\text{J/m})(1\times10^{-6}\,\text{m})\Psi_0^2(3.29\times10^8\,\text{m}^{-1})e^{-(3.29\times10^8\,\text{m}^{-1})D} - \frac{A(1\times10^{-6}\,\text{m})}{24D^2}$$

$$F_T = (7.32\times10^{-7}\,\text{C}^2/\text{J/m})\Psi_0^2 e^{-(3.29\times10^8\,\text{m}^{-1})D} - \frac{(1\times10^{-6}\,\text{m})A}{24D^2}$$

其中 Ψ_0 单位为伏特，D 单位为米。

从表 5.1 中可以看出，哈马克常数（A）是：

氧化铝的 $A = 5.0\times10^{-20}$ J

油的 $A = 0.4\times10^{-20}$ J

氧化铝颗粒间的力

$$F_T = (7.32\times10^{-7}\,\text{C}^2/\text{J/m})\Psi_0^2 e^{-(3.29\times10^8\,\text{m}^{-1})D} - \frac{(1\times10^{-6}\,\text{m})(5\times10^{-20}\,\text{J})}{24D^2}$$

$$F_T = (7.32\times10^{-7}\,\text{C}^2/\text{J/m})\Psi_0^2 e^{-(3.29\times10^8\,\text{m}^{-1})D} - \frac{(5\times10^{-26}\,\text{Jm})}{24D^2}$$

油滴颗粒间的力

$$F_T = (7.32\times10^{-7}\,\text{C}^2/\text{J/m})\Psi_0^2 e^{-(3.29\times10^8\,\text{m}^{-1})D} - \frac{(1\times10^{-6}\,\text{m})(0.4\times10^{-20}\,\text{J})}{24D^2}$$

$$F_T = (7.32\times10^{-7}\,\text{C}^2/\text{J/m})\Psi_0^2 e^{-(3.29\times10^8\,\text{m}^{-1})D} - \frac{(0.4\times10^{-26}\,\text{Jm})}{24D^2}$$

这些方程式可以用标准绘图软件（如 Excel，KG 或 Sigmaplot）绘图，但首先必须检查单位和典型值，以确保将方程写入电子数据表时不会出错。

单位分析

$$F_T = \text{C}^2/\text{J/m}\ \text{V}^2 e^{\text{m}^{-1}\times\text{m}} - \frac{\text{Jm}}{\text{m}^2}，\text{其中 V} = \text{J/C}$$

$$F_T = \text{C}^2/\text{J/m}\ \text{J}^2/\text{C}^2 e^{\text{m}^{-1}\times\text{m}} - \frac{\text{Jm}}{\text{m}^2}，\text{即}\ F_T = \text{m}^{-1}\text{J} - \frac{\text{J}}{\text{m}}$$

因 J = Nm，所以 F_T 的单位为牛顿，单位正确。

图 5W2.1 和 5W2.2 是绘制的结果。

两种材料之间的差异在于氧化铝的哈马克常数远大于油的哈马克常数，从而氧化铝颗粒间吸引力比油滴间大得多。这样，油滴 30 mV 的 ζ 电位就可能是稳定的（使其保持分散状态），而氧化铝 30 mV 的 ζ 电位时，颗粒之间仍有吸引力。因此氧化铝需要 60 mV，才能达到油滴 30 mV 的稳定程度。

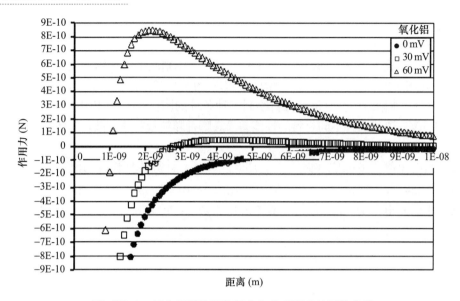

图 5W2.1　氧化铝颗粒间作用力与分离距离的函数曲线

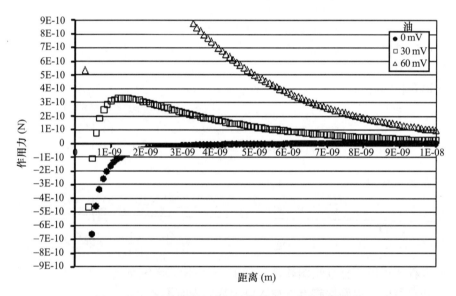

图 5W2.2　油滴颗粒间作用力与分离距离的函数曲线

自测题

5.1　通常胶体颗粒的粒度范围是多少？

5.2　对于胶体颗粒而言，哪两种影响因素比体积力更重要？

5.3　布朗运动对胶体颗粒悬浮的影响是什么？

5.4　一对颗粒之间的界面力与势能的关系是什么？

5.5　在什么条件下范德华相互作用是吸引，在什么条件下范德华相互作用是排斥？哪种情况更常见？

5.6 什么是界面羟基？什么是界面电离反应？什么是等电点？

5.7 带同种电荷颗粒间双电层排斥力的物理基础是什么？

5.8 什么是桥接絮凝？哪种类型的聚合物最适合产生桥接吸引力？聚合物在颗粒界面多少相对界面覆盖度通常最适合絮凝？

5.9 什么是空间排斥？哪种类型的聚合物最适合产生空间排斥？聚合物在颗粒界面多少相对界面覆盖度通常空间稳定最优？

5.10 DLVO 理论是什么意思？

5.11 为什么细颗粒物在通常大气条件下具有黏聚性？如果空气中湿度被完全除去将会发生什么现象？

5.12 悬浮于气体中颗粒通常做不到的，而悬浮于液体中颗粒却能做到的，是什么？

5.13 解释为什么排斥性胶体颗粒悬浮液不能用沉淀法从液体中经济地分离出来。当絮凝颗粒时，哪个重要的参数发生变化，使得颗粒可以通过沉降从液体中经济地分离？

5.14 颗粒间相互作用力如何影响悬浮体的固结？

5.15 为什么爱因斯坦对悬浮液流变学特性的预测随着固体浓度增加到大约 7% 以上会失效？

5.16 硬球悬浮液剪切变稀的机理是什么？

5.17 当固体体积分数增加时，悬浮液黏度会发生什么变化？

5.18 排斥力如何影响悬浮液的流变特性？

5.19 吸引力如何影响悬浮液的流变特性？

5.20 引力颗粒网络通常有哪三种流变学特性？

5.21 引力颗粒网络剪切变稀的机制是什么？

5.22 描述粒度对引力颗粒网络流变特性的影响。

5.23 你认为本章所介绍的内容，对于纳米颗粒产品的生产有何重要意义？

练习题

5.1 胶体颗粒可以"分散"或"聚集"。

（a）造成这两种情况差异的原因是什么？用颗粒间相互作用说明。

（b）命名并描述创建每种类型胶体分散系的方法（至少两种方法）。

（c）描述两种类型分散体在特性上的差异（包括但不限于流变特性、沉降速率、沉积床性质）。

5.2

（a）什么力对胶体颗粒很重要？什么力对非胶体颗粒很重要？

（b）颗粒间势能与颗粒间力的关系是什么？

（c）有吸引力的颗粒悬浮液有哪三种流变特性？

5.3

（a）描述所观察到的浓微米级硬球悬浮液剪切变稀特性的机理。

（b）考虑与（a）中相同的悬浮体，但不是硬球颗粒，而是有强烈相互吸引力颗粒，例如当它们处于等电点时。在这种情况下描述观察到的剪切变稀特性的机理。

（c）绘制相对黏度随剪切速率变化的示意图，比较（a）与（b）中两种悬浮液特性。一定要标明低剪切速率黏度的相对大小。

（d）考虑两种颗粒悬浮液。除颗粒形状外所有因素都相同。一种悬浮液是球形颗粒，另一种是杆状颗粒悬浮液，如大米颗粒。

（i）哪种悬浮液黏度较高？

（ii）颗粒形状影响哪两个物理参数，这两个参数会影响悬浮液的黏度？

5.4

（a）解释为什么由絮凝沉积的矿物悬浮液（小于 5 μm）沉淀物渗透性，大于相同矿物悬浮液分散沉积沉淀物的渗透性。

（b）细黏土颗粒（直径约 0.15 μm）被雨水从农田冲刷到河里。

（i）解释为什么这些颗粒能在水流湍急的淡水中保持悬浮状态，并顺流而下。

（ii）解释当河水流入海洋时，这些黏土会发生什么变化。

5.5 计算 150 nm 二氧化硅颗粒悬浮液的有效体积分数。固体含量为体积分数 40%，溶于 0.005 M NaCl 溶液中。

（答案：0.473）

5.6 你作为一名销售工程师，在一家聚合物供应公司销售聚丙烯酸（PAA）。PAA 是一种水溶性阴离子聚合物（带负电荷），有不同的分子量：10^4，10^5，10^6 和 10^7。你有两个客户。第一位客户用 0.8 μm 氧化铝生产陶瓷。这个客户想要降低固体体积分数为 40% 悬浮液的黏度。第二个客户是想从废水中去除 0.8 μm 氧化铝，水中氧化铝体积分数大约为 2%，他想用沉淀法去除。你会向每位客户推荐什么？考虑 PAA 是否为合适材料，应使用多大分子量的材料，用量为多少。图 5E6.1 为不同分子量 PPA 的吸附等温曲线。

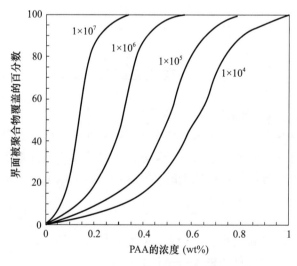

图 5E6.1 各种分子量 PAA 的吸附等温线

5.7

（a）绘制大约微米级粒度硬球悬浮液典型的 $\log\mu - \log\dot{\gamma}$ 图，固体体积分数分别为 40%、45%、50% 和 55%。

（b）对低剪切速率典型的硬球悬浮液，绘制相对黏度（μ_s/μ_1）对体积分数曲线。

6

流体通过颗粒填充床的流动

6.1　压降-流动关系式

6.1.1　层流

19 世纪达西（Darcy，1856）曾观察到水通过沙粒填充床的流动遵循下列关系：

压力梯度∝流体流速

或

$$\frac{(-\Delta p)}{H}\propto U \tag{6.1}$$

式中，U 为流体通过填充床的表观速度（又称空塔速度，表观速度 ＝ 流体体积流量/填充床横截面积，Q/A），$(-\Delta p)$ 是流体透过深为 H 床体的摩擦压降。

流体流过固体颗粒填充床的流动，可以按流体通过管道流动的方式来分析。先从管道层流的哈根-泊肃叶方程出发

$$\frac{(-\Delta p)}{H}=\frac{32\mu U}{D^2} \tag{6.2}$$

式中，D 是管道直径，μ 是流体黏度。

可以认为，填充床相当于许多当量直径为 D_e 的管道，流体以速度 U_i 流过当量长度为 H_e 的弯曲路径。那么，由式（6.2）可知，

$$\frac{(-\Delta p)}{H_e}=K_1\frac{\mu U_i}{D_e^2} \tag{6.3}$$

U_i 是流体通过填充床孔隙的实际速度，它与流体表观速度的关系为

$$U_i=U/\varepsilon \tag{6.4}$$

式中，ε 是填充床的空隙率。（参见第 8.1.4 节，关于实际速度和表观速度的讨论）

虽然那些管道路径是曲折的，但我们可以假定它们的实际长度与床层深度成正比，即

$$H_e=K_2 H \tag{6.5}$$

$$管道的当量直径 D_e=\frac{4\times 流通截面积}{湿周长}$$

这里，流通截面积＝εA，A 是装填颗粒床容器的横截面积；湿周长＝$S_B A$，S_B 是每单位体积床中颗粒的表面积。这一点可以通过与管道流的比较来证明：床层中颗粒的总表面积＝$S_B A H$。对于一个管道，

$$湿周长 = \frac{湿表面积}{管长} = \frac{\pi D L}{L}$$

同样，对于填充床，

$$湿周长 = \frac{S_B A H}{H} = S_B A$$

如果 S_V 是单位体积颗粒的表面积，因为

$$\left(\frac{颗粒表面积}{颗粒体积}\right) \times \left(\frac{颗粒体积}{床体积}\right) = \left(\frac{颗粒表面积}{床体积}\right)$$

那么，

$$S_V(1-\varepsilon) = S_B \tag{6.6}$$

所以，

$$D_e = \frac{4\varepsilon A}{S_B A} = \frac{4\varepsilon}{S_V(1-\varepsilon)} \tag{6.7}$$

将式（6.4）、式（6.5）和式（6.7）代入式（6.3）：

$$\frac{(-\Delta p)}{H} = K_3 \frac{(1-\varepsilon)^2}{\varepsilon^3} \mu U S_V^2 \tag{6.8}$$

式中，$K_3 = K_1 K_2$。式（6.8）称作卡曼-康采尼方程，它描述了流体通过随机填充颗粒床的层流流动。常数 K_3 的值取决于颗粒形状和颗粒表面特性，通过实验发现其值大约为5。取 $K_3 = 5$，对于通过直径为 x 的均一球体（其表面积-体积比 $S_V = 6/x$）随机填充床的层流，卡曼-康采尼方程成为：

$$\frac{(-\Delta p)}{H} = 180 \frac{\mu U (1-\varepsilon)^2}{x^2 \quad \varepsilon^3} \tag{6.9}$$

这是卡曼-康采尼方程被引用的最常见形式。

6.1.2 紊流

对于通过直径为 x 均一直径球体随机填充床的紊流，对应的方程是：

$$\frac{(-\Delta p)}{H} = 1.75 \frac{\rho_f U^2}{x} \frac{(1-\varepsilon)}{\varepsilon^3} \tag{6.10}$$

6.1.3 紊流和层流的通用方程式

基于广泛的实验数据，这些实验涵盖了很宽的颗粒粒度和形状范围，厄贡（Ergun，1952）提出任何流动条件下的通用方程式：

$$\frac{(-\Delta p)}{H} = 150 \frac{\mu U (1-\varepsilon)^2}{x^2 \quad \varepsilon^3} + 1.75 \frac{\rho_f U^2}{x} \frac{(1-\varepsilon)}{\varepsilon^3} \tag{6.11}$$

（层流分量）　　　　（紊流分量）

此式被称为通过粒度为 x 的球形颗粒随机填充床流动的厄贡方程。厄贡方程把层流和紊流的压力梯度分量相加。层流条件下，该式右端第一项占主导地位，方程化简为卡曼-康采尼方程［式（6.9）］，但常数为150而不是180（常数值的差异很可能是由于颗粒形状和填充状况不同造成的）。层流时，压力梯度随流体表观速度的增大而线性增加，与流体密度无关。紊流时，第二项占主导地位；压力梯度随流体表观速度的平方增加，与流体黏度无关。依据式（6.12）定义的雷诺数，当 Re^* 大约小于10时流动为完全层

流状态，当 Re^* 大于 2000 左右时则为完全紊流状态。

$$Re^* = \frac{xU\rho_f}{\mu(1-\varepsilon)} \tag{6.12}$$

在实际应用中，厄贡方程常常用来预测整个流动条件范围内填充床的压力梯度。为简单起见，本章的例题和练习题都遵循这种做法。

厄贡还把通过填充床的流动用摩擦系数形式来表达，摩擦系数以式（6.13）定义：

$$f^* = \frac{(-\Delta p)}{H}\frac{x}{\rho_f U^2}\frac{\varepsilon^3}{(1-\varepsilon)} \tag{6.13}$$

（请比较这一形式的摩擦系数和通过管道层流的范宁摩擦系数。）

于是，式（6.11）就变成

$$f^* = \frac{150}{Re^*} + 1.75 \tag{6.14}$$

以及

$$f^* = \frac{150}{Re^*}，当 Re^* < 10；f^* = 1.75，当 Re^* > 2\,000 时$$

摩擦系数-雷诺数的关系如图 6.1 所示。

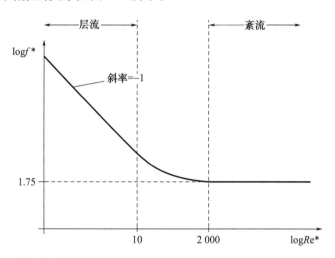

图 6.1 流体流经球形颗粒填充床时，摩擦系数-雷诺数关系

6.1.4 非球形颗粒

厄贡方程和卡曼－康采尼方程也适用于非球形颗粒，这时要将式中的球直径 x 替换为等效球直径 x_{sv}，此等效球与非球形颗粒具有相同的表面积－体积比。利用 x_{sv} 可以给出准确的比表面积值 S_v（单位体积颗粒的表面积）。如果回想起式（6.8），此相关性是显而易见的。这样，一般情况下，流体流过表面积-体积径为 x_{sv} 颗粒随机填充床的厄贡方程就成为：

$$\frac{(-\Delta p)}{H} = 150\frac{\mu U}{x_{sv}^2}\frac{(1-\varepsilon)^2}{\varepsilon^3} + 1.75\frac{\rho_f U^2}{x_{sv}}\frac{(1-\varepsilon)}{\varepsilon^3} \tag{6.15}$$

层流时的卡曼-康采尼方程则成为：

$$\frac{(-\Delta p)}{H} = 180 \frac{\mu U}{x_{SV}^2} \frac{(1-\varepsilon)^2}{\varepsilon^3} \tag{6.16}$$

如第 1 章所述，如果床层中不是均一粒度颗粒，那么用于这些方程中恰当的平均粒度是表面积-体积平均径 $\overline{x}_{SV}$。

6.2 过　滤

6.2.1 概述

作为上述通过颗粒填充床流动分析的一个应用实例，我们简要分析一下滤饼过滤。滤饼过滤广泛应用于工业上固体颗粒从悬浮液中分离。它涉及在多孔表面上形成一个颗粒床，也就是"滤饼"的过程，这种多孔表面物称为过滤介质，通常是织物面料形式。滤饼过滤时，介质孔径小于被过滤颗粒粒度。过滤过程可按流体流经颗粒填充床的流动来分析，颗粒填充床的深度随时间增加，实际上滤饼的空隙率也可能随时间改变。不过，我们先分析滤饼空隙率为常数的情况，即不可压缩滤饼。

6.2.2 不可压缩滤饼

首先，如果我们忽略过滤介质，仅考虑滤饼本身，则可用厄贡方程［式（6.15）］表达压降随液体流速的变化关系。工业中通常所用的颗粒粒度和流体流速及物性的范围产生的是层流流动，因此式（6.15）第二项（紊流项）消失。对于给定的悬浮液（颗粒物性固定），过滤产生的滤饼阻力定义为：

$$r_c = \frac{150}{x_{SV}^2} \frac{(1-\varepsilon)^2}{\varepsilon^3} \tag{6.17}$$

因此，式（6.15）变成

$$\frac{(-\Delta p)}{H} = r_c \mu U \tag{6.18}$$

如果 V 是 t 时间内通过滤液（液体）的体积，dV/dt 是 t 时刻滤液瞬时体积流量，那么 t 时刻滤液瞬时表观流速 U 为

$$U = \frac{1}{A} \frac{dV}{dt} \tag{6.19}$$

假定每单位体积滤液可沉淀出一定质量的颗粒，从而形成一定体积滤饼。单位体积滤液形成的滤饼体积 φ 表示为

$$\varphi = \frac{HA}{V} \tag{6.20}$$

于是式（6.18）变为

$$\frac{dV}{dt} = \frac{A^2(-\Delta p)}{r_c \mu \varphi V} \tag{6.21}$$

如果恒速过滤，过滤速率 dV/dt 是常数，则透过滤饼的压降与通过滤液的体积 V 成正比。

如果恒压降过滤，$(-\Delta p)$ 是常数，则

$$\frac{\mathrm{d}V}{\mathrm{d}t} \propto \frac{1}{V}$$

或者，积分式（6.21），则有

$$\frac{t}{V} = C_1 V \tag{6.22}$$

其中

$$C_1 = \frac{r_c \mu \varphi}{2A^2(-\Delta p)} \tag{6.23}$$

6.2.3　包含过滤介质阻力

总流动阻力是滤饼阻力与过滤介质阻力之和。因此有总压降等于透过过滤介质的压降与透过滤饼的压降之和，即

$$(-\Delta p) = (-\Delta p_m) + (-\Delta p_c)$$

如果假定介质相当于一床深为 H_m 的填充床，其阻力 r_m 服从卡曼—康采尼方程，那么

$$(-\Delta p) = \frac{1}{A}\frac{\mathrm{d}V}{\mathrm{d}t}(r_m \mu H_m + r_c \mu H_c) \tag{6.24}$$

介质阻力通常表示为当量滤饼厚度 H_{eq}，则有

$$r_m H_m = r_c H_{eq}$$

于是，结合式（6.20），就有

$$H_{eq} = \frac{\varphi V_{eq}}{A} \tag{6.25}$$

式中，V_{eq} 是要过滤出厚度 H_{eq} 的滤饼所必须透过滤液的体积，体积 V_{eq} 仅取决于悬浮液和过滤介质的特性。式（6.24）变为

$$\frac{1}{A}\frac{\mathrm{d}V}{\mathrm{d}t} = \frac{(-\Delta p)A}{r_c \mu(V + V_{eq})\varphi} \tag{6.26}$$

考虑最常见的恒压降工况，积分式（6.26），得出：

$$\frac{t}{V} = \frac{r_c \varphi \mu}{2A^2(-\Delta p)}V + \frac{r_c \varphi \mu}{A^2(-\Delta p)}V_{eq} \tag{6.27}$$

6.2.4　滤饼清洗

过滤分离出的固体颗粒往往需要清洗，以去除孔隙中的滤液。清洗涉及两个过程。当干净溶剂通过滤饼时，大多数占据颗粒间空隙的滤液被置换除去。滤饼中溶剂难以达到区域的滤液和颗粒内孔中滤液，通过扩散到洗涤水中而被去除。图 6.2 表示从滤饼中流出的洗涤液中滤液分数随着所通过洗涤液体积的变化曲线。

6.2.5　可压缩滤饼

实际上，很多材料产生可压缩滤饼。可压缩滤饼是指滤饼阻力 r_c 随外加压差（$-\Delta p$）增大而增大的滤饼。r_c 值变化主要是由于对滤饼空隙率的影响引起的 [式（6.17）]。流体对滤饼中颗粒的拖拽作用，引起一种通过床体传递的力。在床中深层的颗粒承受着作用于上层所有颗粒的合力，作用在颗粒上的力使颗粒填充密度增大，即滤

饼空隙率减小。在软颗粒的情况下，颗粒形状和粒度都可能发生改变，进一步增加了滤饼阻力。

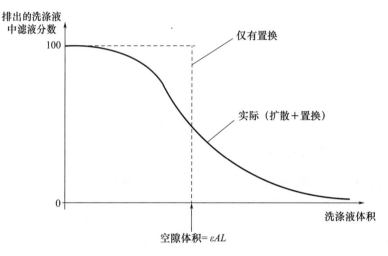

图 6.2　滤饼清洗时滤液分数的变化

参看图 6.3，流体以表观速度 U 通过厚度为 H 的过滤饼。考虑滤饼中厚度为 $\mathrm{d}L$ 的微元体，通过它的压降为 $\mathrm{d}p$，对通过此微元体的流动应用卡曼－康采尼方程［式（6.18）］，

$$-\frac{\mathrm{d}p}{\mathrm{d}L}=r_{\mathrm{c}}\mu U \tag{6.28}$$

式中，r_{c} 是此微元滤饼的阻力。对于可压缩滤饼，r_{c} 是整个滤饼的上游表面与微元体之间压差（图 6.3 中 p_1-p）的函数。令

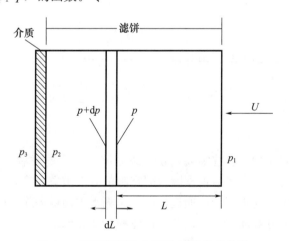

图 6.3　可压缩滤饼中压降-流动关系分析

$$p_{\mathrm{s}}=p_1-p \tag{6.29}$$

于是有

$$-\mathrm{d}p=\mathrm{d}p_{\mathrm{s}} \tag{6.30}$$

式（6.28）就变成

$$\frac{\mathrm{d}p_s}{\mathrm{d}L}=r_c\mu U \tag{6.31}$$

在实际应用中，必须先通过实验找到 r_c 和 p_s 之间的关系，才能将式（6.31）用于设计。

6.3　延伸阅读

有关流体流过填充床和有关过滤的进一步信息，读者可以参阅下列文献：

Coulson，J. M. and Richardson，J. R.（1991）*Chemical Engineering*，Vol. 2，*Particle Technology and Separation Processes*，5th Edition，Pergamon，Oxford.

Perry，R. H. and Green，D.（eds）（1984）*Perry's Chemical Engineering Handbook*，6th or later editions，McGraw-Hill，New York.

6.4　例　　题

例题 6.1

水流过由 3.6 kg、密度为 2 590 kg/m³ 的玻璃颗粒形成的填充床，床深 0.475 m，床直径 0.075 7 m。水体积流量在 200～1 200 cm³/min 范围内，床层的摩擦压降随水流量的变化示于表 6W1.1 中第一列和第二列。

（a）证明流动是层流。

（b）估算颗粒的平均表面积-体积径。

（c）计算相关的雷诺数。

表 6W1.1

水体积流量（cm³/min）	压降（mmHg）	U（m/s×10⁴）	压降（Pa）
200	5.5	7.41	734
400	12.0	14.81	1 600
500	14.5	18.52	1 935
700	20.5	25.92	2 735
1 000	29.5	37.00	3 936
1 200	36.5	44.40	4 870

解

（a）首先，将水的体积流量转换为表观流速，压降单位由 mmHg 转换为 Pa。这些数值列于表 6W1.1 的第三、第四列。

假定床体空隙率和流体黏度为常数，如果流动是层流，则填充床上的压力梯度随表观流速线性增大。此时，厄贡方程［式（6.15）］简化为

$$\frac{(-\Delta p)}{H}=150\frac{\mu U}{x_{SV}^2}\frac{(1-\varepsilon)^2}{\varepsilon^3}$$

因床深度 H、水的黏度 μ 和填充床空隙率 ε 都可以假定为常数，于是 $(-\Delta p)$ 与 U 关

系图就应给出一条直线，即

$$斜率=150\frac{\mu H(1-\varepsilon)^2}{x_{SV}^2\ \varepsilon^3}$$

该关系如图 6W1.1 所示。各数据点基本上落在一条直线上，证实流动是层流。直线的斜率是 1.12×10^6 Pa·s/m，因此

$$150\frac{\mu H(1-\varepsilon)^2}{x_{SV}^2\ \varepsilon^3}=1.12\times10^6\ \text{Pa·s/m}$$

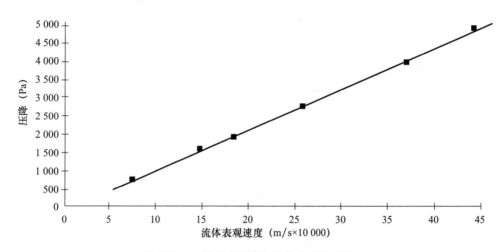

图 6W1.1　填充床压降与流体表观速度关系

（b）已知填充床中颗粒的质量、颗粒密度和床层的体积，就可以计算出空隙率：

$$颗粒床质量=AH(1-\varepsilon)\rho_p$$

得出 $\varepsilon=0.349\ 7$

将 $\varepsilon=0.349\ 7$，$H=0.475$ m 以及 $\mu=0.001$ Pa·s 代入直线斜率的表达式，可得

$$x_{SV}=792\ \mu m$$

（c）相应的雷诺数按式（6.12）$Re^*=\dfrac{xU\rho_f}{\mu}\dfrac{1}{(1-\varepsilon)}$ 计算出 $Re^*=5.4$（对应于最大流速）。此值小于层流的限值（10），进一步证明流动为层流。

例题 6.2

叶片（叶板）过滤器面积 $0.5\ m^2$，在 500 kPa 的恒压降下操作。水悬浮液经过滤产生的滤饼可视为不可压缩的，试验结果如下：

收集滤液体积（m³）	0.1	0.2	0.3	0.4	0.5
时间（s）	140	360	660	1 040	1 500

求：

（a）在 700 kPa 恒压降下，收集 $0.8\ m^3$ 滤出液所需的时间；

（b）用 $0.3\ m^3$ 水在 400 kPa 压降下，清洗产生的滤饼所需要的时间。

解

恒压降条件下的过滤可以应用式（6.27），该式表明，如果画出 t/V 对 V 关系图，

该图是一条直线，则有

$$斜率 = \frac{r_c \varphi \mu}{2A^2(-\Delta p)}$$

在 t/V 轴上，

$$截距 = \frac{r_c \varphi \mu}{A^2(-\Delta p)} V_{eq}$$

用题给出的数据，计算出：

$V(m^3)$	0.1	0.2	0.3	0.4	0.5
$t/V(s/m^3)$	1 400	1 800	2 200	2 600	3 000

绘制的图见图 6W2.1。从图中可得：

$$斜率 = 4\ 000\ s/m^3;$$
$$截距 = 1\ 000\ s/m^3。$$

因此

$$\frac{r_c \varphi \mu}{2A^2(-\Delta p)} = 4\ 000;$$

$$\frac{r_c \varphi \mu}{A^2(-\Delta p)} V_{eq} = 1\ 000$$

根据以上两式，由 $A=0.5\ m^2$ 以及 $(\Delta p)=500\times10^3\ Pa$，可得

$$r_c \varphi \mu = 1\times10^9\ Pa \cdot s/m^2$$

$$以及\ V_{eq} = 0.125\ m^3$$

代入式 (6.27)，得

$$\frac{t}{V} = \frac{0.5\times10^9}{(-\Delta p)}(4V+1)$$

上式适用于同一浆液在同一过滤器中以任一压降进行过滤。

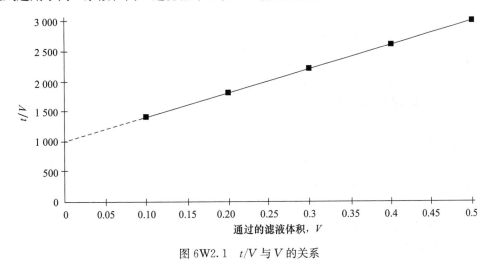

图 6W2.1 t/V 与 V 的关系

(a) 要计算 700 kPa 压降下通过 0.8 m^3 滤液所需时间，将 $V=0.8\ m^3$ 和 $(-\Delta p)=700\times10^3\ Pa$ 代入上列方程，得

$$t = 2\ 400\ \text{s （或 } 40\ \text{min）}$$

（b）过滤周期中滤饼厚度不断增加，由于压降不变，滤液的体积流量会不断减小。过滤速率由式（6.26）给出，代入过滤周期结束时通过的滤液体积（$V = 0.8\ \text{m}^3$）、$r_c \varphi \mu = 1 \times 10^9\ \text{Pa} \cdot \text{s/m}^2$、$V_{eq} = 0.125\ \text{m}^3$ 和 $(-\Delta p) = 700 \times 10^3\ \text{Pa}$，则过滤周期结束时，滤液体积流量为 $dV/dt = 1.89 \times 10^{-4}\ \text{m}^3/\text{s}$。

如果假定清洗水与滤液具有相同的物性，那么在整个清洗期间，700 kPa 压降下清洗水体积流量也是 $1.89 \times 10^{-4}\ \text{m}^3/\text{s}$。然而，清洗期间压降却是 400 kPa。根据式（6.26），液体体积流量与压降成正比，因此

$$清洗水流量 = 1.89 \times 10^{-4} \times \left(\frac{400 \times 10^3}{700 \times 10^3} \right) = 1.08 \times 10^{-4}\ \text{m}^3/\text{s}$$

所以，在此流量下通过 $0.3\ \text{m}^3$ 清洗水所需时间为 2 778 s（或 46.3 min）。

自测题

6.1 对于低雷诺数（<10）流体流过颗粒填充床的流动，通过床体的摩擦压降与下列各量是何种依赖关系？（a）表观流速；（b）颗粒粒度；（c）流体密度；（d）流体黏度；（e）空隙率。

6.2 对于高雷诺数（>500）流体流过颗粒填充床的流动，通过床体的摩擦压降与下列各量是何种依赖关系？（a）表观流速；（b）颗粒粒度；（c）流体密度；（d）流体黏度；（e）空隙率。

6.3 用于厄贡方程恰当的平均粒径是什么？如何由体积分布推导出该平均粒径？

6.4 不可压缩滤饼恒压降过滤过程中，滤液流量如何随时间变化？

练习题

6.1 一个固体颗粒填充床，颗粒密度 2 500 kg/m³，在横截面积为 0.04 m² 的容器内占据 1 m 深。床内固体质量 50 kg，颗粒的表面积-体积平均径为 1 mm。密度为 800 kg/m³、黏度为 0.002 Pa·s 的液体向上流经填充床，填充床的上表面受到限制。

（a）计算填充床的空隙率（孔隙占有的体积分数）。

（b）计算当流体的体积流量为 1.44 m³/h 时，通过床层的摩擦压降。

［答案：（a）0.50；（b）6 560 Pa（Ergun）］

6.2 一个固体颗粒填充床，颗粒密度 2 000 kg/m³，在内直径为 0.1 m 的圆柱形容器内占据深度 0.6 m。床层内固体质量 5 kg，颗粒的表面积-体积平均径为 300 μm。密度为 1 000 kg/m³、黏度为 0.001 Pa·s 的水向上流过填充床。

（a）填充床的空隙率是多少？

（b）计算流体表观速度，在此速度时通过填充床的压降为 4 130 Pa。

［答案：（a）0.469 2；（b）1.5 mm/s（Ergun）］

6.3 一个气体吸收塔，直径 2 m，装有随机填充的陶瓷拉西环，填充高度 5 m。含有小比例二氧化硫的空气，以 6 m³/s 体积流量向上流过吸收塔。气体黏度和密度分别

为 1.80×10^{-5} Pa·s 和 1.2 kg/m³。填充物细节如下：每单位体积填充床所含陶瓷拉西环的表面积为 $S_B = 190$ m²/m³，随机填充床空隙率为 0.71。

（a）计算与拉西环有相同表面积－体积比的球形颗粒粒度 x_{SV}。

（b）计算流过塔中填充物的摩擦压降。

（c）讨论当气体体积流量在所给值±10%范围内浮动时，压降将如何变化。

（d）讨论流过填充床的压降会如何随气体压力和温度的变化而改变。

[答案：（a）9.16 mm；（b）3 460 Pa；对于（c）、（d）的提示：流动为紊流]

6.4 密度 1 100 kg/m³、黏度 2×10^{-3} Pa·s 的溶液，在重力作用下流过催化剂颗粒床，溶液质量流量为 0.24 kg/s。床直径 0.2 m，床层深度 0.5 m。颗粒为直径 1 mm 长 2 mm 的圆柱形。颗粒床松散填充，空隙率为 0.3。计算颗粒床顶部上方液体的深度。（提示：在床底部和液体表面之间应用机械能方程）

（答案：0.716 m）

6.5 离子交换树脂再生过程中，密度 1 200 kg/m³、黏度 2×10^{-3} Pa·s 的盐酸向上流过树脂颗粒床，颗粒密度为 2 500 kg/m³，置于直径为 4 cm 管道中的多孔支撑物上。颗粒为球形，粒径为 0.2 mm，形成空隙率为 0.5 的床体。床层深度 60 cm，其上表面不受限制。试绘出盐酸流过颗粒床的摩擦压降与其体积流量间的函数关系图，体积流量值最大为 0.1 L/min。

[答案：压降线性增大到 3 826 Pa，超过该值床层将发生流态化且保持此压降值不变（见第 7 章）]

6.6 某催化重整装置的反应器装有粒度为 1.46 mm 的球形催化剂颗粒。反应器填充体积要达到 3.4 m³，空隙率为 0.45。反应器进料为密度 30 kg/m³ 黏度 2×10^{-5} Pa·s 的气体，气体体积流量为 11 320 m³/h。气体物性可假定为常数。通过反应器的压力损失被限制为 68.95 kPa。计算所需的流通横截面积和床深。

（答案：面积 = 4.78 m²；床深 = 0.711 m）

6.7 一个叶滤器有 2 m² 的面积，在 250 kPa 的常压降下操作。对不可压缩滤饼过滤的试验获得以下结果：

收集的滤液体积（L）	280	430	540	680	800
时间（min）	10	20	30	45	60

计算：

（a）在 400 kPa 恒压降下过滤相同悬浮液，收集 1 200 L 滤液所需时间；

（b）用 500 L 水（与滤液物性相同）在 200 kPa 压降下清洗所产生的滤饼需要的时间。

[答案：（a）79.4 min；（b）124 min]

6.8 一实验室叶滤器有 0.1 m² 面积，在 400 kPa 常压降下操作，在悬浮液过滤试验期间获得以下结果：

收集的滤液体积（L）	19	31	41	49	56	63
时间（s）	300	600	900	1 200	1 500	1 800

（a）在 300 kPa 恒压降下，且在有 2 m² 面积相似的实尺过滤器中过滤相同悬浮液，计算收集 1.5 m³ 滤液所需时间。

（b）计算（a）中过滤过程结束时通过滤液的体积流量。

（c）计算用 0.5 m³ 水在 200 kPa 常压降下，清洗所产生的滤饼需要的时间。（假定滤饼不可压缩且滤液与清洗液的流动特性相同）

［答案：（a）37.2 min；（b）20.4 L/min；（c）36.7 min］

6.9　一个叶滤器有 1.73 m² 面积，在 300 kPa 恒压降下操作，在悬浮液过滤试验期间获得以下结果：

收集的滤液体积（m³）	0.19	0.31	0.41	0.49	0.56	0.63
时间（s）	300	600	900	1 200	1 500	1 800

（a）在 400 kPa 恒压降下过滤相同悬浮液，计算收集 1 m³ 滤液所需时间。

（b）计算用 0.8 m³ 水在 250 kPa 恒压降下，清洗所产生的滤饼需要的时间。（假定滤饼不可压缩且滤液与清洗液的流动特性相同）

［答案：（a）49.5 min；（b）110.9 min］

7

流态化

7.1 基本原理

当流体向上流过颗粒床时，因摩擦阻力引起的压力损失随流速增大而增大。当增大到某一速度点，流体施加给颗粒向上的拖拽力等于床中颗粒的表观重量。在此速度点，颗粒被流体托举起来，颗粒间分离增加，颗粒填充床变成流化床。穿过整个流化床的力平衡表明流体通过颗粒床的压力损失等于单位面积床中颗粒的表观重量。因此有

$$压降 = \frac{颗粒床重量 - 颗粒所受浮力}{床横截面积}$$

对于颗粒密度为 ρ_p 的床层被密度为 ρ_f 的流体流态化，在横截面积为 A 的容器中形成深 H 空隙率 ε 的流化床，有

$$\Delta p = \frac{HA(1-\varepsilon)(\rho_p - \rho_f)g}{A} \tag{7.1}$$

或

$$\Delta p = H(1-\varepsilon)(\rho_p - \rho_f)g \tag{7.2}$$

流体通过床的压力损失与表观流速的关系，如图 7.1 所示。直线区 OA 是填充床区，此区内，固体颗粒彼此之间没有相对运动，它们之间的距离是恒定的。压损与流速间的关系，层流状态由卡曼-康采尼方程 [式 (6.9)] 表达，一般情形则由厄贡方程 [式 (6.11)] 表达。(见第 6 章对填充床流动的详细分析)

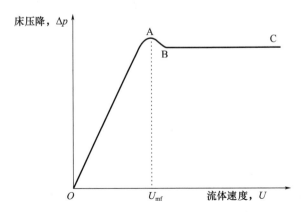

图 7.1 填充床和流化床压降与流体速度关系

BC 区域是式 (7.1) 适用的流化床区域。在 A 点处压力损失高于式 (7.1) 预测

值。这种压力上升现象在小容器和试验前一定程度被压实粉体中更为显著，它与克服床与壁面间摩擦力、床与分配器（分布板）间黏附力所需的额外力有关。

填充床变成流化床的表观流速称为最小流化速度 U_{mf}。它有时也称为初始流化速度（初始意味着开始进入流态化）。U_{mf} 随颗粒粒度和密度的增大而增大，并受流体性质的影响。我们可以由流化床压力损失的表达式［式（7.2）］，等于填充床压力损失的表达式［式（6.11）］，推导出 U_{mf} 的表达式。因此，回顾厄贡方程［式（6.11）］：

$$\frac{(-\Delta p)}{H} = 150\frac{(1-\varepsilon)^2}{\varepsilon^3}\frac{\mu U}{x_{SV}^2} + 1.75\frac{(1-\varepsilon)}{\varepsilon^3}\frac{\rho_f U^2}{x_{SV}} \tag{7.3}$$

将式（7.2）中 $(-\Delta p)$ 的表达式代入：

$$(1-\varepsilon)(\rho_p - \rho_f)g = 150\frac{(1-\varepsilon)^2}{\varepsilon^3}\frac{\mu U_{mf}}{x_{SV}^2} + 1.75\frac{(1-\varepsilon)}{\varepsilon^3}\frac{\rho_f U_{mf}^2}{x_{SV}} \tag{7.4}$$

重排，得

$$(1-\varepsilon)(\rho_p - \rho_f)g = 150\frac{(1-\varepsilon)^2}{\varepsilon^3}\left(\frac{\mu^2}{\rho_f x_{SV}^3}\right)\left(\frac{U_{mf}x_{SV}\rho_f}{\mu}\right) + 1.75\frac{(1-\varepsilon)}{\varepsilon^3}\left(\frac{\mu^2}{\rho_f x_{SV}^3}\right)\left(\frac{U_{mf}^2 x_{SV}^2 \rho_f^2}{\mu^2}\right) \tag{7.5}$$

于是有

$$(1-\varepsilon)(\rho_p - \rho_f)g\left(\frac{\rho_f x_{SV}^3}{\mu^2}\right) = 150\frac{(1-\varepsilon)^2}{\varepsilon^3}Re_{mf} + 1.75\frac{(1-\varepsilon)}{\varepsilon^3}Re_{mf}^2 \tag{7.6}$$

或

$$Ar = 150\frac{(1-\varepsilon)}{\varepsilon^3}Re_{mf} + 1.75\frac{1}{\varepsilon^3}Re_{mf}^2 \tag{7.7}$$

式中，Ar 是无因次数，称为阿基米德数，即

$$Ar = \frac{\rho_f(\rho_p - \rho_f)g x_{SV}^3}{\mu^2}$$

Re_{mf} 是初始流化速度下的雷诺数，即

$$Re_{mf} = \left(\frac{U_{mf}x_{SV}\rho_f}{\mu}\right)$$

为了由式（7.7）获得 U_{mf} 的值，需要知道初始流化点颗粒床的空隙率 $\varepsilon = \varepsilon_{mf}$。如果取 ε_{mf} 等于填充床的空隙率，可以获得 U_{mf} 的粗略值。然而实际上流化起始时的空隙率可能比填充床的空隙率大得多。经常使用的 ε_{mf} 典型值是 0.4。采用此值，式（7.7）变成

$$Ar = 1\,406\,Re_{mf} + 27.3\,Re_{mf}^2 \tag{7.8}$$

Wen 和 Yu（1966）提出 U_{mf} 的经验关系式，形式上与式（7.8）相似：

$$Ar = 1\,652\,Re_{mf} + 24.51\,Re_{mf}^2 \tag{7.9}$$

Wen 和 Yu 关系式常被表达为

$$Re_{mf} = 33.7[(1 + 3.59 \times 10^{-5}Ar)^{0.5} - 1] \tag{7.10}$$

上式适用于 $0.01 < Re_{mf} < 1\,000$ 范围的球体。

对于气体流态化，通常认为 Wen 和 Yu 关系式最适合于粒度大于 100 μm 的颗粒床，而贝延斯（Baeyens）和吉尔达特（Geldart）关系式（1974）如式（7.11）所示，最适合于粒度小于 100 μm 的颗粒床。

$$U_{mf} = \frac{(\rho_p - \rho_f)^{0.934}g^{0.934}x_p^{1.8}}{1\,110\mu^{0.87}\rho_f^{0.066}} \tag{7.11}$$

7.2　有关的粉体和颗粒特性

用于流态化方程中正确的密度是颗粒密度，它定义为颗粒质量除以它的流体动力学体积。该体积是流体在与颗粒的流体动力学相互作用中"看到"的体积，包括所有开孔和闭孔体积（图 7.2）：

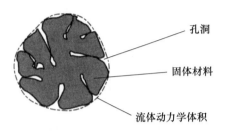

图 7.2　颗粒的流体动力学体积

$$颗粒密度 = \frac{颗粒质量}{颗粒流体动力学体积}$$

对无孔固体，此密度容易由气体比重计或比重瓶来测量，但这些装置不能用于测量多孔固体，因为这些装置给出组成颗粒材料的真密度或绝对密度 ρ_{abs}，并不适合于涉及与流体流动相互作用的场合：

$$绝对密度 = \frac{颗粒的质量}{构成颗粒的固体体积}$$

对于多孔颗粒，颗粒密度 ρ_p（也称为表观密度或包络密度）并不容易直接测量，然而吉尔达特（1990）还是给出了几种测量方法。床密度是另一个与流化床有关的术语，其定义为

$$床密度 = \frac{床中颗粒质量}{颗粒和颗粒间空隙所占据的体积}$$

例如，600 kg 粉体在横截面积为 1 m² 容器中进行流化，并达到 0.5 m 的床高，床密度是多少呢？

$$床中颗粒质量 = 600 \ kg$$
$$颗粒和空隙占据的体积 = 1 \times 0.5 = 0.5 \ m^3$$

因此，

$$床密度 = 600/0.5 = 1 \ 200 \ kg/m^3$$

如果这些固体的颗粒密度是 2 700 kg/m³，床空隙率是多少呢？床密度 ρ_B 与颗粒密度 ρ_p、床空隙率 ε 以式（7.12）相关联：

$$\rho_B = (1-\varepsilon)\rho_p \tag{7.12}$$

因此，

$$空隙率 = 1 - \frac{1 \ 200}{2 \ 700} = 0.555$$

处理粉体时常用的另一种密度是堆积密度，其定义与流化床密度相似：

$$堆积密度 = \frac{颗粒质量}{颗粒和颗粒间空隙占据的体积}$$

在流体-颗粒相互作用相关方程中，最适用的颗粒粒度是流体动力学直径，即一种等效球径，是由涉及颗粒与流体动力学相互作用测试技术导出的。然而，实际上在大多数的工业应用中，分级是采用筛分进行的，相关数据则用筛孔直径 x_p 或体积直径 x_V。对于球形或近似球形颗粒 x_V 等于 x_p。对于有角的颗粒，$x_V = 1.13x_p$。

在流态化的应用中，通常先进行筛分分析，然后按式（7.13）计算粉体平均粒度

$$\overline{x}_p = \frac{1}{\sum m_i / x_i} \tag{7.13}$$

式中，x_i 是相邻筛孔直径的算术平均值，m_i 是相邻筛子间收集的颗粒质量分数。这是质量分布的调和平均粒度，在第 1 章已证明，它等于表面积分布的算术平均粒度。

7.3 鼓泡和非鼓泡流态化

超过最小流化速度时，流化床内可能出现气泡，即无颗粒的空洞。图 7.3 显示气体流化床内的气泡。图中所使用的设备是所谓的"二维流化床"。这是研究者们最喜欢用的观察气泡行为的工具，它实际上是一个矩形横截面的容器，其最短边（垂直纸面方向）往往仅有 1 cm 左右。

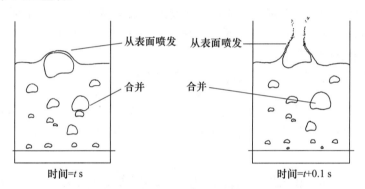

图 7.3　B 类粉体气体流化床内的气泡序列（录像速写）

在表观速度超过最小流化速度时，流态化一般既可能是鼓泡流，也可能是非鼓泡流。有些流体与颗粒组合只能产生鼓泡流，而有些组合则只能产生非鼓泡流。大多数液体流化系统，除了涉及非常致密的颗粒外，一般都不会产生鼓泡流。图 7.4 为玻璃球的

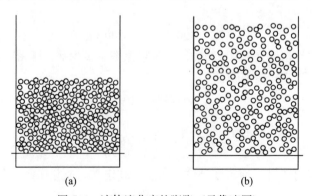

图 7.4　液体流化床的膨胀（录像速写）

(a) 刚刚超过 U_{mf}；(b) 液体速度数倍于 U_{mf}，空隙率均衡地增大

水流化床，表现出非鼓泡流化床特性。然而，在气力流化系统中，或者从 U_{mf} 速度开始就一直是鼓泡流，或者刚开始是非鼓泡流，然后随着流化速度增加变成鼓泡流。非鼓泡流又称为散式或均相流态化，鼓泡流则常称为聚式或非均相流态化。

7.4 粉体的分类

吉尔达特（1973）根据粉体在通常环境条件下的流化特性把粉体分为四类。该分类方法目前已广泛应用于粉体技术的各个领域。当粉体在环境条件下被空气流化，从 U_{mf} 速度开始先产生非鼓泡流，然后随着流化速度的增大而变成鼓泡流，这属于 A 类。上述条件下只会产生鼓泡流的属于 B 类。吉尔达特还区分了另外两类粉体：C 类粉体——非常细的黏聚性粉体，严格意义上这类粉体并不能流态化；D 类粉体——大颗粒，其特征在于能够产生很深的喷动床（图 7.5）。图 7.6 显示各类粉体的划分与颗粒、气体性质的关系。

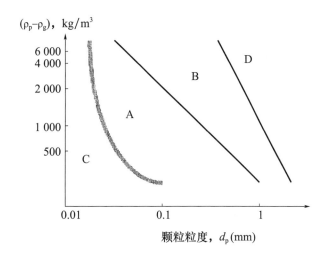

图 7.5　大米的喷动流化床　　　　图 7.6　吉尔达特粉体分类简化示意图
按照粉体在环境条件下空气中的流化特性
分类（Geldart，1973）

通过确定粉体属于哪一类，可预测它在空气中的流化特性。要注意在高于环境温度和压力下操作，粉体会出现在不同于环境条件的类别中，这一点很重要。这源于气体性质对分类的影响，就流化床的运行而言，这可能会有某些严重的隐性后果。表 7.1 总结了各类粉体的典型特征与特性。

表 7.1　吉尔达特粉体分类

	C 类	A 类	B 类	D 类
最明显特征	黏聚性，很难流态化	非常适合流态化，一定范围展示出非鼓泡流态化	从 U_{mf} 开始鼓泡	粗颗粒
典型的颗粒	面粉、水泥	裂化催化剂	建筑用砂	碎石、咖啡豆
床膨胀性	低，因有沟流	高	中等	低

	C 类	A 类	B 类	D 类
脱气速率	初始快，然后呈指数变化	低，呈线性变化	快	快
气泡特性	只有沟流，没有气泡	气泡分裂合并，气泡尺寸有最大值	气泡大小无限制	气泡大小无限制
颗粒混合性	非常低	高	中等	低
气体返混度	非常低	高	中等	低
喷射现象	无	无	只在浅床有	深床也有

由于 A 类粉体发生非鼓泡流的气体速度范围很小，鼓泡流化是工业应用气体流化系统中最常遇到的类型。气泡首次出现时的气体表观速度称为最小鼓泡速度 U_{mb}。过早出现鼓泡可能是由于空气分配器设计不良或床内凸起造成的。亚伯拉罕森（Abrahamsen）和吉尔达特（1980）用下式将 U_{mb} 的最大值与气体和颗粒的特性进行了关联：

$$U_{mb} = 2.07 \exp(0.716F) \left(\frac{x_p \rho_g^{0.06}}{\mu^{0.347}} \right) \tag{7.14}$$

式中，F 是粒度小于 $45\mu m$ 粉体的分数。

A 类粉体中 $U_{mb} > U_{mf}$，气泡不断分裂和合并，达到最大稳定气泡尺寸。这有助于形成高质量平稳的流态化。图 7.7 显示了 A 类粉体在二维流化床中的气泡。

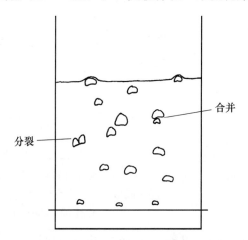

图 7.7　A 类粉体在二维流化床中的气泡（录像速写）

B 类和 D 类粉体中 $U_{mb} = U_{mf}$，气泡不断增大，不存在最大稳定尺寸（见图 7.3）。这导致流态化相当差，并伴随大的压力波动。

C 类粉体中颗粒间力比颗粒的惯性力要大。因此，不能达到所需要的完全由拽力和浮力支撑的分离状态，也就不出现真正的流态化。正因如此也不会出现气泡，而是形成气体通过粉体的沟流（图 7.8）。因为颗粒没有完全被气体撑起，所以穿过床的压力损失总是小于单位横截面上床层的表观重量。因此，在目测不能确定的情况下，测定床层压降是检测 C 类粉体特性的一种方法。通过机械搅拌或振动，可以实现勉强称得上的流态化。

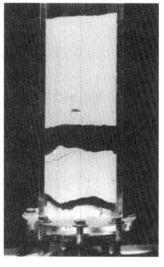

图 7.8 试图流化 C 类粉体时，产生裂缝和沟流或离散的固体料栓

当气泡尺寸约大于设备直径三分之一时，它们上升速度受设备控制，会发生腾涌。腾涌伴随着较大的压力波动，因此一般在大型设备中需要避免，因为它会引起车间的振动。如果床层足够浅，腾涌在任何速度下都不可能发生。八木和鞭（Yagi and Muchi，1952）认为，只要满足以下准则，就不会发生腾涌：

$$\left(\frac{H_{mf}}{D}\right) \leqslant \frac{1.9}{(\rho_p x_p)^{0.3}} \tag{7.15}$$

这一准则适用于大多数粉体。如果床深超过这个临界高度，当气体速度超过 U_{ms} 时就会发生腾涌。贝延斯和吉尔达特给出 U_{ms} 值（1974）：

$$U_{ms} = U_{mf} + 0.16 (1.34 D^{0.175} - H_{mf})^2 + 0.07 (gD)^{0.5} \tag{7.16}$$

7.5 流化床的膨胀

7.5.1 非鼓泡流态化

非鼓泡流化床流速超过 U_{mf}，颗粒分离随着流体表观速度的增加而增加，而穿过床的压力损失保持不变。床空隙率随流化速度增大的现象称为床膨胀（见图 7.4）。流体速度与床空隙率的关系可以通过回顾多颗粒系统的分析（见第 3 章）来确定。在力平衡条件下，在流体中沉降的颗粒悬浮体，颗粒与流体的相对速度 U_{rel} 为

$$U_{rel} = U_p - U_f = U_T \varepsilon f(\varepsilon) \tag{7.17}$$

式中，U_p 和 U_f 是颗粒和流体的实际竖直向下速度，U_T 是流体中单个颗粒的终端速度。在流化床的情况下，颗粒实际竖直的时间平均速度为零（$U_p = 0$），因此

$$U_f = -U_T \varepsilon f(\varepsilon) \tag{7.18}$$

或

$$U_{fs} = -U_T \varepsilon^2 f(\varepsilon) \tag{7.19}$$

式中，U_{fs} 是流体向下的体积通量。与流态化惯例一样，通常采用术语表观速度（U）代

替体积通量。由于流体向上的表观速度（U）等于向上的体积通量（$-U_{fs}$），根据 $U_{fs} = U_f\varepsilon$，于是有：

$$U = U_T\varepsilon^2 f(\varepsilon) \tag{7.20}$$

理查森和扎基（Richardson 和 Zaki，1954）发现函数 $f(\varepsilon)$，既适用于干涉沉降又适用于非鼓泡流态化。他们发现，一般来说 $f(\varepsilon) = \varepsilon^n$，式中指数 n 在很低雷诺数（拖曳力与流体密度无关）和高雷诺数（拖曳力与流体黏度无关）时都与颗粒雷诺数无关，即

$$\text{在一般情况下}:U = U_T\varepsilon^n \tag{7.21}$$

$$\text{当} Re_p \leqslant 0.3;f(\varepsilon) = \varepsilon^{2.65} \Rightarrow U = U_T\varepsilon^{4.65} \tag{7.22}$$

$$\text{当} Re_p \geqslant 500;f(\varepsilon) = \varepsilon^{0.4} \Rightarrow U = U_T\varepsilon^{2.4} \tag{7.23}$$

式中 Re_p 用 U_T 计算。

卡恩和理查森（Khan 和 Richardson，1989）提出，式（3.25）给出的关系式可用来确定雷诺数处于 $0.3 \sim 500$ 时指数 n 的值（尽管公式中用阿基米德数 Ar 表达 n，但 Re_p 和 Ar 之间有直接关系）。该关系式还包含了容器直径对指数 n 的影响。这样，式（7.21）、（7.22）、（7.23）连同式（3.25）可计算床空隙率随流体速度（超过 U_{mf} 时）的变化。如果已知床空隙率就可计算流化床的高度，即

$$\text{流化床中颗粒的质量} = M_B = (1-\varepsilon)\rho_p AH \tag{7.24}$$

如果填充床深（H_1）和空隙率（ε_1）已知，那么如果质量保持不变，任何空隙率时床深可按下式确定：

$$(1-\varepsilon_2)\rho_p AH_2 = (1-\varepsilon_1)\rho_p AH_1 \tag{7.25}$$

因此，

$$H_2 = \frac{(1-\varepsilon_1)}{(1-\varepsilon_2)}H_1$$

7.5.2　鼓泡流态化

鼓泡流化床膨胀最简单的描述来源于杜美（Toomey）和约翰斯通（Johnstone）两相流化理论（1952）。该理论认为鼓泡流化床由两相组成：气泡相（气泡）；分散相（气泡周围的气固两相均匀混合物）。分散相又称作乳化相。该理论指出，超过初始流化所需要的气体都会以气泡的形式通过流化床。图 7.9 为空气流化 A 类粉体时，流化气体速度对床膨胀的影响。

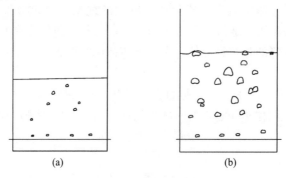

图 7.9　A 类粉体在"二维"流化床上的床膨胀（录像速写）

(a) 刚超过 U_{mb}；(b) 数倍于 U_{mb} 时的流化

参看图 7.10，Q 为流化床的实际气体流量，Q_{mf} 是初始流化时气体流量，那么

$$以气泡通过床的气体 = Q - Q_{mf} = (U - U_{mf})A \tag{7.26}$$

$$通过乳化相的气体 = Q_{mf} = U_{mf}A \tag{7.27}$$

用气泡占床的体积分数 ε_B 表达床膨胀：

$$\varepsilon_B = \frac{H - H_{mf}}{H} = \frac{Q - Q_{mf}}{AU_B} = \frac{(U - U_{mf})}{U_B} \tag{7.28}$$

式中，H 是速度 U 时的床高，H_{mf} 是速度 U_{mf} 时的床高，U_B 是床中气泡的平均上升速度（由关联式求得，见下）。乳化相空隙率采用最小流化速度时空隙率 ε_{mf}。床平均空隙率则由下式给出：

$$(1 - \varepsilon) = (1 - \varepsilon_B)(1 - \varepsilon_{mf}) \tag{7.29}$$

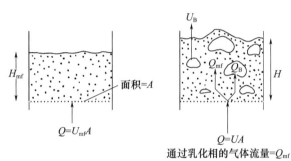

图 7.10　两相理论关于流化床内的气体流动

事实上，上述简化的两相理论高估了通过床的气泡体积（可见气泡体积流量）。为了更好地估计床膨胀，可以通过用下式取代式（7.28）中（$Q - Q_{mf}$）来获得

$$可见气泡流量, Q_B = YA(U - U_{mf})$$

其中，

$$\begin{aligned} &对于 A 类粉体: 0.8 < Y < 1.0; \\ &对于 B 类粉体: 0.6 < Y < 0.8; \\ &对于 D 类粉体: 0.25 < Y < 0.6 \end{aligned} \tag{7.30}$$

严格地讲，上列方程中应当用 U_{mb} 而不是 U_{mf}，应当用 Q_{mb} 而不是 Q_{mf}，这样方程就对 A 类和 B 类粉体都适用。这里它们都是按原来的形式写的。然而，实际上这几乎没有什么差别，因为无论是 U_{mb} 还是 U_{mf} 通常都远小于表观流速 U，于是 $U - U_{mf} \approx U - U_{mb}$。极少情况下，操作速度并不比 U_{mb} 大很多，这时就应当用 U_{mb} 取代方程中的 U_{mf}。

以上分析需要知道气泡上升速度 U_B，它取决于气泡直径 d_{Bv} 和床直径 D。分布板以上给定高度处气泡直径则取决于分布板孔口密度 N、与分布板的距离 L 以及过余气体流速 $U - U_{mf}$。

对 B 类粉体，气泡直径由下式（Darton 等，1977）计算

$$d_{Bv} = \frac{0.54}{g^{0.2}}(U - U_{mf})^{0.4}(L + 4N^{-0.5})^{0.8} \tag{7.31}$$

气泡的速度则由下式（Werther，1983）给出

$$U_B = \Phi_B (g d_{Bv})^{0.5} \tag{7.32}$$

式中，

$$\left\{\begin{array}{l} \Phi_B = 0.64, D \leqslant 0.1 \text{ m} \\ \Phi_B = 1.6 D^{0.4}, 0.1 < D \leqslant 1 \text{ m} \\ \Phi_B = 1.6, D > 1 \text{ m} \end{array}\right\} \tag{7.33}$$

对 A 类粉体，气泡达到的最大稳定尺寸可由下式（Geldart，1992）估算

$$d_{Bv_{max}} = 2 (U_{T2.7})^2 / g \tag{7.34}$$

式中，$U_{T2.7}$是粒度为实际平均粒度 2.7 倍的颗粒自由沉降终端速度。气泡速度则由下式（Werther，1983）给出

$$U_B = \Phi_A (g d_{Bv})^{0.5} \tag{7.35}$$

式中，

$$\left\{\begin{array}{l} \Phi_A = 1, D \leqslant 0.1 \text{ m} \\ \Phi_A = 2.5 D^{0.4}, 0.1 < D \leqslant 1 \text{ m} \\ \Phi_A = 2.5, D > 1 \text{ m} \end{array}\right\} \tag{7.36}$$

7.6　夹　　带

夹带这一术语在此用以表达颗粒由鼓泡床表面喷出，并随流化气体排出容器的过程。在有关此主题的文献中，诸如"携带""淘析"等其他术语也常用于表达同样的过程。本节我们将研究影响颗粒夹带速率的因素，并阐释一种估算夹带速率及夹带颗粒粒度分布的简易方法。

考虑在没有任何固体边界的静态气体中，单个颗粒在重力作用下会发生沉降过程。我们知道当重力、浮力和阻力平衡时，颗粒会达到终端速度（见第 2 章）。如果无限域气体此时以等于颗粒终端速度的速度向上运动，该颗粒将处于静止状态。如果气体在管道内，以表观速度等于颗粒终端速度向上运动，那么：

（a）层流：颗粒可能向上也可能向下移动，取决于其所处径向位置，因为气体在管道中的速度剖面呈抛物线形。

（b）紊流：颗粒可能向上也可能向下移动，也取决于其所处径向位置。此外，气体速度的随机脉动叠加于其时均速度剖面上，使得实际颗粒运动难以预测。

如果我们现在把许多一定粒度范围的颗粒引入到流动气流中，根据其粒度和径向位置，有些颗粒会下降有的颗粒会上升。因此在向上流动气流中颗粒夹带是一个复杂的过程。我们可以看到，颗粒夹带速率和夹带颗粒的粒度分布，一般取决于颗粒大小和密度、气体性质、气体速度、气体径向速度剖面、速度脉动和容器直径。此外，颗粒从流化床喷入气流中的机制还与床的特性有关，特别是依赖于床表面处气泡尺寸和速度；床表面上方的气体速度剖面也会被爆裂的气泡扭曲。因此，从基本原理导出预测夹带公式显然是不可能的，实践中必须采用经验方法来处理。

该经验方法将粗颗粒定义为终端速度大于表观气流速度（$U_T > U$）的颗粒，细颗粒定义为$U_T < U$的颗粒，并认为流化床以上区域由几个区组成，如图 7.11 所示：

（a）自由空域：床表面与气体出口之间的区域。

（b）飞溅区：刚超过床表面的区域，粗颗粒在此区域内回落。

（c）分离区：在飞溅区上面，此区内细颗粒向上通量和悬浮浓度随高度增加而减小。

（d）稀相输送区：分离区以上的区域，此区内所有颗粒都被携带向上，颗粒通量和悬浮浓度不随高度增加而改变。

注意，虽然一般情况下细颗粒会被携带离开系统，粗颗粒会留在系统中，实际上在速度数倍于终端速度时，细颗粒仍有可能留在系统内，而粗颗粒却可能被携带走。

从床表面到分离区顶部的高度称作输送分离高度（TDH）。TDH 以上夹带通量和颗粒浓度为常数。因此，从设计的角度来看，为了从自由空域的重力效应中获得最大收益，气体出口应放置在 TDH 上方。文献中有很多预测 TDH 值的经验关联式可用，其中以霍里奥等（Horio et al. 1980）提出的公式（7.37）和曾子（Zenz，1983）以图形表示的关系较为可靠（图 7.12）。

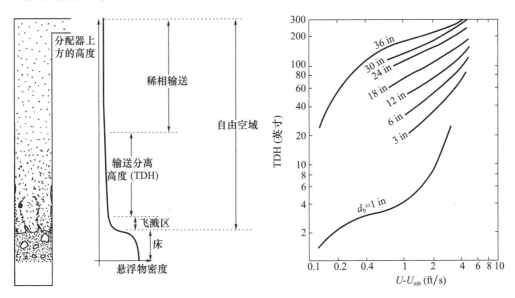

图 7.11　流化床自由空域分区　　　　图 7.12　用曾子（1983）方法确定输送

分离高度的曲线

注：TDH 和床表面处气泡直径 d_b 用

英寸表示（1in. = 25.4 mm）

$$\text{TDH} = 4.47 d_{\text{bvs}}^{0.5} \tag{7.37}$$

式中，d_{bvs} 是床表面处气泡的体积等效径。

流化床夹带速率的经验估计是基于以下比较直观的方程：

$$\left(\begin{array}{c}\text{粒度为 } x_i \text{ 颗粒的} \\ \text{瞬时损失速率}\end{array}\right) \propto \text{床面积} \times \left(\begin{array}{c}t \text{ 时刻床内粒度为 } x_i \\ \text{颗粒的分数}\end{array}\right)$$

即

$$R_i = -\frac{\mathrm{d}}{\mathrm{d}t}(M_B m_{Bi}) = K_{ih}^* A m_{Bi} \tag{7.38}$$

式中，K_{ih}^* 是淘析速率常数（当 $m_{Bi}=1.0$ 时，粒度为 x_i 的颗粒在距床表面高度 h 处的夹带通量），M_B 是床中颗粒的总质量，A 是床表面面积，m_{Bi} 是 t 时刻粒度为 x_i 的颗粒质量占床颗粒总质量的分数。

在连续操作中，m_{Bi} 和 M_B 为常数，因此，

$$R_i = K_{ih}^* A m_{Bi} \tag{7.39}$$

$$R_T = \sum R_i = \sum K_{ih}^* A m_{Bi} \tag{7.40}$$

式中，R_T 为总夹带速率。尾气中粒度为 x_i 的固体负荷（solids loading）是 $\rho_i = R_i / UA$，离开自由空域气体总的固体负荷则为 $\rho_T = \sum \rho_i$。

在分批操作中，各粒度范围的夹带速率、总夹带速率和床的粒度分布都随时间改变。解决问题的最好办法是将式（7.38）写成有限增量形式：

$$-\Delta(m_{Bi}M_B) = K_{ih}^* A m_{Bi} \Delta t \tag{7.41}$$

式中，$-\Delta(m_{Bi}M_B)$ 是时间增量 Δt 内第 i 个粒度范围，颗粒被夹带的质量。

$$\text{在 } \Delta t \text{ 时间内夹带的总质量} = \sum_{i=1}^{k} [\Delta(m_{Bi}M_B)] \tag{7.42}$$

而 $t + \Delta t$ 时刻留在床内的颗粒质量为

$$(M_B)_{t+\Delta t} = (M_B)_t - \sum_{i=1}^{k} [\Delta(m_{Bi}M_B)_t] \tag{7.43}$$

式中，下标 t 是指 t 时刻的值。

$$t + \Delta t \text{ 时刻床的成分} = (m_{Bi})_{t+\Delta t} = \frac{(m_{Bi}M_B)_t - [\Delta(m_{Bi}M_B)_t]}{(M_B)_t - \sum_{i=1}^{k} [\Delta(m_{Bi}M_B)_t]} \tag{7.44}$$

在所要求的时间段内顺序应用式（7.41）～式（7.44），就可以求得一个批次的夹带问题解。

淘析速率常数 K_{ih}^* 不可能由基本原理来预测，因此必须依靠那些已有的关联式。不同关联式给出的预测值往往相差很大。关联式通常用 TDH 以上的夹带速率 $K_{i\infty}^*$ 进行关联。两个较为可靠的关联式给出如下。

吉尔达特等（1979）（对粒度 $>100~\mu m$ 的颗粒以及 $U > 1.2~m/s$）：

$$\frac{K_{i\infty}^*}{\rho_g U} = 23.7 \exp\left(-5.4 \frac{U_{Ti}}{U}\right) \tag{7.45}$$

曾子和威尔（Weil，1958）（对粒度 $<100~\mu m$ 的颗粒以及 $U < 1.2~m/s$）：

$$\frac{K_{i\infty}^*}{\rho_g U} = \begin{cases} 1.26 \times 10^7 \left(\frac{U^2}{gx_i\rho_p^2}\right)^{1.88}, \text{当} \left(\frac{U^2}{gx_i\rho_p^2}\right) < 3 \times 10^{-4} \\ 4.31 \times 10^4 \left(\frac{U^2}{gx_i\rho_p^2}\right)^{1.18}, \text{当} \left(\frac{U^2}{gx_i\rho_p^2}\right) > 3 \times 10^{-4} \end{cases} \tag{7.46}$$

7.7 流化床内的传热

流化颗粒、气体和设备内表面之间的传热性能很好，这使得床内温度均匀、易于控制。

7.7.1 气体-颗粒换热

气体与颗粒间的对流换热系数（表面传热系数 h_{gp}）一般较小，为 $5 \sim 20~W/(m^2 \cdot K)$。

然而，因为大量细小颗粒提供了非常大的换热表面积（1 m³ 100 μm 颗粒具有 60 000 m² 的表面积），所以在流化床的传热中，很少受到气体与颗粒之间传热的限制。最常用的气—粒换热系数关联式之一，是国井（Kunii）和列文斯比尔（Levenspiel）（1969）的关联式：

$$Nu = 0.03\,Re_{\mathrm{p}}^{1.3}\quad(Re_{\mathrm{p}} < 50) \tag{7.47}$$

式中，Nu 是努谢尔特数（$h_{\mathrm{gp}}x/k_{\mathrm{g}}$），单颗粒雷诺数通常是基于流体与颗粒间的相对速度。

热流化床被冷气体流化时，与气-粒传热相关。下面的例子可以证明，在鼓泡流化床内气-粒传热阻力很小：

一个固体颗粒处于恒温 T_{s} 下的流化床，热流化气体以温度 T_{g0} 进入。试问，分布板以上多远的距离，气体与床内颗粒间的温差会减小到初始温差的一半？

考虑分布板以上距离为 L 处，高为 δL 的一个床的微元体（图 7.13）。设进入此微元体的气体温度为 T_{g}，气体经过此微元体的温度变化为 δT_{g}。微元体内的颗粒温度是 T_{s}。

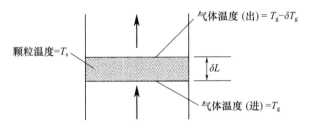

图 7.13　一个流化床微元体内的气-粒换热分析

微元体的热平衡给出，气体的热量损失速率 = 气体与固体的换热速率，即

$$-(C_{\mathrm{g}}U\rho_{\mathrm{g}})\mathrm{d}T_{\mathrm{g}} = h_{\mathrm{gp}}a(T_{\mathrm{g}}-T_{\mathrm{s}})\mathrm{d}L \tag{7.48}$$

式中，a 是每单位体积床内颗粒的表面积，C_{g} 是气体的比热容，ρ_{p} 是颗粒密度，h_{gp} 是颗粒对气体的换热系数，U 是气体表观速度。

积分上式并利用边界条件：$L=0$ 处，$T_{\mathrm{g}}=T_{\mathrm{g0}}$，得

$$\ln\!\left(\frac{T_{\mathrm{g}}-T_{\mathrm{s}}}{T_{\mathrm{g0}}-T_{\mathrm{s}}}\right) = -\left(\frac{h_{\mathrm{gp}}a}{U_{\mathrm{rel}}\rho_{\mathrm{g}}C_{\mathrm{g}}}\right)L \tag{7.49}$$

于是，温差减为初始值一半的距离 $L_{0.5}$ 为

$$L_{0.5} = -\ln(0.5)\frac{C_{\mathrm{g}}U_{\mathrm{rel}}\rho_{\mathrm{g}}}{h_{\mathrm{gp}}a} = 0.693\,\frac{C_{\mathrm{g}}U_{\mathrm{rel}}\rho_{\mathrm{g}}}{h_{\mathrm{gp}}a} \tag{7.50}$$

对于粒度为 x 的球形颗粒床，单位体积床内颗粒的表面积 $a = 6(1-\varepsilon)/x$，ε 是床空隙率。

应用 h_{gp} 的关联式（7.47），则有

$$L_{0.5} = 3.85\,\frac{\mu^{1.3}x^{0.7}C_{\mathrm{g}}}{U_{\mathrm{rel}}^{0.3}\rho_{\mathrm{g}}^{0.3}(1-\varepsilon)k_{\mathrm{g}}} \tag{7.51}$$

举一个例子，取颗粒床的平均粒度为 100 μm，颗粒密度为 2 500 kg/m³；流化空气的密度为 1.2 kg/m³，黏度为 1.84×10^{-5} Pa·s，导热系数为 0.026 2 W/m/K，比热容为 1 005 J/kg/K。

用贝延斯方程［式（7.11）］确定 $U_{\mathrm{mf}}=9.3\times10^{-3}$ m/s。流态化条件下，颗粒与气体间的相对速度可近似为 $U_{\mathrm{mf}}/\varepsilon$。假定流化床空隙率为 0.47，那么相对速度 $U_{\mathrm{rel}}=0.02$ m/s。把这些数值代入式（7.51），发现 $L_{0.5}=0.95$ mm。

可见，进入床 1 mm 深度以内气体与床的温差就会减小一半。通常，对于粒度小于 1 mm 的颗粒，热床与冷流化气体间的温差都会在进入床深 5 mm 内减小一半。

7.7.2 床-表面换热

在鼓泡流化床内，颗粒床与淹没表面（竖直床壁或管子）间的换热系数 h 可近似地认为由三部分叠加而成［博特里尔（Botterill），1975］

$$h = h_{pc} + h_{gc} + h_r$$

式中，h_{pc} 是颗粒对流换热系数，表达的是由于颗粒团运动把携带的热量传向表面，或由表面传出的换热作用；h_{gc} 是气体对流换热系数，表达的是颗粒之间气体运动引起的换热作用；h_r 是辐射换热系数。图 7.14 给出了床-表面之间换热系数的大致范围，以及粒度对主导传热机理的影响。

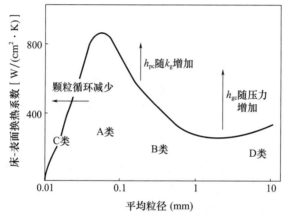

图 7.14　床-表面换热系数范围（博特里尔，1986）

在流化床内，固体热容量约为同体积气体热容量的一千倍，因此，颗粒在床内不断循环会迅速地把热量传到床的各处。对于床与淹没表面之间的换热，限制因素是气体的导热性，因为所有热量必须通过颗粒与表面之间的气膜来传递（图 7.15）。颗粒与表面的接触面积太小，不能产生显著的换热作用。因此，影响气膜厚度和气体导热系数的因素都会影响颗粒对流条件下的换热。例如，减小颗粒粒度可以减小平均气膜厚度，从而提高 h_{pc}。然而，如果粒度减小到进入 C 类粉体的范围，又将减弱颗粒的流动性，从而减弱颗粒对流换热。提高气体温度可以提高气体导热系数，从而提高 h_{pc}。

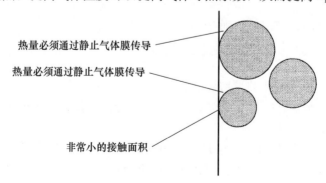

图 7.15　床颗粒对淹没表面的换热

颗粒对流换热在 A 类和 B 类粉体中占主导地位。超过最小流化速度后，继续增加气体速度可以改善颗粒循环，从而增强颗粒对流换热。换热系数随流化速度增加而增大，达到一个宽泛的最大值 h_{max}，然后随着换热表面逐渐被气泡覆盖而下降（图 7.16）。B 类和 D 类粉体 h_{pc} 最大值发生得相对更靠近 U_{mf}，因为这些粉体在 U_{mf} 下就产生气泡，且气泡尺寸随气体速度的增加而增大。A 类粉体在 U_{mf} 和 U_{mb} 之间呈现非鼓泡流态化，且进入鼓泡状态后产生气泡尺寸会达到一个稳定的最大值。

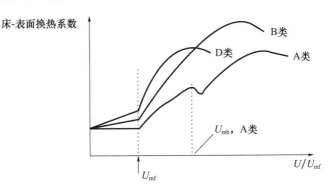

图 7.16　流化气体速度对流化床内床-表面换热系数的影响

博特里尔推荐，对 B 类粉体使用扎博德斯基（Zabrodsky，1966）的关联式确定 h_{max}：

$$h_{max} = 35.8 \, \frac{k_g^{0.6} \rho_p^{0.2}}{x^{0.36}} \ \mathrm{W/(m^2 \cdot K)} \tag{7.52}$$

对 A 类粉体则使用卡恩等（Khan *et al*. 1978）的关联式确定 h_{max}：

$$Nu_{max} = 0.157 Ar^{0.475} \tag{7.53}$$

气体对流换热在 A 类和 B 类粉体中并不重要，这些粉体中颗粒间气体的流动是层流；而在 D 类粉体中气体对流换热则变得重要，因为 D 类粉体要在更高速度下流化，因而颗粒间气体的流动为过渡流或紊流。博特里尔认为，气体对流换热机理取代颗粒对流换热成为主导机理在 $Re_{mf} \approx 12.5$ 时（Re_{mf} 是最小流化速度下的雷诺数，相当于阿基米德数 $Ar \approx 26000$）。气体对流换热中，气体的比热容是重要参数，因为要由气体的宏观移动把热量传向四周。气体比热容随压力增加而增大，因此在气体对流换热为主导机理的条件下，增加操作压力可以提高换热系数 h_{gc}。博特里尔推荐用巴斯卡阔夫（Baskakov）和苏普伦（Suprun）（1972）的关联式确定 h_{gc}：

$$Nu_{gc} = 0.0175 Ar^{0.46} Pr^{0.33} \quad (U > U_m) \tag{7.54}$$

$$Nu_{gc} = 0.0175 Ar^{0.46} Pr^{0.33} \left(\frac{U}{U_m}\right)^{0.3} \quad (U_{mf} < U < U_m) \tag{7.55}$$

式中，U_m 为床最大总换热系数对应的表观速度。

温度超过 600℃ 后辐射换热所起作用越来越大，在计算中必须考虑。读者可以参考博特里尔或国井和列文斯比尔对辐射换热的处理，更详细地了解流化床内的传热。

7.8 流化床应用

7.8.1 物理过程

应用流化床的物理过程包括干燥、混合、造粒、上涂层、加热和冷却。所有这些过程都是利用流化床良好的混合能力。良好的固体混合性导致良好的传热、温度均匀一致和过程易于控制。流化床最重要的应用之一是固体的干燥，目前在商业上用于干燥碎矿石、沙子、聚合物、药物、肥料和结晶物等物品。流化床干燥普及的原因是：干燥器结构紧凑、简单，且造价相对较低；除了给料和出料装置外，没有运动部件，因此，运行可靠、维护费用低；热效率相对较高；处理粉体的动作温和，在处理易碎物料时很有用。

流化床常用于冷却反应后的粒状固体。冷却可单独通过流化空气，也可以通过浸入床内管道中流过的冷却水来冷却（图7.17）。在制药和农产品加工中，流化床常用于给颗粒物上涂层。热金属构件浸入热固性塑料粉体的空气流化床内，可以使其涂上塑料涂层。其他应用如流化床造粒见第13章，流化床混合见第11章。

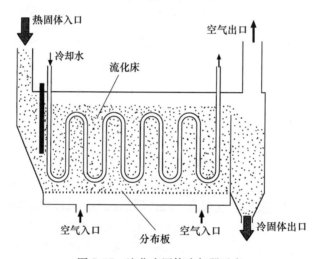

图7.17 流化床固体冷却器示意

7.8.2 化学过程

气体流化床是进行气固化学反应的良好载体。流化床用于化学反应的优点包括：

气体与固体接触总体良好；床内颗粒良好的循环性促进了床颗粒与流化气体之间、床与淹没于床内的换热表面之间良好的换热；即使反应是强放热或强吸热，也会产生近等温的条件；良好的传热也使得反应易于控制；床的流动性使颗粒易从反应器中排出。

然而，流化床反应器远非理想；主要问题来自于该系统固有的两相（气泡和流态化的固体）特性。当床内固体是气相反应催化剂时，这个问题尤其严重。这种情况下，理想的流化床化学反应器应当是有良好的气-固接触，无气体旁路，气体也没有逆主流方向返混合。在鼓泡流化床内，气体以气泡形式通过流化床而绕过颗粒。这意味着未反应的反应物要出现在产物中。此外，鼓泡床内的环流模式是产品返混，可能会发生不希望的二次反应。特别是一个新流化床工艺由中试放大到全工业规模过程中，这些问题都会成为实际的困难。国井和列文斯比尔（1990）、吉尔达特（1986）以及戴维森（David-son）和哈里森（Harrison）（1971）对这一主题有更详细的论述。

图 7.18 是一种流化床催化裂解（FCC）装置的示意图，该装置是流化床技术应用中的一个著名实例，它可将原油中大分子裂解为小分子以适合汽油等产品的生产。流化床技术在各种化学反应中的应用实例如表 7.2 所示。

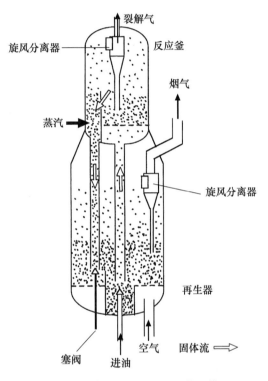

图 7.18 凯洛格正流式 FCC 装置模型

表 7.2 流化床技术在气-固化学反应中的应用实例

类型	例子	采用流化床的原因
均相气相反应	乙烯氢化	进入气体的快速加热；温度均匀可控
非均相无催化反应	硫化矿焙烧、燃烧	易于处理固体 温度均匀 传热良好
非均相催化反应	烃裂解，邻苯二甲酸酐，丙烯腈	易于处理固体 温度均匀 传热良好

7.9 一种简化的鼓泡流化床反应器模型

一般而言，流化床反应器模型需要考虑：气泡相与颗粒相（分散相）间的气体分配；颗粒相中的混合程度；相间气体的传递。

本章不详细讨论流化床作为反应器的各种可用模型。不过为了显示这类模型的关键组成部分，我们将用到奥克特等（Orcutt *et al*. 1962）的简化模型（图 7.19）。此模型虽然简单，但它可以揭示用作气相催化反应流化床反应器的关键特征。

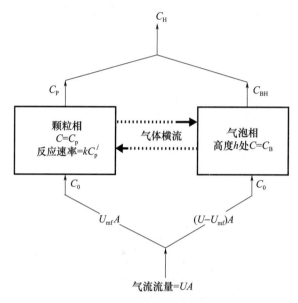

图 7.19　奥克特流化床反应器模型示意

此简化模型有如下假定：原始的两相理论适用；颗粒相内发生完全混合；气泡相内无化学反应。模型是一维的，且假定为稳态。其中，使用下列符号：C_0 是在分布板处的反应物浓度；C_p 是颗粒相内的反应物浓度；C_B 是在分布板上方高为 h 处气泡相内的反应物浓度；C_{BH} 是离开气泡相的反应物浓度；C_H 是离开反应器的反应物浓度。

稳态情况下，由于假设颗粒相是完全混合的，所以颗粒相中反应物浓度在整个颗粒相中为常数。整个床中，假设气体反应物在颗粒相与气泡相之间传递。

反应物的总体质量平衡为

$$\begin{pmatrix} 反应物进入反应器 \\ 的摩尔流量 \\ (1) \end{pmatrix} = \begin{pmatrix} 以气泡相流出 \\ 的摩尔流量 \\ (2) \end{pmatrix} + \begin{pmatrix} 以颗粒相流出 \\ 的摩尔流量 \\ (3) \end{pmatrix} + \begin{pmatrix} 转化速率 \\ (4) \end{pmatrix} \quad (7.56)$$

第（1）项 $=UAC_0$。

第（2）项：随着气体与颗粒相的交换，气泡相中反应物摩尔流量随着距分布板上方高度 L 而变化。考虑一个床内高 L 处厚度为 δL 的微元体。在此微元体中，气泡相内反应物的增长速率等于从颗粒相转移出反应物的速率，即

$$(U - U_{mf})A\delta C_B = -K_C(\varepsilon_B A\delta L)(C_B - C_p) \quad (7.57)$$

$\delta L \to 0$ 的极限条件下，则有

$$\frac{dC_B}{dL} = -\frac{K_C\varepsilon_B(C_B - C_p)}{(U - U_{mf})} \quad (7.58)$$

式中，K_C 是单位气泡体积的传质系数，ε_B 是气泡相体积分数。在边界条件 $L_0 = 0$，$C_B =$

C_0 下积分上式，且因为 $\varepsilon_B = (U-U_{mf}) / U_B$ ［式（7.28）］，得

$$C_B = C_p + (C_0 - C_p) \exp\left(-\frac{K_C L}{U_B}\right) \tag{7.59}$$

在床表面，$L = H$，因此床表面气泡相中反应物浓度为

$$C_{BH} = C_p + (C_0 - C_p) \exp\left(-\frac{K_C H}{U_B}\right) \tag{7.60}$$

第（2）项 $= C_{BH} (U-U_{mf}) A$

第（3）项 $= U_{mf} A C_p$

第（4）项：反应物的反应是 j 级的，每单位体积固体中反应物的摩尔转化速率为 kC_p^j，k 是单位体积固体的反应速率常数。由于

$$\binom{\text{整个床的}}{\text{摩尔转化速率}} = \binom{\text{单位体积固体的}}{\text{摩尔转化速率}} \times \binom{\text{单位体积颗粒相中}}{\text{固体的体积}} \times \binom{\text{单位体积床内}}{\text{颗粒相的体积}} \times (\text{床体积})$$

因此，第（4）项为

$$(\text{整个床的摩尔转化速率}) = kC_p^j(1-\varepsilon_p)(1-\varepsilon_B)AH \tag{7.61}$$

式中，ε_p 是颗粒相空隙率。

将第（1）～（4）项这些表达式代入式（7.56）中，质量平衡式变为

$$UAC_0 = \left[C_p + (C_0 - C_p) \exp\left(-\frac{K_C H}{U_B}\right)\right](U-U_{mf})A + U_{mf}AC_p + kC_p^j(1-\varepsilon_p)(1-\varepsilon_B)AH \tag{7.62}$$

由此质量平衡可求得 C_p。离开反应器时反应物浓度 C_H，则可由气泡相和颗粒相的气体流量和相应的反应物浓度计算出：

$$C_H = \frac{U_{mf} C_p + (U-U_{mf}) C_{BH}}{U} \tag{7.63}$$

对一级反应（$j = 1$）的情况，由质量平衡解出 C_p 为

$$C_p = \frac{C_0 \left[U-(U-U_{mf})e^{-\chi}\right]}{kH_{mf}(1-\varepsilon_p) + \left[U-(U-U_{mf})e^{-\chi}\right]} \tag{7.64}$$

式中，$\chi = K_C H/U_B$，相当于相间气体交换的传质单元数。χ 与气泡尺寸有关，一般随气泡尺寸增大而减小，因此小气泡更好些。χ 可由一些可用的关联式计算出。

这样，由式（7.63）和式（7.64），可以得到反应器转化率的表达式：

$$1-\frac{C_H}{C_0} = (1-\beta e^{-\chi}) - \frac{(1-\beta e^{-\chi})^2}{\dfrac{kH_{mf}(1-\varepsilon_p)}{U} + (1-\beta e^{-\chi})} \tag{7.65}$$

式中，$\beta = (U-U_{mf})/U$，即以气泡形式通过床的气体分数。有趣的是，注意到虽然两相理论并不总是有效，式（7.65）却常被使用，β 依然是以气泡形式通过床的气体分数，但不等于 $(U-U_{mf})/U$。

读者如果对非一级反应、固体反应以及更复杂的流化床反应器模型感兴趣，可以参考国井和列文斯比尔（1990）的论著。

虽然奥克特模型简单，但它确实便于我们探索操作条件、反应速率和相间传质程度，对流化床作为气相催化反应器性能的影响。图 7.20 表示了用式（7.65）计算出的一级反应转化率在某一过余气体速度（以 β 表示）下，随反应速率（以 $kH_{mf}(1-\varepsilon_p)/U$ 表示）

的变化。

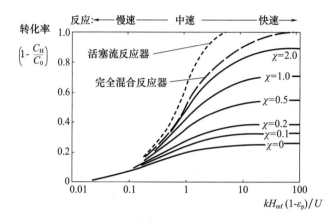

图 7.20 根据式（7.65）$\beta=0.75$ 的一级气相催化反应，转化率与反应速率和 χ 值的函数关系

χ 值主要取决于床的流体动力学条件。我们可以看到：对于慢速反应，整体转化率对床的流体动力学条件不敏感，因此反应速率 k 是转化率的控制因素；对于中速反应，反应速率和床的流体动力学条件都影响转化率；对于快速反应，转化率取决于床的流体动力学条件。这些结果对流化床内的气相催化反应具有代表性。

7.10 一些实际问题

7.10.1 气体分布器

气体分布器（气体分配器、分布板）是用来确保流化气体，始终均匀分布在整个床横截面上的装置。它是流化床系统设计的关键部分。好的设计基于分布板产生的压降，应当是整个床压降中足够大的一部分。读者可以参考吉尔达特（1986）关于分布板设计的指南。很多操作上的问题都可以追溯到分布板设计得不合理。一些常用的分布板设计方案表示在图 7.21 中。

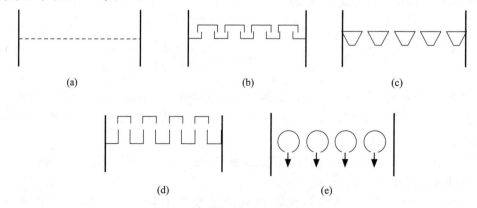

图 7.21 一些常用的分布板设计方案

（a）钻孔板；（b）帽式；（c）连续水平槽式；（d）竖直管式；（e）孔眼朝下的喷射管式

7.10.2　流化气体损失

流化气体漏损会导致本该膨胀起来的流化床坍塌。如果过程中还有热量产生，那么热量就很难从这样的流化床散发掉，就像很难从填充床散发掉一样。我们在设计阶段应当考虑到这样的后果。

7.10.3　侵蚀

流化床装置的所有部件都会遭受固体颗粒的侵蚀。床内或自由空域内的传热管尤其危险，这里的侵蚀可能造成管子的损坏。分布板的侵蚀则可能导致流化较差以及床的一些区域缺乏气体。

7.10.4　细颗粒物损失

细固体颗粒物从床内损失掉会降低流化的质量，并且减小固体与气体在该过程中的接触面积。在催化过程中这意味着会降低转化率。

7.10.5　旋风分离器

旋风分离器经常用于流化床中，用来分离气流中夹带的固体颗粒（见第 9 章）。安装于流化床容器内的旋风分离器要配有合适的料腿（浸入管）和密封装置，以防止气体进入固体的出口。为提高分离效率，流化床系统可串联两级或两级以上的旋风分离器。旋风分离器也会遭受侵蚀，必须设计好应对这些情况。

7.10.6　固体给料器

有各种各样的装置可以用于将颗粒送入流化床。选择何种装置很大程度依赖于固体的给料特性。常用的有螺旋输送机、喷雾给料机和气力输送。

7.11　例　　题

例题 7.1

密度为 2 590 kg/m^3，表面积-体积平均粒度为 748 μm 的固体颗粒 3.6 kg，填充于直径为 0.075 7 m 的圆形容器内，形成高 0.475 m 的填充床。密度为 1 000 kg/m^3，黏度 0.001 Pa·s 的水向上通过床体。计算：（a）初始流化时的床压降；（b）初始流化时液体表观流速；（c）液体表观流速为 1.0 cm/s 时平均床空隙率；（d）在该速度下的床高；（e）在该速度下通过床的压降。

解

（a）应用式（7.24）于此填充床，得到填充床空隙率：

$$固体颗粒质量 = 3.6 = (1-\varepsilon) \times 2\,590 \times \frac{\pi\,(0.075\,7)^2}{4} \times 0.475$$

$$因此，\varepsilon = 0.349\,8$$

流态化时通过床的摩擦压降为：

$$(-\Delta p)=\frac{颗粒的重量－对颗粒的向上推力}{横截面积}$$

$$(-\Delta p)=\frac{Mg-Mg(\rho_f/\rho_p)}{A}\quad（向上推力＝颗粒排开液体的重量）$$

$$(-\Delta p)=\frac{Mg}{A}\left(1-\frac{\rho_f}{\rho_p}\right)=\frac{3.6\times9.81}{4.50\times10^{-3}}\left(1-\frac{1\,000}{2\,590}\right)=4\,817\ \text{Pa}$$

（b）假定起始流化时的空隙率等于填充床的空隙率，则可用厄贡方程来表达填充床压降与表观流速间的关系：

$$\frac{(-\Delta p)}{H}=3.55\times10^7U^2+2.648\times10^6U$$

令此表达式中填充床的压降等于流化床的压降，可以求得初始流化时表观流速 U_{mf}。

$$U_{mf}=0.365\ \text{cm/s}$$

（c）理查森-扎基关系式 $U=U_T\varepsilon^n$ ［式（7.21）］使我们可以估算出液体流化床的膨胀。应用第 2 章给出的方法，可以确定单个颗粒的终端速度 U_T。

$$Ar=6\,527.9;C_D\,Re_p^2=8\,704;Re_p=90;U_T=0.120\ \text{m/s}$$

注意 Re_p 是在 U_T 下计算出的。在此雷诺数下，流动处于黏性区和惯性区之间，因此我们必须使用卡恩和理查森关联式［式（3.25）］来确定 $U=U_T\varepsilon^n$ 中的指数 n。

$$Ar=6527.9,n=3.202$$

于是，当 $U=0.01\ \text{m/s}$ 时，$\varepsilon=0.460$。

当液体表观流速为 1 cm/s 时，床平均空隙率为 0.460。

（d）由式（7.25）可以求得此速度下平均床高：

$$平均床高(U=0.01\ \text{m/s})=\frac{(1-0.349\,8)}{(1-0.460)}0.475=0.572\ \text{m}$$

（e）一旦床被流态化后，通过床的摩擦压降就基本保持不变。因此，在表观流速为 1 cm/s 时，通过床的摩擦压降是 4 817 Pa。

然而，测量得到的通过床的压降将包括床中液体的静压头。在床的底部到顶部之间应用机械能方程：

$$\frac{p_1-p_2}{\rho_f g}+\frac{U_1^2-U_2^2}{2g}+(z_1-z_2)=摩擦水头损失=\frac{4\,817}{\rho_f g}$$

$$U_1=U_2;z_1-z_2=-H=-0.572\ \text{m}$$

因此，$p_1-p_2=10\,428$ Pa。

例题 7.2

粉体的粒度分布见下表，颗粒密度为 2 500 kg/m³，以 1.0 kg/s 的速率送入横截面积 4 m² 的流化床内。

粒级编号（i）	粒度范围（μm）	占进料的质量分数
1	10～30	0.20
2	30～50	0.65
3	50～70	0.15

床被空气流化，空气密度为 1.2 kg/m³，表观流速为 0.25 m/s。处理过的颗粒物不

断地从流化床底部抽出以保持床的质量不变。随着气体离开容器的颗粒物被袋式过滤器以 100% 的总效率收集。过滤器捕捉到的颗粒都不会返回到床上。假定流化床混合良好，且自由空域高度大于此条件下的输送分离高度（TDH），计算平衡状况下：

（a）进入滤袋的颗粒物流量；

（b）床中颗粒物的粒度分布；

（c）进入滤袋颗粒物的粒度分布；

（d）由床底抽出处理过颗粒物的速率；

（e）进入过滤器气体中的固体负荷。

解

（a）首先根据曾子和威尔关联式［式（7.46）］，计算所给条件下三个粒度范围的淘析速率常数。关联式中用到的颗粒粒度 x 值，是每一粒度范围的算术平均值：

$$x_1 = 20 \times 10^{-6} \text{ m}; x_2 = 40 \times 10^{-6} \text{ m}; x_3 = 60 \times 10^{-6} \text{ m}$$

$$\text{同时 } U = 0.25 \text{ m/s}, \rho_p = 2\,500 \text{ kg/m}^3; \rho_f = 1.2 \text{ kg/m}^3$$

$$K_{1\infty}^* = 3.21 \times 10^{-2} [\text{kg/(m}^2 \cdot \text{s)}]$$

$$K_{2\infty}^* = 8.74 \times 10^{-3} [\text{kg/(m}^2 \cdot \text{s)}]$$

$$K_{3\infty}^* = 4.08 \times 10^{-3} [\text{kg/(m}^2 \cdot \text{s)}]$$

参看图 7W2.1，流化床系统的总体物料平衡和组分物料平衡为

$$\text{总体物料平衡：} F = Q + R \tag{7W2.1}$$

$$\text{组分物料平衡：} Fm_{Fi} = Qm_{Qi} + Rm_{Ri} \tag{7W2.2}$$

式中，F、Q 和 R 分别是送入、抽取和过滤器排出颗粒物的质量流量，m_{Fi}、m_{Qi} 和 m_{Ri} 分别是送入、抽取和过滤器排出粒级编号 i 颗粒物的质量分数。

由式（7.39）可知，在离开自由空域的气体出口处粒级编号 i 颗粒夹带速率为

$$R_i = Rm_{Ri} = K_{i\infty}^* Am_{Bi} \tag{7W2.3}$$

以及

$$R = \sum R_i = \sum Rm_{Ri} \tag{7W2.4}$$

把这些方程与床混合良好的假设（$m_{Qi} = m_{Bi}$）相结合，得

$$m_{Bi} = \frac{Fm_{Fi}}{F - R + K_{i\infty}^* A} \tag{7W2.5}$$

现在 m_{Bi} 和 R 都未知。然而，注意到 $\sum m_{Bi} = 1$，我们有

$$\frac{1.0 \times 0.2}{1.0 - R + (3.21 \times 10^{-2} \times 4)} + \frac{1.0 \times 0.65}{1.0 - R + (8.74 \times 10^{-3} \times 4)} + \frac{1.0 \times 0.15}{1.0 - R + (4.08 \times 10^{-3} \times 4)} = 1.0$$

用试算法解出 R，得 $R = 0.05$ kg/s。

（b）把 $R = 0.05$ kg/s 代入式（7W2.5），得 $m_{B1} = 0.185\,5$，$m_{B2} = 0.659\,9$，$m_{B3} = 0.155\,2$。因此，床的粒度分布为

粒级编号（i）	粒度范围（μm）	占床料的质量分数
1	10~30	0.185 5
2	30~50	0.659 9
3	50~70	0.155 2

（c）由式（7W2.3），已知 R 和 m_{Bi}，可以计算 m_{Ri}：

$$m_{R1} = \frac{K_{1\infty}^* A m_{B1}}{R} = \frac{3.21 \times 10^{-2} \times 4 \times 0.185\ 5}{0.05} = 0.476$$

同样可得，$m_{R2} = 0.461\ 4$，$m_{R3} = 0.050\ 6$

因此，进入过滤器颗粒的粒度分布为

粒级编号（i）	粒度范围（μm）	占进入过滤器固体的质量分数
1	10～30	0.476
2	30～50	0.461 4
3	50～70	0.050 6

（d）由式（7W2.1）可知，颗粒从床中抽取速率为 $Q = 0.95\ \text{kg/s}$。

（e）进入过滤器气体中的固体负荷

$$\frac{\text{固体的质量流量}}{\text{气体的体积流量}} = \frac{R}{UA} = 0.05\ \text{kg/m}^3$$

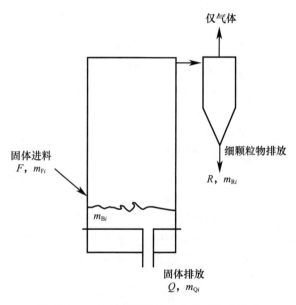

图 7W2.1　流化床颗粒流动和粒度分布示意

例题 7.3

在流化床上以 0.3 m/s 的表观气体速度进行气相催化反应。对于这种条件下的反应，已知为反应物 A 的一级反应。给出下列信息：初始流化时床高＝1.5 m；操作状态下平均床高＝1.65 m；初始流化时空隙率＝0.47；反应速率常数＝75.47（每单位固体体积）；$U_{mf} = 0.033\ \text{m/s}$；平均气泡上升速度＝0.111 m/s；气泡相与乳化相（分散相）间的传质系数＝0.100 9（基于单位气泡体积）。

应用奥克特反应器模型计算：

（a）反应物 A 的转化率；

（b）将（a）中催化剂减少一半，对转化率产生何影响？

（c）将（a）中气泡尺寸减小一半，对转化率产生何影响？（假定相间传质系数与气

泡直径的平方根成反比）

（d）对（b）和（c）的答案进行讨论，并说明控制反应器转化率的机制。

解

（a）由 7.9 节奥克特模型，给出一级反应的转化率为

$$1-\frac{C_H}{C_0}=(1-\beta e^{-\chi})-\frac{(1-\beta e^{-\chi})^2}{\dfrac{kH_{mf}(1-\varepsilon_p)}{U}+(1-\beta e^{-\chi})} \tag{7.66}$$

式中，

$$\chi=\frac{K_C H}{U_B},\beta=(U-U_{mf})/U$$

由给出的信息，

$$K_C=0.100\ 9,U_B=0.111\ \text{m/s},U=0.3\ \text{m/s},U_{mf}=0.033\ \text{m/s}$$

$$H=1.65\ \text{m},H_{mf}=1.5\ \text{m},k=75.47$$

可得，$\chi=1.5$，$\beta=0.89$ 以及 $kH_{mf}(1-\varepsilon_p)/U=200$（假定 $\varepsilon_p=\varepsilon_{mf}$）。

于是，由式（7.65）得，转化率＝0.798。

（b）如果床内固体物减少一半，那么操作床高 H 和初始流化床高 H_{mf} 都会降低一半。假定其他条件不变，在新的条件下

$$\chi=0.75,\beta=0.89\ \text{且}\ kH_{mf}(1-\varepsilon_p)/U=100$$

因此，新的转化率＝0.576。

（c）如果气泡尺寸减小一半，而 K_C 与气泡直径的平方根成反比，那么 K_C 将增大为原先的 $\sqrt{2}$ 倍，即

$$\text{新的}\ K_C=1.414\times0.100\ 9=0.142\ 7$$

因此，$\chi=2.121$，得出转化率＝0.889。

（d）比较（c）与（a）中得到的转化率，发现改善相间传质对转化率有显著影响。我们还可以注意到将反应速率翻一倍（如提高反应器温度），保持其他条件不变，对（a）中实现的转化率的影响可忽略不计。因此，我们得出结论，在题给条件下气泡相与乳化相间的气体传递控制着转化率。

自测题

7.1 写出通过流化床的力平衡方程，并用它推导出通过流化床的压降表达式。

7.2 15 kg 密度 2 000 kg/m³ 的颗粒，在横截面积为 0.03 m² 的容器中被密度为 900 kg/m³ 液体流化。求：（a）通过床的摩擦压降是多少？（b）如果床高 0.6 m，床空隙率是多少？

7.3 画出通过粉体床的压降与向上流过床流体速度的关系图。（要包括填充床区和流化床区，并标出起始流化速度点）

7.4 吉尔达特四类粉体的主要行为特征是什么？

7.5 如何区分吉尔达特 A 类粉体与 B 类粉体？

7.6 根据理查森和扎基的研究结果，在雷诺数小于 0.3 时，液体流化床的空隙率

如何随流化速度改变而改变？

7.7 两相理论的基本假设是什么？根据两相理论，写出表达床膨胀作为表观流化速度函数的方程。

7.8 解释流化床中颗粒对流换热的含义。哪一类吉尔达特粉体的颗粒对流换热占主导？

7.9 在什么条件下，气体对流换热起重要作用？

7.10 一快速气相催化反应，采用悬浮颗粒催化剂流化床完成。改善乳化相与气泡相间传质条件，能否提高转化率？

练习题

7.1 一固体颗粒填充床，颗粒密度 2 500 kg/m³，在横截面积为 0.04 m² 的容器中占据 1 m 深度。床内颗粒物质量是 50 kg，颗粒的表面积—体积平均直径是 1 mm。密度 800 kg/m³、黏度 0.002 Pa·s 的液体向上流过床体。

（a）计算床的空隙率（空隙所占的体积分数）。

（b）计算当液体体积流量为 1.44 m³/h 时，通过床的压降。

（c）计算当床被流化时，通过床的压降。

[答案：（a）0.5；（b）6 560 Pa；（c）8 338 Pa]

7.2 130 kg 均匀球形颗粒在横截面积为 0.2 m² 的圆形床内被水流化。颗粒直径 50 μm，密度 1 500 kg/m³。水的密度 1 000 kg/m³，黏度 0.001 Pa·s。单个该颗粒的终端速度为 0.68 mm/s，初始流化时的空隙率为 0.47。

（a）计算初始流化时的床高。

（b）计算当液体体积流量为 2×10⁻⁵ m³/s 时，平均床空隙率。

[答案：（a）0.818 m；（b）0.662 2]

7.3 130 kg 均匀球形颗粒在横截面积为 0.2 m² 的圆形床内被水流化。颗粒直径 60 μm，密度 1 500 kg/m³。水的密度 1 000 kg/m³，黏度 0.001 Pa·s。单个该颗粒的终端速度为 0.98 mm/s，初始流化时的空隙率为 0.47。

（a）计算初始流化时的床高。

（b）计算当液体体积流量为 2×10⁻⁵ m³/s 时，平均床空隙率。

[答案：（a）0.818 m；（b）0.612 1]

7.4 一固体颗粒填充床，颗粒密度 2 500 kg/m³，在横截面积为 0.04 m² 的容器中占据 1 m 深度。床内固体物质量是 59 kg，颗粒的表面积—体积平均直径是 1 mm。密度 800 kg/m³，黏度 0.002 Pa·s 的液体向上流过床体。

（a）计算床的空隙率（空隙所占的体积分数）。

（b）计算当液体体积流量为 0.72 m³/h 时，通过床的压降。

（c）计算当床被流化时，通过床的压降。

[答案：（a）0.41；（b）7 876 Pa；（c）9 839 Pa]

7.5 12 kg 球形树脂颗粒在直径 0.3 m 的容器内，被水流化形成高 0.25 m 的膨胀床。颗粒密度 1 200 kg/m³，直径均一 70 μm。水的密度 1 000 kg/m³，黏度 0.001 Pa·s。

（a）计算床的底部与顶部间的压差。

（b）如果水的体积流量增加到 7 cm³/s，床高和床空隙率（液体体积分数）将是多少？

说出用到的主要假设并证明其合理性。

［答案：（a）摩擦压降＝277.5 Pa，压差＝2 730 Pa；（b）床高＝0.465 m，空隙率＝0.696］

7.6 一固体颗粒填充床，颗粒密度 2 000 kg/m³，在内直径 0.1 m 的圆柱形容器中占据 0.6 m 的深度。床内固体物质是 5 kg，颗粒的表面积－体积平均直径是 300 μm。水（密度 1 000 kg/m³，黏度 0.001 Pa·s）向上流过床体。

（a）填充床的空隙率是多少？

（b）用整个床的力平衡确定流化时床的压降。

（c）假定是层流且初始流化时的空隙率与填充床的空隙率相同，由此确定最小流化速度。验证层流假定的合理性。

［答案：（a）0.469 2；（b）3 124 Pa；（c）1.145 mm/s］

7.7 一固体颗粒填充床，颗粒密度 2 000 kg/m³，在内直径 0.1 m 的圆柱形容器中占据 0.5 m 的深度。床内固体物质是 4 kg，颗粒的表面积－体积平均直径是 400 μm。密度 1 000 kg/m³，黏度 0.001 Pa·s 的水向上流过床体。

（a）填充床的空隙率是多少？

（b）用整个床的力平衡确定流化时床的压降。

（c）假定是层流且初始流化时的空隙率与填充床的空隙率相同，由此确定最小流化速度。验证层流假定的合理性。

［答案：（a）0.490 7；（b）2 498 Pa；（c）2.43 mm/s］

7.8 通过应用力平衡，计算某一系统的初始流化速度。此系统的颗粒密度为 5 000 kg/m³，颗粒的平均体积直径为 100 μm，流体的密度为 1.2 kg/m³，黏度为 1.8×10^{-5} Pa·s。假定初始流化时的空隙率为 0.5。

如果颗粒粒度变为 2 mm，U_{mf} 会是多少？

（答案：0.045 m/s；2.26 m/s）

7.9 一粉体床在直径 0.5 m 的圆形容器中被空气流化。粉体的平均筛分粒度为 60 μm，颗粒密度 1 800 kg/m³。空气密度为 1.2 kg/m³，黏度 1.84×10^{-5} Pa·s。床中粉体质量 240 kg，空气体积流量 140 m³/h。已知初始流化时的平均床空隙率是 0.45，关联式给出的本题条件下的平均气泡上升速度是 0.8 m/s。试估算：

（a）最小流化速度 U_{mf}；

（b）初始流化时的床高；

（c）可见气泡体积流量；

（d）气泡分数；

（e）分散相空隙率；

（f）平均床高；

（g）平均床空隙率。

［答案：（a）0.002 7 m/s［按式（7.11）］；（b）1.24 m；（c）0.038 m³/s（假定 $U_{mf} \approx$

U_{mb}）；（d）0.245；（e）0.45；（f）1.64 m；（g）0.585]

7.10 一分批操作的流化床，初始加料为 2 000 kg 的固体颗粒物，颗粒密度 1 800 kg/m³，具有如下表所示的粒度分布：

粒级编号（i）	粒度范围（μm）	占床料质量分数
1	15—30	0.10
2	30—50	0.20
3	50—70	0.30
4	70—100	0.40

床被密度为 1.2 kg/m³，黏度 1.84×10⁻⁵ Pa·s 的气体流化，气体表观速度为 0.4 m/s。流化床容器横截面积为 1 m²。应用时间增量为 5 min 的离散时间间隔算法，计算：

（a）50 min 后床的粒度分布；

（b）在该时段，从床上流失颗粒的总质量；

（c）工艺设施出口处的最大固体物含量；

（d）50 min 后输送分离高度以上，固体物中粒级编号 1（15～30 μm）的颗粒物夹带通量。

假定工艺设施出口位于 TDH 以上，且无固体夹带物返回床。

[答案：（a）（范围 1）0.029，（2）0.165，（3）0.324，（4）0.482；（b）527 kg；（c）0.514 kg/m³；（d）0.024 kg/（m²·s）]

7.11 颗粒密度为 1 800 kg/m³ 的粉体，具有如下表所示的粒度分布：

粒级编号	粒度范围（μm）	占床料质量分数
1	20～40	0.10
2	40～60	0.35
3	60～80	0.40
4	80～100	0.15

粉体以 0.2 kg/s 的速率送入直径 2 m 的流化床内。旋风分离器入口位于分布板之上 4 m 处。通过连续地从床中提取出固体物，来保持床内固体物质量为 4 000 kg 不变。床被温度为 700 K 的干空气流化，该空气密度 0.504 kg/m³，黏度 3.33×10⁻⁵ Pa·s，表观流速为 0.3 m/s。在这样的条件下，平均床空隙率为 0.55，床表面处的平均气泡直径是 5 cm。这样的粉体在此条件下，U_{mb} = 0.155 cm/s。假定无被夹带的固体物返回床。试估算：

（a）进入旋风分离器的固体夹带物的质量流量和粒度分布；

（b）平衡状况下床内固体物的粒度分布；

（c）进入旋风分离器气体的固体负荷；

（d）固体从床中提取的速率。

[答案：（a）0.048 5 kg/s，（范围 1）0.213，（2）0.420，（3）0.295，（4）0.074；（b）（范围 1）0.063 8，（2）0.328，（3）0.433，（4）0.174；（c）51.5 g/m³；

(d) 0.152 kg/s]

7.12 一气相催化反应在流化床内进行。气体表观流速等于 $10 \times U_{mf}$。该反应在这样的条件下已知为反应物 A 的一级反应。给出下列信息：

$$kH_{mf}(1-\varepsilon_p)/U = 100; \chi = \frac{K_C H}{U_B} = 1.0$$

应用奥克特的反应器模型确定：

（a）反应物 A 的转化率；

（b）将床内的催化剂量加倍对（a）中求得的转化率的影响；

（c）通过使用适当的挡板使气泡尺寸减小一半，对（a）中求得的转化率会有何影响（假定相间传质系数与气泡直径成反比）。

如果反应速率小两个数量级，从提高转化率的观点上看，试对床内安装挡板是否明智加以评论。

[答案：（a）0.664 5；（b）0.874 4；（c）0.870 6]

8

气力输送和立管

本章将论述有气体存在情况下输送固体颗粒的两个例子。第一个例子是气力输送（有时称为气力传输），即利用气体通过管道输送固体颗粒。第二个例子是多年来一直使用的立管，特别是在石油工业中，用于将固体从低压容器向下输送到高压容器。

8.1 气力输送

多年来，气体在工业上已成功地用于输送各种固体颗粒——从小麦粉到小麦粒，从塑料屑到煤，等等。直到最近，大多数气力输送都是将固体颗粒以"稀相"悬浮在大量高速流动的空气中进行的。然而，自 20 世纪 60 年代中期以来，人们越来越关注所谓的"密相"输送方式，其中固体颗粒处于不完全悬浮状态。密相输送的诱人之处在于它对空气的需求量低。因此，在密相输送中，可用最少量的空气与固体一起输送到工艺过程中（一个特别有吸引力的应用实例是将固体物料送入流化床反应器中）。低空气需求量通常也意味着低能量需求（尽管需要较高的压力）。由此产生的固体速度低则意味着，在密相输送中所输送产品因磨损而降级和管道侵蚀已不再是主要问题，而在稀相输送中这些却都是重要问题。

在本节中，将研究密相和稀相输送的区别特征，以及每种输送方式所使用的设备和系统的类型。对稀相系统的设计将进行详细论述，而对密相系统的设计方法只作概述。

8.1.1 稀相输送和密相输送

固体颗粒的气力输送大致分为两种流动状态：稀相（或贫相）流和密相流。稀相流最显著的特征是气体速度高（大于 20 m/s）、固体浓度低（体积分数小于 1%）和单位长度管道压降低（通常小于 5 mbar/m）。稀相气力输送仅限于短距离输送，固体以小于 10 t/h 的输送量连续输送，是唯一能够在负压下运行的系统。在稀相输送的条件下，固体颗粒表现为单体，完全悬浮在气体中，并且流体-颗粒间力占主导地位。与之相反的是密相输送，其特征是气体速度低（1—5 m/s）、固体浓度高（体积分数大于 30%）和单位长度管道压降高（通常大于 20 mbar/m）。在密相输送中，颗粒没有完全悬浮，颗粒之间有许多相互作用力。然而稀相输送和密相输送之间的界限并不明确，并且目前还没有普遍认可的密相输送和稀相输送的定义。

康拉德（Konrad，1986）列出了区分稀相流与密相流的四种可选方法：

（a）根据固体/气体质量流量；

（b）根据固体浓度；

（c）固体有时会完全填满管道的横截面，这样的地方就存在密相流；

（d）对于水平流动，当气体速度不足以支持所有颗粒悬浮于气体中时，以及对于竖直流动，当固体发生反向流动的情况时，就存在密相流。

在所有这些情况下，不同的作者持不同的观点，并有不同的解释。

本章"壅塞"（choking）速度和"跃变"（saltation）速度，将分别用于标记竖直管道和水平管道中稀相输送与密相输送之间的界限。这些术语在下面考虑水平输送和竖直输送中气体速度、固体质量流量和单位长度管道压降之间的关系时进行定义。

8.1.2 竖直输送中的壅塞速度

在 8.1.4 节中我们将会看到，一段输送管线的压降通常由 6 部分组成：气体加速引起的压降；颗粒加速引起的压降；气体与管道摩擦引起的压降；固体与管道摩擦引起的压降；固体静压头引起的压降；气体静压头引起的压降。

竖直输送管线中气体速度和压力梯度 $\Delta p/\Delta L$ 之间的一般关系如图 8.1 所示。线 AB 表示在竖直输送管线中仅有气体时的摩擦压力损失。线 CDE 是固体通量为 G_1 时的曲线，线 FG 是更高进料速率 G_2 下的曲线。在 C 点，气体速度高，固体浓度低，气体和管壁之间的摩擦阻力占主导地位。随着气体速度降低，摩擦阻力减小，但由于悬浮物的浓度增加，支撑这些固体所需的静压头增加。如果气体速度降低到 D 点速度以下，则静压头的增加超过摩擦阻力的减小，使 $\Delta p/\Delta L$ 再次上升。在区域 DE 中，速度降低导致固体浓度快速增加，达到一个临界点时，气体不再能携带所有的固体。这时，在输送管线中形成流动着的腾涌流化床（见第 7 章）。这种现象称为"壅塞"，通常伴随着巨大的压力波动。壅塞速度 U_{CH} 是该稀相输送管线在固体进料速率 G_1 下可以运行的最低速度。在更高的固体进料速率 G_2 下，壅塞速度也更高。壅塞速度标志着竖直气力输送中稀相和密相之间的界限。通过在恒定固体流量下降低气体速度，或在恒定气体流速下增加固体流量，都可以达到壅塞。

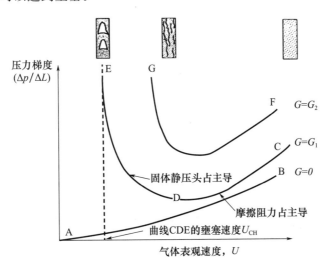

图 8.1　稀相竖直管道气力输送相图

现在我们还无法从理论上预测发生壅塞的条件，然而在文献中却可以找到许多预测壅塞速度的关联式。诺尔顿（Knowlton，1986）推荐 Punwani 等人（1976）的关联式，该式考虑了气体密度的显著影响，其表示如下：

$$\frac{U_{CH}}{\varepsilon_{CH}}-U_T=\frac{G}{\rho_p(1-\varepsilon_{CH})} \tag{8.1}$$

$$\rho_f^{0.77}=\frac{2\,250D(\varepsilon_{CH}^{-4.7}-1)}{\left(\dfrac{U_{CH}}{\varepsilon_{CH}}-U_T\right)^2} \tag{8.2}$$

其中，ε_{CH}是管道中壅塞速度U_{CH}时的空隙率，ρ_p是颗粒密度，ρ_f是气体密度，G是固体的质量通量（M_p/A），U_T是气体中单个颗粒的自由沉降速度或终端速度。（注意，式中常数是有量纲的，必须使用国际单位制。）

式（8.1）表示壅塞时的固体速度，其包含这样的假定：滑移速度U_{slip}等于U_T（对滑移速度的定义见下面第8.1.4节）。式（8.1）和式（8.2）必须联立求解，用试算法解出ε_{CH}和U_{CH}。

8.1.3 水平输送中的跃变速度

水平输送管线的气体速度和压力梯度 $\Delta p/\Delta L$ 之间的一般关系，在很多方面类似于竖直输送管线，如图 8.2 所示。线 AB 表示在管线中仅有气体时获得的曲线，线 CDEF 是固体通量为G_1时的曲线，线 GH 是较高固体进料速率G_2时的曲线。在 C 点，气体速度足够高，可以携带所有固体，呈现为非常稀的悬浮态。在流动气体中生成的湍流涡旋阻止固体颗粒沉降到管壁。如果固体进料速率保持恒定同时降低气体速度，则摩擦阻力和 $\Delta p/\Delta L$ 降低。固体则移动得更慢，固体浓度增加。在 D 点，气体速度已不足以使固体保持悬浮状态，固体开始在管道底部沉积。发生这种情况的气体速度称为"跃变速度"。气体速度的进一步降低导致固体快速沉积和 $\Delta p/\Delta L$ 快速增加，这是由于气体流通面积受到固体沉积物的限制。

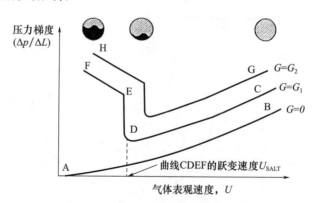

图 8.2 稀相水平管道气力输送相图

在区域 EF 中，一些固体可以沿管道底部以密相流形式移动，而其他固体可以在管道上部的气体中以稀相流形式流动。在水平气力输送中，跃变速度标志着稀相流与密相流之间的界限。

同样，目前也无法从理论上预测发生跃变的条件。然而，文献中有许多预测跃变速度的关联式。其中，曾子（Zenz，1964）的关联式经常被用到，但它完全是经验性的，而且需要使用图表。据 Leung 和 Jones（1978）报道，该关联式平均误差为 $\pm 54\%$。基于半理论方法的里兹克（Rizk，1973）关联式使用起来相当简单，并且具有相似的误差范围。它最明确的表达式为：

$$\frac{M_{\mathrm{p}}}{\rho_{\mathrm{f}} U_{\mathrm{salt}} A} = \left(\frac{1}{10^{(1440x+1.96)}}\right)\left(\frac{U_{\mathrm{salt}}}{\sqrt{gD}}\right)^{(1100x+2.5)} \qquad (8.3)$$

这里，$\dfrac{M_{\mathrm{p}}}{\rho_{\mathrm{f}} U_{\mathrm{salt}} A}$ 为固体负荷 $\left(\dfrac{\text{固体质量流量}}{\text{气体质量流量}}\right)$，$\dfrac{U_{\mathrm{salt}}}{\sqrt{gD}}$ 为跃变点的弗鲁德（Froude）数。U_{salt} 是跃变点的气体表观速度（见 8.1.4 节关于表观速度的定义），这时固体的质量流量为 M_{p}，管道直径为 D，颗粒粒度为 x。（单位制为 SI）

8.1.4　基础知识

在本节中将推导控制管道中气体和颗粒流动的基本关系式。

气体和颗粒速度

我们必须注意气体和颗粒速度的定义，以及它们之间的相对速度、滑移速度等。这些术语在文献中都经常不严格地被用到。它们定义如下。

术语"表观速度"经常被用到。气体和固体（颗粒）表观速度定义为：

$$\text{气体表观速度,} U_{\mathrm{fs}} = \frac{\text{气体体积流量}}{\text{管道横截面积}} = \frac{Q_{\mathrm{f}}}{A} \qquad (8.4)$$

$$\text{固体表观速度,} U_{\mathrm{ps}} = \frac{\text{固体体积流量}}{\text{管道横截面积}} = \frac{Q_{\mathrm{p}}}{A} \qquad (8.5)$$

其中下标"s"表示表观，下标"f"和"p"分别指代流体和颗粒。

可用于气体流动的管道横截面积分数通常假定等于气体占据的体积分数，即空隙率或空隙分数 ε。因此，可用于固体流动的管道横截面积分数为 $(1-\varepsilon)$。所以

气体实际速度

$$U_{\mathrm{f}} = \frac{Q_{\mathrm{f}}}{A\varepsilon} \qquad (8.6)$$

固体实际速度

$$U_{\mathrm{p}} = \frac{Q_{\mathrm{p}}}{A(1-\varepsilon)} \qquad (8.7)$$

可见，表观速度与实际速度间关系为

$$U_{\mathrm{f}} = \frac{U_{\mathrm{fs}}}{\varepsilon} \qquad (8.8)$$

$$U_{\mathrm{p}} = \frac{U_{\mathrm{ps}}}{1-\varepsilon} \qquad (8.9)$$

在处理流态化和气力输送问题时，通常的做法是简单地使用符号 U 来表示流体的表观速度。本章遵循这一惯例。同样按照惯例，符号 G 将用于表示固体的质量通量，即 $G = M_{\mathrm{p}}/A$，其中 M_{p} 是固体的质量流量。

颗粒和流体之间的相对速度 U_{rel} 定义为

$$U_{\mathrm{rel}} = U_{\mathrm{f}} - U_{\mathrm{p}} \qquad (8.10)$$

该速度通常也称为"滑移速度"，记为 U_{slip}。通常假设在竖直稀相流中，滑移速度等于单颗粒终端速度 U_T。

连续性

考虑某一输送管段，其中颗粒和气体的质量流量分别为 M_p 和 M_f，颗粒和气体的连续性方程为：

对于颗粒

$$M_p = AU_p(1-\varepsilon)\rho_p \tag{8.11}$$

对于气体

$$M_f = AU_f\varepsilon\rho_f \tag{8.12}$$

将这些连续性方程结合，可以得出质量流量之比的表达式，该比率称为固体负荷（solids loading）：

$$\frac{M_p}{M_f} = \frac{U_p(1-\varepsilon)\rho_p}{U_f\varepsilon\rho_f} \tag{8.13}$$

这表明，在沿管长方向某一特定位置处的平均空隙率 ε 是固体负荷、气体和颗粒的密度及速度的函数。

压力降

为了获得沿输送管线总压降的表达式，我们将写出某一管段的动量方程。考虑横截面积为 A 长度为 δL 的管段，其与水平面的倾斜角为 θ，所携带悬浮物的空隙率为 ε（图 8.3）。

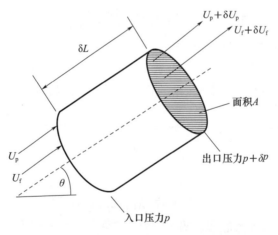

图 8.3 输送管段：动量方程分析基础

该管段的动量平衡方程为

管段内物体所受到净作用力＝管段内物体动量的增加速率

因此有

压力－气体与管壁摩擦力－固体与管壁摩擦力－重力
＝气体动量增加速率＋固体动量增加速率

即

$$-A\delta p - F_{fw}A\delta L - F_{pw}A\delta L - [A(1-\varepsilon)\rho_p\delta L]g\sin\theta - (A\varepsilon\rho_f\delta L)g\sin\theta$$
$$= \rho_f A\varepsilon U_f\delta U_f + \rho_p A(1-\varepsilon)U_p\delta U_p \tag{8.14}$$

其中，F_{fw} 和 F_{pw} 分别是每单位体积管道的气体-壁面摩擦力和固体－壁面摩擦力。

重新整理式（8.14）并积分，假定气体密度和空隙率恒定，得到

$$p_1 - p_2 = \underset{(1)}{\frac{1}{2}\varepsilon\rho_f U_f^2} + \underset{(2)}{\frac{1}{2}(1-\varepsilon)\rho_p U_p^2} + \underset{(3)}{F_{fw}L} + \underset{(4)}{F_{pw}L} + \qquad (8.15)$$

$$\underset{(5)}{\rho_p L(1-\varepsilon)g\sin\theta} + \underset{(6)}{\rho_f L\varepsilon g\sin\theta}$$

应注意，式（8.14）和式（8.15）一般性地适用于管道中任何气体－颗粒混合物的流动，并没有假设颗粒是以稀相还是密相被输送。

式（8.15）表明，沿着一段直管道以稀相输送固体的总压降由以下若干项组成：（1）气体加速引起的压降；（2）颗粒加速引起的压降；（3）气体与管道摩擦引起的压降；（4）固体与管道摩擦引起的压降；（5）固体静压头引起的压降；（6）气体静压头引起的压降。其中有些项可能会视具体情况被忽略。如果气体和固体在进入管路时已经被加速，则在压降计算中略去前 2 项；如果管道是水平的，则可以省略第（5）和（6）项。主要的困难在于要知道固体与壁面的摩擦如何计算，以及是否可以假定气体与壁面的摩擦与存在固体无关。这些将在第 8.1.5 节中介绍。

8.1.5 稀相输送设计

稀相输送系统的设计涉及选择管道尺寸和气体速度的组合以确保稀相流动、计算产生的管线压降、选择合适的设备来输送气体，并在管线末端将固体和气体分离。

气体速度

无论是水平还是竖直稀相输送，都希望在尽可能低的速度下运行，使摩擦压力损失最小，减少磨损并降低运行成本。对于特定的管道尺寸和固体流量，跃变速度总是高于壅塞速度。因此，既有竖直管线又有水平管线的输送系统，所选择的气体速度必须能够避免跃变，这样可以同时避免壅塞。理想情况下，这些系统的运行速度应当位于图 8.2 中 D 点的稍微靠右处。然而在实际操作中，由于 U_{salt} 的值难以准确预测，因此保守的设计导致系统运行于 D 点右侧，从而增加了摩擦损失。另一个促使人们选择设计速度时特别谨慎的因素是，D 点附近区域很不稳定，系统中的轻微扰动很可能引起跃变。

如果系统仅由上升管线组成，则壅塞速度成为重要的选择依据。同样由于无法准确预测 U_{CH}，保守的设计是必要的。在采用离心式鼓风机的系统中，其特征是压力增加时风量减小，几乎可以自行引起壅塞。例如，如果系统中的小扰动使得固体进料速率增加，则垂直管线中的压力梯度将增加（图 8.1）。这使得鼓风机的背压升高，从而导致气体体积流量减小。较少的气体流量意味着更高的压力梯度，使系统很快达到壅塞状态。这时系统被固体充满，只能通过排出固体才能重新启动。

考虑到预测壅塞和跃变速度关联式的不确定性，在选择运行气体速度时，安全富余量应为 50% 或更高。

管线压降

式（8.15）一般性地适用于管道中任何气体－颗粒混合物的流动。为了使其特定地适用于稀相输送，必须找到项 3（气体与壁面摩擦）和项 4（固体与壁面摩擦）的计算

公式。

在稀相输送中，通常假设气体-壁面间的摩擦与固体的存在无关，因此可以使用气体摩擦系数的公式（例如范宁摩擦系数公式，参见关于稀相输送的章末例题）。

文献中提出了几种估算固体-壁面间摩擦的方法。在这里，我们将使用修正后的竹内和斋藤（Konno，Saito，1969）关联式来估算竖直输送中固体-管道摩擦引起的压力损失，以及使用欣克尔（Hinkle，1953）关联式来估算水平输送中这种压力损失。因此对于竖直输送（Konno 和 Saito，1969）：

$$F_{pw}L = 0.057GL\sqrt{\frac{g}{D}} \tag{8.16}$$

以及对于水平输送：

$$F_{pw}L = \frac{2f_p(1-\varepsilon)\rho_p U_p^2 L}{D} \tag{8.17a}$$

或者

$$F_{pw}L = \frac{2f_p GU_p L}{D} \tag{8.17b}$$

其中

$$U_p = U(1 - 0.063\,8x^{0.3}\rho_p^{0.5}) \tag{8.18}$$

和（Hinkle，1953）

$$f_p = \frac{3}{8}\frac{\rho_f}{\rho_p}\frac{D}{x}C_D\left(\frac{U_f - U_p}{U_p}\right)^2 \tag{8.19}$$

式中，C_D 是颗粒和气体之间的阻力系数（见第 2 章）。

［注释：欣克尔的分析假设颗粒通过与管壁碰撞而失去动量。由于固体-壁面摩擦引起的压力损失是由于重新加速固体而导致的气体压力损失。因此，由第 2 章知，单个颗粒的阻力由下式给出

$$F_D = \frac{\pi x^2}{4}\rho_f C_D\frac{(U_f - U_p)^2}{2} \tag{8.20}$$

如果空隙率是 ε，那么每单位体积管道内的颗粒数 N_v 是

$$N_V = \frac{(1-\varepsilon)}{\pi x^3/6} \tag{8.21}$$

因此，气体对单位体积管道中的颗粒施加的力 F_v 是

$$F_V = F_D\frac{(1-\varepsilon)}{\pi x^3/6} \tag{8.22}$$

根据欣克尔的假设，这等于每单位体积管道的固体-壁面摩擦力 F_{pw}。因此，

$$F_{pw}L = \frac{3}{4}\rho_f C_D\frac{L}{x}(1-\varepsilon)(U_f - U_p)^2 \tag{8.23}$$

将上式用摩擦系数 f_p 表示，就得到式（8.17）和式（8.19）。］

式（8.15）是沿直管长度方向的压力损失。压力损失也与管道弯曲程度有关，该损失的估计将在下一段中介绍。

弯管

弯管使稀相气力输送系统的设计复杂化，因此在设计输送系统时，最好尽可能少使用弯管。弯管会增加管线的压降，也是管道侵蚀和颗粒磨损最严重的部位。

本来在直水平管或竖直管中处于悬浮状态的固体，由于在转弯时受到离心力作用而倾向于在弯曲处分离出来。这使得颗粒减速，然后在通过弯管之后又被重新夹带和重新加速，导致弯管的压降更高。

与其他结构相比，水平管道中存在更大的颗粒被分离出来的趋势，尤其以竖直向下流入水平段的弯头为最甚。如果系统中存在这种类型的弯头，则在弯头后，固体可能会在管道底部停留很长一段距离，然后再分散。因此建议，在稀相气力输送系统中，尽量避免采用这种竖直向下至水平段的弯头。

在过去，稀相气力输送系统的设计者直观地认为，相对于90°弯头，逐渐弯曲的长半径弯头会减少侵蚀并增加弯头使用寿命。然而，曾子（1964）推荐在气力输送系统中使用盲三通（图8.4）代替弯头。使用盲三通背后的理论是，在盲支也就是未使用分支中会聚集一层停滞的颗粒，起到缓冲作用，使被输送的颗粒撞击在三通内的停滞颗粒上，而不像长半径或短半径弯头那样直接撞在金属表面上。博德纳（Bodner，1982）确定了各种弯管结构的使用寿命和压降。他发现，盲三通结构的使用寿命远远优于其他任何被测试的结构，是各种半径弯管或弯头使用寿命的15倍。这是由于他在玻璃弯管模型中观察到三通盲支中积聚的颗粒起到了缓冲作用。博德纳还报告说，盲三通的压降和颗粒磨损率与弯头的大致相同。

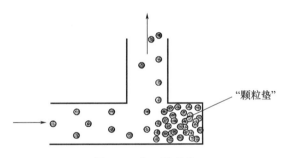

图8.4　盲三通弯头

尽管对弯管压降进行了大量研究，但除了按预期的实际条件进行实验之外，没有可靠的方法准确预测弯管压降。在工业实践中，通常近似地假设弯头压降大约相当于7.5 m长竖直管段的压降。在缺乏可靠的关联式来预测弯头压降的情况下，这种粗糙的方法或许也是可靠和保守的。

设备

稀相输送通过将固体物料送入到气流中的系统来实现。固体以可控速率从料斗通过旋转式空气闭锁器（旋转阀）进入气流。该系统可以是正压，负压或两者的组合。正压系统通常被限制在最大压力为1 bar表压，而负压系统按照所使用的鼓风机和排气机的类型限制在约0.4 bar的真空度下。

典型的稀相系统如图8.5和8.6所示。鼓风机通常是容积式的，其可以有速度控制以改变体积流量，也可以没有。旋转式空气闭锁器使固体能够以受控的速率克服空气压力进入气流中。螺旋给料器经常用于输送固体。旋风分离器（见第9章）用于从输送线接收端的气流中回收固体。输送气体排放或再循环前，通过各种类型的过滤器和各种固体回收方法进行净化。

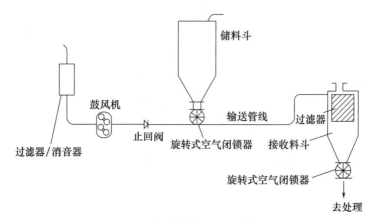

图 8.5　稀相输送正压系统

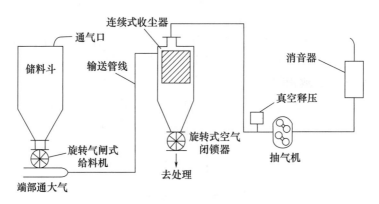

图 8.6　稀相输送负压系统

　　某些情况下可能不希望使用直通空气作为输送气体（例如，为防止有毒或有放射性物质污染工厂；为避免爆炸危险而使用惰性气体；当固体对水分敏感时为了控制湿度等）。在这些情况下，我们使用闭环系统。如果使用旋转容积式鼓风机，则必须通过旋风分离器和内嵌式织物过滤器将固体与气体分离。如果较低的系统压力是可接受的（0.2 bar 表压），那么可以使用离心式风机并且仅与旋风分离器联用即可。离心式风机允许少量固体通过而不至于损坏，容积式风机则不能有灰尘通过。

8.1.6　密相输送

流型

　　本章概述中已指出，关于密相输送以及稀相与密相输送之间的转变点，有许多不同的定义。在本节中，密相输送被描述为固体在输送过程中不完全悬浮于气体中的一种输送状态。因此，稀相和密相输送之间的转变点就是水平输送时的跃变和竖直输送时的壅塞。

　　然而，即使在密相区，在水平和竖直输送中也会出现许多不同的流型。这些流型中的每一种都具有特定的特征，从而产生了气体速度、固体流量和管道压降之间特定的关系。例如，在图 8.7 中，对水平输送的密相区可以识别出五种不同的流型。

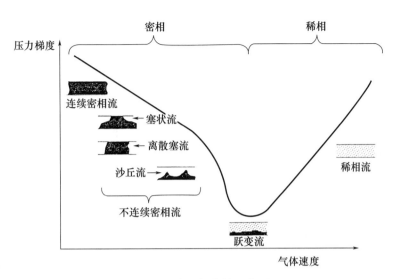

图 8.7 水平气力输送流型

固体占据整个管道的连续密相流型实质上是一种挤压推进。这种输送形式需要非常高的气体压力，只限于短直管段和输送粒状材料（具有高渗透性的材料）。

不连续的密相流可以分为三种截然不同的流型："离散塞流"，其中离散的固体塞占据整个管道的横截面；"沙丘流"，沉积在管道底部的固体层，以滚动沙丘的形式移动；离散塞流和沙丘流的混合体，滚动的沙丘完全填满管道横截面但没有离散的固体塞（也称为"塞状流"）。

当气体速度恰好低于跃变速度时发生跃变流动。悬浮于气体中的颗粒在沉积固体层的上方被输送，颗粒可以进入沉积层中也可以从沉积层中重新被气体夹带。随着气体速度降低，沉积固体层的厚度增加，最终形成了沙丘流。

应该注意的是，首先，并非所有粉体都会表现出所有这些流型；其次，在任一输送管线内都可能会遇到不止一种流型。

密相输送的主要优点都源于气体需求量低和固相速度低。气体需求量低通常意味着每千克被输送产品的能量需求低，并且还意味着所需的管道、回收及固气分离设备可以更小。实际上在某些情况下，由于固体颗粒没有悬浮在输送气体中，因此在管道的接收端不用过滤器也可以运行。固体速度低意味着可以输送具有磨蚀性和易碎的材料，而不会造成严重的管道侵蚀和产品磨损。

研究不同密相流型的特性，以选择最优的密相输送系统是很有趣的。从气体需求量和固体速度都低的角度来看，连续密相流型是最吸引人的，但也具有严重的缺点，即它仅限于沿着短直管道输送粒状材料，并且需要非常高的压力。跃变流发生的速度太接近于跃变速度，因此很不稳定；此外，这种流型在气体和固体速度方面也几乎没有优势。最后剩下所谓的不连续密相流型包括塞状流、离散塞流和沙丘流。然而该流型的性能是不可预测的，可能会造成管道完全堵塞，并且需要高压疏通。大多数商业密相输送系统都以这种流型运行，并采用一些控制固体塞长度的方法，以提高可预测性和减少堵塞的机会。

　　看来有必要考虑通过固体塞的压降与塞长度间的依赖关系。然而文献中报道的实验证据相互矛盾。康拉德（1986）指出，报道中关于移动固体塞的压降有（a）随塞长度线性增加，（b）随塞长度的平方增加，（c）随塞长度成指数增加。克林特沃思和马库斯（Klintworth，Marcus，1985）报道了对这些明显矛盾结果的可能解释，他们引用了威尔逊（Wilson，1981）关于固体塞内应力对变形影响的研究。大的非黏聚性颗粒［典型的吉尔达特 D 类颗粒（吉尔达特的粉体分类，参见第 7 章流态化）］产生可渗透的固体塞，允许在低压降下通过大量气流。在这种情况下，塞内产生的应力较低，压降对塞长呈线性关系。细的黏聚性颗粒（典型的吉尔达特 C 类颗粒）的固体塞，在通常遇到的压力下实际上对气流是不可渗透的。在这种情况下，固体塞就像活塞在气缸中那样以纯机械方式移动。塞内产生的应力很高。这种高应力转化为高壁面剪切应力，使得压降随塞长呈指数增长。因此，正是固体塞的渗透度决定了塞长和压降之间的关系：根据固体塞渗透性的不同，通过固体塞的压降与塞长的关系可以在线性函数和指数函数之间变化。

　　大的非黏聚性颗粒形成可渗透的固体塞，因此适合不连续的密相输送。对其他材料，在应力和颗粒间力的相互作用下产生低渗透率的固体塞，只有采用某种机制来限制塞的长度，避免堵塞，才能实现不连续的密相输送。

设备

　　在商业系统中，固体塞形成的问题有三种解决方式：

　　1. 在塞形成时检测到它并采取适当的措施。（a）使用旁路系统。塞后面的压力升高，使更多的空气从旁路管绕流到塞的前端打碎塞（图 8.8）；（b）使用压力驱动阀。检测到压力升高后，用压力驱动阀让辅助空气流向固体塞处，将其分解成较小的长度（图 8.9）。

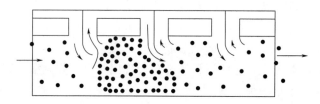

图 8.8　使用旁路管线打碎固体塞的密相输送系统

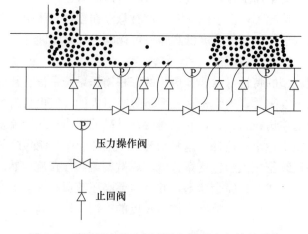

压力操作阀

止回阀

图 8.9　采用压力驱动阀引导气体的密相输送系统

2. 形成稳定的固体塞系列。粒状材料在某些条件下可自然形成稳定的固体塞系列，但对于其他材料，要形成可管控长度的稳定固体塞系列，通常需要通过以下方式之一进行诱导：（a）使用空气刀切碎从泄料罐送入连续密相流中的固体（图8.10）；（b）使用交替阀门系统切碎从泄料罐流出的连续密相流（图8.11）；（c）对于可自由流动的材料，可以在泄料罐中使用气动隔膜来制造固体塞系列（图8.12）；（d）Tsuji（1983）报道的一种新颖想法，使用乒乓球将固体分离成固体塞系列。

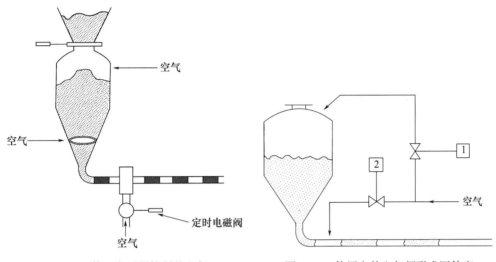

图 8.10　使用定时器控制的空气
刀形成固体塞

图 8.11　使用交替空气阀形成固体塞
（阀1和阀2交替打开和关闭，在卸料管内生成固体塞）

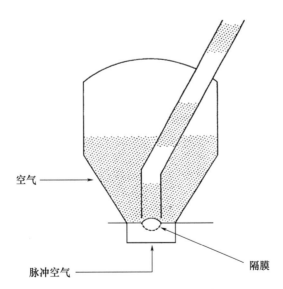

图 8.12　使用气动隔膜生成固体塞

3. 流态化。沿输送管线添加额外的空气，使固体保持通气，从而避免形成堵塞。

无论采用何种机制处理固体塞问题，所有商业密相输送系统都要使用泄料罐（吹气罐），该罐可能带有流化元件（图8.13），也可能没有流化元件（图8.14）。

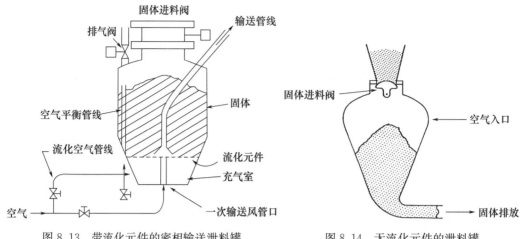

图 8.13　带流化元件的密相输送泄料罐　　　　图 8.14　无流化元件的泄料罐

泄料罐通过反复的灌装、加压和排料循环自动运行。由于每个循环时间的三分之一用于灌装，因此，要求平均输送流量为 20 t/h 的系统必须能够提供超过 30 t/h 的峰值流量。由于涉及高压，因此密相输送是间歇运行的，相反，因为压力相对较低以及可使用旋转阀，稀相输送可以连续运行。通过使用两个相互并联的泄料罐，可以使密相系统在半连续模式下运行。

密相输送设计

稀相输送系统的设计虽然需要有很大的安全裕度，但还可以从基本原理出发，结合一些经验关联式来设计，而密相输送系统的设计则主要基于经验。虽然理论上本章前面推导的两相流压降方程［式（8.15）］可以应用于密相流，但实际上用处不大。在对某一特定材料进行试验时，通常采用一种可模拟大多数输送情况的试验装置，来监测重要的输送参数。根据这些试验结果，掌握该材料密相输送特性的细节，并且确定最佳的管道尺寸、空气流量和密相系统型式等。密相系统是根据过去的经验以及诸如此类的测试结果设计的，如何做到这一点的细节，可以在 Mills（1990）的文献中找到。

8.1.7　系统与粉体的匹配

一般而言，任何粉体都可以通过稀相模式输送，但由于密相输送的吸引力，人们对评估粉体在密相模式下的输送适用性非常感兴趣。最常用的评估方法是在中试工厂对粉体样本进行一系列测试，这显然成本很高。迪克逊（Dixon，1979）提出了另一种可用的方法。他认识到流态化与密相输送之间的相似性，并基于吉尔达特（1973）的粉体分类（见第 7 章），提出了一种评估粉体在密相输送中适用性的方法。迪克逊提出了一种"塞型图"，它可以根据颗粒粒度和密度预测可能的密相流型。迪克逊得出结论，吉尔达特 A 类和 D 类粉体适合于密相输送，而 B 类和 C 类粉体通常不适合。

梅因沃琳和里德（Mainwaring，Reed，1987）认为，虽然在最可能的密相输送模式方面，迪克逊方法给出了很好的一般指示，但在确定这种模式是不是粉体输送首选模式时，迪克逊方法并不是最合适的评估方法。这些作者基于粉体渗透性和脱气特性的实验台规模测量结果，提出了一种评估方法。根据此方法，在试验中测得有足够高渗透性的粉体将适合于塞型密相输送，而测出气密性高达一定数值的粉体将适合于滚动沙丘流型密相输送。作者认为，这两个标准都不满足的粉体则不适合用传统的泄料罐系统输送。Flain（1972）提供了一种粉体与系统相匹配的定性方法。他列出了 12 种用于在输送系统中实现气体和固体之间初始接触的装置，并将这些装置与粉体特性相匹配。这是一个有用的起点，因为某些设备可以在特定粉体的应用中排除掉。

8.2 立 管

使用立管已经有很多年历史了，特别是在石油工业中，用于将固体从低压区域向下输送到高压区域。本文给出的立管操作概述主要基于诺尔顿（1997）的工作。

典型的溢流立管和底流立管如图 8.15 所示，它们用于连续地将固体从上部流化床转移到下部流化床。相对于顶着压力向下输送的固体，气体必须向上流动。气流通过立管中的固体填充床或流化床产生的摩擦损失生成所需的压力梯度。如果相对于向下流动的固体，气体必须向上流动，则存在两种可能的情况：（i）气体相对于立管壁向上流动；（ii）气体相对于立管壁向下流动，但速度低于固体速度。

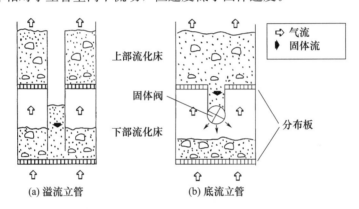

图 8.15 （a）溢流型和（b）底流型立管将固体从低压流化床输送到高压流化床示意

根据气体与固体相对速度的大小，立管可以在两种基本流动状态下运行：填充床流动和流化床流动。

8.2.1 填充床流动中的立管

如果气体的相对向上速度 (U_f-U_p) 小于初始流化时的相对速度 $(U_f-U_p)_{mf}$，就产生填充床流动，此时气体速度与压力梯度之间的关系通常由厄贡方程确定［见第 6 章，方程（6.11）］。

厄贡方程通常用气体流经填充床的表观速度表示。然而，出于立管计算的目的，根据气体相对于固体的速度大小 $|U_{rel}|$（$=|U_f-U_p|$）来写厄贡方程是有用的（有关表观速度和实际速度之间关系的说明，请参阅第 8.1.4 节）。

$$气体表观速度，U=\varepsilon|U_{rel}| \tag{8.24}$$

因此，以 U_{rel} 表示的厄贡方程变成：

$$\frac{(-\Delta p)}{H}=\left[150\frac{\mu(1-\varepsilon)^2}{x_{sv}^2\varepsilon^2}\right]|U_{rel}|+\left[1.75\frac{\rho_f(1-\varepsilon)}{x_{sv}\varepsilon}\right]|U_{rel}|^2 \tag{8.25}$$

该等式允许我们计算出给定压力梯度所需的 $|U_{rel}|$ 值。现在我们采用速度的符号约定。对于立管，取向下速度为正更方便。为了在所需方向上产生压力梯度（立管下端为较高压力处），气体必须相对于固体向上流动。因此在正常操作中，U_{rel} 应始终为负。固体向下流动，因此固体的实际速度（相对于管壁）U_p 始终为正。

知道 U_p 和 U_{rel} 的大小和方向，气体实际速度（相对于管壁）的大小和方向就可以从 $U_{rel} = U_f - U_p$ 得到。以这种方式，可以估算出向上或向下流过立管的气体量。

8.2.2 流化床流动中的立管

如果气体相对向上速度 $(U_f - U_p)$ 大于初始流化时的相对速度 $(U_f - U_p)_{mf}$，则将产生流化床流动。在流化床流动中，压力梯度与气体相对速度无关。假设在流化床流动中，整个颗粒群的表观重量由气流支撑，则压力梯度由下式（见第 7 章）给出：

$$\frac{(-\Delta p)}{H} = (1 - \varepsilon)(\rho_p - \rho_f)g \tag{8.26}$$

式中，$(-\Delta p)$ 是通过立管中高度为 H 固体的压降，ε 是空隙率，ρ_p 是颗粒密度。

流化床流动可以是非鼓泡流动或是鼓泡流动。非鼓泡流动仅对吉尔达特 A 类粉体（在第 7 章中描述），当气体相对速度介于初始流化相对速度和最小起泡相对速度 $(U_f - U_p)_{mb}$ 之间时才会发生。对于吉尔达特 B 类粉体当 $(U_f - U_p) > (U_f - U_p)_{mf}$ 时，对于 A 类粉体当 $(U_f - U_p) > (U_f - U_p)_{mb}$ 时，发生鼓泡流态化流动。

根据在气泡相和乳化相中气体相对于立管壁的运动方向，立管中可以有四种类型的鼓泡流化床流动，如图 8.16 所示。实际上是不希望立管中有气泡的。上升气泡的存在阻碍了固体的流动，并降低了立管中形成的压力梯度。如果气泡上升速度大于固体速度，气泡将上升并通过合并而长大。较大的立管更容易操作，因为它们比小立管可承受更大的气泡。对于最佳的立管操作，当使用 B 类固体时，气体相对速度应略大于初始流化的相对速度。对于 A 类固体，气体相对速度应介于 $(U_f - U_p)_{mf}$ 和 $(U_f - U_p)_{mb}$ 之间。

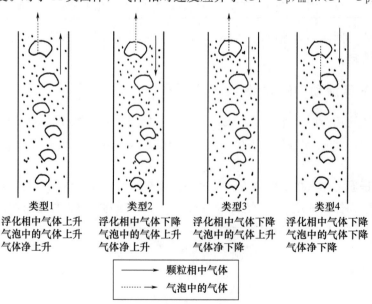

图 8.16 立管中的流态化流动类型

在实际操作中，通常沿着立管的长度方向附加充气，以使固体保持在刚好高于最小流化速度的流化状态。如果不这样做，那么在恒定气体质量流量下，相对速度将朝向立管的高压端减小。较低的速度将导致较低的平均空隙率，并可能在立管底部出现未流化的区域。附加充气沿着立管的长度方向分段添加，并且在任何水平位置上仅添加最低需求量。如果添加太多，则会产生气泡，可能阻碍固体流动。以下分析基于国井和列文斯比尔（1990）的研究，可由此计算需要附加充气的位置和充气量。

起点是式（8.13），该式是由管道中气体和固体流动的连续性方程推导而来。对于所讨论的细小的 A 类粉体，与实际速度相比，气体和颗粒之间的相对速度非常小，因此可以假设 $U_p = U_f$，这几乎没有什么误差。因此，由式（8.13）可得

$$\frac{M_p}{M_f} = \frac{(1-\varepsilon)}{\varepsilon} \frac{\rho_p}{\rho_f} \tag{8.27}$$

使用下标 1 和 2 来表示立管中任意上（低压）、下（高压）两个水平面，因为 M_p、M_f 和 ρ_p 是常数，因此

$$\frac{(1-\varepsilon_1)}{\varepsilon_1} \frac{1}{\rho_{f_1}} = \frac{(1-\varepsilon_2)}{\varepsilon_2} \frac{1}{\rho_{f_2}} \tag{8.28}$$

因为压力比为 $p_2/p_1 = \rho_{f_2}/\rho_{f_1}$，从而有

$$\frac{p_2}{p_1} = \frac{(1-\varepsilon_2)}{\varepsilon_2} \frac{\varepsilon_1}{(1-\varepsilon_1)} \tag{8.29}$$

假设空隙率 ε_2 是维持立管内流态化流动所能接受的最低空隙率，那么式（8.29）就能计算出等效的最大压力比，从而计算出水平面 2 和 1 之间的压降。假设固体被完全支撑，这个压力差就等于立管内单位横截面积上固体的表观重量［式（8.26）］：

$$(p_2 - p_1) = (\rho_p - \rho_f)(1-\varepsilon_a)Hg \tag{8.30}$$

其中，ε_a 是水平面 1 和 2 之间的平均空隙率，H 是它们之间的距离，g 是重力加速度。

如果 ε_1 和 ε_2 已知，并且与颗粒密度相比气体密度认为是可忽略的，则 H 可以从式（8.30）计算出。

附加充气的目的是将较低水平面处的空隙率提高到与较高水平面处的相等。应用式（8.27），有

$$\frac{(1-\varepsilon_2)}{\varepsilon_2} = \frac{M_p}{M_f + M_{f_2}} \frac{\rho_{f_2}}{\rho_p} = \frac{M_p}{M_f} \frac{\rho_{f_1}}{\rho_p} \tag{8.31}$$

其中，M_{f_2} 是在水平面 2 处添加气体的质量流量。然后重新整理，得

$$M_{f_2} = M_f \left[\frac{\rho_{f_2}}{\rho_{f_1}} - 1 \right] \tag{8.32}$$

并且从式（8.27）可知，

$$M_f = M_p \frac{\varepsilon_1}{(1-\varepsilon_1)} \frac{\rho_{f_1}}{\rho_p}$$

因此

$$M_{f_2} = M_p \frac{\varepsilon_1}{(1-\varepsilon_1)} \frac{\rho_{f_1}}{\rho_p} \left[\frac{\rho_{f_2}}{\rho_{f_1}} - 1 \right] \tag{8.33}$$

所以，要加入附加气体的质量流量为

$$M_{f_2} = \frac{\varepsilon_1}{(1-\varepsilon_1)} \frac{M_p}{\rho_p} (\rho_{f_2} - \rho_{f_1}) \tag{8.34}$$

从中也可以得出

$$Q_{f_2} = Q_p \frac{\varepsilon_1}{(1-\varepsilon_1)} \left[1 - \frac{\rho_{f_1}}{\rho_{f_2}} \right] \tag{8.35}$$

其中，Q_{f_2} 是在压力 P_2 下加入气体的体积流量，Q_p 是沿立管向下的固体体积流量。

对于长立管，需要在几个水平面上附加充气，以便将空隙率保持在所需范围内（参见关于立管充气的章末例题）。

8.2.3 立管运行期间的压力平衡

作为立管操作的一个例子，我们将考虑以流化床流动运行的溢流立管，如何对气体流量的变化做出反应。图 8.17（a）显示了这种系统的压力分布曲线。该系统的压力平衡方程为

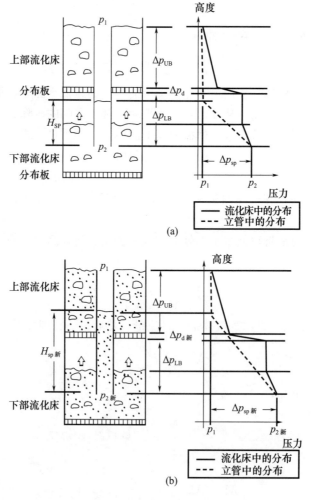

图 8.17 溢流立管的运行

（a）气体流量增加之前；（b）通过流化床的气体流量增加引起压力分布的变化

$$\Delta p_{sp} = \Delta p_{LB} + \Delta p_{UB} + \Delta p_d \qquad (8.36)$$

其中，Δp_{sp}、Δp_{LB}、Δp_{UB} 和 Δp_d 分别是通过立管、下部流化床、上部流化床和上部流化床分布板的压降。

让我们考虑系统受到一种扰动，使流过流化床的气体流量增加 [图 8.17 (b)]。如果通过下床的气体流量增加，虽然通过下床和上床的压降将保持恒定，但通过上布风板的压降将增加为 $\Delta p_{d(新)}$。为了匹配这种增加，通过立管的压降必须升至 $\Delta p_{sp(新)}$。对于以流化床流动运行的溢流立管，立管内压降的增加是由于立管中固体高度升高到 $H_{sp(新)}$ 引起的。

现在来考虑以填充床流动运行的底流立管情况（图 8.18），整个系统的压力平衡由下式给出：

$$\Delta p_{sp} = \Delta p_d + \Delta p_V \qquad (8.37)$$

式中，Δp_{sp}、Δp_d 和 Δp_V 分别是通过立管、上床布风板和立管阀门的压降。

如果来自下床的气体流量增加，通过上床布风板的压降则增加到 $\Delta p_{d(新)}$，同时需要增加立管压降才能满足压力平衡。由于在这种情况下立管长度是固定的，因此在填充床流动中，这种压降的增加是通过增加相对速度的大小 $|U_{rel}|$ 来实现的。立管压降将增加到 $\Delta p_{sp(新)}$，而立管阀门压降取决于固体流量，将基本保持恒定。一旦立管压力梯度达到流化床流动所需的压力梯度，其压降将保持恒定，因此它将无法适应系统的变化。

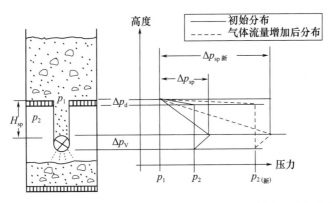

图 8.18　底流立管运行期间的压力平衡：通过流化床的气体流量增加产生的影响

石油工业中常用的立管是下端带有滑阀的底流竖直立管。在这种情况下，立管产生的压头比所需的压头大，多余的压头通过滑阀控制固体流量。这种立管用于流体催化裂化（FCC）装置，将固体从反应器转移到再生器。

8.3　延伸阅读

希望进一步了解固体循环系统、立管流动和非机械阀门的读者可参考国井和列文斯比尔（1990）的文献，或吉尔达特（1986）或格雷斯（Grace）等人（1997）文献中诺尔顿所写的章节。

8.4 例　　题

例题 8.1

设计一套正压稀相气力输送系统。利用环境空气，输送 900 kg/h 的沙子，颗粒密度为 2 500 kg/m³，平均粒度为 100 μm，在厂内有 10 m 竖直距离和 30 m 水平距离的两点之间进行输送。假设需要 6 个 90°弯头，允许压力损失为 0.55 bar。

解

在这种情况下，设计系统意味着要确定管道尺寸和空气流量，并要使系统总压力损失接近可允许的压力损失。

设计过程需要用试算法。管道尺寸有固定的规格可以选用，因此这里采用的步骤是先选择管道尺寸，并根据式（8.3）确定跃变速度。然后在等于 1.5 倍跃变速度的气体表观速度下，计算系统压力损失［考虑到关联式（8.3）的准确性，这给出了合理的安全裕度］，将计算的系统压力损失与允许的压力损失进行比较。然后可以改变所选择的管道尺寸并重复上述过程，直到计算出的压力损失与允许的压力损失相匹配。

步骤 1. 选择管道尺寸

选择 78 mm 内径管道。

步骤 2. 确定气体速度

使用里兹克关联式（8.3）来估算跃变速度 U_{salt}。重新整理后的式（8.3）变为

$$U_{salt}=\left(\frac{4M_p\,10^{\alpha}g^{\beta/2}D^{(\beta/2-2)}}{\pi\rho_f}\right)^{1/(\beta+1)}$$

其中 $\alpha=1\,440x+1.96$，$\beta=1\,100x+2.5$。在本例题中，$\alpha=2.104$，$\beta=2.61$ 以及 $U_{salt}=9.88$ m/s。

因此，气体表观速度，$U=1.5\times9.88$ m/s$=14.82$ m/s。

步骤 3. 压力损失计算

（a）水平段。从式（8.15）开始，可以得到输送管线水平段总压力损失的表达式。假设固体和气体的所有初始加速都发生在水平段，因此项（1）和项（2）是必需的。对于项（3），使用范宁摩擦公式，并假设由气体－壁面摩擦引起的压力损失与固体的存在无关。对于项（4），采用欣克尔关联式［式（8.17）］。对于水平管道，因为 $\theta=0$，项（5）和项（6）变为 0。因此，输送管线水平段的压力损失 ΔP_H 由下式给出：

$$\Delta p_H=\frac{\rho_f\varepsilon_H U_{fH}^2}{2}+\frac{\rho_p(1-\varepsilon_H)U_{pH}^2}{2}+\frac{2f_g\rho_f U^2 L_H}{D}+\frac{2f_p\rho_p(1-\varepsilon_H)U_{pH}^2 L_H}{D}$$

其中，下标 H 特指水平段的值。要使用这个等式，需要知道 ε_H，U_{fH}，U_{pH}。

欣克尔关联式给出了 U_{pH}，即

$$U_{pH}=U(1-0.063\,8x^{0.3}\rho_p^{0.5})=11.84 \text{ m/s}$$

由连续性，$G=\rho_p(1-\varepsilon_H)U_{pH}$，可得

$$\varepsilon_H=1-\frac{G}{\rho_p U_{pH}}=0.998\,2$$

以及

$$U_{fH} = \frac{U}{\varepsilon_H} = \frac{14.82}{0.998\ 2} = 14.85\ \text{m/s}$$

摩擦系数 f_p 可以由式（8.19）求得，其中 C_D 使用下面给出的近似关联式［或使用适当的 C_D 对 Re 图表（见第 2 章）］在相对速度 $(U_f - U_p)$ 下估算：

$$Re_p < 1 \qquad C_D = 24/Re_p$$
$$1 < Re_p < 500 \qquad C_D = 18.5 Re_p^{-0.6}$$
$$500 < Re_p < 2 \times 10^5 \qquad C_D = 0.44$$

对于水平段的流动，

$$Re_p = \frac{\rho_f(U_{fH} - U_{pH})x}{\mu}$$

对于环境空气，$\rho_f = 1.2\ \text{kg/m}^3$ 和 $\mu = 18.4 \times 10^{-6}\ \text{Pa·s}$，得出 $Re_p = 19.63$。使用上面的近似关联式，得

$$C_D = 18.5\ Re_p^{-0.6} = 3.1$$

用 $C_D = 3.1$ 代入式（8.19）中可得

$$f_p = \frac{3}{8} \times \frac{1.2}{2\ 500} \times 3.1 \times \frac{0.078}{100 \times 10^{-6}} \left(\frac{14.85 - 11.84}{11.84}\right)^2$$

气体摩擦系数取 $f_g = 0.005$，这样就可得出 $\Delta p_H = 14\ 864\ \text{Pa}$。

（b）竖直段。再次从一般压力损失方程（8.15）开始，可以导出竖直段总压力损失的表达式。由于固体和气体的初始加速度已假定在水平段中发生，项（1）和项（2）变为 0。在估算气体与壁面摩擦引起的压力损失［第（3）项］时，假设固体对此项压力损失的影响可以忽略不计，那么可以应用范宁摩擦公式。对于项（4），使用修正的竹内和斋藤关联式［式（8.16）］。对于竖直输送，项（5）和项（6）中 θ 等于 90°。

于是，输送管线竖直段的压力损失 Δp_V 由下式给出：

$$\Delta p_V = \frac{2f_g \rho_f U^2 L_V}{D} + 0.057GL_V \sqrt{\frac{g}{D}} + \rho_P(1 - \varepsilon_V)gL_V + \rho_f \varepsilon_V g L_V$$

其中，下标 V 特指竖直段的值。为了使用这个等式，需要计算竖直段悬浮体的空隙率 ε_V。

假设颗粒行为如单个颗粒，则滑移速度等于单颗粒的终端速度 U_T（也注意到水平段和竖直段中气体表观速度相同，都等于 U），即

$$U_{pV} = \frac{U}{\varepsilon_V} - U_T$$

连续性给出颗粒的质量通量，即

$$G = \rho_p(1 - \varepsilon_V)U_{pV}$$

联立以上两个方程可得 ε_V 的二次方程，其中只有一个可能的根：

$$\varepsilon_V^2 U_T - \left(U_T + U + \frac{G}{\rho_p}\right)\varepsilon_V + U = 0$$

单颗粒终端速度 U_T 可以按第 2 章所述的方法估算，假设颗粒是球形的，得出 $U_T = 0.52\ \text{m/s}$。

求解二次方程，得 $\varepsilon_V = 0.998\ 5$，从而可得 $\Delta p_V = 1\ 148\ \text{Pa}$。

（c）弯头。每个 90°弯头的压力损失等于 7.5 m 长竖直管道的压力损失。

$$\text{每米竖直管道的压力损失} = \frac{\Delta p_V}{L_V} = 114.8\ \text{Pa/m}$$

因此，通过 6 个 90°弯头的压力损失＝6×7.5×114.8 Pa＝5 166 Pa。

所以

$$总的压力损失＝竖直段损失＋水平段损失＋弯头损失$$
$$＝（1\ 148＋14\ 864＋5\ 166）Pa$$
$$＝0.212\ bar$$

步骤 4. 比较计算的和允许的压力损失

允许的系统压力损失为 0.55 bar，因此可以选择较小的管道尺寸并重复上述计算程序。下表给出了一系列管道尺寸时的计算结果：

管内径（mm）	系统总压力损失（bar）
78	0.212
63	0.322
50	0.512
40	0.809

对本例题，我们应选择 50 mm 的管道，其系统总压力损失为 0.512 bar（如果把初投资和运行成本一并考虑在内，我们就可以找到一个经济的选择）。对此选择，设计细节如下：

管道尺寸＝50 mm（内径）

空气流量＝0.031 7 m³/s

空气表观速度＝16.15 m/s

跃变速度＝10.77 m/s

固体负荷＝6.57 kg 固体/kg 空气

系统总压力损失＝0.512 bar

例题 8.2

长 20 m 的立管内要输送吉尔达特 A 类固体，固体质量流量为 80 kg/s。为保持流态化流动，应进行附加充气，使空隙率处于 0.5～0.53 范围内。固体进入立管顶部时空隙率为 0.53，立管顶部的压力和气体密度分别为 1.3 bar（绝对）和 1.0 kg/m³。颗粒密度为 1 200 kg/m³。确定充气位置和流量。

解

从式（8.29），得压力比

$$\frac{p_2}{p_1}=\frac{(1-0.50)}{0.50}\frac{0.53}{(1-0.53)}=1.128$$

因此，$p_2＝1.466$ bar（绝对）

压差为

$$p_2-p_1=0.166×10^5\ Pa。$$

因此，由式（8.30）以及 $\varepsilon_a＝(0.5+0.53)/2＝0.515$，从立管顶部到第一个充气点的长度为

$$H=\frac{0.166×10^5}{1\ 200×(1-0.515)×9.81}=2.91\ m$$

假定气体为理想气体，则水平面 2 处的密度为

$$\rho_{f_2}=\rho_{f_1}\left(\frac{p_2}{p_1}\right)=1.128 \text{ kg/m}^3$$

应用式（8.34），第一充气点的充气速率（质量流量）为

$$M_{f_2}=\frac{0.53}{(1-0.53)}\frac{80}{1\,200}(1.128-1.0)=0.009\,6 \text{ kg/s}$$

重复上述计算过程，以确定后续充气点的位置和速率，所得结果汇总如下：

	第 1 点	第 2 点	第 3 点	第 4 点	第 5 点
距立管顶部的距离（m）	2.91	6.18	9.88	14.04	18.75
充气速率（kg/s）	0.009 6	0.010 8	0.012 2	0.013 8	0.015 5
充气点压力（bar）	1.47	1.65	1.86	2.10	2.37

例题 8.3

长 10 m 内径为 0.1 m 的竖直立管，将固体以 100 kg/(m²·s) 的质量通量从保持 1.0 bar 压力的上部容器，输送到保持 1.5 bar 压力的下部容器。固体颗粒密度为 2 500 kg/m³，颗粒的表面积—体积平均粒度为 250 μm。假设沿立管长度方向的空隙率保持恒定且等于 0.50，并且假定可以忽略压力变化的影响，确定通过上下容器之间气体的方向和流量。（系统中气体的性质：密度 1 kg/m³；黏度 2×10^{-5} Pa·s。）

解

首先检查固体是否以填充床流动方式移动。通过比较实际压力梯度和流态化流动压力梯度的方法进行。

假设在流态化流动中，固体的表观重量由气流支撑，式（8.26）给出流化床流动的压力梯度：

$$\frac{(-\Delta p)}{H}=(1-0.5)\times(2\,500-1)\times9.81=12\,258 \text{ Pa/m}$$

$$\text{实际压力梯度}=\frac{(1.5-1.0)\times10^5}{10}=5\,000 \text{ Pa/m}$$

由于实际压力梯度远低于流化床流动的压力梯度，因此立管是以填充床流动方式运行。

填充床流动中的压力梯度是由气体相对于立管中的固体向上流动而产生，厄贡方程［式（8.25）］提供了填充床中气体流量和压力梯度之间的关系。

已知所需的压力梯度，填充床空隙率以及颗粒和气体物性，由式（8.25）可以解出气体相对速度的大小 $|U_{rel}|$。忽略二次方程的负根，得

$$|U_{rel}|=0.102\,6 \text{ m/s}$$

现在采用速度的符号约定。对于立管，将向下速度视为正。为了在所需方向上产生压力梯度，气体必须相对于固体向上流动。因此，U_{rel} 应为负：

$$U_{rel}=-0.102\,6 \text{ m/s}$$

从固体的连续性方程［式（8.11）］，固体通量

$$\frac{M_p}{A}=U_p(1-\varepsilon)\rho_p$$

固体通量已给出为 100 kg/(m²·s)，因此

$$U_P = \frac{100}{(1-0.5) \times 2\,500} = 0.08 \text{ m/s}$$

固体向下流动，故 $U_p = +0.08$ m/s。相对速度 $U_{rel} = U_f - U_p$，因此气体实际速度为

$$U_f = -0.102\,6 + 0.08 = -0.022\,6 \text{ m/s（向上流动）}$$

可见，气体相对于立管壁以 0.022 6 m/s 的速度向上流动。因而，气体表观速度为

$$U = \varepsilon U_f = -0.011\,3 \text{ m/s}$$

由气体的连续性［式（8.12）］得气体的质量流量为

$$M_f = \varepsilon U_f \rho_f A = -8.9 \times 10^{-5} \text{ kg/s}$$

所以，为了使立管按要求运行，必须使 8.9×10^{-5} kg/s 的气体从下部容器流到上部容器。

自测题

8.1 在固体颗粒的水平气力输送中，跃变速度是什么意思？

8.2 在固体颗粒的竖直气力输送中，壅塞速度是什么意思？

8.3 在固体颗粒的水平气力输送中，为什么在压降-气体速度图中有最小值？

8.4 在固体颗粒的竖直气力输送中，为什么在压降-气体速度图中有最小值？

8.5 在描述通过气力输送固体的管道压降等式中有 6 个组成部分，说出这 6 个组成部分。

8.6 在稀相气力输送系统中，使用旋转式空气闭锁器的两个主要原因是什么？

8.7 在密相气力输送系统中，为什么有时候需要限制固体塞长度？描述在实践中可以限制固体塞长度的三种方法。

8.8 如何确定立管是以填充床流动还是以流化床流动运行？

8.9 对于以填充床流动运行的立管，如何确定气体流量以及气体是向上还是向下流动？

8.10 对于以流化床流动运行的立管，为什么经常需要沿立管在几个点附加充气？采用什么方法计算要添加的气体量和充气点的位置？

练习题

8.1 设计一个正压稀相气力输送系统，用环境空气输送 500 kg/h 的粉体，粉体的颗粒密度为 1 800 kg/m³，颗粒平均粒度为 150 μm，通过 100 m 水平距离和 20 m 竖直距离的管道进行输送。假设管道光滑，需要 4 个 90°弯头，允许压力损失为 0.7 bar。光滑管道气－壁摩擦系数的布拉修斯（Blasius）关联式：$f_g = 0.079\,Re^{-0.25}$。

（答案：直径 50 mm 的管道总压降为 0.55 bar；气体表观速度为 13.8 m/s）

8.2 需要使用现有的内径 50 mm，竖直的光滑管作为提升管线，将 2 000 kg/h 平均粒度为 270 μm 的砂从进料点输送到高出 50 m 处进行处理，颗粒密度为 2 500 kg/m³。有一台鼓风机可以在 0.3 bar 压力下输送 60 m³/h 的环境空气。系统能否按要求运行？

［答案：要使用的气体表观速度为 8.49 m/s（＝$1.55 \times U_{CH}$），总压降为 0.344 bar。

由于允许的 $\Delta p = 0.3$ bar，系统将无法按要求运行]

8.3 设计负压稀相气力输送系统，使用环境空气在工厂的两个点之间运送 700 kg/h 的塑料球，颗粒密度为 1 000 kg/m³，平均粒度为 1 mm，水平距离为 80 m，竖直距离为 15 m。假设管道光滑，需要 5 个 90°弯头，允许的压力损失为 0.4 bar。

（答案：内径 40 mm 的管道，气体表观速度为 16.4 m/s，总压降为 0.38 bar）

8.4 25 m 长的立管以 75 kg/s 的流量运送吉尔达特 A 类固体，立管需要附加充气，以保持流态化流动，且使空隙率处于 0.50～0.55 范围内。固体进入立管顶部时空隙率为 0.55，顶部气体压力和密度分别为 1.4 bar（绝对）和 1.1 kg/m³。固体的颗粒密度为 1 050 kg/m³。确定充气点位置和充气流量。

（答案：位置：6.36 m，14.13 m，23.6 m。流量：0.021 3 kg/s，0.026 1 kg/s，0.031 9 kg/s）

8.5 15 m 长的立管以 120 kg/s 流量运送吉尔达特 A 类固体，立管需要附加充气，以保持流态化流动，使空隙率处于 0.50～0.54 范围内。固体进入立管顶部时空隙率为 0.54，顶部气体压力和密度分别为 1.2 bar（绝对）和 0.9 kg/m³。固体的颗粒密度为 1 100 kg/m³。确定充气点位置和充气流量。最低充气点的压力是多少？

（答案：位置：4.03 m，8.76 m，14.3 m。流量：0.020 0 kg/s，0.023 5 kg/s，0.027 6 kg/s。压力：1.94 bar）

8.6 一个长 5 m 内径为 0.3 m 的竖直立管，以 500 kg/(m²·s) 的通量输送固体，从压力为 1.25 bar 的上部容器输送到压力为 1.6 bar 的下部容器中。固体的颗粒密度为 1 800 kg/m³，表面积—体积平均粒度为 200 μm。假设空隙率为 0.48 并且沿着立管是恒定的，确定通过立管的气体流动方向和流量。 （系统中气体的性质：密度为 1.5 kg/m³；黏度为 1.9×10⁻⁵ Pa·s）

（答案：向下，0.023 kg/s）

8.7 内径为 0.3 m 的竖直立管以 300 kg/(m²·s) 的通量输送固体，从压力为 2.0 bar 的上部容器输送到压力为 2.72 bar 的下部容器中。固体的颗粒密度为 2 000 kg/m³，表面积—体积平均粒度为 220 μm。系统中气体的密度和黏度分别为 2.0 kg/m³ 和 2×10⁻⁵ Pa·s。假设空隙率为 0.47 并且沿立管恒定。

（a）确定避免流态化流动所需的最小立管长度。

（b）已知实际立管长 8 m，确定通过立管的气体流动方向和流量。

[答案：（a）6.92 m；（b）向下，0.0114 kg/s]

9

气体中颗粒的分离：气体旋风分离器

在固体颗粒的加工和处理过程中，需要将颗粒从气体悬浮系中分离出来的情况很多。在第 7 章中我们已经看到，在流化床中，气体通过床层会夹带细颗粒。这些颗粒必须从气体中去除并返回床层，然后气体才能排放或输送到工艺的下一阶段。将非常小的颗粒保留在流化床中，对过程的成功运行可能至关重要，例如石油的催化裂解过程就是如此。在第 8 章里，我们看到了在工艺中如何用气体输送粉体。在输送线末端，产品与气体的有效分离，对这种粉体输送方法的成功应用起着重要作用。在固体燃料的燃烧中，细颗粒燃料灰会悬浮在燃烧气体中，必须在气体排放到环境中之前去除。

在任何应用中，从气体中分离出颗粒的大小在很大程度上决定了分离它们的方法。一般来说，大于 100 μm 的颗粒很容易通过重力沉降分离。对小于 10 μm 的颗粒，必须使用更高能耗的方法，如过滤、湿法洗涤（湿式除尘）和静电沉积（静电除尘）才能使其分离。图 9.1 显示了气固分离装置典型的分级效率曲线。分级效率曲线描述了该装置的分离效率随粒度变化的关系。在本章中，我们将重点介绍气体旋风分离器（简称旋风器）装置。气体旋风分离器一般不适用于含有大比例小于 10 μm 颗粒悬浮物的分离。它最适合作为初级分离装置和相对较粗颗粒的分离，在下游则使用静电除尘器或织物过滤器去除非常细的颗粒。

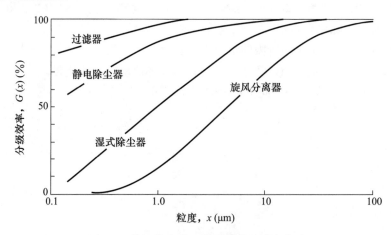

图 9.1　气固分离装置典型的分级效率曲线

读者希望了解更多关于气体-颗粒分离的其他方法以及方法的选择，请参阅斯瓦罗夫斯基（Svarovsky，1981、1990）和佩里与格林（Perry and Green，1984）的论著。

9.1　气体旋风分离器简介

最常见的旋风器被称为逆流式旋风器（图9.2）。气体从入口切向进入旋风器的圆柱段，从而在旋风器体内形成强涡旋。气体中的颗粒受到离心力的作用沿径向向外移动，与气体向内流动的方向相反，固体流向旋风器内表面而被分离。涡旋的流动方向在圆柱段底部附近发生逆转（从向下转向上），气体通过顶部的出口离开旋风分离器（固体出口对气体是封闭的）。旋风器壁上的固体被外涡旋向下推出固体出口。重力已被证实对旋风分离器的运行几乎没有影响。

9.2　流动特性

旋风器内强制涡的旋转流动产生径向压力梯度。这种压力梯度，加上气体进出口处的摩擦压力损失和流向变化造成的损失，构成了旋风器总

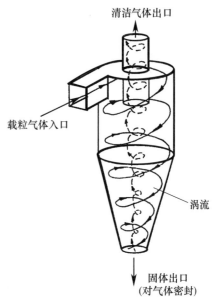

图 9.2　逆流旋风分离器原理

压降。这种在入口和出口之间测出的压降通常与通过旋风器的气体流量的平方成正比。阻力系数（欧拉数 Eu）将旋风器压降 Δp 与特征速度 v 联系起来：

$$Eu = \Delta p/(\rho_f v^2/2) \tag{9.1}$$

其中，ρ_f 是气体密度。

气体旋风分离器的特征速度 v 可以用各种方式定义，但最简单最合适的定义是根据旋风器圆柱体的横截面积来确定的，因此：

$$v = 4q/(\pi D^2) \tag{9.2}$$

其中，q 是气体流量，D 是旋风器圆柱体的内径。

欧拉数 Eu 表示压力与作用在流体元素上的惯性力之比。对于给定的旋风分离器几何结构，其值实际上是恒定的，与旋风分离器直径无关（见第9.4节）。

9.3　分离效率

9.3.1　总效率和分级效率

考虑一固体质量流量为 M 的旋风分离器，从固体出口排出的质量流量为 M_c（称为粗产品），与气体一起离开的固体质量流量为 M_f（称为细产品）。该旋风分离器总的固体物料平衡可写为

$$总的: M = M_f + M_c \tag{9.3}$$

对于每一粒度为 x 的成分物料（假设颗粒在旋风器中没有破碎也没有长大）的平衡则是，

$$某成分的: M(\mathrm{d}F/\mathrm{d}x) = M_f(\mathrm{d}F_f/\mathrm{d}x) + M_c(\mathrm{d}F_c/\mathrm{d}x) \tag{9.4}$$

式中，$\mathrm{d}F/\mathrm{d}x$、$\mathrm{d}F_f/\mathrm{d}x$ 和 $\mathrm{d}F_c/\mathrm{d}x$ 分别为进料、细产品和粗产品的质量粒度频率分布（即粒度为 x 颗粒的质量分数）。F、F_f 和 F_c 分别是进料、细产品和粗产品的质量粒度累积分布（即粒度小于 x 颗粒的质量分数）。有关颗粒粒度分布表示方法的更多详细信息，请参阅第 1 章。

从气体中分离颗粒的总效率 E_T，定义为旋风分离器捕集的粗产品质量占进入颗粒总质量的分数，即

$$E_T = M_c/M \tag{9.5}$$

旋风分离器收集某一粒度颗粒的效率由分级效率 $G(x)$ 来描述，其定义为

$$G(x) = \frac{粗产品中粒度为 x 固体颗粒的质量}{进料中粒度为 x 固体颗粒的质量} \tag{9.6}$$

使用粒度分布符号描述上述公式，则有

$$G(x) = \frac{M_c(\mathrm{d}F_c/\mathrm{d}x)}{M(\mathrm{d}F/\mathrm{d}x)} \tag{9.7}$$

结合式（9.5），我们发现分级效率与总分离效率的关系式为

$$G(x) = E_T \frac{(\mathrm{d}F_c/\mathrm{d}x)}{(\mathrm{d}F/\mathrm{d}x)} \tag{9.8}$$

由式（9.3）～式（9.5）我们可以得出，

$$(\mathrm{d}F/\mathrm{d}x) = E_T(\mathrm{d}F_c/\mathrm{d}x) + (1 - E_T)(\mathrm{d}F_f/\mathrm{d}x) \tag{9.9}$$

式（9.9）表示了进料（无下标）、粗产品（下标 c）和细产品（下标 f）粒度分布间的关系。以累积分布的形式表示，这种关系成为

$$F = E_T F_c + (1 - E_T) F_f \tag{9.10}$$

9.3.2 气体旋风分离器的简单理论分析

参考图 9.3，考虑圆柱段半径为 R 的逆流旋风器，随着气流进入旋风器的颗粒被强制作圆周运动，气体净流动则是沿径向向内，流向中心气体出口。作用在沿圆形轨道运动颗粒上的力是阻力、浮力和离心力。这些力之间的平衡决定了颗粒所取的平衡轨道。阻力是由气体经过颗粒向内流动引起的，作用方向为沿径向向内。考虑一个粒度为 x 和密度为 ρ_p 的颗粒，在密度为 ρ_f 和黏度为 μ 的气体中沿半径为 r 的轨道运动。令颗粒的切向速度为 U_θ，气体的径向向内速度为 U_r。假设斯托克斯定律在这些条件下适用，则阻力由以下公式给出：

$$F_D = 3\pi x \mu U_r \tag{9.11}$$

作用于半径 r 处切向速度分量为 U_θ 颗粒上的离心力和浮力分别为

$$F_C = \frac{\pi x^3}{6} \rho_p \frac{U_\theta^2}{r} \tag{9.12}$$

$$F_B = \frac{\pi x^3}{6} \rho_f \frac{U_\theta^2}{r} \tag{9.13}$$

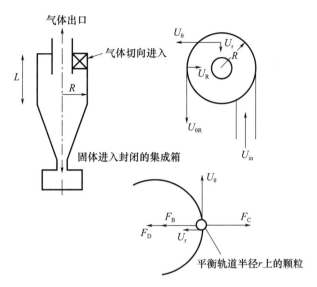

气体出口

气体切向进入

固体进入封闭的集成箱

平衡轨道半径r上的颗粒

图9.3 逆流旋风分离器-分离效率的简单理论

在这些力的作用下，颗粒或向内或向外移动，直到力平衡时，颗粒就处于平衡轨道。在这一点上，则有

$$F_C = F_D + F_B \tag{9.14}$$

由此得出

$$x^2 = \frac{18\mu}{(\rho_p - \rho_f)} \left(\frac{r}{U_\theta^2}\right) U_r \tag{9.15}$$

要更进一步，需要知道旋风器中涡旋的U_θ和半径r之间的关系。对于旋转的固体，$U_\theta = r\omega$，这里ω是角速度。对于自由涡，$U_\theta r = $常数；对于旋风器体内部的受限涡，实验发现，近似地有以下关系：

$$U_\theta r^{1/2} = 常数$$

因此

$$U_\theta r^{1/2} = U_{\theta R} R^{1/2} \tag{9.16}$$

如果还假设气体向中心出口的流动是均匀的，那么就能推导出气体速度径向分量U_r随半径r的变化：

$$气体流量\ q = 2\pi r L U_r = 2\pi R L U_R \tag{9.17}$$

因此

$$U_R = U_r(r/R) \tag{9.18}$$

将式（9.16）和式（9.18）与式（9.15）相结合，得出如下关系式：

$$x^2 = \frac{18\mu}{(\rho_p - \rho_f)} \frac{U_R}{U_{\theta R}^2} r \tag{9.19}$$

其中，r是粒度为x颗粒的平衡轨道半径。

假设所有平衡轨道半径大于或等于旋风器体半径的颗粒都被收集，那么把$r = R$代入方程（9.19）中，就得出如下临界分离粒度x_{crit}的表达式：

$$x_{crit}^2 = \frac{18\mu}{(\rho_p - \rho_f)} \frac{U_R}{U_{\theta R}^2} R \tag{9.20}$$

在式（9.20）中，旋风器筒壁处径向和切向速度分量 U_R 和 $U_{\theta R}$ 的值，可以从旋风器几何结构和气体流量的数据中求得。

此分析预测的理想分级效率曲线如图 9.4 所示。所有粒度为 x_{crit} 及更大的颗粒都会被收集，而所有粒度小于 x_{crit} 的颗粒都不会被收集。

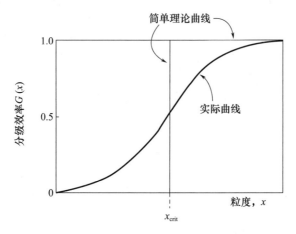

图 9.4　理论和实际分级效率曲线

9.3.3　实际旋风器分级效率

实际上，气体速度波动和颗粒间相互作用导致一些粒度大于 x_{crit} 的颗粒丢失，一些粒度小于 x_{crit} 的颗粒被收集。因此，在实践中，旋风分离器并不会达到上述理论分析所预测那样的陡然截断。与其他分离过程伴有体积力被阻力抗衡的分离装置一样，气体旋风分离器的分级效率曲线通常呈 S 形。

对于这样的曲线，分级效率为 50% 的粒度 x_{50} 通常被用作旋风器效率的单数值度量。x_{50} 也被称为等概率粒度，因为该粒度的颗粒有 50% 的概率出现在粗产品中。这也意味着在大量颗粒中有 50% 这一粒度颗粒将出现在粗产品中。x_{50} 有时还被简单地称为旋风分离器（或其他分离装置）的切割粒度。

当旋风分离器的效率被表示为与进料固体粒度分布无关的单个数值时，x_{50} 切割粒度的概念是有用的，例如在放大计算时。

9.4　旋风分离器的放大

旋风分离器的放大是基于一个无因次量群，即斯托克斯数，它表征了一族几何相似旋风器的分离性能。斯托克斯数 Stk_{50} 定义为

$$Stk_{50} = \frac{x_{50}^2 \rho_p v}{18 \mu D} \tag{9.21}$$

式中，μ 为气体黏度，ρ_p 为固体密度，v 为式（9.2）定义的特征速度，D 为旋风器体直径。

斯托克斯数的物理意义在于，它是作用于粒度为 x_{50} 颗粒上的离心力（浮力较小）与阻力的比值。读者会注意到理论表达式（9.20）和斯托克斯数定义式（9.21）之间的

相似性。可见，在放大过程中使用斯托克斯数是有一定理论依据的（我们还将在第14章中遇到斯托克斯数，那时我们考虑的是在呼吸道捕获颗粒物）。分析表明，对于在管道中携带颗粒的气体，斯托克斯数是使颗粒改变方向所需力与可获得阻力之比的无因次量，该阻力是引起颗粒改变方向之力。斯托克斯数的值比1越大，颗粒撞击气道壁而被捕获的趋势就越大。在旋风器中收集颗粒所需的条件，与颗粒因惯性撞击肺壁而沉积所需的条件之间有着明显的相似性。在每种情况下，当气体改变方向时颗粒要不被捕获，可用的阻力必须足以引起颗粒也随之改变方向。

对于大型工业旋风器，斯托克斯数如前面定义的欧拉数一样，与雷诺数无关。当气体悬浮物浓度小于约 $5\ \mathrm{g/m^3}$ 时，对于给定的旋风器几何结构（即给定一组相对于旋风器直径 D 的几何比例），斯托克斯数和欧拉数通常是恒定的。图9.5给出了两种常见的工业旋风分离器［斯台尔曼高效旋风器（Stairmand HE）和斯台尔曼高速旋风器（Stairmand HR）］的几何尺寸（表9.2）和 Eu、Stk_{50} 的值。

本章末的例题示范了无因次量群 Eu 和 Stk_{50} 在旋风器放大和设计中的应用。

从式（9.21）可以看出，分离效率仅由切割粒度 x_{50} 描述，而未考虑分级效率曲线的形状。如果在性能计算中需要整条分级效率曲线，则可以使用广义分级效率的函数图或解析函数，在所给的切割粒度周围生成该曲线。广义分级效率函数可以从文献中或先前测量的数据中获得。例如，佩里与格林（1984）给出的分级效率表达式为

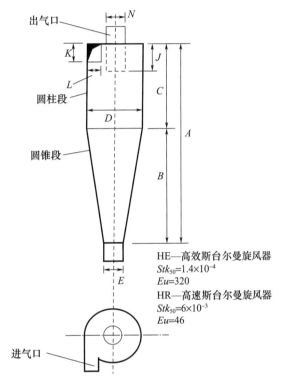

HE—高效斯台尔曼旋风器
$Stk_{50}=1.4\times10^{-4}$
$Eu=320$

HR—高速斯台尔曼旋风器
$Stk_{50}=6\times10^{-3}$
$Eu=46$

图9.5 两种常用的工业旋风分离器几何
参数、欧拉数和斯托克斯数

$$分级效率=\frac{(x/x_{50})^2}{[1+(x/x_{50})^2]} \tag{9.22}$$

该表达式适用于具有以下几何结构的逆流旋风分离器（表9.1）：

表9.1 旋风器几何结构参数（相对于直径 D 的值）

A	B	C	E	J	K	N
4.0	2.0	2.0	0.25	0.625	0.5	0.5

注：字母参考图9.5所示的旋风器。

该表达式做出的切割粒度 $x_{50}=5\ \mu\mathrm{m}$ 的分级效率曲线如图9.6所示。关于分级效率曲线的形状如何受操作压降、旋风器尺寸或设计以及进料固体浓度的影响，现在了解还不多。

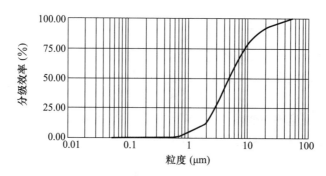

图 9.6 切割粒度 $x_{50} = 5\ \mu m$ 时，公式（9.22）描述的分级效率曲线

表 9.2 图 9.5 中的两种类型旋风器各几何参数相对于直径 D 的值

旋风分离器种类	A	B	C	E	J	L	K	N
HE	4.0	2.5	1.5	0.375	0.5	0.2	0.5	0.5
HR	4.0	2.5	1.5	0.575	0.875	0.375	0.75	0.75

9.5 操作范围

气体旋风分离器最重要的特点之一是其效率受到压降（或流量）的影响。对于特定的旋风分离器和入口颗粒浓度，总分离效率和压降随气体流量的变化如图 9.7 所示。理论预测的效率随着气体流量的增加而增加。然而，在实际应用中，总效率曲线在高流量下会往下降，因为随着高速下湍流的增强，已分离固体的再次被夹带率会增加。最佳操作点处于 A 点和 B 点之间的某个位置，在该位置，可实现最大的总分离效率同时具有合理的压力损失（合理的功耗）。对于不同的粉尘，B 点的位置稍有变化。正确设计和操作的旋风分离器应在推荐范围内的压降下运行；对于大多数在环境条件下运行的旋风分离器，其工作压降应在 50~150 mm 水柱表压（约 500~1500 Pa 之间）。在这个范围内，总分离效率 E_T 随压降增加而增加，这与上述惯性分离理论分析一致。

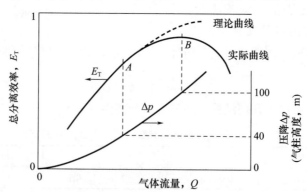

图 9.7 逆流旋风器总分离效率和压降与气体流量的关系

超过以上范围的上限时，总效率不再随压降的增加而增加，实际上可能由于从排尘口再次夹带粉尘而下降。因此，在高于上限时操作旋风分离器是浪费能量的。当压降低

于下限时，旋风分离器相当于一个沉降室，由于其内部的速度过低，可能无法产生稳定的涡旋，因此效率低。

9.6 一些实际设计和操作上的细节

以下是斯瓦罗夫斯基（1986）列出的设计和操作逆流式气体旋风分离器时一些实际考虑。

9.6.1 粉尘负荷对效率的影响

影响总效率的一个重要操作变量是悬浮颗粒的浓度（称为粉尘负荷）。一般来说，高粉尘负荷（高于约 5 g/m^3）会通过颗粒团聚作用（如湿度的影响）使颗粒增大，从而提高总分离效率。

9.6.2 旋风器类型

目前许多逆流旋风分离器的设计可分为两大类：高效设计类（如斯台尔曼 HE）和高速设计类（如斯台尔曼 HR）。高效旋风器具有较高的回收率，其特点是气体入口和出口相对较小。高速旋风器具有较低的总效率，但流动阻力较低，因此一个给定尺寸的单元，比相同直径的高效旋风器有更高的气体流量。高速旋风器的气体入口和出口较大，通常较短。两种常见旋风器（斯台尔曼 HE 和斯台尔曼 HR）的几何尺寸、Eu 和 Stk_{50} 的数值见图 9.5 和表 9.2。

对于设计良好的旋风分离器，Eu 和 Stk_{50} 之间存在直接相关性。高阻力系数值通常导致低的 Stk_{50} 值，从而导致切割粒度小和效率高，反之亦然。一般趋势可通过下面的近似经验关联式来描述：

$$Eu = \sqrt{\frac{12}{Stk_{50}}} \qquad (9.23)$$

9.6.3 磨损

气体旋风分离器的磨损性是其性能的一个重要方面，旋风器的安装和操作方式，以及旋风器的材料结构和设计都对其磨损性产生影响。旋风器结构材料通常是不同等级的钢材，有时内衬橡胶、耐火材料或其他材料。旋风器体内部有两个磨损关键区：正对入口处的圆柱形部分和靠近排尘口的圆锥形部分。

9.6.4 颗粒的磨耗

众所周知，颗粒在气体旋风分离器的收集过程中会发生磨碎或破碎。除了大颗粒比细颗粒更容易受到磨耗外，人们对它与颗粒性质的关系尚知之甚少。磨耗在循环系统如循环流化床中最容易检测到，在流化床中用旋风分离器将被夹带的颗粒返回到床中（见第 7 章）。床中全部存料可能每小时要多次通过旋风器，因此磨耗的影响大大增加。

9.6.5 堵塞

堵塞，通常是由固体出口孔过载引起的，是旋风分离器运行中最常见的故障之一。

出现堵塞时，旋风器圆锥段内迅速充满粉尘，压降增大，效率急剧下降。堵塞往往由于旋风器本体的机械缺陷（旋风器圆锥面上的隆起、突出的焊缝或垫片等）或颗粒物的化学或物理性质变化（例如气体中的水蒸气凝结到颗粒表面上）而引发。

9.6.6　卸料斗和浸入管

固体颗粒卸料部分的设计对气体旋风分离器的正确运行至关重要。如果旋风分离器在真空下运行，则从卸料端向内渗入的任何一点空气都会导致颗粒被重新夹带，使分离效率急剧下降。如果旋风分离器处于正压下，向外泄漏可能使分离效率略有提高，但也会造成产品损失和当地环境污染。因此，应尽可能地保持固体卸出时的气密性。

旋风器内的强涡旋会到达固体出口下方的空间内，因此重要的是在底流孔下方至少一个旋风器直径范围内，不允许有堆积的粉体表面。可使用正位于排尘孔下方的锥形防涡流器，以防止涡旋侵入下方的卸料斗。一些旋风分离器制造商使用"阶梯"锥来消除再次夹带和磨损的影响，斯瓦罗夫斯基（1981）证明了这种设计的价值。

在带有内旋风分离器的流化床中，使用"浸入管（料腿）"将收集到的被夹带颗粒返回到流化床中。浸入管是直接连接到旋风器固体排放口的一段竖直管道，向下延伸至流化床表面下方。在浸入管内的下部，从旋风器中排出的颗粒进入流化床之前，以移动沉降悬浮物的形式被收集。浸入管中沉降悬浮物的水平面总是高于流化床表面，它提供了一个必要的阻力，以最大限度地减少浸入管内气体向上流动，以及由此引起的旋风器分离效率的降低。

9.6.7　旋风分离器的串联

串联旋风分离器在实践中经常用来提高回收率。通常一级旋风器采用中效或低效设计，二级和后续旋风器采用逐步高效设计的或小直径的旋风器。

9.6.8　旋风分离器的并联

对于给定几何结构和工作压降的旋风分离器，可达到的 x_{50} 切割粒度随着旋风分离器尺寸的减小而减小［见式（9.21）］。处理给定气体体积流量的单个旋风分离器的尺寸则由气体流量决定［见式（9.1）和式（9.2）］。对于较大的气体流量，单个旋风器尺寸可能太大，使得 x_{50} 切割粒度大得无法接受。解决方法是将气体流量分到几个并联运行的小旋风分离器中，这样同时可以达到工作压降和 x_{50} 切割粒度的要求。本章末的例题示范了如何估算并联旋风分离器的数量和直径。

9.7　例　　题

例题 9.1——旋风分离器的设计

确定气体旋风分离器的直径和数量，用以处理流量为 2 m³/s 的环境空气（黏度为 18.25×10^{-6} Pa·s；密度为 1.2 kg/m³），其中含有密度为 1 000 kg/m³ 的固体，要求在适当的压降下，切割粒度为 4 μm。使用斯台尔曼 HE（高效）旋风分离器，其 $Eu = 320$，$Stk_{50} = 1.4 \times 10^{-4}$。

最佳压降＝100 m 气柱
$$＝100 \times 1.2 \times 9.81 \text{ Pa}$$
$$＝1\ 177 \text{ Pa}$$

解

从式（9.1）得，特征速度 $v＝2.476$ m/s

因此，根据式（9.2），旋风器直径 $D＝1.014$ m

使用该旋风分离器，由式（9.21）得，切割粒度 $x_{50}＝4.34\ \mu m$

由于切割粒度过大，因此我们必须选择让气体通过几个相互并联的较小旋风器。

假设需要 n 个旋风器相并联，且总流量均匀分配，则每个旋风器的流量为 $q＝2/n$。

因此，根据式（9.1）和式（9.2），新旋风器直径 $D＝1.014/n^{0.5}$。将此旋风器直经、所要求的切割粒度和 v 值（2.476 m/s，如最初计算的那样，因为这完全由要求的压降决定）代入式（9.21），求得 $n＝1.386$。

所以，需要两台旋风分离器。现在按照 $n＝2$，我们由 $D＝1.014/n^{0.5}$ 重新计算旋风器直径，再由式（9.21）计算实际获得的切割粒度。

得出 $D＝0.717$ m，利用式（9.21）和此 D 值以及 $v＝2.476$ m/s，求得实际切割粒度为 $3.65\ \mu m$。

因此，使用两台直径为 0.717 m 的斯台尔曼 HE 旋风分离器并联，将获得的切割粒度为 $3.65\ \mu m$，压降为 1 177 Pa。

例题 9.2

对逆流式气体旋风分离器的试验结果如下表所示：

粒度范围（μm）	0～5	5～10	10～15	15～20	20～25	25～30
进料粒度分析 m（g）	10	15	25	30	15	5
粗产品粒度分析 m_c（g）	0.1	3.53	18.0	27.3	14.63	5.0

（a）根据这些结果确定旋风分离器的总效率。

（b）绘制分级效率曲线，从而表明 x_{50} 切割粒度为 10 μm。

（c）描述此旋风分离器的无因次常数是：$Eu＝384$ 和 $Stk_{50}＝1 \times 10^{-3}$。要处理 10 m^3/s 的空气，其密度为 1.2 kg/m^3、黏度为 18.4×10^{-6} Pa·s，所含尘粒的密度为 2 500 kg/m^3，要获得该切割粒度，确定需要并联操作的旋风分离器的直径和数量。可用的压降为 1 200 Pa。

（d）你设计中实际切割粒度是多少？

解

（a）根据测试结果：

进料质量，$M＝10＋15＋25＋30＋15＋5＝100$ g

粗产品质量，$M_c＝0.1＋3.53＋18.0＋27.3＋14.63＋5.0＝68.56$ g

因此，根据式（9.5），总效率

$$E_T＝\frac{M_c}{M}＝0.685\ 6(68.56\%)$$

（b）根据式（9.7），分级效率

$$G(x) = \frac{M_c}{M}\frac{dF_c/dx}{dF/dx} = E_T\frac{dF_c/dx}{dF/dx}$$

在本题情况下，也可直接从试验结果表中获得 $G(x)$，如

$$G(x) = \frac{m_c}{m}$$

因此，分级效率曲线数据变成：

粒度范围（μm）	0—5	5—10	10—15	15—20	20—25	25—30
$G(x)$	0.01	0.235	0.721	0.909	0.975	1.00

根据这些数据绘制分级效率曲线，如图 9W2.1 所示，并得出 $x_{50} = 10\ \mu$m。

出于兴趣，再按式（9.7）计算 $G(x)$，与上面的算法加以对比。为此，先计算出进料粒度分布 dF/dx 和粗产品粒度分布 dF_c/dx：

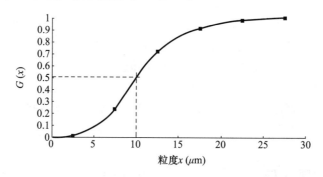

图 9W2.1　分级效率曲线

粒度范围（μm）	0～5	5～10	10～15	15～20	20～25	25～30
dF_c/dx	0.001 46	0.051 5	0.263	0.398	0.213 4	0.072 9
dF/dx	0.1	0.15	0.25	0.30	0.15	0.05

然后可以验证上面计算出的 $G(x)$ 值。例如，对粒度范围 10～15：

$$G(x) = E_T\frac{dF_c/dx}{dF/dx} = 0.685\ 6 \times \frac{0.263}{0.25} = 0.721$$

（c）利用方程（9.1），注意到容许压降为 1 200 Pa，计算特征速度 v，

$$v = \sqrt{\frac{2\Delta p}{Eu\rho_f}} = \sqrt{\frac{2 \times 1\ 200}{384 \times 1.2}} = 2.282\ \text{m/s}$$

如果有 n 个旋风器并联，那么假设气体在旋风器之间均匀分配，每个旋风器的流量为 $q = Q/n$，由式（9.2）可知

$$D = \sqrt{\frac{4Q}{n\pi v}} = \sqrt{\frac{4 \times 10}{n\pi \times 2.282}} = \frac{2.362}{\sqrt{n}}$$

现在将此 D 的表达式以及要求的切割粒度 x_{50} 代入 Stk_{50} 的表达式（9.21）：

$$Stk_{50} = \frac{x_{50}^2\rho_p v}{18\mu D}$$

$$1 \times 10^{-3} = \frac{(10 \times 10^{-6})^2 \times 2\ 500 \times 2.282}{18 \times 18.4 \times 10^{-6} \times (2.362/\sqrt{n})}$$

得出 $n=1.88$。

因此，需要两台旋风分离器。由于使用同一允许的压降，它们的特征速度将相同（2.282 m/s），所需的旋风器直径可根据上面导出的公式计算：

$$D=\frac{2.362}{\sqrt{n}}$$

得出 $D=1.67$ m。

（d）使用两台旋风分离器实际获得的切割粒度根据式（9.21）计算，其中 $D=1.67$ m，$v=2.282$ m/s，

$$\text{实际切割粒度 } x_{50}=\sqrt{\frac{1\times10^{-3}\times18\times18.4\times10^{-6}\times1.67}{2\,500\times2.282}}=9.85\times10^{-6}\ \text{m}$$

总结：两台直径为 1.67 m、压降为 1 200 Pa 的旋风分离器（由 $Eu=384$ 和 $Stk_{50}=1\times10^{-3}$ 描述），将获得的切割粒度为 9.85 μm。

自测题

9.1 工业旋风分离器通常应用的粒度范围是多少？

9.2 借助草图，描述逆流旋风分离器的工作原理。

9.3 什么力作用于旋风分离器内的颗粒？这些力的大小取决于哪些因素？

9.4 对于气体-颗粒分离装置，定义总效率和分级效率。利用这些定义和质量平衡，推导出一个有关气体－颗粒分离装置的进料、粗产品和细产品粒度分布间关系的表达式。

9.5 x_{50} 切割粒度是什么意思？

9.6 定义旋风分离器放大计算中使用的两个无因次数。

9.7 理论上认为随着气体流量的增加，旋风分离器的总效率将增加。解释为什么在实际操作中，旋风分离器要在一定的压降范围内工作。

9.8 在什么情况下，我们应该选择并联运行的旋风分离器？

练习题

9.1 对某气体-颗粒分离装置进行的试验，结果如下表所示：

粒度范围（μm）	0~10	10~20	20~30	30~40	40~50
范围平均值（μm）	5	15	25	35	45
进料质量（kg）	45	69	120	45	21
粗产品质量（kg）	1.35	19.32	99.0	44.33	21.0

（a）求该装置的总效率。

（b）绘制该装置的分级效率曲线图，并确定等概率粒度。

［答案：（a）61.7%；（b）19.4 μm］

9.2 对某气体-颗粒分离装置进行的试验，结果如下表所示：

粒度范围（μm）	6.6~9.4	9.4~13.3	13.3~18.7	18.7~27.0	27.0~37.0	37.0~53.0
进料粒度分布	0.05	0.2	0.35	0.25	0.1	0.05
粗产品粒度分布	0.016	0.139	0.366	0.30	0.12	0.06

已知进料总质量为 200 kg，收集到的粗产品总质量为 166.5 kg。

（a）求该分离装置的总效率。

（b）确定细产品的粒度分布。

（c）绘制该装置的分级效率曲线，并确定等概率粒度。

（d）如果同一装置的进料粒度分布如下，那么所产生粗产品的粒度分布是什么？

粒度范围（μm）	6.6~9.4	9.4~13.3	13.3~18.7	18.7~27.0	27.0~37.0	37.0~53.0
进料粒度分布	0.08	0.13	0.27	0.36	0.14	0.02

［答案：（a）83.25%；（b）0.219，0.503，0.271，0.001 5，0.000 6，0.000 3；（c）10.5 μm；（d）0.025，0.089，0.276，0.422，0.165，0.024］

9.3

（a）解释什么是气固分离装置的"分级效率曲线"，并以某一气体旋风分离器的这种曲线为例用图加以说明。

（b）确定并联运行的斯台尔曼 HR 型高速气体旋风分离器的直径和数量，以处理 3 m^3/s 的气体。该气体密度为 0.5 kg/m^3，黏度为 2×10^{-5} Pa·s，携带的尘粒密度为 2 000 kg/m^3。在 1 200 Pa 压降下，最大切割粒度为 7 μm。

（对于斯台尔曼 HR 旋风分离器：$Eu = 46$，$Stk_{50} = 6 \times 10^{-3}$）

（c）给出你的设计实际获得的切割粒度。

（d）工艺条件要求气体流量下降 50%。这将对你设计实现的切割粒度有什么影响？

［答案：（a）略；（b）两台直径为 0.43 m 的旋风分离器；（c）$x_{50} = 6.8$ μm；（d）新的 $x_{50} = 9.6$ μm］

9.4

（a）确定并联运行的斯台尔曼 HE 型气体旋风分离器的直径和数量，以处理 1 m^3/s 的气体。气体密度为 1.2 kg/m^3，黏度为 18.5×10^{-6} Pa·s，携带的尘粒密度为 1 000 kg/m^3。在 1 200 Pa 压降下，最大切割粒度 x_{50} 为 5 μm。

（对于斯台尔曼 HE 旋风器：$Eu = 320$，$Stk_{50} = 1.4 \times 10^{-4}$）

（b）给出你的设计实际获得的切割粒度。

［答案：（a）一台旋风器，直径 0.714 m；（b）$x_{50} = 3.6$ μm］

9.5 用斯台尔曼 HR 旋风分离器净化 2.5 m^3/s 的环境空气（密度为 1.2 kg/m^3，黏度为 18.5×10^{-6} Pa·s），其中含有尘粒密度为 2 600 kg/m^3 的粉尘。允许压降为 1 200 Pa，要求切割粒度不超过 6 μm。

（a）需要多大尺寸的旋风分离器？

（b）需要多少台旋风分离器以及如何布置？

（c）获得的实际切割粒度是多少？

［答案：（a）直径 0.311 m；（b）五台旋风分离器并联；（c）实际切割粒度 = 6 μm］

10

粉体的储存和流动-料斗设计

10.1 引　　言

工业原料、半成品及产品在生产过程中常以固体颗粒的形式存在，在它们的短期储存中存在着一些容易被忽视的问题，正如本书引言中指出的那样，这些问题可能经常导致生产中断。

其中一个很常见的问题就是，在料斗的卸料口或料仓下部的收缩段，粉体流动受阻。然而有一项技术使设计出的料斗可以保证粉体的正常流动。在本章中，由于篇幅所限，不可能涵盖未充气粉体重力流动的所有方面，因此这里仅研究圆锥形料斗的设计原理。该原理是由詹尼克（Jenike，1964）首先提出的。

10.2　质量流和漏斗流

质量流

在理想的质量流中，每当从卸料口流出任何粉体，筒仓中的所有粉体就都处于运动状态，如图 10.1（b）所示。流动通道与筒仓壁重合。质量流料斗光滑且陡峭。图 10.2（a—d）是根据质量流料斗卸料过程的一系列照片所绘制的示意图。在该示意图系列中，使用交替染色粉体层清楚地显示了该流型的主要特征。不难发现，在到达料斗斜面部分前，粉体表面始终保持水平。

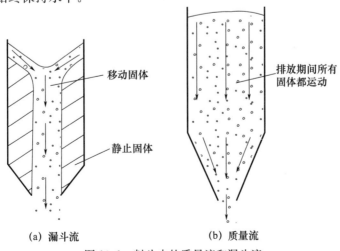

(a) 漏斗流　　　　　　　　　(b) 质量流

图 10.1　料斗中的质量流和漏斗流

漏斗流

当粉体以图 10.1（a）的形式从粉体内部的通道中流向筒仓出口时，即为漏斗流。我们并不关心漏斗流筒仓的设计。图 10.3（a—d）是根据漏斗流料斗卸料过程的一系列照片所绘制的示意图。不难发现，直到料斗几乎排空，料斗下部周围的粉体都处于静止状态。在粉体的倾斜表面上，会发生粒度偏析现象（见第 11 章）。

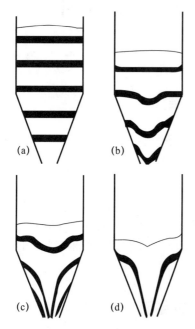

图 10.2　质量流型卸料过程示意
（取自料斗排空过程的照片，黑带是染色示踪颗粒层）

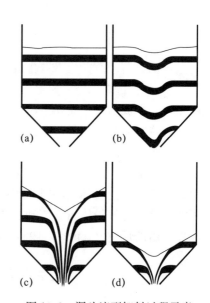

图 10.3　漏斗流型卸料过程示意
（取自料斗排空过程的照片，黑带是染色示踪颗粒层）

质量流与漏斗流相比，有着许多优点。在质量流中，粉体的运动大致是均匀的、稳定的。流出粉体的堆积密度是恒定的，且不受筒仓高度的影响。粉体各处的应力一般都比较低，这也使粉体的压实度比较低。在质量流料斗中没有停滞区，因此，与漏斗流料斗的情况相比，产品降级的风险很小。质量流料斗的先进先出流动模式，确保了仓中粉体的停留时间大致相同。此外，在漏斗流中可能发生的粒度偏析问题在质量流中几乎不会发生。但是，在某些情况下质量流也有一个致命的缺点，即移动粉体与筒仓及料斗壁之间的摩擦会导致仓壁的侵蚀，同时引起仓壁材料对粉体的污染。如果不能接受粉体污染或料斗壁严重侵蚀，则应考虑漏斗流料斗。

对于锥形料斗，产生质量流所需的倾斜角度取决于粉体内部及粉体与筒壁之间的摩擦。后文将会看到这些关系如何量化，以及如何确定产生质量流的条件。应该注意，不存在绝对的质量流料斗；能够使一种粉体产生质量流的料斗可能会使另一种粉体产生漏斗流。

10.3　设计原理

我们将粉体流动受阻或断流现象称为结拱，并假定不发生结拱，粉体便能正常流动（图 10.4）。一般来说，粉体在压实应力作用下会产生强度，且压实应力越大，强度越

大（图 10.5）。（自由流动的固体颗粒，如干砂，则不会因压实应力而产生强度，而且会一直流动）

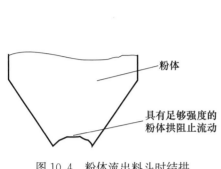

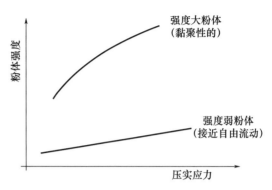

图 10.4　粉体流出料斗时结拱　　　　图 10.5　黏聚性粉体和自由流粉体强度随压力的变化

10.3.1　流动与不流动的判据

如果粉体在固结压力作用下产生的强度不足以造成流动阻塞，则通道中的粉体就会发生重力流动。当粉体产生的强度大于作用在拱表面的应力时，就会结拱。

10.3.2　料斗流动因数

料斗流动因数 ff，将粉体内产生的应力与作用于特定料斗内的压实应力联系起来。料斗流动因数定义为

$$ff = \frac{\sigma_C}{\sigma_D} = \frac{料斗内的压实应力}{粉体内产生的应力}　　　　　　(10.1)$$

料斗流动因数大，意味着粉体流动性差。因为 σ_C 越高，压得越实；而 σ_D 越低，越易结拱。

料斗流动因数取决于以下三个因素：粉体性质；料斗壁材料性质；料斗壁倾斜度。它们间的定量关系在后文论述。

10.3.3　无侧限屈服应力 σ_y

我们感兴趣的是粉体在拱表面形成的强度。假定粉体在暴露的拱表面处屈服应力（即引起流动的应力）为 σ_y，应力 σ_y 称为粉体的无侧限屈服应力。那么，如果形成拱的粉体内产生的应力大于拱处的无侧限屈服应力，就会发生流动。也就是说，发生流动的条件为

$$\sigma_D > \sigma_y　　　　　　(10.2)$$

结合式（10.1），此判据改写为

$$\frac{\sigma_C}{ff} > \sigma_y　　　　　　(10.3)$$

10.3.4　粉体流动函数

显然，粉体的无侧限屈服应力 σ_y 随着压实应力 σ_C 的变化而变化：

$$\sigma_y = fn(\sigma_C)$$

此函数关系由实验确定，经常以图的形式给出（图 10.6）。此关系有几个不同的名称，其中一些名称有误导性。我们在此称之为粉体流动函数。注意，它仅是粉体物性的一个函数。

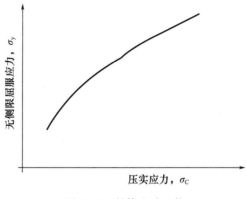

图 10.6　粉体流动函数

10.3.5　流动临界条件

从式（10.3）可知，流动的极限条件是：

$$\frac{\sigma_C}{ff} = \sigma_y$$

为了揭示粉体在料斗内发生流动的条件，可以将此式绘制在该粉体流动函数图（无侧限屈服应力 σ_y 与压实应力 σ_C 图）中。如图 10.7 所示，极限条件是一条斜率为 $1/ff$ 的直线。

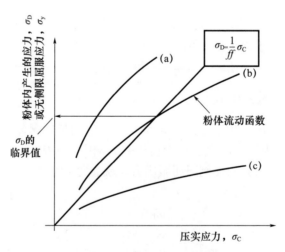

图 10.7　流动临界条件的确定

图 10.7 中，粉体无侧限屈服应力大于 σ_C/ff 时，不发生流动［粉体流动函数（a）］。粉体无侧限屈服应力小于 σ_C/ff 时，发生流动［粉体流动函数（c）］。对粉体流动函数（b），存在一个临界条件点，该点处粉体无侧限屈服应力 σ_y 等于粉体内产生的应力 σ_C/ff。这就得出一个应力的临界值 σ_{crit}，它是拱表面处实际产生应力的临界值：

若实际产生的应力<σ_{crit}，不发生流动；

若实际产生的应力>σ_{crit}，发生流动。

10.3.6 临界卸料口尺寸

对于一定形状的料斗，人们会直观地认为，在拱处产生的应力随拱的跨度和拱内粉体重量增加而增加。事实正是如此，拱处产生的应力与料斗卸料口尺寸 B 以及粉体堆积密度 ρ_B 有关，关联式如下：

$$最小卸料口尺寸 B=\frac{H(\theta)\sigma_{crit}}{\rho_B g} \tag{10.4}$$

其中，$H(\theta)$ 是由料斗壁倾斜角决定的因子，g 是重力加速度。圆锥料斗 $H(\theta)$ 的近似表达式为

$$H(\theta)=2.0+\frac{\theta}{60} \tag{10.5}$$

10.3.7 小结

从上述有关圆锥形质量流料斗设计原理的讨论中看到，设计需要以下条件：

（1）拱处粉体强度（无侧限屈服应力）σ_y 与作用于粉体的压实应力 σ_C 的关系；

（2）料斗流动因数 ff 如何随以下因素变化：

（a）粉体性质（特征量为有效内摩擦角 δ）；

（b）料斗壁性质（特征量为壁摩擦角 Φ_W）；

（c）料斗壁倾斜度（特征量为锥形段的半夹角 θ，即料斗壁斜面与竖直面的夹角）。

已知 δ、Φ_W 和 θ，就可以确定料斗流动因数 ff。因此，料斗流动因数是粉体性质和料斗性质（料斗几何形状和壁材料）的函数。

已知料斗流动因数和粉体流动函数（σ_y 与 σ_C 关系），就可以确定料拱处的临界应力，并找到对应于该应力的最小卸料口尺寸。

10.4 剪切仪试验

上述数据可以通过对粉体进行剪切仪试验获得。

詹尼克剪切仪（图 10.8）允许粉体被压实到任意程度，并在控制载荷条件下进行剪切，同时测得剪切力（以及应力）。

通常，在有剪力作用的条件下，粉体堆积密度会发生改变。剪力作用下，对特定法向载荷：松散装填粉体会被压缩（堆积密度增加）；非常密实的装填粉体会膨胀（堆积密度降低）；临界装填粉体体积不变。

对于一个特定的堆积密度，存在一个临界法向载荷，它在不改变体积的情况下产生破坏（屈服）。在料斗中流动的粉体处于这种临界状态。因此，无体积变化的屈服是我们在设计中特别感兴趣的。

使用标准化的测试程序，需要制备五或六个具有相同堆积密度的粉体样本。参看图 10.8所示的詹尼克剪切仪，向剪切仪上盖施加一个法向载荷，通过支架对试样施加一个

水平力，由载荷探针测出该水平力并记录下来，即记录下粉体样本开始发生剪切流动所需的水平力。对每一个相同样本重复上述步骤，但逐次增大施加于上盖的法向载荷。这样，试验就产生一组五对或六对法向载荷和剪力数据，从而得到某一特定堆积密度粉体压实应力和剪应力的对应值。将这些数据对绘成图，就给出屈服轨迹线（图 10.9）。屈服轨迹线终点对应于临界流动条件，在该条件下，粉体开始发生流动，但堆积密度不变。有经验的操作者按上述试验程序，可以遴选出达到临界条件的法向力和剪切力的组合。整个试验程序重复两到三次，所用样本制备成不同的堆积密度。用这种方法可以生成一族屈服轨迹线（图 10.10）。

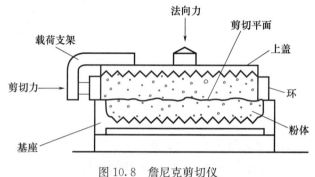

图 10.8　詹尼克剪切仪

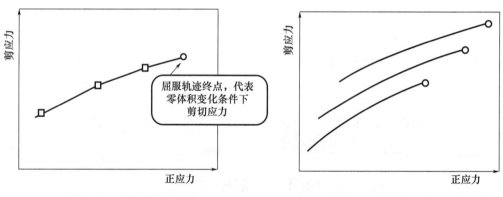

图 10.9　单条屈服轨迹线　　　　　图 10.10　一族屈服轨迹线

这些屈服轨迹线表征了未充气粉体的流动特性。下节将讨论如何由该族屈服轨迹线生成粉体流动函数。

10.5　剪切仪试验结果分析

对料斗内未充气粉体流动的数学应力分析需要用到主应力。因此必须利用莫尔应力圆，根据剪切仪试验结果确定主应力。

10.5.1　莫尔圆概要

在任何应力系统中，都存在两个相互正交的平面，在该平面上剪应力为零。作用在该平面上的正应力（法向应力）称为主应力。

莫尔圆表示在应力作用下作用于物体（或粉体）任一平面上正应力和剪应力的可能组合。图 10.11 显示莫尔圆与应力系统的关系。更多有关莫尔圆应用的背景信息，可以在涉及材料强度和固体应力应变分析的课本中找到。

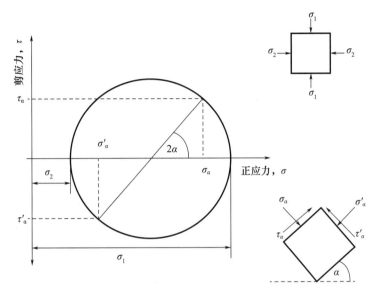

图 10.11　莫尔圆与应力系统的关系

10.5.2　莫尔圆在屈服轨迹分析中的应用

屈服轨迹线上的每个点都代表可使粉体发生破坏或屈服的某一特定莫尔圆上的一点。那么屈服轨迹线与一族莫尔圆相切，这些莫尔圆代表着使粉体破坏（流动）的应力系统。例如，在图 10.12 中，莫尔圆（a）和莫尔圆（b）代表了使粉体破坏的应力系统。在莫尔圆（c）中，应力不足以引起流动。莫尔圆（d）则与所考虑的系统不相关，因为该系统不能支持屈服轨迹线以上的应力组合。因此，与屈服轨迹线相切的莫尔圆对我们的分析十分重要。

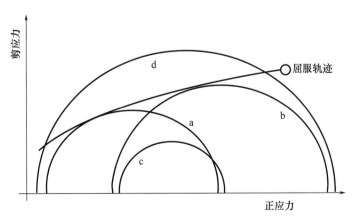

图 10.12　确定适用的莫尔圆

10.5.3　σ_y 和 σ_C 的确定

我们对两个与屈服轨迹线相切的莫尔圆特别感兴趣。参见图 10.13，较小的莫尔圆代表自由拱表面条件：该自由表面是一个平面，其上剪应力和正应力都为零，因此，代表该条件下粉体发生流动（破坏）的莫尔圆一定通过剪应力-正应力图的原点。这个莫尔圆给出的最大主应力即无侧限屈服应力，亦即我们要用的 σ_y 值。较大的莫尔圆与屈服轨迹线相切于其终点，因此代表临界破坏条件。由此莫尔圆得出的最大主应力值即被认为是压实应力 σ_C。

从各条屈服轨迹线中得到 σ_y 和 σ_C 的对应值，绘制成图就得到了粉体流动函数（图 10.6）。

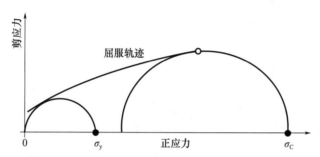

图 10.13　无侧限屈服应力 σ_y 和压实应力 σ_C 的确定

10.5.4　由剪切试验确定 δ 值

对几百种散体颗粒进行的实验证实（詹尼克，1964），对于在料斗中流动的粉体元素，有：

$$\frac{\sigma_1}{\sigma_2} = \frac{作用于元素的最大主应力}{作用于元素的最小主应力} = 常数$$

散体颗粒的这种性质可表示为以下关系式：

$$\frac{\sigma_1}{\sigma_2} = \frac{1+\sin\delta}{1-\sin\delta} \tag{10.6}$$

其中，δ 是粉体的有效内摩擦角。就莫尔应力圆而言，这意味着所有代表临界破坏条件的莫尔圆都与同一条通过原点的直线相切，该直线的斜率是 $\tan\delta$（图 10.14）。

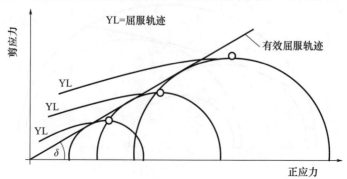

图 10.14　有效屈服轨迹和有效内摩擦角 δ 的定义

这条直线称为粉体的有效屈服轨迹。绘出这条线，就可以确定 δ。应当注意，δ 不是粉体内部一个真实的物理角度，而是剪应力与正应力之比的正切角。还要注意，对于自由流动粉体，在压实力作用下不会产生强度，只有一条屈服轨迹，该轨迹与有效屈服轨迹重合（图 10.15）。（这种类型的正应力与剪应力关系称为库仑摩擦）

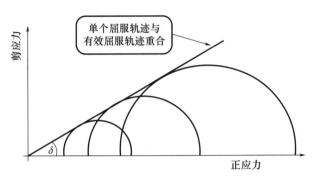

图 10.15 自由流动粉体的屈服轨迹

10.5.5 粉体与料斗壁之间的运动摩擦角 Φ_W

粉体与料斗壁之间的运动摩擦角 Φ_W 又称为壁摩擦角。它表示在流动条件下作用于粉体与料斗壁之间的正应力与剪应力关系。为了确定 Φ_W，首先必须由剪切试验构建壁屈服轨迹。壁屈服轨迹是通过在不同法向载荷作用下，对壁材料样本上的粉体进行剪切试验来确定的。所使用的装置示于图 10.16，典型的壁屈服轨迹如图 10.17 所示。

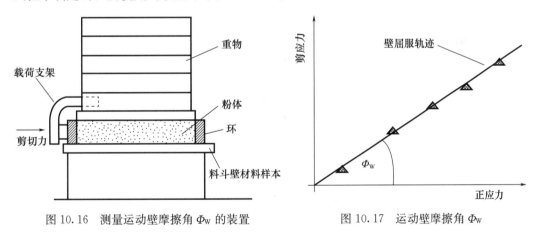

图 10.16 测量运动壁摩擦角 Φ_W 的装置　　　　图 10.17 运动壁摩擦角 Φ_W

运动壁摩擦角由壁屈服轨迹的坡度得出（图 10.17），即

$$\tan\Phi_W = \frac{\text{壁面剪应力}}{\text{壁面正应力}}$$

10.5.6 料斗流动因数 ff 的确定

料斗流动因数 ff 是 δ、Φ_W 和 θ 的函数，可由基本原理求得。然而，詹尼克（1964）曾对 δ 分别为 $30°$、$40°$、$50°$、$60°$ 和 $70°$ 的圆锥形料斗和有槽形出口的楔形料斗获得了流动因数值。以圆锥形料斗的流动因数图为例，示于图 10.18。需要注意的是，流动因数值只存在于三角形区域内；这定义了质量流可能发生的条件。

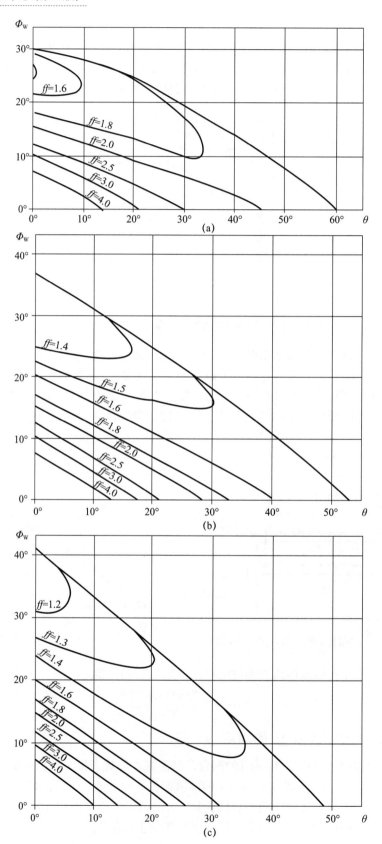

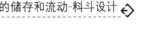

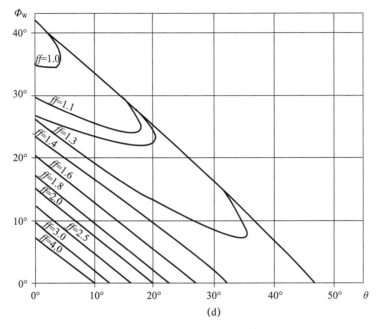

图 10.18 圆锥形通道的料斗流动因数 (a) $\delta=30°$; (b) $\delta=40°$; (c) $\delta=50°$; (d) $\delta=60°$

　　下面是使用这些流动因数图的一个例子。假设剪切试验已经给出 δ 和 Φ_W 分别等于 $30°$和 $19°$，然后进入有效摩擦角 $\delta=30°$ 的圆锥形料斗的图表，我们发现确保质量流的壁倾斜角（半锥角）θ 的极限值是 $30.5°$（图 10.19 中 X 点）。在实践中通常允许有 $3°$的安全裕度，因此，这种情况下圆锥形料斗的半夹角 θ 应选为 $27.5°$，得出料斗流动因数 $ff=1.8$（图 10.19 中 Y 点）。

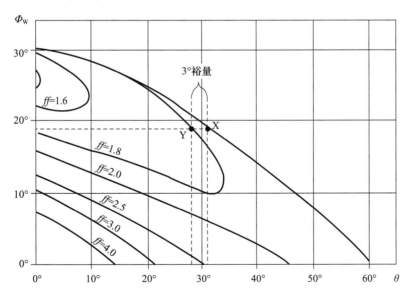

图 10.19 料斗流动因数图使用实例：确定 $\delta=30°$圆锥形通道的料斗流动因数值

10.6　设计流程综述

以下是质量流圆锥形料斗设计流程总结：

1. 通过剪切试验得到一系列屈服轨迹线；

2. 由莫尔圆应力分析得到对应的无侧限屈服应力 σ_y 和压实应力 σ_C，以及有效内摩擦角 δ 值；

3. 由成对的 σ_y 和 σ_C 值得到粉体流动函数；

4. 通过对料斗壁材料上粉体进行剪切试验得到运动壁摩擦角 Φ_W；

5. Φ_W 和 δ 用于求得料斗流动因数 ff 和圆锥形料斗的半锥角 θ；

6. 将粉体流动函数和料斗流动因数结合起来，得到临界流动－不流动条件对应的应力值 σ_{crit}；

7. σ_{crit}、$H(\theta)$ 和堆积密度 ρ_B 用于计算圆锥形料斗出口最小直径 B。

10.7　卸料助流装置

许多商用装置可用来促进粉体从筒仓和料斗流出，它们被称为卸料助流装置或筒仓活化器。然而，它们并不能代替良好的料斗设计。

当良好设计的料斗卸料口过大与紧接着的下游装置不匹配时，可使用卸料助流装置。在这种情况下，料斗应设计成将粉体以不间断质量流方式输送到卸料助流装置的进料口，即料斗壁的坡度和卸料助流装置的入口尺寸要按照本章所述的流程计算。

10.8　高圆柱形料仓底部的压力

当料仓内的粉体深度增加时，其底部应力如何变化，对此问题的研究很是有趣。为简单起见，假设粉体是无黏结性的（即在压实过程中不会增加强度）。参照图 10.20，考虑粉体表面下深度为 H 处一厚度为 ΔH 的粉体层，该处向下的力是：

$$\frac{\pi D^2}{4}\sigma_V \tag{10.7}$$

其中，D 是料仓直径，而 σ_V 是作用在粉体层上表面的应力。假设应力随深度增加，粉体层下表面向上的反作用力为

$$\frac{\pi D^2}{4}(\sigma_V + \Delta \sigma_V) \tag{10.8}$$

那么对粉体层向上的净力为

$$\frac{\pi D^2}{4}\Delta \sigma_V \tag{10.9}$$

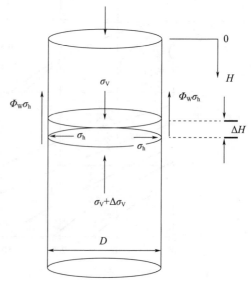

图 10.20　高圆柱形筒仓中的水平粉体层受力分析

如果粉体层施加在壁上的应力为 σ_h，壁摩擦系数为 $\tan\Phi_W$，则该层粉体所受摩擦力（向上）为

$$\pi D\Delta H\tan\Phi_W\sigma_h \tag{10.10}$$

粉体层的重力是：

$$\frac{\pi D^2}{4}\rho_B g\Delta H（向下） \tag{10.11}$$

其中，ρ_B 是粉体的堆积密度，假定粉体堆积密度是恒定的（不随深度变化）。

如果粉体层处于平衡状态，则向上和向下的力相等，有：

$$D\Delta\sigma_V+4\tan\Phi_W\sigma_h\Delta H=D\rho_B g\Delta H \tag{10.12}$$

假设水平应力与竖直应力成正比，且此种关系不随深度变化：

$$\sigma_h=k\sigma_V \tag{10.13}$$

那么，当 ΔH 趋于零时，有：

$$\frac{d\sigma_V}{dH}+\left(\frac{4\tan\Phi_W k}{D}\right)\sigma_V=\rho_B g \tag{10.14}$$

注意到，此方程等同于下列方程：

$$\frac{d}{dH}(e^{(4\tan\Phi_W k/D)H}\sigma_V)=\rho_B g\,e^{(4\tan\Phi_W k/D)H} \tag{10.15}$$

积分，得到：

$$e^{(4\tan\Phi_W k/D)H}\sigma_V=\frac{D\rho_B g}{4\tan\Phi_W k}e^{(4\tan\Phi_W k/D)H}+常数 \tag{10.16}$$

一般来说，如果作用在粉体上表面的应力为 σ_{V0}（$H=0$ 处），结果是：

$$\sigma_V=\frac{D\rho_B g}{4\tan\Phi_W k}\left[1-e^{-(4\tan\Phi_W k/D)H}\right]+\sigma_{V0}e^{-(4\tan\Phi_W k/D)H} \tag{10.17}$$

该结论被詹森（Janssen，1895）首先证明。

如果粉体的自由表面没有外力作用，即 $\sigma_{V0}=0$，则有：

$$\sigma_V=\frac{D\rho_B g}{4\tan\Phi_W k}(1-e^{-(4\tan\Phi_W k/D)H}) \tag{10.18}$$

当 H 很小时，因为对于很小的 z，$e^{-z}\approx1-z$，所以有：

$$\sigma_V\approx\rho_B Hg \tag{10.19}$$

相当于密度为 ρ_B 的流体中深度 H 处的静压。

当 H 很大时，由式（10.18）可以看出：

$$\sigma_V\approx\frac{D\rho_B g}{4\tan\Phi_W k} \tag{10.20}$$

因此，所产生的竖向应力变得与其上的粉体深度无关。图 10.21 显示了没有力作用在粉体自由表面（$\sigma_{V0}=0$）的情况下，应力随粉体深度的变化规律。与直觉（这通常基于我们对流体的经验）相反，如果粉体床足够深，则粉体床施加的力与深度无关。所以，粉体的大部分重量是由筒仓壁支撑的。实际上，在深度大于 $4D$ 后，应力大小就与深度无关了（也与粉体自由表面的载荷无关）。

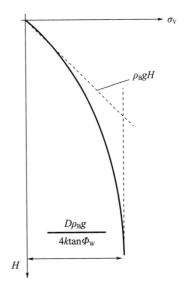

图 10.21 竖向压力随粉体深度的变化规律（$\sigma_{V0}=0$）

10.9　质量流量

研究发现，除非料仓几乎排空，否则从料仓底部孔口排出粉体的速度与粉体深度无关。这意味着，粉体深度大时，静态粉体对仓底施加的压力与深度无关的现象对动态系统同样存在。这证实了流体流动理论不能应用于粉体的流动。实验结果表明，对于平底圆柱形料仓通过孔口的出流情况，有

对直径为 B 的圆形孔口，质量流量 $M_P \propto (B-a)^{2.5}$

其中，a 是与粒度有关的修正因子。例如，对于从平底圆柱形料仓的圆锥形开孔排出的粉体，Beverloo 等人（1961）给出：$M_P = 0.58\rho_B g^{0.5}(B-kx)^{2.5}$。

对于无黏聚性的粗颗粒，忽略阻力和颗粒间相互作用力，其自由下落距离 h 时的速度为 $u=\sqrt{2gh}$。如果这些颗粒以堆积密度 ρ_B 流过直径为 B 的圆形孔口，理论上，其质量流量将为

$$M_P = \frac{\pi}{4}\sqrt{2}\,\rho_B g^{0.5} h^{0.5} B^2$$

实际观测到的流量与 $B^{2.5}$ 成正比表明，在实际中只有当 h 与孔口直径为同一量级时，颗粒才会接近自由落体模型。

10.10　总　　结

因篇幅所限，本章只能概述未充气粉体流动分析方面所涉及的基本原理。概述时参照了圆锥形质量流料斗的具体设计实例。料斗设计中其他重要的考虑，如时间固结效应和确定料斗内及料仓壁上的应力等方面内容都被省略了。这些方面，连同剪切试验程序的细节，都包含在相关专题的课文中。希望进一步了解颗粒类固体破坏（流动）更详细分析的读者，可以参考土壤力学方面的课本。

10.11　例　　题

例题 10.1

对粉体的剪切仪试验结果如图 10W1.1 所示。此外，已知该粉体在不锈钢壁上的摩擦角为 19°，在流动条件下，粉体的堆积密度为 1 300 kg/m³。欲设计盛放这种粉体的不锈钢圆锥形料斗，确定：

（a）有效内摩擦角；

（b）圆锥形料斗的最大半夹角，以确保发生质量流；

（c）打开卸料口滑阀时，能保证粉体流出的最小圆形卸料口直径。

解

（a）从图 10W1.1 可知有效屈服轨迹（线 AB）的斜率为 0.578，因此，有效内摩擦角 $\delta = \tan^{-1}(0.578) = 30°$

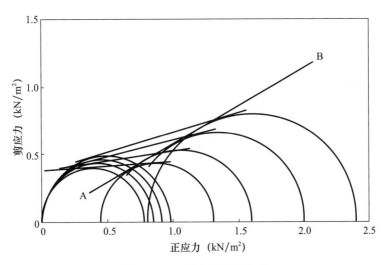

图 10W1.1　剪切仪试验结果

（b）从图 10W1.1 中，得到确定粉体流动函数所需的 σ_C 和 σ_y 对应值，由这些对应值得到的粉体流动函数见图 10W1.2。

σ_C	2.4	2.0	1.6	1.3
σ_y	0.97	0.91	0.85	0.78

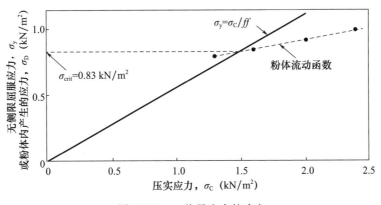

图 10W1.2　临界应力的确定

用图 10.18（a）所示的 $\delta=30°$ 时的料斗流动因数图，以及已知的 $\Phi_w=19°$ 和 $3°$ 安全裕度，得到料斗流动因数 $ff=1.8$ 和料斗壁半夹角 $\theta=27.5°$（图 10W1.3）。

（c）将关系式 $\sigma_y=\sigma_C/ff$ 绘于与粉体流动函数相同的坐标图中（图 10W1.2），由该线与粉体流动函数的交点，得到临界无侧限屈服应力的值 $\sigma_{crit}=0.83$ kN/m²。由式（10.5），当 $\theta=27.5°$ 时，

$$H(\theta)=2.46$$

再由式（10.4），得到质量流的最小出口直径 B 为

$$B=\frac{2.46\times0.83\times10^3}{1\,300\times9.81}=0.160\text{ m}$$

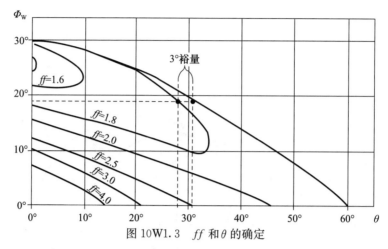

图 10W1.3　ff 和 θ 的确定

总结：为了使题给粉体发生无堵塞风险的质量流，所需的不锈钢圆锥形料斗的最大半锥角为 27.5°，圆形出口直径至少为 16.0 cm。

例题 10.2

粉体剪切仪试验获得下列参数：有效内摩擦角 $\delta=40°$；低碳钢运动壁摩擦角 $\Phi_W=16°$；流动状态下粉体堆积密度 $\rho_B=2\,000\ \text{kg/m}^3$。

粉体流动函数可以用关系式 $\sigma_y=\sigma_C^{0.6}$ 表示，其中，σ_y 是无侧限屈服应力（kN/m²），σ_C 是压实应力（kN/m²）。确定：（a）能确保质量流的圆锥形低碳钢料斗的最大半夹角；（b）卸料口打开时，能保证粉体流出的圆形卸料口最小直径。

解

（a）根据有效内角摩擦角 $\delta=40°$，参考图 10.18（b）中的料斗流动因数图，已知 $\Phi_W=16°$，安全裕度为 3°，从图中得到料斗流动因数 $ff=1.5$ 和确保质量流的料斗半夹角 $\theta=30°$（图 10W2.1）。

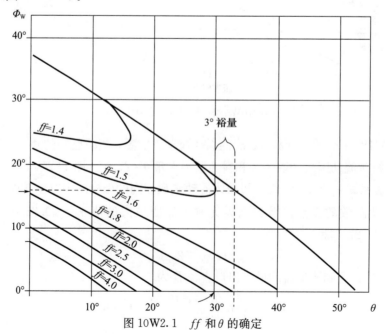

图 10W2.1　ff 和 θ 的确定

（b）要发生流动，必须有：

$$\frac{\sigma_C}{ff} > \sigma_y$$

但对于题给的粉体，σ_y 和 σ_C 的关系由粉体流动函数给出

$$\sigma_y = \sigma_C^{0.6}$$

这样，流动判据变为

$$\frac{\sigma_y^{1/0.6}}{ff} > \sigma_y$$

于是，当 $\frac{\sigma_y^{1/0.6}}{ff} = \sigma_y$ 时，即可找到无侧限屈服应力的临界值 σ_{crit}，因此 $\sigma_{crit} = 1.837\ \text{kN/m}^2$。

由式（10.5）可知，当 $\theta = 30°$ 时 $H(\theta) = 2.5$，因此，由式（10.4）可知，最小圆形卸料口直径为

$$B = \frac{2.5 \times 1.837 \times 10^3}{2\ 000 \times 9.81} = 0.234\ \text{m}$$

总结：当低碳钢料斗半锥角为 30° 和圆形卸料口直径至少为 23.4 cm 时，可以确保发生无堵塞的质量流。

自测题

10.1　借助示意图，解释料斗中粉体质量流和漏斗流的含义。

10.2　本章提出的设计原理的出发点是流动－不流动判据，什么是流动－不流动判据？

10.3　哪个量描述了料拱中粉体产生的强度，该料拱阻碍粉体从料斗底部流出？该量与料斗流动因数有何关系？

10.4　什么是粉体流动函数？粉体流动函数取决于（a）粉体物性，（b）料斗几何形状，（c）粉体物性和料斗几何形状？

10.5　如何根据已知的料斗流动因数和粉体流动函数确定应力的临界值？

10.6　粉体的临界破坏（流动）是什么意思？它有什么意义？

10.7　借助于剪应力与正应力图，说明如何从一族屈服轨迹确定粉体的有效内摩擦角？

10.8　什么是运动壁摩擦角？如何确定？

10.9　将粉体逐渐倒入直径 3 cm 的量筒中。在量筒底部有一个测力传感器，它可以测量粉体施加在底部的法向力。画出一个示意图，显示量筒底部的法向力如何随粉体深度变化（深度可达 18 cm）。

10.10　你认为从平底容器底部孔中流出的粉体质量流量，如何随（a）孔的直径和（b）粉体深度的变化而变化？

练习题

10.1　粉体的剪切仪试验表明其有效内摩擦角为 40°，粉体流动函数可用下式表示：$\sigma_y = \sigma_C^{0.45}$，其中 σ_y 是无侧限屈服应力，σ_C 是压实应力，均以 kN/m² 为单位。粉体的堆积

密度为 $1\,000\ \text{kg/m}^3$，其在低碳钢板上的壁摩擦角为 $16°$。将粉体储存在半锥角 $30°$ 的低碳钢圆锥形料斗中，圆形卸料口直径为 $0.3\ \text{m}$。发生质量流要求的临界卸料口直径为多少？质量流会发生吗？

（答案：$0.355\ \text{m}$；不会）

10.2　描述如何通过剪切仪试验来确定粉体的有效内摩擦角。

某粉体的有效内摩擦角为 $60°$，粉体流动函数如图 10E2.1 所示。若粉体的堆积密度为 $1\,500\ \text{kg/m}^3$，其在低碳钢板上的壁摩擦角为 $24.5°$，则对于低碳钢圆锥形料斗，求出能确保质量流的最大半锥角，以及当卸料口开启时能保证流出的最小圆形卸料口直径。

（答案：$17.5°$；$18.92\ \text{cm}$）

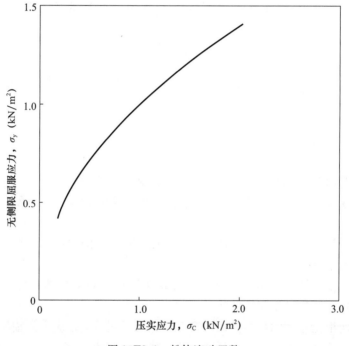

图 10E2.1　粉体流动函数

10.3

（a）综述圆锥形料斗设计原理。（该料斗在打开卸料口阀门时，粉体能够顺利流出）

（b）解释如何从粉体的剪切仪试验结果中得到粉体流动函数和有效内摩擦角。

（c）一家有严重料斗问题的公司雇佣了一名化学工程专业毕业生。

该问题料斗向传送带供料，会周期性地在出口处堵塞，要靠重新启动来应对。毕业生首先对料斗进行了调查，对粉体进行剪切仪试验，然后建议对料斗进行小改动。在修改之后，料斗没有再出现过故障，该毕业生的声誉得以确立。根据以下信息，说明毕业生的建议是什么？

现有设计：

料斗材料：低碳钢；

圆锥形料斗半锥角：$33°$；

卸料口：圆形，与直径 25 cm 的滑动阀相匹配。

剪切仪试验结果：

有效内摩擦角 $\delta = 60°$；

在低碳钢上的壁摩擦角 $\varPhi_W = 8°$；

粉体堆积密度 $\rho_B = 1\ 250\ \text{kg/m}^3$；

粉体流动函数：$\sigma_y = \sigma_C^{0.55}$（$\sigma_y$ 和 σ_C 都以 kN/m² 为单位）。

10.4　要设计用于某粉体的不锈钢圆锥形料斗，对该粉体进行了剪切仪试验。测试结果如图 10E4.1 所示。此外，发现粉体与不锈钢之间的摩擦可用 11°的壁摩擦角描述，相关的粉体堆积密度是 900 kg/m³。

（a）从图 10E4.1 的剪切仪试验结果，导出粉体的有效内摩擦角 δ。

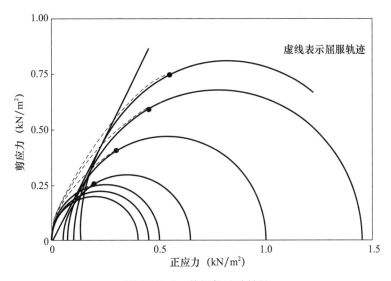

图 10E4.1　剪切仪试验结果

（b）确定：

（1）可确保质量流的料斗半锥角；

（2）料斗流动因数 ff。

（c）将所得信息与图 10E4.1 结合，确定最小卸料口直径，以保证该粉体在需要时能顺利流出。（注意：这里需要外推）

（d）如何理解"壁摩擦角"和"有效内摩擦角"?

［答案：（a）60°；（b）（1）32.5°，（2）1.29；（c）0.110 m］

10.5　对粉体进行剪切仪试验，结果如图 10E5.1 所示。欲设计盛放此粉体的铝制圆锥形料斗。已知粉体和铝之间的壁摩擦角为 16°，相关的粉体堆积密度为 900 kg/m³。

（a）从图 10E5.1 确定粉体的有效内摩擦角。

（b）确定可发生质量流的料斗半锥角和料斗流动因数 ff。

（c）将所得信息与图 10E5.1 结合，确定圆形卸料口的最小直径，以保证该粉体在需要时能顺利流出。（注意：可能需要外推实验结果）

［答案：（a）40°；（b）29.5°，1.5；（c）0.5 m±7%，此值取决于外推法］

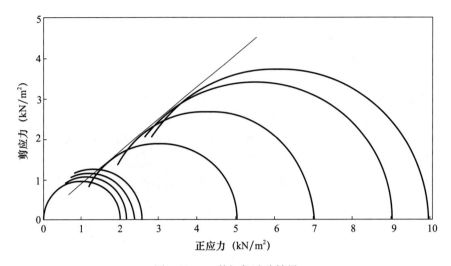

图 10E5.1　剪切仪试验结果

11

混合与离析

11.1 引 言

在许多加工工业中，实现粒度和密度不同的颗粒固体良好混合是很重要的，但这并不是一项简单的工作。对于自由流动的粉体，粒度和密度不同颗粒的首选状态是保持分离。这就是为什么在一袋什锦麦片中，大颗粒会因处理包装引起的振动而浮到顶部。这种离析（分离）的一个极端例子是，只需上下摇动盛有沙子的烧杯，就可以使沙中的一个大钢球上升到烧杯的顶部！由于自由流动粉体的首选状态是按粒度和密度进行分离，因此许多加工步骤会导致离析就不足为奇了。促进离析的加工步骤不应遵循促进混合的步骤。在本章中，我们将研究颗粒固体的混合和离析机理，简要地察看在实践中如何进行混合以及如何评估混合的质量。

11.2 混合类型

两种颗粒的理想混合是指从混合物中的任何位置提取的一组颗粒所含每种颗粒的比例与整个混合物中的比例相同。在实践中，不可能得到这种理想混合物。一般来说，目的是产生一种随机混合物，这种混合物在所有位置上找到任何组分颗粒的概率都相同，并且等于该组分在整个混合物中的比例。当试图混合不受离析影响的颗粒时，这通常是可以达到的最佳混合质量。如果要混合颗粒的物理性质不同，则可能发生离析。在这种情况下，一种组分的颗粒更可能在混合物的一部分中被发现，因此不能实现随机混合。在图 11.1 中，给出了两种成分颗粒的理想、随机和离析混合物的含义示例。该随机混

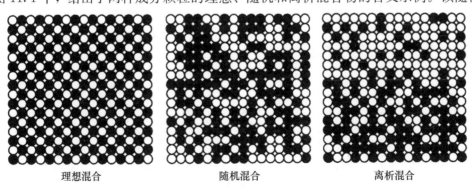

理想混合　　　　　　　　随机混合　　　　　　　　离析混合

图 11.1　混合类型

合物是通过抛掷硬币得到的，在某一位置，若是硬币正面则放黑色颗粒，而反面则放白色颗粒。对于离析混合物的情况，黑色颗粒在某些性质上有所不同，使它们更有可能出现在盒子的下半部分。这种情况下，用骰子代替硬币。在混合物的下半部分中，三分之二的可能是黑色颗粒（骰子是 1、2、3 或 4），而在上半部分中，该概率是三分之一（骰子是 5 或 6）。利用颗粒之间的自然吸引力，有可能产生比随机混合质量更好的混合物，这样的混合物是通过"有序"或"相互作用"地混合来实现的。

11.3 离 析

11.3.1 离析的原因和后果

当被混合的颗粒具有相同的重要物理性质（粒度分布、形状、密度）时，只要混合过程持续足够长的时间，就会得到随机混合物。然而，在许多常见系统中，被混合的颗粒具有不同的性质，往往表现出离析倾向。对于这样的颗粒系统，具有相同物理性质的颗粒会聚集在混合物的一部分中，随机混合物不是这种系统的自然状态。即使颗粒最初经过某种方式混合，它们在处理（移动、倾倒、输送、加工）过程中也会趋向于不混合。

尽管混合物中组成颗粒的粒度、密度和形状的差异都可能导致离析，但粒度差异是导致离析的最重要因素。密度差异相对来说不重要（见下面的砂中钢球示例），但气体流化过程是个例外，其中密度差异比粒度差异还要重要。许多工业问题是由离析引起的。即使在粉体混合装置中实现了令人满意的组分混合，除非非常小心，否则随后对混合物的加工和处理仍将导致分层或离析。

这可能导致要包装的粉体的体积密度变化（例如，无法将 25 kg 粉体装入 25 kg 的袋子中），更严重的是，产品的化学成分可能不合格（例如，在调配洗涤剂或药物的成分时）。

11.3.2 离析机理

因粒度差异引起离析有四种机理 [威廉姆斯（Williams），1990]：

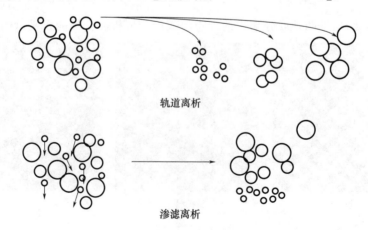

轨道离析

渗滤离析

↑气流

淘析分离

图 11.2　离析机理

（1）轨道离析。如果一个直径为 x，密度为 ρ_p 的小颗粒，其阻力由斯托克斯定律控制，以速度 U 水平抛向黏为 μ 密度为 ρ_f 的流体中，那么它可以水平移动的极限距离是 $U\rho_p x^2/18\mu$。

注：从第 2 章可知，速度为 u 的颗粒受到的减速力（阻力）$= C_D \dfrac{1}{2}\rho_f u^2 \left(\dfrac{\pi x^2}{4}\right)$

减速度（负加速度）$=$ 减速力/颗粒质量

在斯托克斯定律区，$C_D = 24/Re_p$

因此，减速度 $= \dfrac{18u\mu}{\rho_p x^2}$

根据运动方程，具有初速度 U 和减速度 $18u\mu/\rho_p x^2$ 的颗粒在静止前走过的距离是 $U\rho_p x^2/18\mu$。

因此，直径为 $2x$ 的颗粒在静止前走过的距离将增大到四倍。这种机理会导致颗粒在空气中移动时发生离析（图 11.2）。当粉体从传送带末端落下时，也会发生这种情况。

（2）细颗粒的渗滤。如果一团颗粒受到单个颗粒运动方式的扰动，颗粒填充形式就会发生重新排列。产生的空隙使颗粒从上面落下，而在其他一些地方的颗粒则向上移动。如果粉体由不同粒度的颗粒组成，则小颗粒更容易落下，因此小颗粒有向下移动的趋势，导致离析。即使是很小的粒度差异也会引起明显的离析。

每当混合物受到扰动时，都会因细颗粒渗滤而发生离析，引起颗粒重新排列。这可能发生在搅拌、摇动、振动或将颗粒倒入堆中时。注意，搅拌、摇动和振动都会促进在液体或气体中的混合，但在自由流动的颗粒混合物中却会造成离析。图 11.3 显示了倾倒两种粒度颗粒混合物而形成的堆中的离析。当颗粒混合物在转鼓中旋转时，所引起的剪切也会产生渗滤离析。在储料仓装料和卸料过程中会发生渗滤离析。当颗粒被送入料斗时，通常会倒成一堆，如果存在粒度分布且为自由流动粉体，则会导致离析。如果离析是一个要注意的问题，则有一些装置和方法可以将离析影响降到最低。然而，在漏斗流料斗的排放过程中（见第 10 章），会形成倾斜表面，颗粒沿斜面滚动，这会导致自由流动粉体的离析。如果离析是一个令人担忧的问题，那么应避免使用漏斗流料斗。

图 11.3　将两种粒度颗粒的自由流动混合物倒入堆中形成的离析模式

（3）粗颗粒振动上升。在振动粒度不同的颗粒混合物时，较大的颗粒会向上移动。这可以通过在沙床底部放置一个大的球来证明（例如，在盛海滩沙的烧杯中放置一个20mm 的钢球或类似大小的卵石）。把烧杯上下摇动，钢球就浮到表面。图 11.4 显示了拍自"二维"版钢球实验的一系列照片。近年来，这一所谓的"巴西坚果（Brazil-Nut）效应"在文献中得到了广泛的关注，但研究和评论的历史可以追溯到更远的时期。对于小颗粒床中粒度较大或密度较大的"侵入体"的上升，有人用侵入体下方空隙的形成和填充来解释［杜兰（Duran）等人，1993；朱利安（Jullien）和米金（Meakin），1992；罗萨托（Rosato）等人，1987，2002；威廉姆斯，1976］；也有人用小颗粒床内对流小室的建立来解释［库克（Cooke）等人，1996；奈特（Knight）等人，1993，1996；罗萨托等人，2002］。人们观察到侵入体上升时间随着侵入体密度的增加而减少［利夫曼（Lifiman）等人，2001；莫比乌斯（Mobius）等人，2001；辛布罗特（Shinbrot）和穆齐（Muzzie），1998］，因此认为侵入体的惯性必须起作用。然而，莫比乌斯等人（2001）指出，这一趋势在侵入体密度非常低的情况下发生了逆转，从而认为存在其他效应。罗萨托等人（2003）建议这可以解释为穿过振动床引发的搬运压力所产生的浮力效应。莫比乌斯等人（2001）还证明了间隙气体在确定侵入体上升时间中起着重要作用。

（4）淘析分离。当粉体（含有比例可观的小于 50 μm 的颗粒）装入储存容器或料斗时，空气被排挤上升。这种空气的向上速度可能会超过一些细颗粒的终端自由沉降速度（见第 2 章），在大颗粒已经沉降到料斗内容物表面后，这些细颗粒可能会仍然保持悬浮状态（见图 11.2）。对于空气中此粒度范围内的颗粒，终端自由沉降速度通常为每秒几厘米，并将随着粒径的平方增加（例如，对于 30 μm 的砂粒，终端速度为 7 cm/s）。因此，每次向料斗中装入固体时，都会产生一袋细颗粒物。

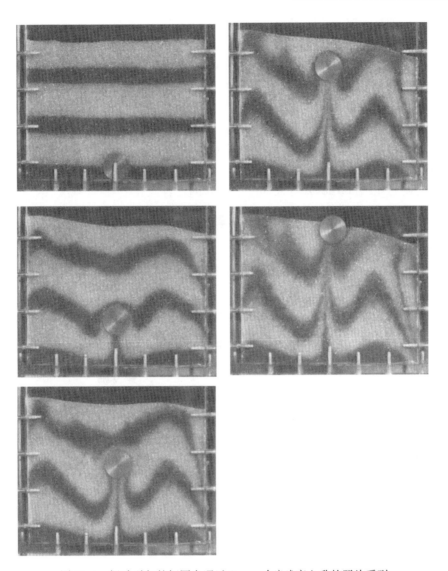

图 11.4　振动引起的钢圆盘通过 2 mm 玻璃球床上升的照片系列
（"二维"版钢球上升实验）

11.4　减少离析

离析主要因粒度差异造成。因此，要降低两种组分混合的难度，可以使两种组分的粒度尽可能相似，也可以减小两种组分的绝对粒度。当所有颗粒小于 30 μm（颗粒密度在 2 000～3 000 kg/m³ 范围内）时，离析问题通常并不严重。在这种细粉体中，由静电荷产生的粒子间力（见第 13 章）、范德华力和湿度引起的力与颗粒的重力和惯性力相比大得多。这使得颗粒粘在一起，防止分离，因为颗粒不能相对自由移动，这种粉体称为黏性粉体（吉尔达特的流化粉体分类与此相关，见第 7 章）。黏性粉体中单个颗粒缺乏流动性是它们混合质量较好的原因之一。另一个原因是，如果接近一个随机混合物，从混合物中提取的样本成分的标准偏差，将随样本中颗粒数增加成反比地减小。因此，对于给定质量的样本，随着粒度的减小，标准偏差减小从而混合质量提高。加入少量液体可以降低自由流动粉体中颗粒的流动性。流动性降低也就减少了离析，使混合得更好。

我们有可能利用这种自然趋势，使颗粒黏附在一起，产生比随机混合质量更好的混合物。这种混合物被称为有序的或相互作用的混合物，它们是由小颗粒（例如，< 5 μm）以可控的方式附着在载体颗粒表面（图 11.5）上组成的。通过仔细选择颗粒大小和粒子间作用力的工程设计，可以获得差异非常小的高质量混合物。这项技术被用于制药行业，该行业质量控制标准要求严格。关于有序混合和黏性粉体混合的更多细节，读者可参考哈恩比（Harnby）等人（1992 年）的论著。

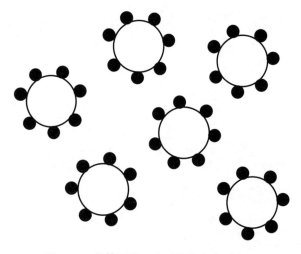

图 11.5　载体颗粒上小颗粒的有序混合物

如果不能改变混合物成分的粒度或不能添加液体，为了不产生严重的离析，应注意避免出现可能促进离析的情况，特别要避免倾倒作业和形成移动的倾斜粉体表面。

11.5　颗粒混合设备

11.5.1　混合机理

莱西（Lacey，1954）确定了三种粉体混合机制：
（1）剪切混合；（2）扩散混合；（3）对流混合。

在剪切混合中，剪切应力会产生滑动区，混合是通过滑动区内层间颗粒的交换而发生的。当颗粒滚下斜坡表面时，就会发生扩散混合。对流混合是在粉体周围使成团的粉体进行预设的运动，以此实现混合。

在自由流动粉体中，扩散混合和剪切混合都会产生粒度偏析，因此对流混合是促进这类粉体混合的主要机理。

11.5.2　混合机类型

（1）滚筒式混合机。滚筒式混合机，由绕轴旋转的封闭容器构成。容器的常见形状有立方体、双锥体和 V 形（图 11.6）。其主要机理是扩散混合。由于会导致自由流动粉体的离析，所以此类粉体用滚筒式混合机实现的混合质量有限。安装挡板可以减少离析，但效果甚微。

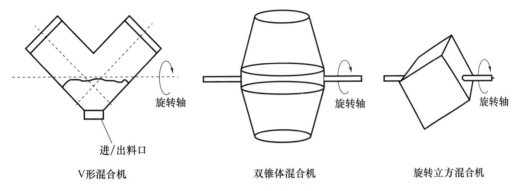

V形混合机　　　　　　双锥体混合机　　　　　　旋转立方混合机

图 11.6　滚筒式混合机

（2）对流式混合机。在对流式混合机中，通过旋转叶片或桨叶在静态壳体内建立循环模式。顾名思义，其主要机理是对流混合，虽然也伴随一些扩散和剪切混合。一种最常见的对流式混合机是带式混合机，其中螺旋刀片或螺旋带在静态圆筒或槽中绕水平轴旋转（图 11.7）。转速通常小于每秒一转。另一种有点不同的对流式混合机是纳塔米克斯（Nautamix）混合机（图 11.8），阿基米德螺旋将物料从圆锥形料斗底部提升，同时沿料斗壁移动。

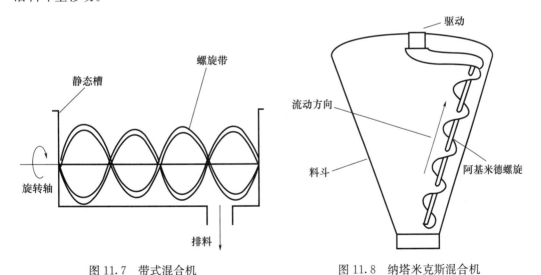

图 11.7　带式混合机　　　　　　　图 11.8　纳塔米克斯混合机

（3）流化床混合机。这类混合机依赖于流化床中颗粒的自然流动性。这种混合在很大程度上是对流的，与床内气泡运动形成的环流模式有关。流化床混合机的一个重要特征是几个处理步骤（如混合、反应、涂层干燥等）可以在同一个容器中进行。

（4）高剪切混合机。局部高剪应力是由类似于粉碎中所用的装置产生的，这些装置如高速旋转叶片、低速高压缩辊等（见第 12 章）。在高剪切混合机中，重点是破碎黏性粉体的团聚物，而不是破碎单个颗粒，其主要机理是剪切混合。

11.6 混合的评价

11.6.1 混合质量

颗粒混合物的最终用途将决定所需的混合质量。最终用途要求对混合物有一定的审查尺度。"审查尺度"是丹克沃茨（Danckwerts，1953）使用的一个术语，意思是"混合物中被认为是不完全混合离析区域的最大尺寸"。例如，由颗粒形式活性成分组成的洗涤剂粉体，其合适的审查尺度是一勺洗涤剂的量，用该勺将洗涤剂放入洗衣机中。从盒子中取出的第一勺和最后一勺之间，成分不应有显著差异。另一个极端是药物的审查尺度，它是一粒药片或胶囊中所含的物质量。混合质量随着审查尺度的减小而降低，直到最极端情况下要审查单个颗粒。这方面的一个例子是电视屏幕上的图像，在正常观看距离下，图像看起来栩栩如生，但在靠近"细看"情况下，它是由红色、绿色和蓝色小点组成的。

11.6.2 取样

为了测定混合质量，通常需要取样。为避免从颗粒混合物中取样时出现偏差，必须遵循第1章所述的粉体取样指南。确定混合质量所需的样本大小由审查尺度控制，审查尺度则由混合物的预期用途规定。

11.6.3 有关混合的统计学

很明显，混合物取样和混合质量分析都需要应用统计方法。与二元随机混合物有关的统计学知识摘要如下：

1. 平均成分。混合物的真实成分 μ 通常不为人所知，但可以通过取样找到其估计值 $\bar{y}$。如果有 N 个样本，其中某一组分的成分分别为 y_1 到 y_N，则混合物成分的估计值 $\bar{y}$ 可通过以下公式得出：

$$\bar{y} = \frac{1}{N} \sum_{i=1}^{N} y_i \tag{11.1}$$

2. 标准差和方差。混合物成分的真实标准差 σ 和真实方差 σ^2 是混合质量的量化度量。实际方差通常并不知道，但其估计值 S^2 可按以下定义式求出：

$$\text{知道真实成分 } \mu \text{ 时}, \quad S^2 = \frac{\sum_{i=1}^{N} (y_i - \mu)^2}{N} \tag{11.2}$$

$$\text{不知道真实成分 } \mu \text{ 时}, \quad S^2 = \frac{\sum_{i=1}^{N} (y_i - \bar{y})^2}{N-1} \tag{11.3}$$

标准差等于方差的平方根。

3. 理论方差界限。对于双组分系统，混合物方差的理论上限和下限为

$$\text{上限（完全离析）} \quad \sigma_0^2 = p(1-p) \tag{11.4}$$

下限（随机混合）　　$\sigma_R^2 = \dfrac{p(1-p)}{n}$ (11.5)

式中，p 和 $(1-p)$ 是从样本中测定的两种组分的比例，n 是每个样本中的颗粒数。

混合方差的实际值介于这两个极值之间。

4. 混合指数。衡量混合程度的一个指标是莱西混合指数（莱西，1954）：

$$莱西混合指数 = \frac{\sigma_0^2 - \sigma^2}{\sigma_0^2 - \sigma_R^2}$$ (11.6)

实际上，莱西混合指数是"达到的混合"与"可能的混合"之比。莱西混合指数为 0 表示完全离析，为 1 则表示完全随机混合。然而，发现该混合指数的实际值在 0.75 至 1.0 的范围内，因此莱西混合指数不能充分区分混合物。

普尔（Poole，1964）等人提出了进一步的混合指数，定义为

$$普尔等人的混合指数 = \frac{\sigma}{\sigma_R}$$ (11.7)

该指数可以更好地区分实际混合物，对完全随机混合其值接近于 1。

5. 标准误差。当样本成分服从正态分布时，抽样方差值也呈正态分布。样本成分方差的标准差称为方差的"标准误差"，记为 $E(S^2)$。

6. 混合物成分和方差的精度检验。我们通过抽样测出的平均混合物成分和方差仅仅是些估计值，这些估计值出自该混合物的样本，而这些样本的成分和方差值服从正态分布。我们必需能够为此估计值设置一定的可信度并确定其精度。

（注：广泛而现成的标准统计表，是学生 t 值和 χ^2 分布值的来源。）

假设样本成分服从正态分布：

（1）样本成分

基于 N 个混合物成分的样本，得出估计平均值 $\bar{y}$ 和估计标准差 S，真实的混合物成分 μ 可以用精度表示为

$$\mu = \bar{y} \pm \frac{tS}{\sqrt{N}}$$ (11.8)

其中，t 是学生 t 检验的统计显著性。t 值取决于所要求的置信水平。例如，在 95% 置信水平上，$N = 60$ 时，$t = 2.0$，因此，真实的平均混合物成分在 $\bar{y} \pm 0.258S$ 范围内的概率是 95%。换句话说，每 20 个混合物成分估计值中有 1 个可能不在该范围内。

（2）方差

（a）当样本超过 50 个（即 $N > 50$）时，方差值的分布也可以假设为正态分布，可以使用学生 t 检验。真实方差 σ^2 的最佳估计值如下：

$$\sigma^2 = S^2 \pm [t \times E(S^2)]$$ (11.9)

本检验所需的混合物方差的标准误差通常未知，但可由下式估计：

$$E(S^2) = S^2 \sqrt{\frac{2}{N}}$$ (11.10)

标准误差随 N 的增加按 $1/\sqrt{N}$ 减少，因此精度按 $\sqrt{N}$ 增加。

（b）当样本数少于 50 个（即 $N < 50$）时，方差分布曲线可能不是正态分布，而可能是 χ^2（卡方）分布。在这种情况下，精度限值不对称。混合物方差值的范围由下限和上限定义：

$$下限:\sigma_{\mathrm{L}}^2=\frac{S^2(N-1)}{\chi_\alpha^2} \tag{11.11}$$

$$上限:\sigma_{\mathrm{U}}^2=\frac{S^2(N-1)}{\chi_{1-\alpha}^2} \tag{11.12}$$

其中，α 是显著性水平［对于 90％置信水平，$\alpha=0.5$（$1-90/100$）$=0.05$；对于 95％置信水平，$\alpha=0.5$（$1-95/100$）$=0.025$］。对于给定的置信水平，下限和上限中的 χ^2 值 χ_α^2 和 $\chi_{1-\alpha}^2$，可在 χ^2 分布表中找到。

11.7　例　　题

例题 11.1（威廉姆斯，1990）

随机混合物由两种组分 A 和 B 按质量比例分别为 60％和 40％混合。颗粒为球形，A 和 B 的颗粒密度分别为 500 kg/m³ 和 700 kg/m³。两种组分的累积筛下质量分布如表 11W1.1所示。

表 11W1.1　颗粒 A 和 B 的粒径分布

x (μm)	2 057	1 676	1 405	1 204	1 003	853	699	599	500	422
F_{A} (x)	1.00	0.80	0.50	0.32	0.19	0.12	0.07	0.04	0.02	0
F_{B} (x)			1.00	0.88	0.68	0.44	0.21	0.08	0	

如果从混合物中提取了 1g 样本，样本成分标准差的期望值是多少？

解

第一步是估计每单位质量 A 和 B 的颗粒数。这是通过将粒径分布转换为微分频率个数分布并应用以下关系：

每种粒径范围内的颗粒质量＝粒径范围内的颗粒数量×一个颗粒的质量

$$\mathrm{d}m=\mathrm{d}n\times\frac{\rho_{\mathrm{p}}\pi x^3}{6}$$

其中，ρ_{p} 是颗粒密度，x 是相邻筛尺寸的算术平均值。

这些计算汇总在表 11W1.2 和表 11W1.3 中。

表 11W1.2　A 颗粒

范围内平均粒径 x (μm)	$\mathrm{d}m$	$\mathrm{d}n$
1 866.5	0.2	117 468
1 540.5	0.3	334 081
1 304.5	0.18	309 681
1 103.5	0.13	369 489
928	0.07	334 525
776	0.05	408 658
649	0.03	419 143
54.4	0.02	460 365
461	0.02	779 655
总计	1.00	3.51×10⁶

表 11W1.3　B 颗粒

范围内平均粒径 x (μm)	$\mathrm{d}m$	$\mathrm{d}n$
1 866.5	0	0
1 540.5	0	0
1 304.5	0.12	0.147×10⁶
1 103.5	0.20	0.406×10⁶
928	0.24	0.819×10⁶
776	0.23	1.343×10⁶
649	0.13	1.297×10⁶
54.4	0.08	1.315×10⁶
461	0	0
总计	1.00	5.33×10⁶

因此，$n_A = 3.51 \times 10^6$ 个颗粒/kg

$n_B = 5.33 \times 10^6$ 个颗粒/kg

在 1g（0.001 kg）的样本中，我们预计会有颗粒总数：

$n = 0.001 \times (3.51 \times 10^6 \times 0.6 + 5.33 \times 10^6 \times 0.4) = 4\,238$ 个

因此，从式（11.5）中，对于随机混合物：

标准差，$\sigma = \sqrt{\dfrac{0.6 \times 0.4}{4\,238}} = 0.007\,5$

例题 11.2（威廉姆斯，1990）

从二元混合物中取出 16 个样本，其中一个组分的质量百分比分别为：41，37，41，39，45，37，39，40，41，43，40，38，39，37，43，40。

确定该混合物标准差的 95% 和 90% 置信上下限。

解

根据式（11.1），样本成分的平均值为

$$\bar{y} = \frac{1}{16} \sum_{i=1}^{16} y_i = 40\%$$

由于不知道真实的混合物成分，因此从式（11.3）中可得出标准差的估计值：

$$S = \sqrt{\left[\frac{1}{16-1} \sum_{i=1}^{16} (y_i - 40)^2 \right]} = 2.31$$

由于样本少于 50 个，方差分布曲线更可能是 χ^2 分布。

因此，由式（11.11）和式（11.12）可得：

$$下限: \sigma_L^2 = \frac{2.31^2(16-1)}{\chi_\alpha^2}$$

$$上限: \sigma_U^2 = \frac{2.31^2(16-1)}{\chi_{1-\alpha}^2}$$

在 90% 置信水平上，$\alpha = 0.05$，参考自由度为 15 的 χ^2 分布表，得 $\chi_\alpha^2 = 24.996$ 和 $\chi_{1-\alpha}^2 = 7.261$。因此，$\sigma_L^2 = 3.2$ 和 $\sigma_U^2 = 11.02$。

在 95% 置信水平上，$\alpha = 0.025$，参考自由度为 15 的 χ^2 分布表，得 $\chi_\alpha^2 = 27.49$ 和 $\chi_{1-\alpha}^2 = 6.26$。因此，$\sigma_L^2 = 2.91$ 和 $\sigma_U^2 = 12.78$。

例题 11.3

在将药物与辅料混合的过程中，100 mg 样本成分的标准差趋于恒定值 ± 0.005。药物（D）和辅料（E）的粒度分布见表 11W3.1。

表 11W3.1 药物和辅料的粒度分布

x（μm）	420	355	250	190	150	75	53	0
$F_D(x)$	1.00	0.991	0.982	0.973	0.964	0.746	0.047	0
$F_E(x)$	1.00	1.00	0.977	0.967	0.946	0.654	0.284	0

已知药物的平均质量比例为 0.2，药物和辅料的密度分别为 1 100 kg/m³ 和 900 kg/m³，确定混合是否令人满意。（a）如果标准是随机混合；（b）如果标准是内部规范：95% 样本的成分应在平均值的 $\pm 15\%$ 范围内。

解

首先计算每个样本中药物的颗粒数（表 11W3.2）和辅料的颗粒数（表 11W3.3），如例题 11.1 所示。

<table>
<tr><td colspan="3">表 11W3.2　每 kg 样本中药物颗粒数</td></tr>
<tr><td>范围内平均粒度 x（μm）</td><td>dm</td><td>dn</td></tr>
<tr><td>388</td><td>0.009</td><td>2.67×10^5</td></tr>
<tr><td>303</td><td>0.009</td><td>5.62×10^5</td></tr>
<tr><td>220</td><td>0.009</td><td>1.47×10^6</td></tr>
<tr><td>170</td><td>0.009</td><td>3.18×10^6</td></tr>
<tr><td>113</td><td>0.218</td><td>2.62×10^8</td></tr>
<tr><td>64</td><td>0.700</td><td>4.64×10^9</td></tr>
<tr><td>27</td><td>0.046</td><td>4.06×10^9</td></tr>
<tr><td>20</td><td>0.00</td><td>0</td></tr>
<tr><td>0</td><td>0.00</td><td>0</td></tr>
<tr><td>总计</td><td>1.00</td><td>8.96×10^9</td></tr>
</table>

<table>
<tr><td colspan="3">表 11W3.3　每 kg 样本中辅料颗粒数</td></tr>
<tr><td>范围内平均粒度 x（μm）</td><td>dm</td><td>dn</td></tr>
<tr><td>388</td><td>0</td><td>0</td></tr>
<tr><td>303</td><td>0.032</td><td>1.75×10^6</td></tr>
<tr><td>220</td><td>0.010</td><td>1.99×10^6</td></tr>
<tr><td>170</td><td>0.021</td><td>9.07×10^6</td></tr>
<tr><td>113</td><td>0.292</td><td>4.29×10^8</td></tr>
<tr><td>64</td><td>0.374</td><td>3.03×10^9</td></tr>
<tr><td>27</td><td>0.28</td><td>3.02×10^9</td></tr>
<tr><td>20</td><td>0.00</td><td>0</td></tr>
<tr><td>0</td><td>0.00</td><td>0</td></tr>
<tr><td>总计</td><td>1.00</td><td>3.37×10^{10}</td></tr>
</table>

得出，$n_D = 8.96\times10^9$ 个颗粒/kg

$n_E = 3.37\times10^{10}$ 个颗粒/kg

在 100 mg（100×10^{-6} kg）的样本中，我们预计会有颗粒总数：

$$n = 100\times10^{-6}\times(8.96\times10^9\times0.2 + 3.37\times10^{10}\times0.8) = 2.88\times10^6 \text{ 个}$$

因此，由式（11.5）可知，对于随机混合物：

标准差，$\sigma_R = \sqrt{\dfrac{0.2\times0.8}{2.88\times10^6}} = 0.000\ 235$

结论：混合物的实际标准差大于随机混合的标准差，因此没有达到随机混合的标准。对于正态分布，内部标准要求 95% 的样本成分值应在平均值的 ±15% 以内，这表明：

$$1.96\sigma = 0.15\times0.2$$

（因为对于正态分布，95% 的值落在平均值标准差的 ±1.96 倍之内）。

因此，内部标准的标准差为 $\sigma = 0.015\ 3$，可见达到了内部标准。

自测题

1.1　解释随机混合和理想混合之间的区别。这两种混合类型中，哪一种更有可能出现在工业过程中？

1.2　解释轨道离析是如何发生的。举两例说明在加工工业中可能导致粉体轨道离析的情况。

1.3　当自由流动的颗粒混合物倒入堆中时会产生什么类型的离析？描述产生的典型离析模式。

1.4　解释自由流动颗粒混合物自料斗以漏斗流方式排放时如何产生粒度离析。

1.5　什么是巴西坚果效应？在什么条件下（与加工业相关）会发生这种情况？

1.6　解释为什么如果颗粒混合物的所有组分都小于约 30 μm，粒度离析通常不是问题。

1.7 描述两种类型工业相关的混合器。每种类型混合器中,哪一种混合机理占主导地位?

1.8 解释颗粒混合物的审查尺度是什么意思。下列情况各自合适的审查尺度是什么?(a)喂入压片机的粉体混合物中的活性药物;(b)什锦早餐麦片;(c)喂鸡的健康补充剂。

1.9 对于双组分混合物,写出以下表达式:(a)平均成分;(b)真实均值未知时的估计方差;(c)理论混合方差上下限。定义所有用到的符号。

1.10 解释如何确定工业过程产生的混合物是否令人满意。

练习题

11.1 从二元混合物中取出 31 个样本,其中一个组分的质量百分比为:
19,22,20,24,23,25,22,18,24,21,27,22,18,20,23,19,
20,22,25,21,17,26,21,24,15,22,19,20,24,21,23
确定混合物标准差的 95% 置信上下限。
(答案:0.355 至 0.595)

11.2 随机混合物由两种组分 A 和 B 组成,其质量比例分别为 30% 和 70%。颗粒为球形,组分 A 和 B 的颗粒密度分别为 500 kg/m³ 和 700 kg/m³。两种组分的累积筛下质量分布见表 11E2.1。

表 11E2.1 颗粒 A 和 B 的粒度分布

x (μm)	2 057	1 676	1 405	1 204	1 003	853	699	599	500	422	357
$F_A(x)$	1.00	1.00	0.85	0.55	0.38	0.25	0.15	0.10	0.07	0.02	0.00
$F_B(x)$			1.00	0.85	0.68	0.45	0.25	0.12	0.06	0.00	0.00

如果从混合物中取出 5 g 样本,样本成分标准差的预期值是多少?
(答案:0.002 5)

11.3 在药物与辅料混合过程中,10 mg 样本的成分标准差趋向于 ±0.005 的恒定值。药物(D)和辅料(E)的质量粒度分布在表 11E3.1 中给出。

表 11E3.1 药物和辅料的粒度分布

x (μm)	499	420	355	255	190	150	75	53	0
$F_D(x)$	1.00	0.98	0.96	0.94	0.90	0.75	0.05	0.00	0.00
$F_E(x)$	1.00	1.00	0.97	0.96	0.93	0.65	0.25	0.05	0.00

已知药物的平均质量比例为 0.1。药物和辅料的密度分别为 800 和 1 000 kg/m³。
确定混合是否令人满意,如果:
(a)标准为随机混合;
(b)标准是内部规范:99% 的样本成分应在成分均值的 ±20% 以内。
[答案:(a)0.001 18,未达到标准;(b)0.007 75,达到标准]

12 粒度减小

12.1 引　　言

在许多固体材料的加工过程中，粒度减小或破碎是一个重要的步骤。它可以用来制造一定大小和形状的颗粒，以增加化学反应可用的表面积，或解离出颗粒中所含的有价矿物。

固体颗粒的粒度减小是一个高能耗低效率的过程：全部发电量的约 5％ 用于粒度减小；按照产生新表面所需的能量计算，工业规模生产的效率通常不到 1％。这两个数据表明，提高粒度减小过程效率是多么重要。然而，尽管多年来进行了大量的研究工作，粒度减小过程仍然效率低下。此外，尽管存在着关于固体颗粒强度和破碎机理的成熟理论，但破碎工艺的设计和放大通常是根据过去的经验和试验，且很大程度上掌握在破碎设备制造商的手中。

作为粒度减小主题的介绍，本章内容包含所涉及的概念和模型，也包括对实际设备和系统的广泛调查。本章分为以下几节：颗粒破裂机理；预测能量需求和产品粒度分布的模型；设备：机器与材料和任务相匹配。

12.2　颗粒破碎机理

在此将氯化钠（普通盐）晶体作为脆性材料简单方便的模型。这样的晶体由带正电荷的钠离子和带负电荷的氯离子的晶格组成，使得每个离子被六个相反符号的离子包围。在带相反电荷的离子之间有一个吸引力，其大小与离子间距离的平方成反比。在这些离子的带负电的电子云之间还有一个斥力，其在很小的原子间距下变得很重要。因此，两个带相反电荷的离子具有平衡分离距离，使它们之间的吸引力和排斥力大小相等但符号相反。图 12.1 显示了吸引力和排斥力的总和如何随着离子分离距离的变化而变化。可以看出，如果离子间距离从平衡距离增加或减少一小量，那么就会产生一个净作用力使离子恢复到平衡位置。氯化钠晶体中的离子受引力和斥力平衡的控制而处于平衡位置。在很小的原子间距离范围内，施加的拉伸力或压缩力与离子分离距离变化之间的关系是线性的。也就是说，在该区域（图 12.1 中的 AB）胡克定律适用：应变与施加的应力成正比。材料的杨氏模量（应力/应变）描述了这种比例。在此胡克定律范围内，晶体变形是弹性的，即去除应力后，晶体将恢复原始形状。

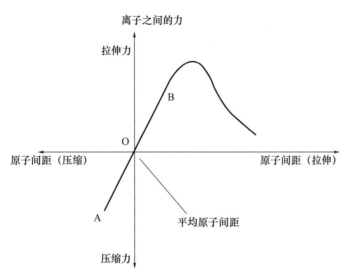

图 12.1　原子尺度上力与距离关系

　　为了破坏晶体，必须分离晶体中相邻的离子层，这涉及增加相邻离子的距离，以超出胡克定律适用的区域，即超出图 12.1 的 B 点进入塑性变形范围。引起这种塑性行为所需施加的应力称为弹性极限或屈服应力，有时也被定义为材料的强度。在了解了这种晶体中离子之间的吸引力和排斥力的大小后，就可以估算出盐晶体的强度。首先可以假设，在拉伸应力下，垂直于所施应力的晶面中所有键都被拉伸，直到它们同时断裂，材料分裂成许多一个原子厚的平面，这样预测的理论强度比真实强度大得多。或者，可以假设只有那些要被破坏的键被拉伸，这样的理论强度又远远低于真实强度。在实践中，这些材料的真正断裂机制其实更加复杂，也更加有趣。

　　受拉伸力作用的物体要储存能量——应变能。在拉伸力作用下，脆性材料储存的应变能可由适当的应力-应变图下的面积来确定。该应变能在整个物体上分布不均匀，而是集中在孔洞、角落和裂纹周围。英格利斯（Inglis，1913）提出，孔洞、裂纹或角落周围的应力集中因子 K 可以根据下列公式计算：

$$K = \left(1 + 2\sqrt{\frac{L}{R}}\right) \tag{12.1}$$

其中，L 是裂纹长度的一半，R 是裂纹尖端或孔洞的半径，K 是应力集中因子（局部应力/主体内平均应力）。

　　因此，对于圆孔，$K = 3$；对于尖端半径等于原子间距离（$R = 10^{-10}$ m）一半的 2 μm 长裂缝，$K = 201$。

　　格里菲斯（Griffith，1921）提出，要使物体表面裂纹扩展，必须满足以下条件：

　　（1）要释放的应变能必须大于产生的表面能。

　　（2）必须有一个裂纹扩展机制。

　　格里菲斯还指出，对于施加在物体上一个给定的平均应力，应该存在一个临界最小裂纹长度，在这个长度上其尖端处的应力集中刚好足以导致裂纹扩展。在该平均应力作用下，如果裂纹的初始长度超过临界裂纹长度，则裂纹会增长，并且因为 K 随 L 增加而增大，裂纹扩展也会加速，直到物体破碎。随着裂纹的增长，如果平均应力保持不变，就会超过裂纹扩展所需的应变能（因为 K 在增加）。这种过剩的应变能在材料中以声速消散，集中在其他裂纹的尖端处，引起它们扩展。裂纹扩展速度低于材料中的声速，因此在第一条裂纹产生破坏之前，其他裂纹就开始扩展。因此，在脆性材料中有多条断裂处很常见。如果能避免脆性材料表面的裂纹，则材料强度会接近理论值。这可以通过加热玻璃棒直到它软化，然后将它拉伸生成一个新表面来证明。玻璃棒刚刚冷却时，可以承受惊人的高拉伸应力，这一点通过弯曲该玻璃棒就可证明。一旦新表面被触摸甚至短时间暴露在正常环境中，它的抗拉强度就会因表面微观裂纹的形成而减弱。已经证明，所有材料的表面都有裂纹。

吉尔瓦里（Gilvary，1961）为了计算破碎品的尺寸分布，提出了体积、表面和边缘缺陷（裂纹）的概念。吉尔瓦里的研究表明，假设所有缺陷都是随机分布、彼此独立的，并且一旦第一个缺陷开始扩展，初始应力系统就消除，那么粉碎材料的产品尺寸分布是可以预测的。例如，如果边缘缺陷占主导地位，那么结果是常见的罗辛－拉姆勒分布（R-R 分布）。

埃文斯等人（Evans et al.，1961）指出，在一圆盘直径方向上施加一对相反载荷，在与该直径成 90°方向上会有均匀拉应力。因此，在足够高的压缩载荷下，产生的拉应力可能会超过材料的内聚力，圆盘会在该直径上裂开。埃文斯将此分析推广到三维颗粒上，表明即使颗粒受压应力，由于颗粒形状而建立的应力模式也可能导致它在拉力下破坏，无论裂纹存在与否。

对于"韧性"材料（例如，橡胶、塑料和金属）而言，裂纹没那么重要，因为在材料变形中起作用的是过剩应变能，而不是裂纹扩展。例如，在韧性金属中，裂纹顶部的应力集中将导致裂纹尖端周围的材料变形，使裂纹尖端半径增大，从而减小应力集中。

小颗粒比大颗粒更难破碎，此现象可以用裂纹扩展引起破坏的概念来解释。首先，裂纹长度受到颗粒尺寸的限制，因此可以预料，在小颗粒中最大应力集中因子更小。较低的应力集中意味着必须对颗粒施加更高的平均应力才能使其破坏。其次，英格利斯方程［方程（12.1）］在小颗粒情况下高估了 K 值，因为在小颗粒中，应力分布模式的发展空间更小。这有效地限制了可能的应力集中最大值，意味着需要更高的平均应力才能引发裂纹扩展。肯德尔（Kendal，1978）指出，断裂强度随着粒度减小逐渐增大，直至达到裂纹不可能扩展的临界粒度。肯德尔提供了一种预测这种临界粒度的方法。

12.3 预测能量需求和产品粒度分布的模型

12.3.1 能量需求

有三种众所周知的假设，可预测颗粒粒度破碎的能量需求。我们将按它们提出的时间顺序来介绍它们。雷廷格（Rittinger，1867）提出破碎所需能量与产生新表面的面积成正比。这样，如果初始和最终的粒度分别为 x_1 和 x_2，假设体积形状因子 k_v 与粒度无关，那么

$$初始颗粒体积 = k_v x_1^3$$
$$最终颗粒体积 = k_v x_2^3$$

并且每个粒度 x_1 颗粒所产生粒度 x_2 颗粒的个数为 x_1^3/x_2^3。

如果表面形状因子 k_s 也与粒度无关，那么对于每一个初始颗粒，因破碎生成的新表面面积可通过下列表达式给出：

$$\left(\frac{x_1^3}{x_2^3}\right)k_s x_2^2 - k_s x_1^2 \tag{12.2}$$

上式简化为

$$k_s x_1^3 \left(\frac{1}{x_2} - \frac{1}{x_1}\right) \tag{12.3}$$

因此，单位质量初始颗粒产生新表面的面积

$$= k_s x_1^3 \left(\frac{1}{x_2} - \frac{1}{x_1}\right) \times \text{每单位质量初始颗粒数}$$

$$= k_s x_1^3 \left(\frac{1}{x_2} - \frac{1}{x_1}\right) \times \left(\frac{1}{k_v x_1^3 \rho_p}\right)$$

$$= \frac{k_s}{k_v} \frac{1}{\rho_p} \left(\frac{1}{x_2} - \frac{1}{x_1}\right)$$

式中，ρ_p 是颗粒密度。因此，假设形状因子和密度是恒定的，雷廷格假设可以表示为

$$\text{单位质量进料破碎所需能量}, E = C_R \left(\frac{1}{x_2} - \frac{1}{x_1}\right) \tag{12.4}$$

式中，C_R 是一个常数。如果这是积分形式，那么用微分形式表示，雷廷格假设变为

$$\frac{\mathrm{d}E}{\mathrm{d}x} = -C_R \frac{1}{x^2} \tag{12.5}$$

然而，由于实际能量需求通常是产生新表面所需能量的 $200 \sim 300$ 倍，因此能量需求和生成表面不太可能相关。

在塑性变形应力分析理论的基础上，基克（Kick，1885）提出，任何破碎过程所需能量与进料颗粒和产品颗粒的体积比成正比。以这个假设为出发点，可以看出：体积比 x_1^3/x_2^3，决定能量需求（假设形状因子恒定）。

因此，粒度比 x_1/x_2 决定体积比 x_1^3/x_2^3，从而决定能量需求。若 Δx_1 是粒度变化，那么

$$\frac{x_2}{x_1} = \frac{x_1 - \Delta x_1}{x_1} = 1 - \frac{\Delta x_1}{x_1}$$

它决定了体积比 x_1^3/x_2^3，因而决定了能量需求。也就是说，$\Delta x_1/x_1$ 决定了颗粒粒度从 x_1 减小到 $x_1 - \Delta x_1$ 的能量需求，即

$$\Delta E = C_K \left(\frac{\Delta x}{x}\right)$$

当 $\Delta x_1 \to 0$，就有

$$\frac{\mathrm{d}E}{\mathrm{d}x} = C_K \frac{1}{x} \tag{12.6}$$

这就是微分形式的基克定律（C_K 是基克定律常数）。通过积分，得到：

$$E = C_K \ln\left(\frac{x_1}{x_2}\right) \tag{12.7}$$

这个假设在大多数情况下都是不切实际的，因为它预测将 $10~\mu m$ 的颗粒粉碎到 $1~\mu m$ 所需能量与将 $1~m$ 的巨石减小到 $10~cm$ 的能量相同。这显然是不正确的。如果用

收集到的大粒度产品的数据来预测小粒度产品的能量需求，基克定律给出的数值将低得离谱。

邦德（Bond，1952）提出了一个更有用的公式，其基本形式为

$$E = C_B \left(\frac{1}{\sqrt{x_2}} - \frac{1}{\sqrt{x_1}} \right) \qquad (12.8a)$$

然而，邦德定律通常以式（12.8b）的形式表示。该定律以许多材料的数据为基础，这些数据是邦德从工业和实验室规模的过程中获得的。

$$E_B = W_I \left(\frac{10}{\sqrt{X_2}} - \frac{10}{\sqrt{X_1}} \right) \qquad (12.8b)$$

其中，E_B 是将材料最大粒度从 x_1 破碎到 x_2 所需的能量，W_I 是邦德功指数。

由于最大粒度难以定义，所以实际上 X_1 到 X_2 被认为是筛尺寸（微米为单位），分别是进料和产品中 80% 可以通过的筛尺寸。邦德将 80% 的通过粒度赋予了特殊意义。

从式（12.8b）可以看出，W_I 是指将单位质量材料的粒度从无穷大破碎到 100 μm 所需的能量。虽然功指数是以这种方式定义的，但实际上它是通过实验室规模的实验确定的，并假定它与最终产品粒度无关。

E_B 和 W_I 都有单位质量能量的因次，通常以每短吨（2 000 磅）的 kWh 数为单位（1 kWh/短 t ≈ 4000 J/kg）。邦德功指数 W_I 必须由经验确定。一些常见的例子是：铝土矿 9.45 kWh/短 t；煤制焦炭 20.7 kWh/短 t；石膏岩 8.16 kWh/短 t。

只要产品的最大粒度不小于 100 μm，邦德公式可以给出一个相当可靠的一级近似能量需求。邦德公式的微分形式是：

$$\frac{dE}{dx} = C_B \frac{1}{x^{3/2}} \qquad (12.9)$$

已经有人［例如，霍姆斯（Holmes，1957 年）；哈基（Hukki，1961 年）］试图找到一个通用公式，而雷廷格、基克和邦德的公式都是其特例。从以上分析结果可以看出这三者的公式可以看作是以下同一微分方程的积分。

$$\frac{dE}{dx} = -C \frac{1}{x^N} \qquad (12.10)$$

其中，

$$N=2, C=C_R \qquad 雷廷格方程$$
$$N=1, C=C_K \qquad 基克方程$$
$$N=1.5, C=C_B \qquad 邦德方程$$

有人提出上述三种预测能量需求的方法，每一种更适用于一定的产品粒度范围。通常认为，基克方程更适用于大粒度（粗碎和破碎），雷廷格方程更适用于非常小的粒度（超细粉磨），邦德公式则适用于中等粒度，也是许多工业粉碎过程最常见的粒度范围。这可用图 12.2 表示，图中将比能量需求与粒度关系绘成对数坐标图。对于雷廷格假设，$E \propto 1/x$，$\ln E \propto -\ln(x)$，因此斜率为 -1。对于邦德公式，$E \propto 1/x^{0.5}$，$\ln E \propto -0.5\ln(x)$，因此斜率为 -0.5。对于基克定律，不论实际粒度如何，比能量需求取决于粉碎比 x_1/x_2，因此斜率为零。

然而，在实际中，一般建议依靠设备制造商过去的经验及试验，来预测粉碎某一特定材料所需的能量。

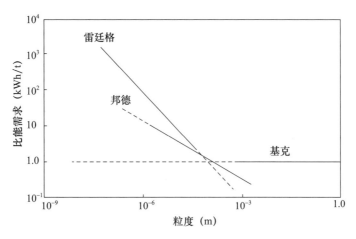

图 12.2 破碎所需比能：雷廷格、基克、邦德定律的关系

12.3.2 产品粒度分布的预测

实践中常见粉碎设备的破碎过程模型，建立在两个函数基础之上，它们是比破碎率（又称选择函数）和破碎分布函数（简称破碎函数）。比破碎率 S_j 是粒级 j 颗粒在单位时间内被破碎的概率（实际上，"单位时间"可能意味着，例如，磨机的一定转数）。破碎分布函数 $b(i,j)$ 则描述给定粒度颗粒破碎后产品的粒度分布。例如，$b(i,j)$ 是粒级 j 颗粒被破碎成粒级 i 的产品的分数。图 12.3 有助于说明，在处理 10 kg 粒级 1 的单一粒度颗粒时，S_j 和 $b(i,j)$ 的含义。如果 $S_1=0.6$，意味着经过单位时间后，预计有 4 kg 材料仍保持粒级 1 的粒度不变（未被破碎）。破碎产品的粒度分布由一组 $b(i,j)$ 值描述。例如，如果 $b(4,1)=0.25$，则预计有 25%（质量）的颗粒从粒级 1 破碎为粒级 4。破碎分布函数也可用累积形式 $B(i,j)$ 表达，它指从粒级 j 的材料破碎成的产品中，粒度从粒级 i 到 n 的所有颗粒所占分数，其中 n 是粒级总数。〔因此 $B(i,j)$ 是一种累积筛下分布。〕

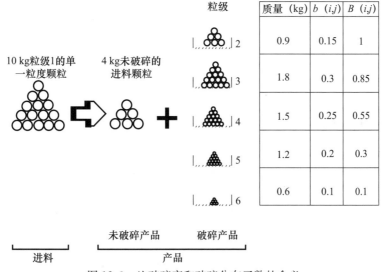

图 12.3 比破碎率和破碎分布函数的含义

因此，只要记住 S 是一种破碎率，我们就会有下面的公式（12.11），它表示粒级 i 颗粒的质量随时间的变化率：

$$\frac{\mathrm{d}m_i}{\mathrm{d}t} = \sum_{j=1}^{j=i-1}\left[b(i,j)S_j m_j\right] - S_i m_i \tag{12.11}$$

其中，$\sum_{j=1}^{j=i-1}\left[b(i,j)S_j m_j\right]=$ 单位时间内，比 i 级粗的颗粒破碎成 i 级颗粒的质量（即，单位时间内 i 级颗粒增加的质量）；$S_i m_i=$ 单位时间内，粒级 i 颗粒破碎掉的质量（即，单位时间内 i 级颗粒减少的质量）。

由于 $m_i = y_i M$ 以及 $m_j = y_j M$，其中 M 是进料总质量，y_i 是 i 级颗粒质量分数，所以我们可以写出一个类似的表达式，用以表示材料中粒级 i 颗粒质量分数随时间的变化率：

$$\frac{\mathrm{d}y_i}{\mathrm{d}t} = \sum_{j=1}^{j=i-1}\left[b(i,j)S_j y_j\right] - S_i y_i \tag{12.12}$$

因此，对于给定进料，使用一组 S 和 b 值，就可以确定给定时间后磨机中的产品粒度分布。实际上，S 和 b 都与颗粒粒度、物料和机器有关。从前文关于颗粒破裂机理的讨论中，可以预计比破碎率应该随着粒度的减小而降低，事实也确实如此。这种方法的目的是通过小规模试验确定 S 和 b 值，以预测大规模生产的产品粒度分布。人们发现这种方法可以给出相当可靠的预测。

12.4 粉碎设备类型

12.4.1 影响机器选择的因素

根据以下因素选择破碎机，以完成特定的粉碎任务：
· 受力机制；
· 原料和产品的粒度；
· 材料性质；
· 载体介质；
· 运行模式；
· 机器容量；
· 与其他机器单元的结合。

12.4.2 受力机制

磨机中粒度破碎可能有三种受力机制：
（1）低速下（0.01～10 m/s），在两个表面（表面-颗粒或颗粒-颗粒）之间施加应力。压碎加磨碎，见图 12.4。
（2）高速下（10～200 m/s），在固体的一个表面（表面-颗粒或颗粒-颗粒）上施加应力。撞击破碎加磨碎（图 12.5）。
（3）通过载体介质施加应力，通常是在湿磨过程中产生磨碎作用。

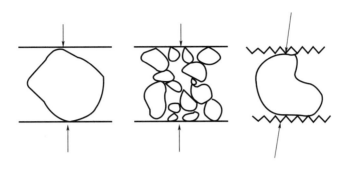

图 12.4　应力施加在两个表面之间

图 12.5　应力施加在固体的一个表面上

根据所采用的受力机制，可以对粉碎设备进行如下初步分类。

主要采用机制 1（压碎）的机器

颚式破碎机：就像一对巨大的胡桃夹子（图 12.6）。一个颚固定，另一个颚上端铰接，通过偏心轮驱动的肘杆使其反复靠近和远离固定颚。块状的材料在颚之间被压碎，当它们可以通过底部的网格时，就离开破碎机。

旋回式破碎机：如图 12.7 所示，有一个截锥形的固定颚。另一个圆锥形颚处于固定颚内，绕偏心安装的轴旋转。当物料足够小时，可以通过两颚之间的空隙排放出去。

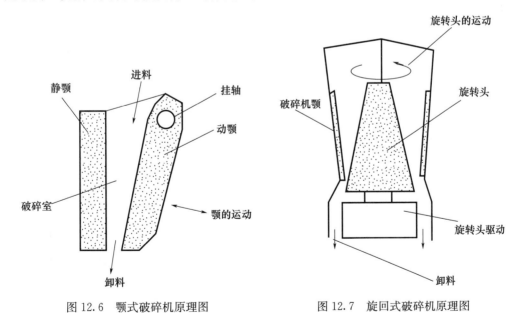

图 12.6　颚式破碎机原理图　　　　图 12.7　旋回式破碎机原理图

辊筒式破碎机：两个圆柱形轧辊水平向并排安装，它们之间的间隙可调，向相反的方向旋转（图 12.8）。当轧辊旋转时，它们会将因重力产生阻塞的物料拖进来，这样，当物料通过辊与辊之间的间隙时，就会发生颗粒破碎。轧辊可以加肋以改善物料和辊之间的接触。

平台式磨机：如图 12.9 所示，进料落在一个圆形旋转的工作台面的中心处，受离心力抛出。沿径向向外移动时，物料从辊下经过并被压碎。

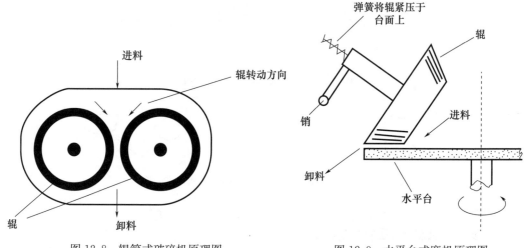

图 12.8　辊筒式破碎机原理图　　　　图 12.9　水平台式磨机原理图

主要采用机制 2（高速撞击）的机器

锤式磨机：如图 12.10 所示，由一个旋转轴组成，转轴上装有固定的或可转动的锤。此装置在一个圆筒内旋转。颗粒通过重力或气流送入筒内。重力作用下的颗粒在足够小的时候通过底部的网格离开腔室。

销棒式磨机：由两个平行的圆盘组成，每个圆盘上带有一组凸出的销棒（图 12.11）。一个盘固定，另一个高速旋转，使其销棒接近那些固定盘上的销棒。颗粒被空气带入中心，当它们沿径向向外移动时，被撞击或摩擦而破碎。

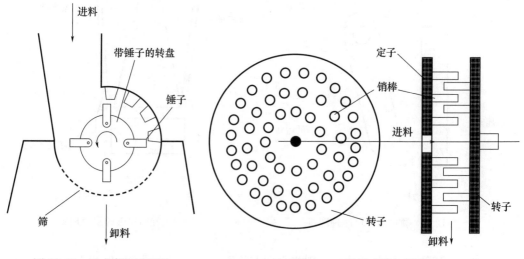

图 12.10　锤式磨机原理图　　　　图 12.11　销棒式磨机原理图

流体能量磨机（流能磨）：依靠高速空气或蒸汽射流产生湍流，造成颗粒间碰撞而破碎的条件。流体能量磨机的一种常见形式，是环形或椭圆形射流磨机，如图 12.12 所示。物料由靠近环底部射流的研磨区，输送到位于环顶部的分级器和出口。这类磨机有很高的比能耗，在处理磨蚀性材料时，磨损很严重。这些问题在流化床射流磨机中可获得一定程度的解决，这种磨机中，流化床用来吸收从研磨区喷出的高速颗粒所携带的能量。

采用机制 1 和 2 组合（压碎、撞击加磨碎）的机器

砂磨机：如图 12.13 所示，一个竖直的圆筒，内含一个由砂子、玻璃珠或粒料组成的床，床被不停地搅拌。进料以浆体形式，被泵入床的底部，产品通过筛屏从顶部排出。筛屏用以保留床中的物料。

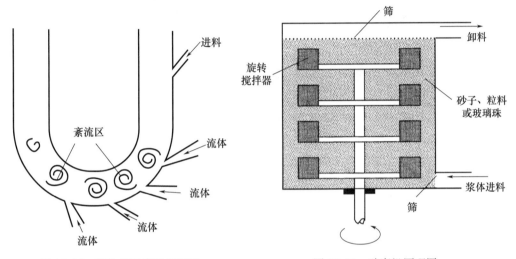

图 12.12 流体能量磨机原理图　　　　图 12.13 砂磨机原理图

胶体磨：浆体形式的原料通过两个锥体之间的间隙时被磨碎。这两个锥体，一个是高速旋转的带肋外凸锥体，另一个是静止的内凹锥（图 12.14）。

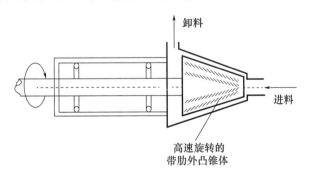

图 12.14 胶体磨原理图

球磨机：如图 12.15 所示，一个旋转的圆柱形或圆柱－圆锥形的壳体，大约填充一半钢球或陶瓷球。圆筒的旋转速度设置为，球一个接一个地从上面翻滚下来，而不是大量落下。这个速度通常小于临界速度的 80%，此临界速度即球和原料恰能被离心力甩出的速度。在连续研磨中，载体介质为空气，且空气可以被加热，以避免因潮湿引起的堵塞。球磨机也可用水作载体介质进行湿磨。球的尺寸根据所需产品粒度来选择。图 12.15 中的球磨机圆锥段，可以使较小的钢球向出料端移动，完成精细研磨。管式磨机是一种很长的球磨机，通常沿长度方向用横隔板分隔，从进料端到出料端，球逐级减小。

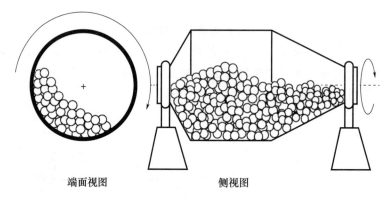

端面视图   侧视图

图 12.15　球磨机原理图

12.4.3　粒度

虽然从技术上讲，根据受力机制对磨机进行分类是有趣的，但在大多数情况下，决定选择合适磨机的，是原料的粒度和所需产品的粒度分布。一些常用术语示于表 12.1。

表 12.1　用于粉碎的术语

产品粒度范围	术语
1—0.1 m	粗碎
0.1 m	破碎
1 cm	细碎，粗磨
1 mm	中碎，碾磨
100 μm	细磨
10 μm	超细磨

表 12.2 说明了产品粒度如何决定所使用的磨机类型。

表 12.2　根据产品粒度对粉碎设备进行分类

> 3 mm	3 mm—50 μm	< 50 μm
破碎机	球磨机	球磨机
水平台式磨机	棒磨机	振动磨
轮碾机	销磨机	砂磨机
	管磨机	佩尔（Perl）磨机
	振动磨	胶体磨机
		流体能量磨机

12.4.4　材料性质

材料性质影响磨机选型，但比原料和产品粒度的影响要小。在选择磨机时，可能需要考虑以下材料性质：

·硬度。硬度通常用莫氏硬度计测量，其中石墨和金刚石的硬度分别为 1 级和 10 级硬度。硬度是衡量耐磨性的一个指标。

·耐磨性。这与硬度密切相关，有些人认为这是商业磨机选择中最重要的因素。耐磨性很强的材料通常必须在低速磨机中研磨，以减少与物料接触的机器零件的磨损（如球磨机）。

·韧性。这是材料抵抗裂纹扩展的特性。在韧性材料中过量应变能引起塑性变形而不是新裂纹的扩展。脆性是韧性的反义词。韧性材料在研磨过程中存在问题，尽管在某些情况下可以降低材料的温度，从而降低塑性流动的倾向，使材料更脆。

·黏聚性/黏附性。颗粒黏在一起和黏在其它表面上的性质。黏聚性和黏附性与含水率和粒度有关。颗粒粒度减小或含水率增加，材料的黏聚性和黏附性增加。可以通过湿磨来解决因粒度产生的黏聚性/黏附性问题。

·纤维性。纤维性材料是一种特殊情况，必须用撕碎机或切割机来粉碎，这些机器以锤式磨机设计为基础。

·低熔点。磨机产生的热量足以引起低熔点材料的熔化，这会引起韧性、黏聚性和黏附性增加的问题。在某些情况下，利用冷空气作为载体介质可以解决这种问题。

·其他特殊性质。对热敏感、易自燃或高可燃性材料必须使用惰性载体介质（例如氮气）进行研磨。有毒或放射性材料必须使用在闭合回路上运行的载体介质进行研磨。

12.4.5　载体介质

载体介质可以是气体或液体。虽然最常用的气体是空气，惰性气体也可以用在如上所述的一些情况。湿法粉磨中最常用的液体是水，但有时也用油。载体介质不仅用于输送材料通过磨机，而且，一般来说，还向颗粒传递作用力，影响摩擦，进而影响磨损，影响裂纹的形成和影响黏聚性/黏附性。载体介质还会影响材料的静电电荷和可燃性。

12.4.6　运行模式

磨机可以间歇运行，也可以连续运行。选择运行模式基于生产量、流程和经济性。间歇运行磨机的生产能力从实验室规模的几克到商业规模的几吨不等。连续粉磨系统的产量可能从实验室规模的每小时几百克到工业规模的每小时几千吨。

12.4.7　与其他操作的结合

有些磨机有双重用途，因此，除了粒度破碎外，还可能进行材料的干燥、混合或分级。

12.4.8　粉磨回路类型

粉磨回路可以是"开路"也可以是"闭路"。在开路粉磨（图 12.16）中，材料只经过磨机一次，所以唯一可控的变量是物料在磨机中的停留时间。通过改变物料停留时间（生产量），将产品粒度及其分布控制在一定范围内，即进料速率决定产品粒度，因此系统是不灵活的。

在闭路粉磨（图12.17）中，离开磨机的物料要经过某种形式的分级（按粒度分离），将超粒度（筛上）物料与原料一起返回磨机。由于可以同时控制产品的平均粒度和粒度分布，所以这样的系统更加灵活。

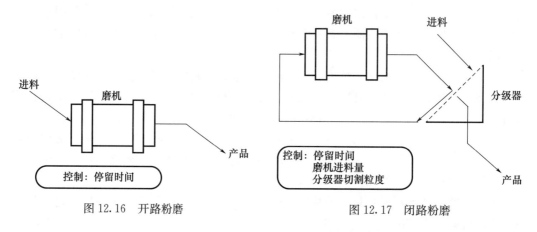

图12.16　开路粉磨　　　　　　　　　　图12.17　闭路粉磨

图12.18和图12.19分别显示了在干法和湿法闭路粉磨情况下，将物料送入磨机、从磨机中取出物料、分级、超粒度物料再循环和取出产品的流程及必要的设备。

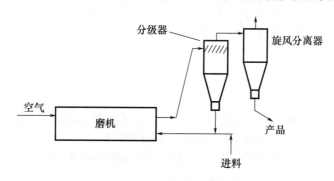

图12.18　干法磨：闭路操作

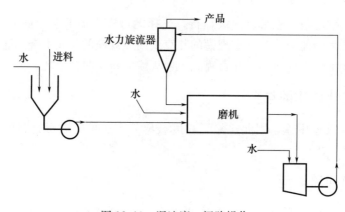

图12.19　湿法磨：闭路操作

12. 5 例 题

例题 12. 1

一种原本由 25 mm 颗粒组成的材料被破碎成平均粒度为 7 mm，需要 20 kJ/kg 的能量用于粒度减小。确定将该材料从 25 mm 破碎到 3. 5 mm 所需的能量。假设应用：（a）雷廷格定律，（b）基克定律和（c）邦德定律。

解

（a）应用雷廷格定律，如式（12.4）所示：

$$20 = C_R \left(\frac{1}{7} - \frac{1}{25} \right)$$

因此，$C_R = 194.4$，对 $x_2 = 3.5$ mm，

$$E = 194.4 \left(\frac{1}{3.5} - \frac{1}{25} \right)$$

所以，$E = 47.8$ kJ/kg。

（b）应用基克定律，如式（12.7）所示：

$$20 = -C_K \ln \left(\frac{7}{25} \right)$$

因此，$C_K = 15.7$，对 $x_2 = 3.5$ mm，

$$E = -15.7 \ln \left(\frac{3.5}{25} \right)$$

所以，$E = 30.9$ kJ/kg。

（c）应用邦德定律，如式（12.8a）所示：

$$20 = C_B \left(\frac{1}{\sqrt{7}} - \frac{1}{\sqrt{25}} \right)$$

因此，$C_B = 112.4$，对 $x_2 = 3.5$ mm，

$$E = 112.4 \left(\frac{1}{\sqrt{3.5}} - \frac{1}{\sqrt{25}} \right)$$

所以，$E = 37.6$ kJ/kg。

例题 12. 2

球磨机中某一特定材料的破碎分布函数 $b(i, j)$ 和比破碎率 S_j 值见表 12W2.1。为了检验这些值的有效性，将原料样本放入球磨机中磨碎，该原料样本粒度分布见表 12W2.2。使用这些表中的信息预测在磨机中 1 min 后产品的粒度分布。（注：表 12W2.1 中 S_j 值以 1 min 为单位研磨时间。）

表 12W2. 1 球磨机比破碎率及破碎分布函数

粒度（μm）	212～150	150～106	106～75	75～53	53～37	37～0
粒级编号 j	1	2	3	4	5	6
S_j	0. 7	0. 6	0. 5	0. 35	0. 3	0
$b(1, j)$	0	0	0	0	0	0

粒度（μm）	212～150	150～106	106～75	75～53	53～37	37～0
$b(2, j)$	0.32	0	0	0	0	0
$b(3, j)$	0.3	0.4	0	0	0	0
$b(4, j)$	0.14	0.2	0.5	0	0	0
$b(5, j)$	0.12	0.2	0.25	0.6	0	0
$b(6, j)$	0.12	0.3	0.25	0.4	1.0	0

表 12W2.2　原料粒度分布

粒级（j）	1	2	3	4	5	6
分数	0.2	0.4	0.3	0.06	0.04	0

解：

应用公式（12.12）。

粒级 1 分数的变化：

$$\frac{\mathrm{d}y_1}{\mathrm{d}t} = 0 - S_1 y_1 = 0 - 0.7 \times 0.2 = -0.14$$

因此，新的 $y_2 = 0.2 - 0.14 = 0.06$

粒级 2 分数的变化：

$$\frac{\mathrm{d}y_2}{\mathrm{d}t} = b(2,1)S_1 y_1 - S_2 y_2$$

$$= (0.32 \times 0.7 \times 0.2) - (0.6 \times 0.4)$$

$$= -0.195\,2$$

因此，新的 $y_2 = 0.4 - 0.195\,2 = 0.204\,8$

粒级 3 分数的变化：

$$\frac{\mathrm{d}y_3}{\mathrm{d}t} = [b(3,1)S_1 y_1 + b(3,2)S_2 y_2] - S_3 y_3$$

$$= [(0.3 \times 0.7 \times 0.2) + (0.4 \times 0.6 \times 0.4)] - (0.5 \times 0.3)$$

$$= -0.012$$

因此，新的 $y_3 = 0.3 - 0.012 = 0.288$

类似地，对于粒级 4、5 和 6，可得：

$$新的 \ y_4 = 0.181\,6$$
$$新的 \ y_5 = 0.142\,9$$
$$新的 \ y_6 = 0.122\,7$$

检验：

预测的产品粒级质量分数总和，$y_1 + y_2 + y_3 + y_4 + y_5 + y_6 = 1.000$

因此，产品粒度分布为：

粒级（j）	1	2	3	4	5	6
分数	0.06	0.204 8	0.288	0.181 6	0.142 9	0.122 7

自测题

12.1 解释为什么在脆性材料中多次断裂是常见的。

12.2 利用裂纹扩展破坏的概念，解释为什么小颗粒比大颗粒难破裂。

12.3 概述三种不同的预测颗粒粒度破碎能量需求的模型。每个模型在什么粒度范围内最适合应用？

12.4 定义选择函数和破碎函数，这些函数用于预测粒度破碎过程中产品的粒度分布。

12.5 解释下列方程的含义。

$$\frac{\mathrm{d}y_i}{\mathrm{d}t} = \sum_{j=1}^{j=i-1} \left[b(i,j) S_j y_j \right] - S_i y_i$$

12.6 描述锤式磨机、流体能量磨机和球磨机的工作原理。说明每种磨机中，颗粒破碎的主要受力机制。

12.7 在什么情况下可以使用湿磨？

12.8 列出五种影响磨机选型的材料性质。

练习题

12.1 （a）雷廷格能量定律假设，破碎过程中消耗的能量与新产生的表面面积成正比。根据该定律推导出将颗粒粒度从 x_1 减小到 x_2 的比能量消耗的表达式。

（b）表 12E1.1 给出了用锤式磨机粉碎石灰石的比破碎率和破碎分布函数的数值。该比破碎率的数值是以磨机在某一特定速度下经过 30 s 后的数据为基础的。当进料粒度分布如表 12E1.2 所示时，确定磨机以此速度运行 30 s 后，产品的粒度分布。

（答案：0.12，0.322，0.314，0.244）

表 12E1.1 锤式磨机比破碎率及破碎分布函数

粒度（μm）	106—75	75—53	53—37	37—0
粒级（j）	1	2	3	4
S_j	0.6	0.5	0.45	0
$b(1, j)$	0	0	0	0
$b(2, j)$	0.4	0	0	0
$b(3, j)$	0.3	0.6	0	0
$b(4, j)$	0.3	0.4	1.0	0

表 12E1.2 进料粒度分布

粒级	1	2	3	4
分数	0.3	0.5	0.2	0

12.2 表 12E2.1 给出了从球磨机磨煤试验中收集的信息。假定所给比破碎率 S_j 是磨机以某一特定速度 25 转为基础的，当进料粒度分布如表 12E2.2 所示时，预测磨机以

该速度运行 25 转后，产品的粒度分布。

（答案：0.125，0.278 7，0.204 7，0.166 1，0.098 7，0.077 9，0.048 78）

表 12E2.1 球磨机磨煤试验结果

粒度（μm）	300—212	212—150	150—106	106—75	75—53	53—37	37—0
粒级（j）	1	2	3	4	5	6	7
S_j	0.5	0.45	0.42	0.4	0.38	0.25	0
$b(1,j)$	0	0	0	0	0	0	0
$b(2,j)$	0.25	0	0	0	0	0	0
$b(3,j)$	0.24	0.29	0	0	0	0	0
$b(4,j)$	0.19	0.27	0.33	0	0	0	0
$b(5,j)$	0.12	0.2	0.3	0.45	0	0	0
$b(6,j)$	0.1	0.16	0.25	0.3	0.6	0	0
$b(7,j)$	0.1	0.08	0.12	0.25	0.4	1.0	0

表 12E2.2 进料粒度分布

粒级	1	2	3	4	5	6	7
分数	0.25	0.45	0.2	0.1	0	0	0

12.3 表 12E3.1 给出了球磨机中砂形材料粒度减小信息。给出的比破碎率 S_j 值是以磨机旋转 5 圈为基础的，确定粒度分布如表 12E3.2 所示进料在磨机转 5 圈后的产品粒度分布。

（答案：0.087 5，0.236 9，0.259 6，0.211 5，0.204 5）

表 12E3.1 球磨机试验结果

粒度（μm）	150—106	106—75	75—53	53—37	37—0
粒级（j）	1	2	3	4	5
S_j	0.65	0.55	0.4	0.35	0
$b(1,j)$	0	0	0	0	0
$b(2,j)$	0.35	0	0	0	0
$b(3,j)$	0.25	0.45	0	0	0
$b(4,j)$	0.2	0.3	0.6	0	0
$b(5,j)$	0.2	0.25	0.4	1.0	0

表 12E3.2 进料粒度分布

粒级	1	2	3	4	5
分数	0.25	0.4	0.2	0.1	0.05

12.4 粉碎过程的效率通常低于 1%。所有浪费的能量都去了哪里？

13 | 粒度增大

凯伦·哈普古德（Karen Hapgood）和马丁·罗兹（Martin Rhodes）

13.1 简　　介

粒度增大是将较小的颗粒聚集在一起形成较大团块的过程，其中原始颗粒仍然可以被识别。在加工业中，颗粒状固体的粒度增大是一个非常重要的工艺步骤。粒度增大与制药业、农业和食品工业密切相关，在包括矿产、冶金、陶瓷等其他行业也起着重要作用。

我们希望增加产品或中间产品平均粒度的原因有很多。这包括减少粉尘危害（爆炸危险或健康危害），减少结块和团块形成，改善流动特性，增加体积密度以利贮存，制成不同原始粒度成分的非分离混合物，提供规定剂量的活性成分（如药物制剂）和控制表面积-体积比（例如在催化剂载体中）。

实现粒度增大的方法包括造粒、压实（例如压片）、挤出、烧结、喷雾干燥和成球。团聚是使较小颗粒粘在一起形成团聚物或聚合体，而造粒则是借助搅拌方法使颗粒团聚。由于不可能在一章范围内充分涵盖所有的粒度增大方法，本章重点以造粒为例进行论述。

本章概述不同类型的颗粒间作用力及其作为粒度函数的相对重要性。液桥力对造粒过程特别重要，将在后面详细介绍。概述了对造粒过程很重要的各速率过程（润湿、长大、固结和磨损），还包括粒数平衡，以建立一个简单模型，模拟造粒过程。最后，对工业造粒设备做了简要介绍。

13.2 颗粒间力

13.2.1 范德华力

所有固体分子间都存在引力，统称为范德华力。这些力的能量约为 0.1 eV 量级，并随分子间距离的六次方而减小。范德华力的作用范围比化学键的范围大。一球体与一平面之间因范德华力引起的吸引力 F_{vw}，由哈马克推导出（1937），通常表示为下式：

$$F_{vw} = \frac{K_H R}{6y^2} \tag{13.1}$$

其中 K_H 是哈马克常数，R 是球体半径，y 是球体和平面之间的间隙。

13.2.2　吸附液层产生的力

　　颗粒处于可冷凝蒸汽中时，其表面会有一层被吸附的蒸汽。如果这些颗粒相互接触，则由于吸附层的重叠而产生黏合力。黏合的强度取决于接触面积和吸附层的抗拉强度。吸附层的厚度和强度随着周围大气中蒸汽分压的增加而增加。根据科埃略（Coel-ho）和哈恩比（Harnby）（1978）的研究，存在一个临界分压，在这个分压下，吸附层黏合被液桥黏合所取代。

13.2.3　液桥力

　　除上述吸附液层产生的颗粒间作用力外，因为液体对颗粒表面缺陷的平滑作用（增加颗粒与颗粒的接触）和减小颗粒间距离的作用，液体在颗粒表面的存在（即使比例很小）也会影响颗粒间力。然而，这些力的大小通常可以忽略不计，而当存在的液体比例足以在颗粒间形成液桥时，所产生的力就不可忽略了。纽伊特（Newitt）和康威·琼斯（Conway·Jones）（1958）根据颗粒群之间的液体比例确定了四种液体状态。这些状态被称为摆动状态、链索状态、毛细管状态和液滴状态，如图13.1所示。处于摆动状态的液体在颗粒间的液桥颈部保持为点接触。各液桥都是相互分开彼此独立的。颗粒间的间隙为多孔状或空隙状。由液体表面张力产生的强边界力将颗粒拉在一起。另外还有由液桥弯曲表面产生的毛细管压力。毛细管压力由以下公式给出：

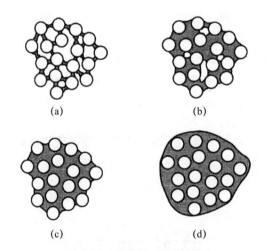

图13.1　颗粒间的液体黏合

（a）摆动状态；（b）链索状态；（c）毛细管状态；（d）液滴状态

$$p_c = \gamma \left(\frac{1}{r_1} - \frac{1}{r_2} \right) \tag{13.2}$$

其中 γ 为液体表面张力，r_1 和 r_2 是液体表面的曲率半径。如果液桥内的压力小于环境压力，则毛细管压力和表面张力产生的边界引力是相加的。

　　随着液体对颗粒的比例增加，液体可以自由移动，颗粒间引力减少（链索状态）。当有足够的液体完全填满颗粒之间的空隙时（毛细管状态），颗粒剂强度进一步下降，因为弯曲的液体表面和表面张力作用的边界更少。很明显，当颗粒完全分散在液体中时

（液滴状态），结构强度非常低。

在摆动状态下，增加颗粒间液体量对颗粒间的黏结强度影响不大，直至达到链索状态。然而，增加液体的比例会增加黏结层的抗断裂能力，因为颗粒可以被拉得更远而不会导致液桥断裂。这对造粒过程具有实际意义；摆动状态的液桥产生的颗粒剂强度较大，其中液体的量不是关键，但应小于变成链索状态和毛细管状态所需的液体量。

通过减少空隙率或孔隙率并使颗粒更靠近（即，使颗粒致密化），也可以提高饱和度。这就减少了液体可用的开放孔隙空间，颗粒的饱和度则从链索状态逐渐增加到液滴状态，如图 13.1 所示。

13.2.4 静电力

颗粒和表面的静电荷是由于摩擦产生的。加工过程中，颗粒间碰撞会产生摩擦，颗粒与设备表面也会频繁发生摩擦。电荷是由物体间电子转移引起的。两个带电球体之间的力与它们电荷的乘积成正比。静电力可以是引力，也可以是斥力，不需要颗粒间相互接触，可以在相对较远的距离内发挥作用，而黏附力需要相互接触。

13.2.5 固体桥

由液桥形成的颗粒通常不是造粒过程中的最终产物。当液体从原来的颗粒中被除去后形成的固体桥，会产生更持久的黏结。颗粒间的固体桥有三种形式：结晶桥、液体黏合剂桥和固体黏合剂桥。如果颗粒材料可溶于造粒中添加的液体，那么当液体蒸发时可能形成结晶桥。蒸发过程降低了颗粒中液体的比例，在结晶前形成高强度摆动状态桥。另外，最初用于形成颗粒的液体可能含有黏结剂或胶水，它们在溶剂蒸发时发挥作用。

在某些情况下，可以使用固体黏合剂。这是一种研磨得很细的固体，它与现有的液体发生反应，生成一种固体胶结物，将颗粒黏合在一起。

13.2.6 各种力的比较和相互作用

实际上，所有颗粒间力都同时作用。力的相对重要性随颗粒性质的变化和周围空气湿度的变化而变化。各种结合力之间存在相当大的相互作用。例如，在含水系统中，吸附的水分可以大大增加范德华力。吸附的水分还可以减少颗粒间的摩擦和潜在的联锁，使粉体流动更加自由。如果周围空气的湿度增加，静电力就会迅速衰减。

在干燥空气中，由于静电荷而表现出黏聚性的粉体，随着空气湿度的增加，可能变得更易自由流动。如果湿度进一步增加，液体桥的形成又会导致黏聚性的恢复。柯尔霍（Coelho）和哈恩比（Harnby）（1978）以及卡拉（Karra）和菲尔斯特诺（Fuerstenau）（1977）在粉体混合研究中报道了这种效应。

在朗夫（Rumpf）（1962）之后，人们用图（见图 13.2）说明了上述作为粒度函数的各种结合力的相对大小。我们发现范德华力只对粒度小于 $1\ \mu m$ 的颗粒有重要作用，吸附蒸汽力对 $80\ \mu m$ 以下和液桥力对 $500\ \mu m$ 以下的颗粒分别起作用。

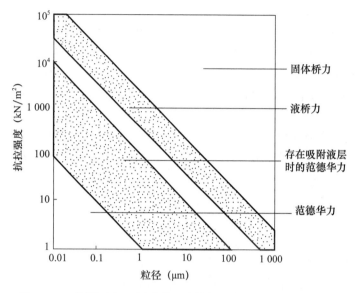

图 13.2　不同结合机理团聚体理论抗拉强度（根据郎夫，1962）

13.3　造　　粒

13.3.1　引言

造粒是通过搅拌向颗粒和颗粒剂传递能量，将较小的颗粒粘在一起而使粒度增大的过程。最常见的造粒方法是湿法造粒，在料床上分布液体黏结剂，以启动造粒。由此生成的颗粒团聚体称为"颗粒剂"，它们由排列成三维多孔结构的原始颗粒（初级颗粒）组成。颗粒剂的重要性质包括其大小、孔隙率、强度、流动特性、溶解性和成分均匀性。

颗粒和颗粒剂在造粒机中运动导致碰撞，通过合并和包覆的方式使颗粒长大。一般情况下，单组分颗粒由液体（胶状）或固体（水泥状）黏合剂结合在一起，黏合剂喷入造粒机内被搅拌的颗粒中。一种混合型的工艺是熔融造粒，将聚合物黏结剂加热并以液体形式喷到粉体上，然后在造粒过程中冷却，在颗粒之间形成固体结合。或者，也可以使用溶剂来诱导材料（构成颗粒的材料）溶解和再结晶。

13.3.2　造粒速率过程

如图 13.3 所示，在造粒过程中，颗粒剂或团聚体的形成由三个速率过程控制。它们是（1）原始颗粒被黏合液润湿和成核；（2）合并或长大形成颗粒剂，加上颗粒剂的固结；（3）颗粒剂的磨损或破碎。成核这一术语用来描述造粒初始过程，即原始固体颗粒与液滴结合形成新颗粒剂或核的过程。合并则是两个颗粒剂（或一个颗粒剂加上一个原始颗粒）结合在一起形成一个更大颗粒剂的过程。这些过程结合起来决定产品颗粒剂的性质（粒度分布、孔隙率、强度、分散性等）。造粒过程中最终颗粒剂大小由长大、破碎和固结等相互制约机制控制。

(i) 润湿和成核

(ii) 固结和合并

(iii) 磨损和破碎

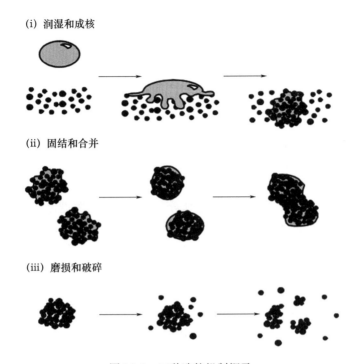

图 13.3　三种造粒机制概示

［转引自《粉体技术》117（1-2），Iveson 等，"搅拌湿法造粒过程中的成核、长大和破碎现象：综述"，第 3—39 页，版权（2001），获得爱思唯尔公司的许可］

润湿和成核

润湿是指颗粒间空隙中的空气被液体取代的过程。埃尼斯（Ennis）和利斯特（Litster）（1997）强调了造粒过程中润湿程度和润湿速率对产品质量的重要影响。例如，润湿程度不够会导致许多材料未能形成颗粒剂，需要再循环使用。当造粒用于配料组合时，必须考虑到，最终颗粒剂中不同组分，可能具有不同的润湿性。

润湿是由液体的表面张力和液体与颗粒材料形成的接触角决定的。在造粒过程中，润湿的速度很重要。当重力可以忽略时，这种速度可由沃什伯恩（Washburn）方程［式（13.3）］表达，该方程用以确定黏度为 μ 表面张力为 γ 的液体渗入粉体床的速率：

$$\frac{\mathrm{d}z}{\mathrm{d}t} = \frac{R_\mathrm{p}\gamma\cos\theta}{4\mu z} \tag{13.3}$$

其中，t 是时间，z 是液体渗入粉体内的距离，θ 是液体与粉体的动力接触角；R_p 为平均孔隙半径，与粉体堆积密度和粒度分布有关。因此在造粒过程中，控制润湿速率的因素是黏合张力（adhesive tension）（$\gamma\cos\theta$）、液体黏度、堆积密度和粒度分布。

进行沃什伯恩试验需要一些专门的测试设备。另一种试验是液滴渗入时间试验，它与喷雾液滴进入造粒粉体内的润湿过程有更直接关系［哈普古德（Hapgood）等，2003］。将已知体积 V_d 的液滴轻轻放置在孔隙率为 ε_b 的小粉体床上，测量液滴完全沉入粉体床所需的时间。液滴渗入时间 t_p 为：

$$t_\mathrm{p} = 1.35\frac{V_\mathrm{d}^{2/3}\mu}{\varepsilon_\mathrm{b}^2 R_\mathrm{p}\gamma\cos\theta} \tag{13.4}$$

沃什伯恩试验和液滴渗入时间试验是密切相关的，但后者更容易完成，在开发造粒工艺或排除故障时，它可作为一种筛选和调查试验。

一般来说，改善润湿是所希望的。通过更好地控制造粒过程，可使颗粒剂粒度分布更窄，提高产品质量。在实际应用中，润湿速率对粉体的润湿程度有显著影响，尤其是当黏结剂溶剂蒸发与润湿同时发生时更是如此。以上简要分析表明，通过降低黏度、增加表面张力、减小接触角和增大粉体内部孔隙尺寸，可以提高润湿速率。黏度由黏结剂浓度和操作温度决定。随着溶剂蒸发，黏结剂浓度发生变化，黏度会增大。小颗粒形成小孔隙，大颗粒形成大孔隙。此外，粒度分布越宽，孔隙越小。大孔隙保证了液体的高渗透速率，但导致润湿程度较低。

除润湿特性外，液滴大小和液体的总体分布也是造粒的关键参数。如果将一滴液体加入造粒机中，则只会形成一个核颗粒，且核颗粒的大小与液滴的大小成正比［沃尔迪（Waldie），1991］。在将液体雾化到粉体上的过程中，喷雾区条件非常重要，该条件使三方面速率达到平衡，即液滴喷洒速率、向粉体内渗透速率和/或从喷物区移开湿粉体速率之间达到平衡。理想状况下，每一个喷雾液滴应该在不接触其他液滴的情况下落在粉体上，并迅速沉入粉体中形成一个新的核颗粒。这种理想状况称作"液滴控制成核状态"，发生在低渗透时间（见前述）和低无因次喷雾通量 ψ_a 情况下。ψ_a 由下式给出（利斯特等人，2001）：

$$\psi_a = \frac{3Q}{2v_s w_s d_d} \tag{13.5}$$

其中，Q 是溶液流量，v_s 是喷雾区粉体速度，d_d 是平均液滴直径，w_s 是喷雾宽度。无因次喷雾通量是落在粉体表面上液滴密度的度量。在低喷雾通量（$\psi_a \ll 1$）下，液滴足迹不会重叠，每个液滴会形成单独的核颗粒。在高喷雾通量（$\psi_a \approx 1$）下，滴到粉体床的液滴会发生明显的重叠，形成的核颗粒要大得多，核颗粒的大小将不再是原始液滴大小的简单函数。在给定的喷雾通量下，当粉体经过喷雾区下方时，被喷雾液滴润湿的表面分数（f_{wet}）由下式给出（哈普古德等，2004）：

$$f_{wet} = 1 - \exp(-\psi_a) \tag{13.6}$$

而由 n 个液滴形成的核的分数 f_n 可用下式计算（哈普古德等，2004）：

$$f_n = \exp(-4\psi_a)\left[\frac{(4\psi_a)^{n-1}}{(n-1)!}\right] \tag{13.7}$$

无因次喷雾通量参数既可用作放大参数，又可为粒数平衡模型作估算核初始尺寸的参数（参见第13.3.3节）。当与液滴渗入时间结合时，ψ_a 构成成核状态图的一部分（见图13.4）（哈普古德等人，2003）。定义了三种成核状态：液滴控制、剪切控制和中间区。当一个液滴形成一个核时，发生的是液滴控制成核；只有当以下两个条件都满足时，才会发生这种成核状态：

（1）低喷雾通量 ψ_a——喷雾密度低，液滴重叠少；

（2）快速渗入时间——液滴在接触到粉体表面其他液滴之前，或接触到来自喷雾的新液滴之前，必须完全渗入粉体床内。

如果以上任何一条准则不满足，粉体混合和剪切特征将占主导地位：这是机械分散状态。黏性或弱润湿性黏结剂缓慢地流过粉体中的孔隙并形成核。可能发生液滴在粉体

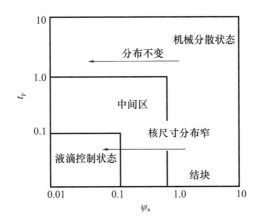

图 13.4　成核状态图

［对于液滴控制状态中的理想成核，要求低 ψ_a 和低 t_p。转引自 AIChE Journal，49（2），
哈普古德等，"液体黏合颗粒剂的成核状态图"，第 350—361 页，
重制获得允许，版权（2003）：美国化学工程师学会（AIChE）］

表面聚结（也称为"淤积"），形成的核尺寸分布会非常宽。在机械分散状态下，液体黏结剂只能通过粉体剪切和搅拌来分散。

颗粒剂固结

固结是一个术语，用来描述由于碰撞挤压出液体时，原始颗粒紧密堆积而引起的颗粒剂密度增加。只有当黏结剂仍然是液体时，才会发生固结。固结决定了最终颗粒剂的孔隙率和密度。影响固结速率和固结程度的因素包括粒度、粒度分布和黏结剂黏度。颗粒剂孔隙率 ε 和液体水平 w 控制颗粒剂饱和度 s，饱和度是孔隙空间被液体充满的分数：

$$s = \frac{w\rho_s(1-\varepsilon)}{\rho_l\varepsilon} \tag{13.8}$$

式中，ρ_s 是固体密度，ρ_l 是液体密度。孔隙率越低，饱和度越高，一旦饱和度超过 100%，进一步固结将把液体推至颗粒剂表面，使颗粒剂表面变湿。表面润湿会引起颗粒剂生长速率的剧烈变化（见下文）。

长大

两个相互碰撞的初始颗粒剂要合并，它们的动能必须被耗散掉，所形成的黏合强度必须能够抵抗造粒机内粉体团搅动所施于它们的外力。容易变形的颗粒剂会吸收碰撞能量，增加黏合表面积。随着颗粒剂的长大，试图将颗粒剂拉开的内力也在增长。可以预测一个临界的最大颗粒剂粒度，超过该粒度，颗粒剂在碰撞过程中就不可能合并（见下文）。

埃尼斯和利斯特（1997）提出了一个基本理论，可以从碰撞物理学角度解释观测到的颗粒剂生长状态。考虑密度为 ρ_g 的两个刚性颗粒剂（假定变形性低）之间的碰撞，每个颗粒剂直径为 x，都涂有一层厚度为 h，黏度为 μ 的液体，以速度 V_{app} 相互接近。决定是否发生合并的参数是斯托克斯数 Stk：

$$Stk = \frac{\rho_g V_{app} x}{16\mu} \tag{13.9}$$

［注：这个斯托克斯数不同于第 9 章中旋风分离器放大时所用的斯托克斯数 Stk_{50}，旋风

分离器放大中的斯托克斯数 Stk_{50} 还包含了粒度与旋风器直径之比这一无因次量，即：

$$Stk_{50} = \frac{\rho_g v x_{50}^2}{18\mu D} = (\frac{x_{50}}{D})\frac{\rho_g v x_{50}}{18\mu}$$

其中，v 为气体特征速度。］

这里的斯托克斯数 Stk 是碰撞动能与黏性耗散能之比的度量。要发生合并，斯托克斯数必须小于临界值 Stk^*，该临界值由下式确定：

$$Stk^* = \left(1 + \frac{1}{e}\right)\ln\left(\frac{h}{h_a}\right) \tag{13.10}$$

其中，e 是碰撞恢复系数，h_a 是颗粒剂表面粗糙度的一种度量。

对于较低搅拌强度的间歇系统，依据此准则，可以识别三种颗粒生长状态。它们是非惯性、惯性和包覆状态。在造粒机内，任何时候都存在颗粒剂粒度和速度的分布，从而导致一个碰撞时的斯托克斯数的分布。在非惯性状态下，所有颗粒剂和初级颗粒的斯托克斯数都小于 Stk^*，因而实际上所有碰撞都会产生合并。因此，在这种状态下，生长速率在很大程度上与液体黏度、颗粒剂或初级颗粒的粒度以及碰撞动能均无关。颗粒的润湿速率控制着该状态下的生长速率。

随着颗粒剂的长大，会发生斯托克斯数超过临界值的碰撞。这就进入了惯性状态，在这个状态下，生长速率取决于液体黏度、颗粒剂粒度和碰撞能量。在整个这一状态中，斯托克斯数超过临界值的碰撞比例不断增加，而成功碰撞的比例不断减少。一旦造粒机中粉体的整体平均斯托克斯数与临界值相当时，颗粒剂的长大就会被破碎所平衡，生长过程则通过初级颗粒包覆到已有颗粒剂上来继续，因为根据我们的标准，这是唯一可能成功的碰撞。当颗粒剂变形不可忽略时，如在高搅拌强度系统中，这种简单分析就失效了（埃尼斯和利斯特，1997）。

图 13.5 显示了两种依赖于颗粒剂变形的生长类型［伊维森（Iveson）等人，2001］。

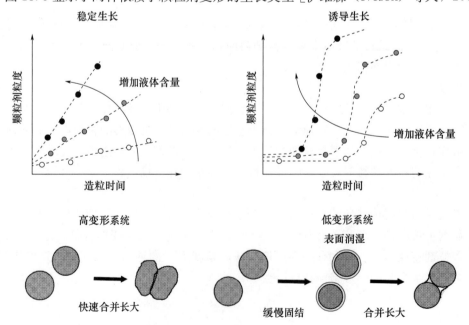

图 13.5　颗粒剂生长的两种主要不同类型及其如何依赖于颗粒剂变形性的示意图

当颗粒剂粒度的增大与造粒时间大致成正比，即粒度与时间成线性关系时，发生的是稳定生长。当存在一个较长的粒度不增大时间段时，发生的是诱导生长。在此期间，颗粒剂形成并固结，但并不长大，直到颗粒剂孔隙率降低到足以将液体挤压到表面时粒度才会增大。此时颗粒剂上过的游离液体导致许多颗粒剂突然合并，其粒度迅速增大。

颗粒剂碰撞过程中的变形可以用斯托克斯变形数 St_{def} 来表征，它将碰撞动能与颗粒剂变形过程中耗散的能量联系起来［塔多斯（Tardos）等人，1997］：

$$St_{def}=\frac{\rho_g U_c^2}{2Y_d} \tag{13.11}$$

其中，U_c 是造粒机中代表性碰撞速度，ρ_g 是颗粒剂平均密度，Y_d 是颗粒剂动态屈服应力。Y_d 和 ρ_g 是颗粒剂孔隙率和颗粒剂配方特性的强函数，其值通常在最大颗粒剂密度下求得，这时颗粒剂强度最大。这发生在孔隙率达到最小值 ε_{min} 时，之后颗粒剂密度保持不变。

使用饱和度、变形数 St_{def} 和颗粒剂生长状态图（哈普古德等人，2007）可以描述所有的颗粒剂生长类型，如图 13.6 所示。在液体含量很低的情况下，产品类似于干粉体。当颗粒剂饱和度稍高时，会形成颗粒剂核，但湿度不足以使这些核进一步长大。

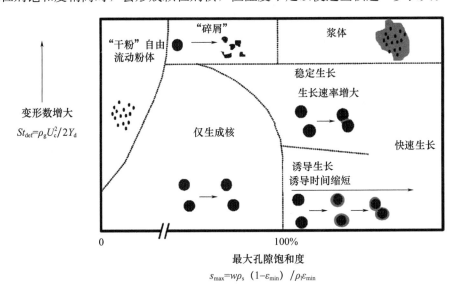

图 13.6　生长状态图

对于高液体含量系统，生长特性取决于颗粒剂强度和 St_{def}。低强度系统将形成浆体，中等强度系统将呈现稳定生长，高强度（低 St_{def}）系统将表现出诱导时间特性。在极高液体饱和度下，颗粒剂长大速度非常快，任何诱导时间都减少到零。颗粒剂生长状态图已在几种配方的混料机、流化床和翻滚式造粒机中成功地验证了其有效性（伊维森等人，2001）。

颗粒剂破碎

在造粒过程中也会发生颗粒剂破碎。破碎（又称碎裂）是指颗粒剂破裂成两个或多个碎片。磨损（也称为侵蚀）是由于颗粒剂表面初级颗粒损失而使其粒度减小。已经有经验和理论的方法模拟不同破碎机制（埃尼斯和利斯特，1997）。在实践中，可以通过改变颗粒剂性质（如增加断裂韧性及抗磨损性）和改变工艺（如降低搅拌强度）来控制破碎。

13.3.3　造粒过程模拟

与粉碎和结晶过程一样，造粒过程的模拟取决于粒数平衡。随着过程的进行，粒数平衡跟踪各时刻的粒度分布（按个数、体积或质量）。它是对过程某一给定时刻物料平衡的表达。在造粒的情况下，瞬时粒数平衡方程通常是按照颗粒剂体积的个数分布 $n(v, t)$ 写成的（而不是按照颗粒剂直径的个数分布来写，因为在任何合并中都假定体积守恒）。$n(v, t)$ 是 t 时刻颗粒剂体积的个数频率分布。它表示，在体积为 V 的造粒机每单位体积中，体积为 v 的颗粒剂每单位体积粒度增量的个数，单位是 $1/m^3/m^3$ 或 m^{-6}。该方程文字表达为：

$$\begin{bmatrix} 粒度间隔\,v\,到\,v+dv\,内的 \\ 颗粒剂个数增加速率 \\ (1) \end{bmatrix} = \begin{bmatrix} 粒度间隔\,v\,到\,v+dv\,内的 \\ 颗粒剂流入速率 \\ (2) \end{bmatrix} - \begin{bmatrix} 粒度间隔\,v\,到\,v+dv\,内的 \\ 颗粒剂流出速率 \\ (3) \end{bmatrix} +$$

$$\begin{bmatrix} 颗粒剂因生长而 \\ 进入粒度范围 \\ v\,到\,v+dv\,的速率 \\ (4) \end{bmatrix} - \begin{bmatrix} 颗粒剂因破碎而 \\ 离开粒度范围 \\ v\,到\,v+dv\,的速率 \\ (5) \end{bmatrix}$$

$$(13.12)$$

第（4）项可以展开以表明不同的生长机制，第（5）项也可以展开以包括不同的破碎发生机制。

对于一个定容造粒机，粒数平衡方程中各项为：

第（1）项

$$\frac{\partial n(v,t)}{\partial t} \tag{13.13}$$

第（2）项－第（3）项

$$\frac{Q_{in}}{V} n_{in}(v) - \frac{Q_{out}}{V} n_{out}(v) \tag{13.14}$$

第（4）项

（包覆引起的净生长速率）＋（成核引起的生长速率）＋（合并引起的生长速率）
包覆引起颗粒剂长大，使其进入和超出粒度范围 v 到 $v + dv$，因此

$$包覆引起的净生长速率 = \frac{\partial G(v) n(v,t)}{\partial v} \tag{13.15}$$

$$成核引起的生长速率 = B_{nuc}(v) \tag{13.16}$$

$G(v)$ 为包覆引起的体积生长速率常数，B_{nuc} 为成核速率常数。通常可以认为 $G(v)$ 与可用颗粒剂表面积成正比；这相当于假设了一个恒定的线性生长速率 $G(x)$。在谈到造粒过程时，术语"成核"的使用有时令人困惑。萨斯蒂和洛夫特斯（Sastry 和 Loftus）（1989）认为，造粒过程中一般存在连续相和颗粒相。例如，连续相可以是溶液、浆体或非常小的颗粒；颗粒相由原始颗粒和颗粒剂组成。核由连续相形成，然后成为颗粒相的一部分。连续相的构成取决于造粒的性质，连续相和颗粒相之间界限的划定有一定随

意性。因此，造粒速率常数的形式可能因连续相和颗粒相的定义不同而有很大的不同。

合并引起的颗粒剂生长速率可写为［伦道夫和拉尔森（Randolph 和 Larson），1971］：

$$\left[\frac{1}{2}\int_0^v \beta(u,v-u,t)n(u,t)n(v-u,t)\mathrm{d}u\right]+\left[\int_0^\infty \beta(u,v,t)n(u,t)n(v,t)\mathrm{d}u\right]$$

$$\text{(i)}\qquad\qquad\qquad\qquad\qquad\qquad\text{(ii)}$$

$$(13.17\text{a})$$

第（i）项为较小颗粒剂合并形成粒度 v 颗粒剂的速率。第（ii）项为粒度 v 颗粒剂因合并形成更大颗粒剂而丢失的速率。β 称为合并核。假设体积分别为 u 和（$v-u$）两种颗粒剂合并形成体积 v 新颗粒剂的速率，与开始颗粒剂的个数密度乘积成正比：

$$\begin{bmatrix}\text{体积为 } u \text{ 和}(v-u)\text{两种}\\ \text{颗粒剂的合并速率}\end{bmatrix}\infty\begin{bmatrix}\text{体积为 } u \text{ 颗粒剂}\\ \text{的个数密度}\end{bmatrix}\times\begin{bmatrix}\text{体积为}(v-u)\text{颗粒剂}\\ \text{的个数密度}\end{bmatrix}$$

个数密度一般随时间变化，所以 $n(u,t)$ 是 t 时刻体积为 u 的颗粒剂个数密度，$n(v-u,t)$ 是 t 时刻体积为 $v-u$ 的颗粒剂个数密度。在这个比例中，常数是 β，即合并核或合并速率常数，一般假定它取决于碰撞颗粒剂的体积。因此，$\beta(u,v-u,t)$ 是 t 时刻体积为 u 和（$v-u$）两种颗粒剂碰撞的合并速率常数。

上面假设了一个伪二阶合并过程，在这个过程中，所有颗粒剂都有平等的机会与所有其他颗粒碰撞。在实际的造粒系统中，这一假设并不成立，碰撞机会仅限于当地的颗粒剂。萨斯蒂和富尔斯滕（Sastry 和 Fuerstenau）（1970）提出，对于在空间上受到有效限制的间歇造粒系统，第（i）和（ii）项的恰当形式为：

$$\left[\frac{1}{2N(t)}\int_0^v \beta(u,v-u,t)n(u,t)n(v-u,t)\mathrm{d}u\right]+\left[\frac{1}{N(t)}\int_0^\infty \beta(u,v,t)n(u,t)n(v,t)\mathrm{d}u\right]$$

$$\text{(i)}\qquad\qquad\qquad\qquad\qquad\qquad\text{(ii)}$$

$$(13.17\text{b})$$

式中 $N(t)$ 为 t 时刻系统中颗粒剂总数。方程式（13.17b）中的积分考虑了所有可能的碰撞，项（i）中的 1/2 确保了碰撞只计算一次。

在实践中，许多合并核由经验确定，且基于实验室或工厂针对造粒过程和产品获得的数据。最近，物理推导的核（利斯特和埃尼斯，2004）已经在实验室中进行了测试，随着时间的推移，有望慢慢取代工业模型中经验推导的核。

根据萨斯蒂（1975）的研究，合并核最好用两部分来表达：

$$\beta(u,v)=\beta_0\beta_1(u,v)\qquad\qquad(13.18)$$

β_0 是合并速率常数，它决定成功碰撞发生的速率，从而控制颗粒剂的平均粒度。它取决于固体和液体性质以及搅拌强度。$\beta_1(u,v)$ 控制核对发生合并的颗粒剂粒度 u 和 v 的函数依赖性。$\beta_1(u,v)$ 决定了颗粒剂粒度分布的形状。已经发表了各种形式的 β；埃尼斯和利斯特（1997）建议采用式（13.19）所示的形式，该表达式与上述造粒状态的分析一致。

$$\beta(u,v)=\begin{cases}\beta_0, & w<w^*\\ 0, & w>w^*\end{cases},\qquad \text{其中 } w=\frac{(uv)^a}{(u+v)^b}\qquad(13.19)$$

w^* 是碰撞中的临界平均颗粒剂体积，对应于临界斯托克斯数的值 Stk^*。根据式

（13.10）中给出的斯托克斯数的定义，临界直径 x^* 为：

$$x^* = \frac{16\mu Stk^*}{\rho_{gr}V_{app}}$$　　　　　　　　　　　　　　（13.20）

如果假设为球形颗粒，则有

$$w^* = \frac{\pi}{6}\left(\frac{16\mu Stk^*}{\rho V_{app}}\right)^3$$　　　　　　　　　　　（13.21）

式（13.19）中的指数 a 和 b 取决于颗粒剂的可变形性和颗粒剂体积 u 和 v。当进料颗粒很小时，在非惯性状态下，β 退变为与粒度无关的速率常数 β_0，合并速率就与颗粒剂粒度无关了。在这些条件下，平均颗粒剂粒度随时间呈指数增长。当达到临界斯托克斯数时，合并停止（$\beta = 0$）。

使用这种方法，阿德约（Adetayo）和埃尼斯（1997）证明了传统上在滚筒造粒中观察到的三种造粒状态（成核、过渡和包覆），并能够对各种看似矛盾的观察结果进行模拟。

第（5）项

（磨损引起的破碎速率）＋（碎裂引起的破碎速率）

$$磨损引起的破碎速率 = \frac{\partial A(v)n(v,t)}{\partial v}$$　　　　　　（13.22）

$A(v)$ 是磨损速率常数。磨损速率取决于被造粒的材料、黏合剂、造粒设备类型和搅拌强度。破碎速率也可以通过使用选择函数和破碎函数来模拟，就像在粉碎过程中使用该函数模拟粒数平衡那样（参见第 12 章）。

13.3.4　造粒设备

常用的造粒机有三类：翻滚式造粒机、混合式造粒机和流化床造粒机。表 13.1 总结了各类造粒机的典型产品特性、生产能力和应用（根据埃尼斯和利斯特，1997）。

表 13.1　造粒机类型、特点和应用

类型	产品颗粒剂粒度（mm）	颗粒剂密度	生产能力	评价	典型应用
翻滚式（盘式，鼓式）	0.5—20	中等	0.5—800 t/h	颗粒剂球形度很高	肥料，铁矿石，农用化学品
混合式（连续和间歇高剪切）	0.1—2	低	< 50 t/h 或 <200 kg/批次	处理材料很好	化学品，洗涤剂，制药业，陶瓷业
流化床式（鼓泡床，喷动床）	0.1—2	高	<500 kg/批次	包覆效果好，易于放大	连续（肥料，洗涤剂），间歇（药品，农用化学品）

翻滚式造粒机

在翻滚式造粒机中，倾斜圆筒（鼓式造粒机）或圆盘（圆盘造粒机，图 13.7）中的颗粒发生翻滚运动。翻滚式造粒机采用连续运行模式，能够处理大的吞吐量（见表 13.1）。固体和液体进料被连续输送到造粒机。在圆盘造粒机情况下，翻滚作用使物料根据粒度进行自然分类。利用这种效应，得到的产品粒度分布较窄。

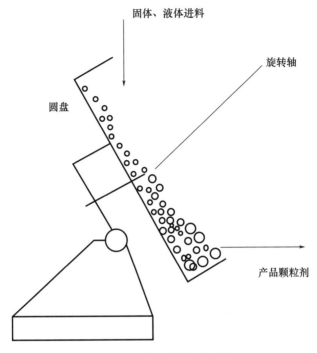

图 13.7　圆盘造粒机示意图

混合式造粒机

在混合式造粒机中，颗粒的运动是由某种形式的搅拌器产生的。搅拌器装在竖直或水平轴上，以低速或高速旋转。旋转速率从每分钟 50 转（rpm）到超过 3 000 rpm 不等；50 rpm 的如用于肥料造粒的卧式 pug 混合机；超过 3 000 rpm 的如用于洗涤剂和农用化学品的立式 Schugi 高剪切连续造粒机。用于制药行业的竖直轴混合机（图 13.8），直径小于 30 cm 的，其叶轮转速范围在 500 至 1 500 rpm；直径大于 1 m 的，叶轮转速范围减小为 50 至 200 rpm。一般来说，搅拌器转速随着混合机尺寸的增加而降低，以保持（a）恒定的叶片顶端最大速度或（b）恒定的混合模式和弗劳德数。

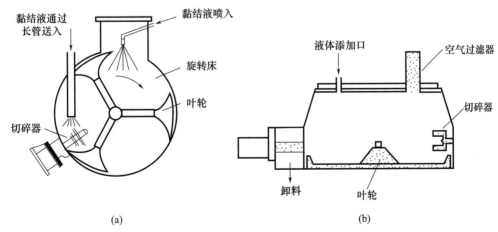

图 13.8　水平轴（a）和竖直轴（b）混合造粒机示意图

流化床造粒机

在流化床造粒机中，通过流化空气使颗粒运动。流化床既可以是鼓泡床也可以是喷动床（见第 7 章），可以间歇运行也可以连续运行。液体黏合剂和润湿剂以雾化的形式喷射在床的上方或内部。该造粒机优于其他造粒机之处包括良好的传热传质、机械简单、能将干燥阶段与造粒阶段相结合，以及能够由粉末进料生产小颗粒剂。然而与其他设备相比，运行成本和磨损率可能很高。典型的喷动床造粒机回路如图 13.9 所示。

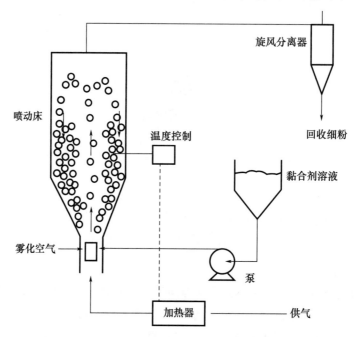

图 13.9　喷动流化床造粒机回路示意图（刘和李斯特，1993）

有关工业造粒设备和其他粒度增大方法的更详细内容，请参阅凯普斯（Capes，1980）、埃尼斯和利斯特（1997）或利斯特和埃尼斯（2004）的论著。

13.4　例　　题

例题 13.1

一种生产医药产品的混合式造粒机正由中试规模放大为全规模。中试规模造粒机每批次处理 15 kg，全规模造粒机每批次处理 75 kg。在中试规模混合器中，6 min 时间内加入 3 kg 水，通过一个喷嘴产生直径 200 μm 的液滴和 0.2 m 的喷雾宽度。放大期间，保持液体与干粉的比例恒定，但可按比例调节溶液流量，以保持喷嘴的喷雾时间恒定或喷雾速率恒定。如果增加流量以保持恒定的喷雾时间，则新的喷嘴可产生直径 400 μm 的喷雾液滴和 0.3 m 宽的喷雾区。在中试规模下，喷雾区粉体速度为目前流行的 0.7 m/s。在全规模下，叶轮转速分别为"低"和"高"时，粉体速度分别为 0.55 m/s 和 1 m/s。计算以下情况下无因次喷雾通量的变化。

（a）中试规模的基本情况；

（b）采用喷雾时间为 6 min 和低叶轮转速放大至全规模；

(c) 采用恒定喷雾速率和低叶轮转速的全规模；

(d) 采用恒定喷雾速率和高叶轮转速的全规模。

解

应用式（13.5），保证单位一致，计算结果如表 13W1.1 所示。

表 13W1.1

放大方式	(a) 中试规模基本情况	(b) 恒定喷雾时间，低叶轮转速	(c) 恒定喷雾速率，低叶轮转速	(d) 恒定喷雾速率，高叶轮转速
批处理量（kg）	15	75	75	75
喷雾量（kg）	3	15	15	15
喷雾时间（min）	6	6	30	30
喷雾流量（kg/min）	0.5	2.5	0.5	0.5
液滴直径（μm）	200	400	200	200
喷雾宽度（m）	0.2	0.3	0.2	0.2
叶轮转速（rpm）	216	108	108	220
粉体速度（m/s）	0.7	0.55	0.55	1
喷雾通量 ψ_a	0.45	0.95	0.57	0.31

例题 13.2

当喷雾通量为 0.1、0.2、0.5 和 1.0 时：

（a）计算喷雾区域被润湿分数。

（b）计算一个液滴形成核的数目（f_1）。

（c）如果将液滴控制状态定义为由单个液滴形成 50% 个核或更多些的喷雾通量，喷雾通量的临界值是多少，喷雾区域润湿分数是多少？

解

利用式（13.6）计算（a）和（c），结果如表 13W2.1 所示；为了计算（b）一个液滴形成的核的数目，利用式（13.7），当 $n=1$ 时，其简化为 $f_1 = \exp(-4\psi_a)$。

表 13W2.1

ψ_a	f_{wet}（%）	f_1（%）
0.1	10	67
0.17	16	51
0.2	18	45
0.5	39	14
1	63	2

自测题

13.1　重新绘制图 13.1 并说明，饱和度如何随着颗粒剂孔隙率的降低而增加。

13.2　润湿速率和液滴渗透时间如何随（a）黏度增加，（b）表面张力降低，（c）接触角增大而变化？

13.3 如果加到造粒机的溶液流量加倍，喷雾区要加宽多少才能保持恒定的喷雾通量？如果喷雾不能调节，床速度必须怎样才能保持恒定的喷雾通量？

13.4 在喷雾通量为 0.1 时，计算一滴、二滴和三滴等液滴形成的核数。粉体表面会被喷雾润湿的分数是多少？

13.5 解释颗粒剂生长的非惯性、惯性和包覆状态。当（a）接近速度增加（b）黏度增加时，最大颗粒剂粒度会发生什么变化？

13.6 解释颗粒剂生长状态图中稳定生长和诱导生长状态的区别。

13.7 解释诱导生长与颗粒剂孔隙率和饱和度有怎样的联系。

13.8 解释造粒粒数平衡方程中的五项。

练习题

13.1 在制药行业，任何偏离设定参数的批次都被指定为"非典型"批次，必须在产品放行前进行调查。你是一名制药工艺工程师，负责在一个装有 150 kg 干粉的 600 L 混合器中进行药品制粒。在生产一个新批次时发现，液体输送阶段比平时提前结束，该批次颗粒剂比平时大。在正常生产过程中，叶轮转速设置为 90 rpm，添加水的流量为 2 L/min，通过喷嘴产生平均直径为 400 μm 的水滴。由于不正确的设置，该非典型批次实际使用的流量是 3.5 L/min，实际水滴平均直径估计为 250 μm。喷雾宽度和粉体表面速度不受影响，分别为 40 cm 和 60 cm/s 保持不变。计算正常情况和非典型批次的无因次喷雾通量，并解释为什么这会产生较大的颗粒。

（答案：正常情况 0.52；非典型批次，1.46）

13.2 计算在（a）0.05，（b）0.3，（c）0.8 的喷雾通量值下，一滴、两滴、三滴等液滴形成核的分数或百分数。粉体表面被喷雾润湿的分数会是多少？

［答案：（a）0.82，0.16，0.02，0.0，0.0；（b）0.30，0.36，0.22，0.09，0.03；（c）0.04，0.13，0.21，0.22，0.18］

14 细粉对健康的影响

14.1 引　言

当我们想到细粉对健康的影响时，首先想到的可能是吸入的颗粒（石棉纤维、煤粉），对肺部和身体造成急性或慢性的负面影响。然而，随着 1955 年定量吸入器的发明，直接将细颗粒药物送到肺部治疗哮喘的方法开始广泛应用。这种给药方法称为肺部给药，现已被广泛使用。因此，在这一章中，将从描述呼吸系统和分析呼吸系统与细颗粒物的相互作用入手，研究细粉对健康的正面和负面影响。

14.2　人体呼吸系统

14.2.1　运行

呼吸系统满足了人体与环境交换氧气和二氧化碳的需要。空气通过鼻、口、咽、喉和气管输送到肺部。气管往下，单个气道分成两个主支气管，将空气输送到两个肺。在每个肺内，支气管重复分支产生许多称为细支气管的小气道，形成倒树状结构（图 14.1）。上细支气管和支气管排列着特殊的细胞，其中一些分泌黏液，而另一些则有绒毛或纤毛，它们的摆动会使黏液沿支气管壁向上流动。细支气管通向肺泡管（或肺泡），肺泡管终止于肺泡囊。成年男人约有 3 亿个肺泡，每个肺泡直径约 0.2 mm。肺泡壁有丰富的血管供血。空气中的氧气通过肺泡囊周围的一层薄膜扩散到血液中，而血液中的二氧化碳则朝相反的方向扩散。

空气通过胸廓或胸腔下方隔膜肌的运动进出肺部。肺部被封闭在胸腔内，所以当隔膜肌向下运动时，胸腔内的压力降到大气压以下，空气就被吸入肺部。肺扩张，填满胸腔。当膈膜肌向上运动时，肺部受到挤压，其内部的空气就被排挤到环境中。

14.2.2　尺寸与流动

一种常用的描述呼吸系统的方法是韦伯尔（Weibel）法（1963）。在这种描述方法中，认为呼吸系统是一系列规则的分支即一分为二的分支结构。该树状结构从气管开始，称为"第 0 代"，它通向的两个主支气管，称为"第 1 代"。在肺内，这种分支一直延续到代表肺泡囊的第 23 代。根据韦伯尔的模型，第 n 代有 2^n 根管道。例如，在第 16 代（末端细支气管）中有 65 536 根直径 0.6 mm 的管道。

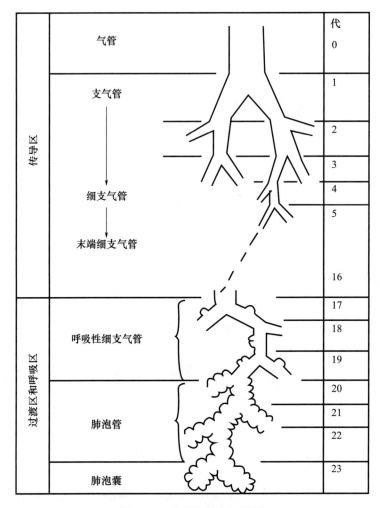

图 14.1　人体气管支气管树

引自"吸入干粉配制中的微粒相互作用"，Xian Ming Zeng，Gary Martin 和 Christopher Marriott，
版权 2001，Taylor & Francis，得到许可

表 14.1　呼吸道特征，基于稳定的空气流量 60 L/min

引自"吸入干粉配制中的微粒相互作用"，Xian Ming Zeng，Gary Martin 和 Christopher Marriott，
版权 2001，Taylor & Francis，得到许可

组成部分	数量	直径（mm）	长度（mm）	典型空气流速（m/s）	典型停留时间（s）
鼻气道		5～9		9	
口腔	1	20	70	3.2	0.022
咽	1	30	30	1.4	0 021
气管	1	18	120	4.4	0.027
两根主支气管	2	13	37	3.7	0.01
肺叶支气管	5	8	28	4.0	0.007
肺段支气管	18	5	60	2.9	0.021
细支气管	504	2	20	0.6	0.032

组成部分	数量	直径（mm）	长度（mm）	典型空气流速（m/s）	典型停留时间（s）
二次细支气管	3 024	1	15	0.4	0.036
末端细支气管	12 100	0.7	5	0.2	0.023
肺泡管	8.5×10^5	0.8	1	0.002 3	0.44
肺泡囊	2.1×10^7	0.3	0.5	0.000 7	0.75
肺泡	5.3×10^8	0.15	0.15	0.000 04	4

表 14.1 给出了气道组成部分的典型尺寸以及典型的气流速度和停留时间，表中数据更多基于直接测量。

鼻气道相当曲折，且在路径上多次改变直径。其下半部布满了绒毛。最窄的部分是鼻阀，其横截面积为 $20 \sim 60$ mm^2（相当于直径 $5 \sim 9$ mm），通常占鼻气道中流动阻力的 50%。成人鼻气道的典型空气流量，从正常呼吸时的 180 mL/s 到强力吸气时的 1 000 mL/s 不等。这使得鼻呼吸道的空气速度在正常呼吸时达 9 m/s，在强力吸气时则高达 50 m/s。

口腔通向咽喉，它为空气流动提供了更平滑的通道与更低的阻力。但是，当气流通过咽部和喉部时，方向会发生一些急剧的变化。正常呼吸时口腔内典型的空气流速为 3 m/s。

从表 14.1 可以看出，主要由于气道的连续分支，气道中的空气流速在细支气管开始处下降。结果是，空气在到达肺泡区前，在气道不同部位的停留时间量级相同，而在肺泡区停留时间显著增加。

14.3　细粉与呼吸系统的相互作用

空气中的颗粒进入呼吸道后，会沉积在任何与之接触的气道部位的表面上。由于气道的表面总是潮湿的，颗粒一旦与之接触，几乎不可能重新夹带到空气中。未与气道表面接触的颗粒将被呼出。颗粒在气道中的沉积是一个复杂的过程。曾等人（Zeng et al. 2001）发现了颗粒在气道沉积的五种可能的机制。它们是沉降、惯性撞击、扩散、拦截和静电沉淀。在介绍了每种机制后，将讨论它们在呼吸道各部位的相对重要性。

14.3.1　沉降

空气中颗粒在重力作用下的沉降。如第 2 章所述，无限域静止流体中的一个颗粒，在重力、浮力（均为常数）和流体阻力（随颗粒与流体相对速度的增大而增大）的作用下，将从静止开始加速。当向上作用的阻力和浮力与重力平衡时，达到恒定的终端速度。对于那些相关粒度（小于 40 μm）的颗粒，在空气中沉降时，阻力由斯托克斯定律 ［式（2.3）］确定，其终端速度由下式 ［式（2.13）］给出：

$$U_T = \frac{x^2 (\rho_p - \rho_f)}{18\mu}$$

（对于直径小于空气平均自由程 0.066 5 μm 的颗粒，必须使用修正因子。像这样小的颗粒这里不考虑。）所考虑粒度范围内的颗粒在空气中迅速加速至其终端速度。例如，密度为 1 000 kg/m³直径为 40 μm 的颗粒在 20 ms 内可以加速到其终端速度（47 mm/s）的 99%，加速距离小于 1 mm。因此，对于这些空气中的颗粒，可以认为沉降速度等于其终端速度。上述分析适用于在停滞或层流空气中沉降的颗粒。如果气流变为紊流，就像空气在某些气道中以较高速率呼吸时那样，特征速度的波动会增加颗粒沉降的倾向。

14.3.2 惯性撞击

吸入的空气在通过气道时沿着曲折的路径流动。空气中的颗粒是否会在每个拐弯处跟随空气运动，取决于使颗粒改变方向所需的力与可提供这种力的流体阻力之间的平衡。如果阻力足以使颗粒改变到所需的方向，颗粒将会跟随气流而不沉积。

考虑一个直径为 x 的颗粒，在黏度为 μ 的空气中，以速度 U_p 沿直径为 D 的气道行进。让我们考虑一种极端情况，即该颗粒在方向上需要做 90°的改变。所需力 F_R 是使颗粒停止然后重新加速到 U_p 所需要的力。使颗粒停止所需的距离为气道直径 D 的量级，因此：

$$所做的功＝力×距离＝颗粒的动能$$

$$F_R D = 2\left(\frac{1}{2}mU_p^2\right) \tag{14.1}$$

（等式右边乘以 2 是因为颗粒还要被重新加速。）所以，所需力为

$$F_R = \frac{\pi}{6}x^3\rho_p U_p^2 \frac{1}{D} \tag{14.2}$$

可用力为流体阻力。斯托克斯定律［式（2.3）］适用于所考虑的颗粒，因此可用的阻力为

$$F_D = 3\pi\mu x U_p$$

用 U_p 作为相对速度的原理是，它代表了颗粒在试图继续沿直线前进时所能经历的最大相对速度。

那么，所需力 F_R 与可用力 F_D 之比为：

$$\frac{x^2\rho_p U_p}{18\mu D} \tag{14.3}$$

该比值越大于 1，颗粒撞击气道壁从而沉积的趋势就越大。该比值越小于 1，颗粒跟随空气的趋势就越大。这个无因次比值称为斯托克斯数：

$$Stk = \frac{x^2\rho_p U_p}{18\mu D} \tag{14.4}$$

（在第 9 章中也曾遇到过斯托克斯数，它是用于气体旋风分离器放大的无因次数之一，该分离器用来将颗粒从气体中分离。气体旋风分离器中的颗粒收集与呼吸系统气道中的颗粒"收集"之间存在明显的相似性。在第 13 章中遇到的斯托克斯数描述的是颗粒之间的碰撞，很难与此处的斯托克斯数相比较。）

14.3.3 扩散

空气中较小颗粒的运动受空气分子撞击影响。这导致颗粒的随机运动，称为布朗运动。由于运动是随机的，颗粒位移用均方根表示，即，时间 t 内的均方根位移为

$$L = \sqrt{6\alpha t} \tag{14.5}$$

此处 α 是扩散系数，由下式给出

$$\alpha = \frac{kT}{3\pi\mu x} \tag{14.6}$$

其中，x 是颗粒直径，T 为温度，μ 为流体黏度，k 为玻尔兹曼常数，其值为 $1.380\,5\times 10^{-23}$ J/K。

14.3.4　拦截

拦截是由于颗粒的大小和形状与气道相当而引起的沉积。

14.3.5　静电沉淀

颗粒和液滴可以通过相互作用或与附近表面相互作用而带静电，特别是在分散阶段。据推测，带电颗粒可能会在某些气道壁上产生相反的电荷，导致颗粒被吸引到壁面上并沉积下来。

14.3.6　各种机制在呼吸道内的相对重要性

在呼吸道潮湿的条件下，颗粒上的任何电荷都极有可能迅速消散，因此静电沉淀不太可能在气道任何部位的颗粒沉积中起重要作用。

拦截沉积也不重要，因为感兴趣的颗粒都远小于气道直径。

我们现在考虑其他三种机制，即沉降、惯性撞击和扩散，在呼吸道各个部位的相对重要性。首先感兴趣的是，对于不同粒度的颗粒，在呼吸道典型条件下，比较沉降和扩散引起的位移。表 14.2 是对密度 $1\,000$ kg/m³ 的颗粒在 30℃空气中位移所做的这种比较。

表 14.2　沉降和扩散引起位移的比较

密度为 $1\,000$ kg/m³ 的颗粒，在温度为 30℃，密度为 1.21 kg/m³，黏度为 1.81×10^{-5} Pa·s 的空气中

颗粒直径（μm）	颗粒终端速度（m/s）	1 s 内沉降引起的位移（μm）	1 s 内布朗运动引起的位移（μm）
50	7.5×10^{-2}	75 000	1.7
30	2.7×10^{-2}	27 000	2.2
20	1.2×10^{-2}	12 000	2.7
10	3.0×10^{-2}	3 000	3.8
5	7.5×10^{-4}	750	5.4
2	1.2×10^{-4}	120	8.5
1	3.0×10^{-5}	30	12.0
0.5	7.5×10^{-6}	7.5	17.0
0.3	2.7×10^{-6}	2.7	21.9
0.2	1.2×10^{-6}	1.2	26.8
0.1	3.0×10^{-6}	0.3	37.9

从表 14.2 可以看出，颗粒直径在 1 μm 以下时，与沉降相比扩散作用才变得显著。在布朗运动与沉降都向下作用的情况下，最小位移发生在直径约 0.5 μm 的颗粒上。这表明，直径 0.5 μm 左右的颗粒，受这两种机制作用发生沉积的可能性最小。我们看到，

小于 10 μm 的颗粒需要相当长的停留时间才能走过足以沉积下来的距离。例如，在表 14.3 中，我们注意在沉降机制和扩散机制共同作用下，颗粒走过相当于气道直径距离所需的时间。实际上，沉降只在较小的气道和肺泡区为沉积的重要机制，因为在这些区域，空气流速较低，气道尺寸较小，空气停留时间相对较长。

表 14.3　在沉降和扩散机制共同作用下，移动距离等于呼吸道直径时，不同粒径颗粒移动所需时间

气道组成部分	直径（mm）	典型空气停留时间（s）	颗粒组分所需停留时间（s）		
			5 μm	1 μm	0.5 μm
两根主支气管	13	0.01	17.2	309	580
细支气管	2	0.032	2.6	48	90
二次细支气管	1	0.036	1.3	24	45
末端细支气管	0.7	0.023	1	17	30
肺泡管	0.8	0.44	1	19	35
肺泡囊	0.3	0.75	0.4	7	13
肺泡	0.15	4	0.2	3.5	6.6

现在我们考虑另一种引起沉积的机制—惯性撞击的重要性。在表 14.4 中，根据表 14.1 提供的信息，我们计算出了［利用式（14.4）］不同粒度颗粒在呼吸道各区域的斯托克斯数。计算中假设颗粒速度与呼吸道相关部位的空气流速相同。

表 14.4　呼吸道各部分典型的流动雷诺数和不同粒度颗粒的斯托克斯数

区域	不同粒度颗粒的斯托克斯数						流动雷诺数
	1 μm	5 μm	10 μm	20 μm	50 μm	100 μm	
鼻	3.1×10^{-3}	7.7×10^{-4}	0.31	1.2	7.7	31	5 415
口腔	4.9×10^{-4}	1.2×10^{-4}	0.05	0.2	1.2	5	4 254
咽	1.5×10^{-4}	3.7×10^{-5}	0.01	0.1	0.4	1	2 865
气管	7.6×10^{-4}	1.9×10^{-4}	0.08	0.3	1.9	8	5 348
两根主支气管	8.7×10^{-4}	2.2×10^{-4}	0.09	0.3	2.2	9	3 216
肺叶支气管	1.5×10^{-3}	3.8×10^{-4}	0.15	0.6	3.8	15	2 139
节支气管	1.8×10^{-3}	4.4×10^{-4}	0.18	0.7	4.4	18	955
细支气管	9.6×10^{-4}	2.4×10^{-4}	0.10	0.4	2.4	10	84
二次细支气管	1.3×10^{-3}	3.2×10^{-4}	0.13	0.5	3.2	13	28
末端细支气管	9.5×10^{-4}	2.4×10^{-4}	0.10	0.4	2.4	10	10
肺泡管	8.7×10^{-6}	2.2×10^{-6}	0.000 9	0.003	0.022	0	0
肺泡囊	6.8×10^{-6}	1.7×10^{-6}	0.000 7	0.003	0.017	0	0
肺泡	7.7×10^{-7}	1.9×10^{-7}	0.000 1	0.003	0.002	0	0

根据上文所述，斯托克斯数越大于1，颗粒撞击气道壁从而沉积的趋势就越大，我们看到，最小约 50 μm 的颗粒有可能因撞击沉积在口腔或鼻气道、咽、喉和气管中。表中数字适用于稳定呼吸情况；空气流速越大，斯托克斯数越大，致使更小的颗粒能够因撞击沉积在呼吸道的特定区域。

当空气通过口、鼻、咽、喉时，气流的方向会发生急剧变化。这会引起紊流和不稳定性，从而增加了颗粒惯性撞击沉积的机会。

综上所述，惯性撞击是造成较大颗粒沉积的主要原因，这主要发生在上呼吸道。因此，在实践中，我们发现只有小于约 $10~\mu m$ 的颗粒才会穿过主支气管。这样的颗粒随着更深入到肺部，通过惯性撞击沉积的倾向进一步减小，但更容易通过沉降和扩散机制发生沉积，这是因为它们到达了更小的气道和肺泡区域，这里气流速度低，气道尺寸小，空气停留时间相对较长。

14.4　肺部给药

目标区：由于多种原因，以气雾剂方式直接将药物送入肺部以治疗肺部疾病（哮喘，支气管炎等）的给药方法很有吸引力。与其他给药方法（口服，注射）相比，肺部给药具有快速、起效时间可预测以及使用剂量最小和副作用最小等优点。成年人的肺具有非常大的表面积（通常有 $120~m^2$）可用来吸收药物。肺泡壁膜可渗透多种药物分子，且具有丰富的血液供应。这使得称作气雾剂给药的给药方法对治疗其他疾病也具有吸引力（气雾剂是液滴或固体颗粒在空气或其他气体中的悬浮体）。在使用气雾剂的肺部给药中，气雾剂颗粒的主要目标区是肺泡，那里的吸收条件最好。在实践中，大于 $2~\mu m$ 的颗粒很少能到达肺泡，小于 $0.5~\mu m$ 的颗粒可以到达肺泡但会被呼出而不能沉积下来（史密斯和伯恩斯坦，1996；参见上面的分析）。

令人惊讶的是，医用气雾剂用于人体的历史可以追溯到几千年前。这些气雾剂包括挥发性芳香物质，如麝香草酚、薄荷醇和桉树，以及燃烧树叶产生的烟雾。雾化器是一种由水状药物溶液产生细雾的装置，它已经在西方医院使用 100 多年了，尽管早期的雾化器与现代雾化器几乎没有相似之处。现代雾化器（图 14.2）适用于患者不能使用其他装置或需要大剂量药物的情况。便携式雾化器已经被开发出来了，尽管这些装置仍然需要动力源来压缩空气。

在 20 世纪 50 年代，发明了定量吸入器（MDI）。这是现代 MDI 的前身，尽管它有缺点，但是多年来 MDI 仍被哮喘患者广泛使用（曾等人，

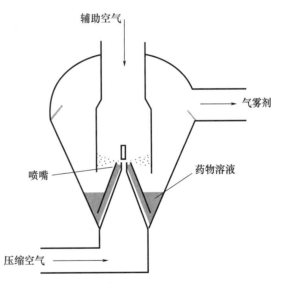

图 14.2　雾化器原理图
压缩空气离开喷嘴后膨胀，压力降低，诱导药物溶液
向上流动，从喷嘴喷出，在那里与气流接触而雾化

2001）。在 MDI 中，药物分散或溶解在液体推进剂内，装入一个小的压力容器中（图 14.3）。该装置每动作一次都会释放一定量的推进剂，这些推进剂携带预定剂量的药物。液滴中的液体迅速蒸发，留下固体颗粒。由于从容器中排出速度很高，许多颗粒

会撞击到喉道后部而无效。另一个缺点是患者（通常处于紧张状态）必须协调 MDI 的动作与吸气相配合。

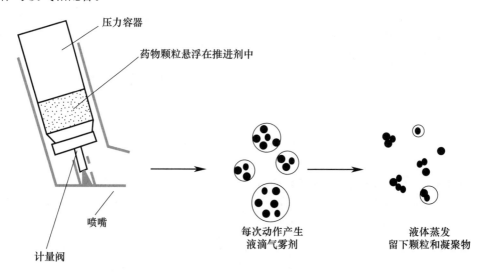

图 14.3　定量吸入器

版权所有（1996），《健康和疾病中的肺生物学》，第 94 卷，Dalby 等人，
"吸入气溶胶"，第 452 页。经 Routledge/Taylor & Francis Group，LLC 许可复制

第三种常见的肺部给药装置是干粉吸入器（DPI）。这种装置现在有多种形式，其中一些在设计上看起来非常简单（图 14.4）。这种粉体的配方特别讲究。在大多数情况下，药物粒度仅为几微米量级，它们通常以自然力黏附到惰性"载体颗粒"上，这种载体颗粒粒度要大得多（100 μm 或更大）。需要载体颗粒有两个原因：一是所需药量太小而难以包装；二是药物细粉黏聚性强，难以处理，也不会轻易地分散在空气中。目的是将载体颗粒留在装置内、口腔后部或上呼吸道中，而药物颗粒在吸气期间分离出来并在沉积之前进入下呼吸道。

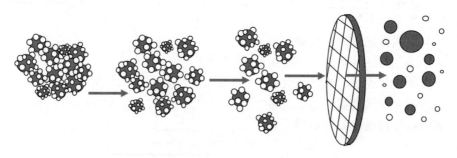

图 14.4　干粉吸入器中的载体颗粒

粉末最初可能被松散压实，但由于空气流的剪切作用和筛网的撞击，团聚体分散开，
药物颗粒从载体颗粒上脱落。版权所有（1996），《健康和疾病中的肺生物学》，第 94 卷，
Dalby 等人，"吸入气溶胶"，第 452 页。经 Routledge/Taylor & Francis Group，LLC 许可复制

14.5　细粉的有害作用

进入肺部的颗粒会对健康产生负面影响。在工作场所和日常生活中，应避免暴露在细颗粒气溶胶中。历史表明，暴露在如煤粉尘、硅粉尘和石棉粉尘中的工人，多年后对其健康会有灾难性影响。已发现许多其他不太为人所知的工作场所中的粉尘，对健康也有负面影响。

如上所述，小于 10 μm 的颗粒最具风险，因为它们可以渗透到肺部，从而最有机会通过化学吸收进入血液以及与肺进行物理相互作用。

如果怀疑工作场所有粉尘危害，第一步要监测工作环境，确定工作人员在粉尘中的暴露程度。实现这一目标的较好方法之一，是让工作人员佩戴便携式采样设备，该设备可以测量工作人员周围空气中颗粒的类型及粒度分布。这种装置通常以典型的呼吸率和速度取样，也有些装置设计成仅直接捕捉呼吸性颗粒物（能够到达肺泡的颗粒物）或可吸入颗粒物（能够被吸入的颗粒物）。

处理潜在粉尘危害的第二步，是将监测过程的结果与公认的工作场所有关颗粒物的标准进行比较。如果发现呼吸性颗粒物的浓度超过可接受限度，那么进入第三阶段，即控制阶段。

在处理任何危险时，可采取的控制措施可分为若干层级。在现代工作场所，目标是创造一个安全的环境，而不是一个安全的人。要理解这是什么意思，请考虑以下控制措施的层级结构：

规范；

替代；

隔离；

通风；

减少暴露时间；

防护装备。

在设计一项工艺时，工程师或科学家应该把目标放在控制措施的顶层。只有在万不得已的情况下，才采用较低层级的措施。

规范：设计一种不含有这种危害的替代工艺。在有粉尘危害的情况下，这可能意味着使用一种完全不同的湿法工艺。例如，使用湿磨而不是干磨。造粒技术可能也是一种选项，也就是用松散的颗粒剂代替细粉，这样仍然可以获得由细粉提供的大表面积，但没有相应的粉尘危害。

替代：用无危害材料替代危害材料，例如，在建筑产品的制造中使用木纤维代替石棉。

隔离：设计的工艺过程使用某种设备，这种设备能确保有害物质被隔离，在正常操作情况下不会泄露到环境中。

例如，在工作场所内输送粉体时，使用气力输送而不是传送带或其他输送机械。此外，也可以使用全封闭的传送带。

通风：允许工作场所环境中存在有害物质，通过制造气流将有害物质从工作人员身边抽走或降低有害物质在环境中的浓度。

减少暴露时间：允许工作场所环境中存在有害物质，减少每个工人在该环境中的工作时间。

防护装备：允许工人在存在危害物质的环境中工作，同时提供合适的防护装备让工人穿戴上。控制粉尘危害的例子（按效果逐渐降低的顺序）有：空气管线头盔—通过柔性管道，在压力下向工人佩戴的全封闭头盔提供清洁空气；正压装置—工作人员佩戴泵和过滤器，为头盔提供空气，该头盔可以部分或完全包围工作人员的头部；空气流头盔—泵和过滤器安装在带有防护面罩的安全帽上，过滤后的空气流吹过工人的面部；口鼻式呼吸器——一种贴合性好的橡胶或塑料口罩，覆盖住鼻子和嘴巴，口罩配有适用于有害颗粒的高效过滤器；一次性口罩—由过滤材料制成的口罩，覆盖住口鼻，贴合性通常不太好。

自测题

14.1 绘制人体肺部示意图，并标出以下区域：肺泡囊、支气管、气管、呼吸细支气管。

14.2 在人体呼吸系统中，气管、末端细支气管、主支气管的典型直径和空气流速是多少？

14.3 列出吸入颗粒在呼吸系统气道壁上沉积的几种机制。直径小于 $10~\mu m$ 的颗粒通过上呼吸道时，哪种沉积机制占主导地位，为什么？

14.4 什么是斯托克斯数？关于颗粒在呼吸道壁上沉积的可能性方面，它能告诉我们什么？

14.5 呼吸系统哪个部位，沉降是颗粒沉积的重要机制？

14.6 对于肺部给药，满足需要的颗粒粒度范围是什么？为什么？

14.7 列出三种可吸入药物输送装置的结构和操作方法。

14.8 什么是载体颗粒？为什么要用它？

14.9 应采取什么步骤来确定工作场所中粉尘是否有可能被吸入而危害健康？

14.10 解释用于控制粉尘危害中控制措施层级的含义。

练习题

14.1 通过计算，确定直径 $20~\mu m$，密度 $2~000~kg/m^3$ 的颗粒悬浮在空气中，被人体吸入后可能发生什么情况。空气在呼吸系统中不同部位的速度如下：

部位	数量	直径（mm）	长度（mm）	典型空气流速（m/s）	典型停留时间（s）
口腔	1	20	70	3.2	0.022
咽部	1	30	30	1.4	0.021
气管	1	18	120	4.4	0.027
两根主支气管	2	13	37	3.7	0.01

14.2 根据以下信息，确定密度为 1 500 kg/m³ 直径 3 μm 颗粒在呼吸道的哪个部位最有可能沉积，因何种机制沉积。通过计算支持你的结论。

部位	直径（mm）	长度（mm）	典型空气流速（m/s）	典型停留时间（s）
气管	18	120	4.4	0.027
细支气管	2	20	0.6	0.032
末端细支气管	0.7	5	0.2	0.023
肺泡管	0.8	1	0.002 3	0.44
肺泡	0.15	0.15	0.000 04	4

14.3 比较通过鼻气道的空气中颗粒的斯托克斯数，颗粒密度为 1 200 kg/m³，直径分别为 2，5，10 和 40 μm。关于这些颗粒在鼻气道中沉积的可能性，你能得出什么结论？

数据：

鼻气道中的特征速度：9 m/s

鼻气道特征直径：6 mm

空气黏度：1.81×10⁻⁵ Pa·s

空气密度：1.21 kg/m³

14.4 在干粉吸入器中使用载体颗粒。什么是载体颗粒？载体颗粒的作用是什么？为什么干粉吸入器要用载体颗粒？

14.5 关于控制粉尘对健康的危害，解释控制层级的含义。

14.6 粒度为 3 μm，密度为 1 000 kg/m³ 的颗粒药物，所需剂量为 10 μg。假设空隙率为 0.6，估算该剂量药物中的颗粒个数和所占据的体积。

（答案：7×10⁵；0.25 mm³）

15 细粉的火灾和爆炸危险

15.1 引　言

分散在空气中的细小可燃固体或粉尘可能引起爆炸，这与可燃气体爆炸的方式大致相同。在可燃气体的情况下，燃料浓度、局部传热条件、氧浓度和初始温度都影响着火和由此产生的爆炸特性。然而，就粉尘而言，涉及的变量更多（例如粒度分布，水分含量），因此粉尘爆炸特性的分析和预测要比可燃气体更为复杂。众所周知，粉尘爆炸会造成严重的财产损失和生命损失。大多数人可能都知道在粮仓、面粉厂和煤炭加工过程中发生过粉尘爆炸。然而，金属（例如铝）、塑料、糖和药品的细粉分散体，爆炸也是非常有威力的。使用可燃细粉需特别注意控制粉尘爆炸危险的加工工业包括：塑料、食品加工、金属加工、制药、农业、化学品和煤炭业。涉及细粉加热的工艺步骤与粉尘爆炸密切相关；例如稀相气力输送和喷雾干燥，都涉及加热和稀相悬浮。

本章概述燃烧的基础知识，随后介绍粉尘爆炸的基本原理。介绍了粉尘爆炸特性，如着火温度、可燃浓度范围、最小着火能量等的测量和应用。最后讨论了控制粉尘爆炸危险的可行方法。

15.2　燃烧基础知识

15.2.1　火焰

火焰是一种通过化学反应产生能量发射而发光的气体。在固定火焰中（例如蜡烛火焰或燃气灶火焰），随着燃烧产物从火焰前沿不断流出，未燃烧的燃料和空气不断流入火焰前沿。固定火焰可以由预先混合的燃料和空气产生，如在打开空气孔的本生灯中观察到的一样；也可以由空气扩散到燃烧区中产生，如关闭空气孔的本生灯火焰那样。

当火焰前沿不固定时，它被称为爆炸火焰。在这种情况下，火焰前沿通过均匀预混的燃料－空气混合物。释放的热量和产生的气体不是导致不受控制的膨胀效应，就是当膨胀受到限制时，压力迅速升高。

15.2.2　爆炸和引爆

爆炸火焰以每秒几米到每秒几百米的速度穿过燃料－空气混合物，这种类型的爆炸称为爆燃。火焰速度受许多因素控制，包括燃料的燃烧热、混合物的紊流度以及为着火提供的能量等。在某些情况下，火焰有可能达到超音速。这种爆炸伴随着压力冲击波，破坏力更大，称为引爆。速度增加是由压力冲击波产生的气体密度增大造成的。尚不清楚什么条件会引爆。然而在实践中，所有引爆都可能以爆燃开始。

15.2.3　着火，着火能量，着火温度——一种简单分析

着火是在初始能量供应之后，燃烧反应通过燃料-空气混合物的自传播。分析燃料-空气混合物的着火，可以用类似于分析失控反应（热爆炸）的方式来进行。考虑一个燃料-空气混合物的元体，其体积为 V，表面积为 A，其中燃料的体积浓度为 C。如果元体中燃料-空气混合物的温度为 T_i，环境温度为 T_s，从元体散失到环境中的热流量（散热速率）由换热系数 h 控制，那么该热流量 Q_s 为

$$Q_s = hA(T_i - T_s) \tag{15.1}$$

燃烧反应速率随温度的变化将由阿伦尼乌斯（Arrhenius）方程控制。对于一个对燃料浓度为一级的反应，该方程为

$$-V\rho_{m_{fuel}}\frac{dC}{dt} = VC\rho_{m_{fuel}} Z\exp\left(-\frac{E}{RT}\right) \tag{15.2}$$

其中，Z 是指前因子，E 是反应活化能，R 是理想气体常数，$\rho_{m_{fuel}}$ 是燃料的摩尔密度。

元体中燃料-空气混合物的吸热速率 Q_a 为

$$Q_a = V\frac{dT}{dt}\left[C\rho_{m_{fuel}}C_{P_{fuel}} + (1-C)\rho_{m_{air}}C_{P_{air}}\right] \tag{15.3}$$

其中，$C_{P_{fuel}}$ 和 $C_{P_{air}}$ 分别是燃料和空气的摩尔比热容，$\rho_{m_{fuel}}$ 和 $\rho_{m_{air}}$ 分别是燃料和空气的摩尔密度。

如果外部输入元体的热流量是 Q_{input}，则元体的热平衡为

$$\underbrace{Q_{input}}_{(1)} + \underbrace{(-\Delta H)VC\rho_{m_{fuel}} Z\exp\left(-\frac{E}{RT_R}\right)}_{(2)}$$

$$= \underbrace{V\frac{dT_R}{dt}\left[C\rho_{m_{fuel}}C_{P_{fuel}} + (1-C)\rho_{m_{air}}C_{P_{air}}\right]}_{(3)} + \underbrace{hA(T_{Ri} - T_s)}_{(4)} \tag{15.4}$$

（注：式（15.4）中 $T_R = T_{Ri}$，是元体的温度，亦即式（15.1）、（15.2）、（15.3）中的 T_i 或 T）

在稳态条件下［第（3）项为零］，以图解法分析这种热平衡更便于理解。我们通过绘制向环境的散热速率和燃烧反应的产热速率作为温度的函数图来做这样的分析。前者生成一条斜率为 hA 的直线，其与温度轴交点为 T_s。元体内反应的产热速率由第（2）项给出，结果呈一条指数曲线。典型图形如图 15.1 所示。通过分析这类曲线，我们可以深入理解着火、着火能量、着火温度等的含义。

首先考虑 Q_{input} 为零的情况。参照图 15.1 所示的情况，我们看到在元体初始温度 T_i 时，元体的散热速率大于产热速率，因此元体温度将降低，直至达到 A 点。任何在 T_B 和 T_A 之间的初始温度都将导致元体温度下降至 T_A。这是一个稳定状态。

然而，如果初始温度大于 T_B，则元体内的产热速率总是大于向环境的散热速率，元体温度将呈指数上升。所以，初始温度超过 T_B 会导致不稳定状态。T_B 是元体内燃料-空气混合物的着火温度 T_{ig}。着火能量是为了将混合物从初始温度 T_i 升高到着火温度

T_{ig}，必须从外界提供的能量。由于元体不断地向周围环境散失能量，因此着火能量实际上就是输入的热流量 Q_{input}。输入的热流量使得产热速率曲线升高了一个 Q_{input}，从而降低了 T_{ig} 的值（图 15.2）。从元体到周围环境的传热条件，对确定着火温度和着火能量显然是很重要的。在有些情况下，散热速率曲线总是低于产热速率曲线（图 15.3）。这种情况下，混合物可能会自燃；这被称为自动着火或自发着火。

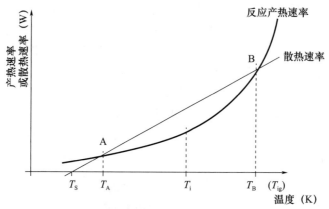

图 15.1 元体产热速率和散热速率随温度的变化关系

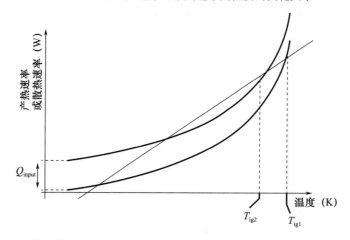

图 15.2 元体产热速率和散热速率随温度变化关系；输入能量对着火温度的影响

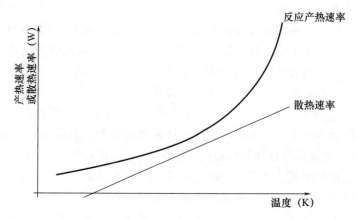

图 15.3 元体产热速率和散热速率随温度变化关系；产热速率总大于散热速率

许多燃烧系统中，在到达着火温度和明显的开始着火之间存在一个可察觉的间隔时间（几毫秒到几分钟）。这就是所谓的着火延迟。这并不容易理解，但基于上面的分析，它与一旦达到着火温度，元体内反应完成需要一定时间有关。

如果有充足的氧气供燃烧，且元体中燃料浓度增加，则燃烧的产热速率也将增加。着火温度和着火能量是否会受影响，则取决于燃料和空气的相关物理性质（比热容和导热系数）。

15.2.4 可燃性极限

从以上分析可以看出，在某一燃料浓度之下不会发生着火，因为元体内的产热速率比不上散热速率（永远达不到 T_{ig}）。该浓度称为燃料－空气混合物的可燃性下限 C_{fL}。它通常在标准条件下测量，以便提供可再现的传热条件。在浓度 C_{fL} 下，氧气是过剩的。随着燃料浓度增加超过 C_{fL}，单位体积混合物中发生反应的燃料量和单位体积释放的热量将增加，直至达到反应的化学计量比。当燃料浓度进一步增加超过化学计量比时，由于氧气有限，因此单位体积混合物中发生反应的燃料量和单位体积释放的热量将随燃料浓度增加而降低。当单位体积混合物释放的热量太低不能维持火焰时，就达到另一个极限点。这就是可燃性上限 C_{fU}。它是燃料-空气混合物中燃料的浓度，超过该浓度，火焰就不能传播。对于许多燃料，单位体积燃料-空气混合物中发生反应的燃料量（及其单位体积混合物释放的热量），在 C_{fL} 时与在 C_{fU} 时相近，这表明单位体积燃料-空气混合物释放的热量对断定火焰是否能够传播非常重要。在 C_{fL} 和 C_{fU} 时，这些数值的差异是由这些条件下燃料-空气混合物的不同物理性质造成的。

因此，一般情况下，空气中有一个燃料浓度范围，在该范围内火焰可以传播。从上面的分析可以明显看出，随着混合物初始温度升高，该范围将变宽（C_{fL} 减小，C_{fU} 增大）。因此，在实践中，可燃性极限是在标准温度下（通常为 20℃）测量和引用的。

最低燃烧需氧量

在可燃性下限，可获得的氧气要比燃料燃烧所需的化学计量氧气多。例如，在 20℃空气中，丙烷可燃性下限以体积计的浓度为 2.2%。

丙烷完全燃烧的反应为

$$C_3H_8 + 5O_2 \longrightarrow 3CO_2 + 4H_2O$$

单位体积燃料丙烷需要五倍体积的氧气。

在含有 2.2%丙烷的燃料-空气混合物中，空气与丙烷的体积比为

$$\frac{100-2.2}{2.2} = 44.45$$

因为空气中氧气含量约为 21%，所以氧气与丙烷的体积比为 9.33。因此，在丙烷处于可燃性下限时，氧气过量约 87%。

因此，在保持火焰传播能力的同时，降低燃料-空气混合物中的氧气浓度是可能的。如果用具有相似物理性质的气体（例如氮气）取代氧气，在达到氧气与燃料的化学计量比之前，对混合物维持火焰能力的影响是极小的。在这些条件下，混合物中的氧气浓度称为最低燃烧需氧量（MOC）。因此，最低燃烧需氧量就等于可燃性下限对应的化学计量氧的浓度。于是有

$$MOC = C_{fl} \times \left(\frac{O_2 \text{摩尔数}}{\text{燃料摩尔数}}\right)_{\text{化学计量}}$$

例如，对于丙烷，因为在化学计量条件下，单位体积燃料丙烷燃烧需要五倍体积的氧气，所以

$$MOC = 2.2\% \times 5 = 11\%$$

15.3 粉尘云燃烧

15.3.1 粉尘云爆炸基本原理

在大多数情况下，固体在空气中的燃烧速率受到暴露在空气中的固体表面积限制。即使可燃固体颗粒粒度为几毫米，情况仍然如此。然而，如果固体颗粒小到足以分散在空气中且没有明显的沉降倾向，则反应速率将大到足以使爆炸火焰蔓延。要发生粉尘爆炸，构成颗粒的固体材料必须是可燃的，即它必须与空气中的氧气发生放热反应。然而，并非所有可燃固体都会引起粉尘爆炸。

为了使以上所述燃烧基本原理适用于粉尘爆炸，只需要增加考虑粒度对反应速率的影响。现在假设燃烧反应速率由暴露在空气中的固体燃料颗粒（假定为球形）的表面积决定，则式（15.4）中第（2）项反应产热速率变为：

$$(-\Delta H)VC\left(\frac{6}{x}\right)Z'\exp\left(-\frac{E}{RT_R}\right) \tag{15.5}$$

其中 x 是粒度，$\rho_{m_{fuel}}$ 是固体燃料的摩尔密度。

因此，燃烧反应产热速率与粉尘粒度成反比。可见，火焰传播和爆炸的可能性将随着粒度的减小而增大。定性地说，这是因为更细的燃料颗粒：

- 更容易分散在空气中；
- 单位质量燃料具有更大的表面积；
- 可提供更大的反应表面积（反应面积限制反应速率时，则有更高的反应速率）；
- 因此单位质量的燃料可产生更多热量；
- 升温速度更快。

15.3.2 粉尘爆炸特性

下面考虑设计工程师们所希望了解的，与颗粒状固体相关的潜在火灾和爆炸危险，这些固体颗粒是他们正在设计的工厂要制造或使用的。他们所面临的问题，与他们在收集固体颗粒的任何物性数据时面临的问题相同；与液体和气体不同，它几乎没有公布的数据，而且现有的数据也不太可能是相关的。颗粒的粒度分布、表面特性和水分含量都会影响粉体的潜在火灾危险，因此除非工程师们能确定他们的粉体与已有相关公布数据的粉体一模一样，否则他们必须对粉体进行爆炸特性测试。做出决定后，工程师们必须确保提供给实验室测试的样本，真正能代表最终工厂将要生产或使用的材料。

尽管目前在可燃粉体的统一国际测试标准方面已经取得了进展，但仍存在一些分歧。然而大多数测试都包括以下爆炸特性的评估：

· 最小爆炸粉尘浓度；

· 最小着火能量；

· 最低着火温度；

· 最大爆炸压力；

· 爆炸期间最大压力上升速率；

· 最低燃烧需氧量。

有时会用到附加的分类测试。这是一个简单的在测试装置中进行的爆炸性测试，将粉尘分类为能或不能在测试条件下于室温空气中着火和传播火焰。这种测试本身并不是很有用，特别是当测试条件与工厂条件明显不同时。

15.3.3　测定粉尘爆炸特性的装置

有几种不同的装置可用于测定粉尘爆炸特性。所有装置都包括一个可以打开或关闭的容器，一个可以是电火花或是电热线圈的点火源，以及一套供应空气以分散粉尘的装置。最简单的测试装置称为竖直管装置，如图15.4所示。样本粉尘置于分散杯中，分散粉尘的空气通过电磁阀输送到杯中。点火可以通过电极间的电火花，也可以通过加热线圈完成。竖直管装置用于分类测试和确定最小爆炸粉尘浓度、最小着火能量以及修正形式的最低燃烧需氧量。

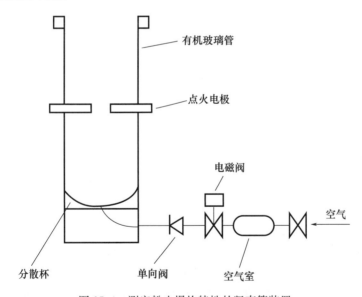

图15.4　测定粉尘爆炸特性的竖直管装置

第二种装置称为20升球体，用于确定爆炸期间的最大爆炸压力和最大压力上升速率。这些数据可表明爆炸的猛烈程度，使得能够设计防爆装备。该装置如图15.5所示，它基于一个配有压力传感器的20升球形压力容器。待测试的粉尘首先充入储存容器中，然后由空气通过带穿孔的分散环吹入球体内。测试前先将容器内压力降低至约0.4 bar，以便注入粉尘后，压力升至大气压。通过一个烟火装置点火，烟火装置位于球体中心，提供通常为10 kJ的标准总能量。研究发现，粉尘分散和点火源启动之间的延迟会影响测试结果。空气喷射引起的紊流也会影响燃烧反应速率。因此，通常采用60 ms的标准延迟，以确保测试的可重复性。这种装置还有 1 m³ 规格的。

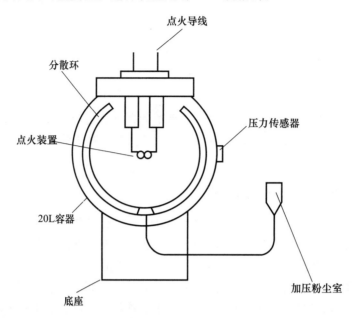

图 15.5　测定粉尘爆炸特性的 20 升球形装置

第三个基本测试装置是戈德伯特-格林沃尔德炉（Godbert-Greenwald furnace），用于确定最低着火温度和高温下的爆炸特性。该装置包括一个竖直电加热炉管，炉管控制温度可以升高到 1 000℃。测试粉尘装入储存容器，然后通过炉管被分散。如果发生着火，则炉温按 10℃ 逐步降低，直至不发生着火。可发生着火的最低温度作为着火温度。由于使用的粉尘量和分散粉尘的空气压力都影响测试结果，因此需要改变这些量以获得最低着火温度。

15.3.4　测试结果的应用

爆炸的最小粉尘浓度在竖直管装置内测量，此值可用来确定可燃粉尘抽取系统中需要使用的空气量。由于粉尘浓度在工厂内随时间和位置变化很大，因此将浓度控制作为防止粉尘爆炸的唯一方法是不明智的。

测定最小着火能量主要是为了确定粉尘云是否可以被静电火花点燃。粉尘的着火能量可低至 15 mJ；这点能量可以由静电放电提供。

最低着火温度限定了与粉尘接触的设备表面最高温度。对于新材料，此值还使得可以将新材料与已经清楚的粉尘进行比较，以达到设计的目的。表 15.1 给出了一些常用材料的爆炸参数值。

最大爆炸压力通常在 8～13 bar 范围内，当选择遏制或防护作为粉尘爆炸控制方法时，此值可用于确定设备的设计压力。

爆炸期间最大压力上升速率用于泄爆装置设计。已经证明，粉尘爆炸时最大压力上升速率与容器容积的立方根成反比，即：

$$\left(\frac{\mathrm{d}p}{\mathrm{d}t}\right)_{\max} = V^{-1/3} K_{\mathrm{St}} \tag{15.6}$$

对于给定的粉体，发现 K_{St} 的值是恒定的。其典型值见表 15.1。粉尘爆炸的猛烈程度按照 St 级分类，St 级以 K_{St} 值为基础（见表 15.2）。

当选择惰化作为控制粉尘爆炸的手段时，用最低燃烧需氧量（MOC）来确定最大允许氧气浓度。如果氮气是稀释剂，则有机粉尘的 MOC 约为 11％，而在二氧化碳为稀释剂的情况下，有机粉尘的 MOC 约为 13％。对金属粉尘的惰化要求更严格，因为金属的 MOC 值可能要低很多。

表 15.1 一些常用材料的爆炸参数［斯科菲尔德（Schofield），1985］

粉尘	平均粒度（μm）	最大爆炸压力（bar）	最大压力上升速率（bar/s）	K_{St}（bar·m/s）
铝	17	7.0	572	155
聚酯	30	6.1	313	85
聚乙烯	14	5.9	494	134
小麦	22	6.1	239	65
锌	17	4.7	131	35

表 15.2 基于 1m³ 测试装置的粉尘爆炸等级

粉尘爆炸等级	K_{St}（bar·m/s）	备注
St 0	0	无爆炸性
St 1	0—200	弱至中等可爆性
St 2	200—300	强可爆性
St 3	＞300	超强可爆性

15.4 危险控制

15.4.1 引言

与控制任何过程中的危险一样，用来控制粉尘爆炸危险的方法也有一个层级结构。这些方法的范围，从改变工艺以完全消除危险粉尘这样最理想的战略方法，到避开着火源这样的纯战术性方法。按战略性递减的大致顺序，主要方法如下：

- 改变工艺，消除粉尘；
- 设计的车间能承受任何爆炸产生的压力；
- 完全惰化去除氧气；
- 将氧气浓度减少到 MOC 以下；
- 增加粉尘湿度；
- 向粉尘中加入稀释粉；
- 监测爆炸开始并注入抑爆剂；
- 使容器排气以释放爆炸产生的压力；

- 控制粉尘浓度在可燃性极限以外；
- 尽量减少粉尘云的形成；
- 排除着火源。

15.4.2　着火源

排除着火源听起来是一个明智的举措。然而，粉尘爆炸的统计数据表明，在很大比例的事故中，着火源不明。因此，虽然尽可能避开着火源是一个好的方法，但不应该依赖它作为唯一的防护机制。大概看一看与粉尘爆炸有关的着火源是很有意义的。

- 火焰。气体、液体或固体燃烧产生的火焰是可燃粉尘云的有效着火源。在加工厂中可以发现的几种火焰源，如正常操作期间的燃烧器、引燃火焰等，又如维修期间的焊接和切割火焰等。这些火焰通常在含有粉尘的容器和设备外部。因此，为了避免粉尘云暴露在火焰中，需要良好的内务管理以避免粉尘堆积，堆积的粉尘可能产生粉尘云；并且应该建立良好的工作许可制度，以确保在维修开始之前的环境安全。
- 热表面。需要谨慎设计，以确保可能与粉尘接触的表面不会达到引起着火的温度。注意细节很重要；例如，应避免设备内部有凸起部分，防止粉尘沉积其上而可能自燃。粉尘不得在热的或受热的表面堆积，否则表面温度会因表面散热减少而升高。在容器外部也必须注意；例如，如果粉尘沉积在电动机外壳上，则可能发生过热和着火。
- 电火花。电源正常运行中产生的火花（通过开关，接触断路器和电动机等产生）可以点燃粉尘云。特殊的电气设备可供有潜在粉尘爆炸危险的区域使用。静电放电产生的火花也可以点燃粉尘云。许多加工工序（特别是那些涉及干粉的加工工序）都会产生静电荷，因此必须小心，要确保将这些电荷导入大地，防止其积聚和最终放电。即使是一个工艺操作人员身上产生的静电荷，其能量也足以点燃粉尘云。
- 机械火花和摩擦。两个金属表面之间或金属表面与无意中引入车间的外来物之间，因摩擦或碰撞可能引起火花和局部加热，也会点燃粉尘云。

15.4.3　泄放

如果一个密闭容器中在一个标准大气压下发生粉尘爆炸，则压力将迅速上升（速率有时超过 600 bar/s）至最高约 10 bar。如果容器的设计不能承受这种压力，则会发生变形甚至可能破裂。泄爆的原理是通过开口或泄放孔排出容器内所含之物，以防止压力升高超过容器的设计压力。泄放是一种相对简单且廉价的粉尘爆炸控制方法，但当粉尘、气体或燃烧产物有毒或有其他危害时，或当压力上升速率大于 600 bar/s 时，不能使用泄放的办法 ［伦恩（Lunn），1992］。尽管已出版设计指南（伦恩，1992），但泄放孔的设计最好留给专家。泄放量和泄放孔类型决定了泄放孔的开启压力和它完全打开前的延迟时间。这些因素加上泄放孔尺寸决定了压力上升速率和泄放孔打开后会达到的最大压力。图 15.6 显示了没有泄放孔和有不同尺寸泄放孔容器内爆炸的典型压力上升曲线。

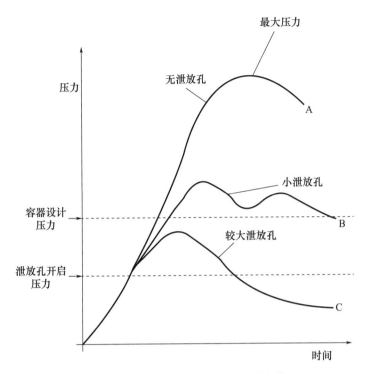

图 15.6 粉尘爆炸时压力随时间的变化

（A）无泄放孔（B）泄放孔面积不足（C）泄放孔面积合适（斯科菲尔德，1985）

15.4.4 抑制

粉尘爆炸引起的压力上升很快，但这可以及时探测到，从而启动一些措施来抑制爆炸。抑制爆炸包括将大量惰性气体或粉体充入开始爆炸的容器中。现代抑制系统可以被伴随爆炸开始的压力上升触发，其响应时间仅几毫秒量级，能够有效地扑灭爆炸。快速触发装置也可用于泄爆、隔离车间内物品或在必要时关闭车间。

15.4.5 惰化

氮气和二氧化碳通常用来将空气中的氧气浓度降低到 MOC 以下。即使氧气浓度没有降低到 MOC 值，最大爆炸压力和最大压力上升速率也会大大降低〔帕尔默（Palmer），1990〕。完全将氧气替换掉是一种更昂贵的选择，但安全程度也更高。

15.4.6 尽可能减少粉尘云形成

减少粉尘云形成，本身不能作为一种控制措施，但应纳入涉及可燃粉尘工厂的总体设计理念。实例是（1）使用密相输送替代稀相输送；（2）使用旋风分离器和过滤器代替沉降室，从空气中分离输送的粉体；（3）避免出现粉体流在空气中自由沉降的情况（例如储料斗装料时）。在工艺容器外部，要有良好的内务管理，以确保粉体沉积物不会在建筑物内的壁架和表面上堆积。这就避免了这些沉积物被一次爆炸或冲击波扰动和分散而引起的二次粉尘爆炸。

15.4.7　遏制

在设备容器尺寸较小的情况下，把它们设计成可以承受粉尘爆炸产生的最大压力或许是经济的［斯科菲尔德和雅培（Schofield and Abbott），1988］。容器可以设计成能承受爆炸，之后进行更换，也可以设计成能承受爆炸并可重复使用。在这两种情况下，容器及其附属的连接和管道系统的设计是一项专业任务。对于大型容器而言，要能承受粉尘爆炸，其设计和建造的成本过高，通常令人不敢问津。

15.5　例　　题

例题 15.1

打算通过添加氮气流来保护一段气力输送塑料粉体的管道。该系统的空气流量为 1.6 m³/s，空气携带 3％体积的粉体。如果粉体的最低燃烧需氧量（用氮气替换氧气）为 11％（体积分数），为确保安全运行，需要加入的氮气最小流量是多少？

解

当前，1.6 m³/s 的总空气流量中包含 3％的塑料粉体和 97％的空气（由 21％体积氧气和 79％体积氮气组成）。因此在气流中，各成分流量为：

粉体：0.048 m³/s

氧气：0.325 9 m³/s

氮气：1.226 m³/s

在极限情况下，流动混合物的最终氧气浓度应为 11％（体积分数）。因此，假设密度恒定，使用简单的质量平衡，有

$$\frac{\text{O}_2\ \text{体积流量}}{\text{总体积流量}}=\frac{0.325\ 9}{1.6+n}=0.11$$

由此可得，需要加入的最小氮气流量，$n=1.36$ m³/s。

例题 15.2

可燃粉尘在 20℃空气中的可燃性下限为 0.9％（体积分数）。一吸尘系统在 2 m³/s 下运行，其粉尘浓度为 2％（体积分数）。为确保安全运行，需要额外引入的空气流量最小为多少？

解

假设将吸取物中粉尘浓度降到低于可燃性下限，即可降低粉尘爆炸危险。在 2 m³/s 的吸取物中，空气和粉尘的流量为：

空气：1.96 m³/s

粉尘：0.04 m³/s

在极限情况下，添加稀释空气后的粉尘浓度将为 0.9％，因此，

$$\frac{\text{粉尘体积}}{\text{总体积}}=\frac{0.04}{2+n}=0.09$$

由此得，需要加入稀释空气的最小流量为，$n=2.44$ m³/s。

例题 15.3

可燃粉尘悬浮在空气中，浓度在可燃性极限内，并且氧气浓度高于最低燃烧需氧量。砂轮产生的火花快速通过悬浮体，但没有发生火灾或爆炸。解释为什么。

解

在这种情况下，火花的温度可能高于测量的最低着火温度，且可用能量大于最小着火能量。然而，一种可能的解释是传热条件不利。高速火花与燃料－空气混合物中任一元体都没有足够的接触时间，以提供着火所需的能量。

例题 15.4

细小的可燃粉尘以 2 L/min 的流量从压力容器中泄漏到体积为 6 m³ 的室内，并在空气中悬浮。室温下空气中粉尘的最小爆炸浓度为 2.22%（体积分数）。假设粉尘很细，从悬浮状态沉降得非常缓慢，（a）如果房间的空气通风流量为 4 m³/h，那么从开始泄露到房间内发生爆炸需要多长时间？（b）这种情况下的最低安全通风流量是多少？

解

（a）房间内粉尘的质量平衡：

粉尘积累速率 = 粉尘流入房间的流量－粉尘随空气流出房间的流量

假设气体密度恒定，则有

$$V \frac{\mathrm{d}C}{\mathrm{d}t} = 0.12 - 4C$$

其中 0.12 是以 m³/h 为单位的泄漏流量，V 是房间的体积，C 是房间内 t 时刻的粉尘浓度。

重新整理并在初始条件 $t=0$ 时 $C=0$ 下积分，得

$$t = -1.5\ln\left(\frac{0.12 - 4C}{0.12}\right) \qquad \mathrm{h}$$

假设当粉尘浓度达到可燃性下限 2.22% 时发生爆炸，则

$$\text{所需时间} = 2.02 \text{ h}。$$

（b）为确保安全，极限通风流量为，在稳定状态下（即当 $\mathrm{d}C/\mathrm{d}t=0$ 时）室内粉尘浓度为 2.22% 时的通风流量。在此条件下，

$$0 = 0.12 - FC_{\mathrm{fl}}$$

因此，最小通风流量为 $F = 5.4$ m³/h。

例题 15.5

使用表 15W5.1 中的信息，计算每种燃料处于可燃性上限和下限时，单位体积混合物释放的热量。评论你的计算结果。

表 15W5.1　几种燃料的燃烧数据

物质	可燃性下限 （空气中燃料体积百分数）（20℃和 1 bar）	可燃性上限 （空气中燃料体积%）	标准反应焓 （MJ/kmol）
苯	1.4	8.0	−330 2
乙醇	3.3	19	−136 6
甲醇	6	36.5	−764
甲烷	5.2	33	−890

解

随着燃料-空气混合物中燃料浓度的增加，单位体积混合物中燃烧的燃料增加，因此，单位体积混合物释放的热量增加，直至达到燃料和空气处于化学计量比例时的浓度 C_{Fstoic}。超过这个浓度后，没有足够的氧气来燃烧混合物中的所有燃料。因此，当燃料浓度超过 C_{Fstoic} 时，单位体积混合物中的氧气量决定了燃烧的燃料量，从而决定了单位体积混合物释放的热量。

在 C_{Fstoic} 以下

在可燃性下限 C_{FL} 以下没有热量释放，因为不会发生火焰传播。

在 C_F 下，$1\ m^3$ 混合物中燃料体积为 C_F

假设各种气体具有理想气体特性，则

$$摩尔密度 = \frac{n}{V} = \frac{p}{RT}$$

在温度 20℃压力 1 bar 下，摩尔密度＝0.041 6 kmol/m³，那么

$$每立方米混合物释放的热量 = (-\Delta H_c) \times C_F \times 0.041\ 6 \qquad (15W5.1)$$

因此，在 C_{FL} 下，每立方米混合物释放的热量＝$(-\Delta H_c) \times C_{FL} \times 0.041\ 6$

对表中所列燃料的计算结果，示于表 15W5.2。

表 15W5.2　几种燃料在 C_{FL} 下每 m³ 燃料－空气混合物释放的热量

燃料	C_{FL}	$-\Delta H_c$（MJ/kmol）	每 m³ 混合物释放的热量（MJ/m³）
苯	0.014	3 302	1.92
乙醇	0.033	1 366	1.87
甲醇	0.06	764	1.91
甲烷	0.052	890	1.93

对于表 15W5.2 中列出的燃料，在可燃性下限时，单位体积混合物释放的热量值非常相似（1.91 MJ/m³ ± 2%），这表明，正是单位体积释放的热量决定了火焰能否在燃料-空气混合物中传播。

在 C_{Fstoic} 以上

当 C_F 增加超过 C_{Fstoic} 时，氧气量是限制条件。因此，第一步是确定给定 C_F 时，氧气的浓度（kmol/m³ 混合物）。

对于 $1\ m^3$ 的混合物：燃料体积＝C_F，空气体积＝$1-C_F$

取空气组成为 21%氧气、79%氮气（体积分数），则

$$氧气体积 = 0.21(1-C_F)$$

假设各种气体具有理想气体特性，温度 20℃压力 1 bar 下，$1\ m^3$ 气体中物质的量为 0.041 6 kmol（见上文），因此，在 C_F 时，每 m³ 燃料-空气混合物中的氧气摩尔数为

$$n_{O_2} = 0.041\ 6 \times 0.21(1-C_F) \qquad kmol/m^3$$

因此，在 C_F 时，每 m³ 燃料-空气混合物中发生反应的燃料摩尔数

$$= n_{O_2} \times 与每摩尔氧气反应的燃料摩尔数$$

$$= n_{O_2} \times \frac{燃料的化学计量系数}{氧气的化学计量系数}$$

因此，超过 C_{Fstoic} 时，

每 m³ 燃料-空气混合物释放的热量 $=0.041\,6\times0.21(1-C_F)\times R_{ST}\times(-\Delta H_c)$

$$(15W5.2)$$

式中，

$$R_{ST}=\frac{\text{燃料的化学计量系数}}{\text{氧气的化学计量系数}}$$

化学计量系数：

苯：$C_6H_6+7.5O_2\longrightarrow 6CO_2+3H_2O$，所以 $R_{ST}=0.133\,3$

乙醇：$C_2H_5OH+3O_2\longrightarrow 2CO_2+3H_2O$，所以 $R_{ST}=0.333\,3$

甲醇：$CH_3OH+1.5O_2\longrightarrow CO_2+2H_2O$，所以 $R_{ST}=0.666\,6$

甲烷：$CH_4+2O_2\longrightarrow CO_2+2H_2O$，所以 $R_{ST}=0.5$

表 15W5.3 给出了这些燃料在可燃性上限（$C_F=C_{FU}$）时，每 m³ 燃料-空气混合物释放的热量的计算值［根据式（15W5.2）］。

表 15W5.3 几种燃料在 C_{FU} 时每 m³ 燃料-空气混合物释放的热量

燃料	C_{FU}	$-\Delta H_c$ (MJ/kmol)	R_{ST}	每 m³ 混合物释放的热量（MJ/m³）
苯	0.08	3 302	0.133 3	3.54
乙醇	0.19	1 366	0.333 3	3.22
甲醇	0.365	764	0.666 6	2.83
甲烷	0.33	890	0.50	2.60

这些燃料在可燃性上限时，每 m³ 燃料-空气混合物释放的热量值具有相同的量级（3.05±16%）。此外，我们注意到，该值在可燃性上限时比在可燃性下限时略高（但肯定是相同的数量级）。这些差异可能是由于燃料-空气混合物的物理性质（例如导热系数，比热容），在较低燃料浓度下与在较高燃料浓度下不同造成的。

例题 15.6

根据表 15W5.1 中的甲烷信息，绘制在大气压和 20℃ 下，每 m³ 甲烷-空气混合物释放的热量作为燃料浓度的函数图。据此，解释为什么燃料具有可燃性上限。

解

对于 $C_F<C_{FL}$ 和 $C_F>C_{FU}$，由于没有燃烧，因此不会释放热量。

对于 $C_{FL}<C_F<C_{Fstoic}$（燃料限制范围），每 m³ 燃料-空气混合物释放的热量用下式表达（见例题 15.5）：

$$(-\Delta H_c)\times C_F\times0.041\,6 \qquad(15W5.1)$$

对于甲烷，每 m³ 燃料-空气混合物释放的热量变为：$37.02\,C_F$ MJ/m³。

对于 $C_{Fstoic}<C_F<C_{FU}$（氧气限制范围），每 m³ 燃料-空气混合物释放的热量用下式表达（见例题 15.5）：

$$0.041\,6\times0.21(1-C_F)\times R_{ST}\times(-\Delta H_c) \qquad(15W5.2)$$

对于甲烷，每 m³ 燃料-空气混合物释放的热量变为：$3.89(1-C_F)$ MJ/m³。

确定 C_{Fstoic}：

$$\text{对于 } 1\ m^3, C_F=\frac{\text{燃料体积}}{\text{混合物总体积}}=\frac{\text{燃料体积}}{\text{燃料体积}+\text{氧气体积}+\text{氮气体积}}$$

取空气组成为 21% 氧气和 79% 氮气（摩尔分数），

$$C_F = \frac{\text{燃料体积}}{\text{燃料体积} + \text{氧气体积} + \text{氮气体积}} = \frac{\text{燃料体积}}{\text{燃料体积} + 4.762\,\text{氧气体积}}$$

在化学计量条件下（假设为理想气体），

$$\frac{\text{燃料体积}}{\text{氧气体积}} = \frac{\text{燃料摩尔数}}{\text{氧气摩尔数}} = R_{ST}$$

因此

$$C_{Fstoic} = \frac{\text{燃料体积}}{\text{燃料体积} + 4.762\left(\dfrac{\text{燃料体积}}{R_{ST}}\right)} = \frac{R_{ST}}{R_{ST} + 4.762}$$

对于甲烷，计算出 $C_{Fstoic} = 0.095$。

用这些数据绘制出图 15W6.1。

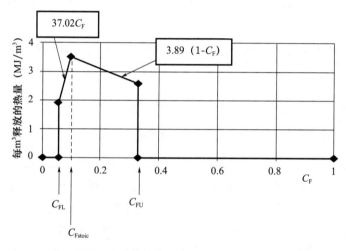

图 15W6.1　每 m^3 甲烷-空气混合物释放的热量与甲烷浓度 C_F 的函数关系

自测题

15.1　列出五个有潜在粉尘爆炸危险的加工可燃颗粒物料的加工工业。

15.2　可燃性下限和可燃性上限是什么意思？

15.3　苯、甲醇和甲烷的可燃性下限分别为 1.4、6.0 和 5.2（体积百分数）。然而，对于其中任何一种燃料，单位体积燃料－空气混合物产生的热量在可燃性下限均约为 1.92 MJ/m^3。解释其意义。

15.4　解释为什么悬浮于空气中的可燃粉尘，其火焰传播和爆炸的可能性随着粒度的减小而增加？

15.5　列出并定义五种爆炸特性，这些特性是在 20 升球体测试装置中实验确定的。

15.6　按照合意性递减的顺序，列出五种降低粉尘云爆炸风险的方法。

15.7　解释为什么消除可燃粉体加工厂着火源的方法，不能作为防止粉尘爆炸的唯一措施。

15.8　在设计泄放孔以保护容器免受粉尘爆炸影响时，必须考虑哪些因素？

练习题

15.1　打算通过加入一股二氧化碳气流来保护一段管道，这段管道用空气对粉体状的食品进行气力输送。系统中的空气流量为 3 m^3/s，空气中按体积计含有 2% 的粉体。如果粉体的最低燃烧需氧量（用二氧化碳替换氧气）按体积计为 13%，为确保安全运行，必须加入的二氧化碳的最小流量是多少？

（答案：1.75 m^3/s）

15.2　可燃粉尘在 20℃ 空气中的可燃性下限按体积计为 1.2%。以 3 m^3/s 运行的吸尘系统中，粉尘浓度按体积计为 1.5%。最小必须引入多少额外空气流量才能确保安全运行？

（答案：0.75 m^3/s）

15.3　悬浮在空气中的可燃药粉以 40 m/s 的流速通过管道，其浓度在可燃性极限内，氧气浓度高于最低燃烧需氧量，且管壁温度高于所测量的粉尘着火温度。说明不一定会发生着火的原因。

15.4　细小的易燃塑料粉体以 0.5 L/min 的流量，从加压容器中泄漏到另一个容积为 2 m^3 的容器中，并在空气中悬浮。室温下空气中粉尘的最小爆炸浓度按体积计为 1.8%。说明所有假设并计算：

（a）如果没有通风，从泄漏开始到爆炸发生前的延迟时间；

（b）如果第二个容器的通风流量为 0.5 m^3/h，从泄漏开始到爆炸发生前的延迟时间；

（c）上述情况下的最小安全通风流量。

［答案：（a）1.2 h；（b）1.43 h；（c）1.67 m^3/h］

15.5　使用表 15E5.1 中的信息，计算每种燃料在可燃性下限和上限时单位体积释放的热量，并评论你的计算结果。

表 15E5.1　各种燃料的燃烧数据

燃料	可燃性下限 （空气中燃料体积百分数）（20℃和1 bar）	可燃性上限 （空气中燃料体积百分数）	标准反应焓 （MJ/kmol）
环己烷	1.3	8.4	−3 953
甲苯	1.27	7	−3 948
乙烷	3	12.4	−1 560
丙烷	2.2	14	−2 220
丁烷	1.8	8.4	−2 879

15.6　根据表 15E5.1 中丙烷的信息，绘制每 m^3 丙烷-空气混合物在大气压和 20℃下释放的热量，与丙烷浓度的函数关系图。据此，解释为什么燃料具有可燃性上限。

16 实例分析

16.1 实例分析 1

流化床焙烧炉内风箱压力高

用于焙烧矿石的流化床在连续加矿石 A 的情况下运行良好。然而当切换到加矿石 B 时，风箱压力逐渐增大，有时达到不可接受的程度。当发生这种情况时，就要采取措施防止提供流化空气的鼓风机过载或跳闸。通常采取的措施是将进料切换回矿石 A。完成这一操作后，风箱压力就会逐渐回落到原来的值。

固体颗粒通过溢流堰离开流化床。流化床的内部构造如图 16.1 所示。

在焙烧过程中，A、B 矿石的粒度发生变化，因此，只能对溢出堰外的焙烧产品取样来获得颗粒特性的代表性指标。测得的该点矿石颗粒性质如表 16.1 所示。发现 A、B 矿石颗粒形状相似，粒度分布也相似。

床层操作条件与焙烧的矿石无关（见表 16.2）。流化床更详细的几何参数见表 16.3。

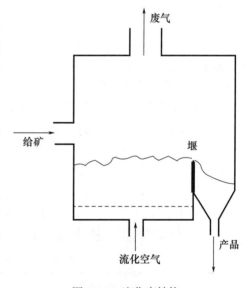

图 16.1　流化床结构

表 16.1　矿石 A、B 颗粒性质

矿石	平均粒度（μm）	颗粒密度（kg/m³）
A	130	3 500
B	350	3 500

表 16.2　流化床操作条件

床温（℃）	877
气体表观速度（m/s）	0.81
气体黏度（Pa·s）	4.51×10^{-5}
气体密度（kg/m³）	0.307

表 16.3　流化床详情

床直径（m）	6.4
喷嘴直径（mm）	6
喷嘴个数	3 000
床内风速（m/s）	0.78
床高（溢流堰设置）（mm）	1 200

风箱压力增大的可能原因

风箱中的压力由风箱下游气流的压降决定。风箱下游是分布板、流化床、气体旋风分离器和袋式除尘器（过滤器）。当送入的矿石从 A 改为 B 时，气体旋风分离器和袋式除尘器的压降变化不大，所以原因不在此。

分布板配有 3 000 个 6 mm 的喷嘴。如果一些喷嘴完全或部分堵塞，因为输送到床层的气体体积流量实际上是恒定的，所以会导致分布板压降上升。但是，当进料切换回矿石 A 时，风箱压力逐渐恢复正常，这说明喷嘴堵塞不是本问题最主要的原因（除非堵塞是可逆的，但这似乎是不可能的）。

如此看来，床层压降增加最有可能成为所观察到的风箱压力升高的原因。让我们更仔细地看看床层压降：

在流化床中，颗粒的表观重量由向上流动的气体支撑，其表达式为：

$$\Delta p_{\text{bed}} = H(1-\varepsilon)(\rho_{\text{p}} - \rho_{\text{f}})g \tag{7.2}$$

为了进一步介绍有关细节，我们来考虑流化床的构成。流化床是由气泡相和稠密乳化相组成的混合物，气泡相基本上不含颗粒，稠密乳化相则由紧密接触的固体和气体组成（流化的两相理论——见第 7 章）。因此，整个床层的密度是固体颗粒密度、乳化相中固体和气体的比例以及床层中气泡所占比例的函数。

$$\Delta p_{\text{bed}} = H(1-\varepsilon_{\text{p}})(1-\varepsilon_{\text{B}})(\rho_{\text{p}} - \rho_{\text{f}})g \tag{16.1}$$

式中，ε_{p} 是颗粒相（乳化相）平均空隙率，ε_{B} 是气泡占床的分数。

在本例具体情况下，可以对以上分析做出两点简化：床高 H 由溢流堰设置确定。因此，当风箱压力持续增加时，床将处于它的最低高度并且固定在那里。这意味着，分析中可以假设床高固定（在本例中为 1.2 m）。另一点简化是 A 矿和 B 矿的颗粒密度相同（均为 3 500 kg/m³）。这样，床层高度和颗粒密度可以从风箱压力增加因素中剔除，因为它们对两种矿石都是相同的。因此，我们将注意力转向流化床中的气泡分数和颗粒相空隙率。这两个参数是通过床层的气体流量、颗粒形状、颗粒粒度和粒度分布的综合函数。

因为在正常操作和风箱超压情况下，空气的体积流量和床温是恒定的，因此气体表观速度和气体传输特性对于矿石 A 和 B 来说是相同的（见表 16.2）。所以，影响床层密度（从而影响床层压降）的剩余变量是与颗粒粒度和形状直接相关的。

前面已指出，无论是 A 矿还是 B 矿，溢出的颗粒粒度分布大致相同。然而，风箱压力较高期间，溢出的颗粒平均粒度通常从 130 μm 左右增加到 350 μm。

参考式（16.1），可见，我们需要评估平均粒度增大（从 130 μm 增大到 350 μm）对以下变量的影响：ε_{p}（颗粒相平均空隙率）和 ε_{B}（气泡分数）。

作为一级近似，我们将应用简化的两相流化理论（见第 7 章），这意味着颗粒相平均空隙率就是最小流化空隙率 ε_{mf}，气泡分数则由式（7.28）给出：

$$\varepsilon_B = \frac{U - U_{mf}}{\overline{U}_B} \tag{7.28}$$

其中 $\overline{U}_B$ 为床层内平均气泡上升速度。$\overline{U}_B$ 取分布板处（$L=0$）和床层表面（$L=H$）气泡上升速度的算术平均值，对于 B 类粉体，气泡上升速度由式（7.31）和（7.32）计算：

$$d_{Bv} = \frac{0.54}{g^{0.2}}(U - U_{mf})^{0.4}(L + 4N^{-0.5})^{0.8} \qquad \text{(Darton 等，1977)} \tag{7.31}$$

$$U_B = \Phi_B (g d_{Bv})^{0.5} \qquad \text{(Werther，1983)} \tag{7.32}$$

式中

$$\left\{\begin{array}{l} \Phi_B = 0.64, D \leqslant 0.1 \text{ m} \\ \Phi_B = 1.6 D^{0.4}, 0.1 < D \leqslant 1 \text{ m} \\ \Phi_B = 1.6, D > 1 \text{ m} \end{array}\right\} \tag{7.33}$$

N 为分布板孔口密度（本例中为每平方米 93 个喷嘴）。D 为床直径或最小横截面尺寸（本例为 6.4 m）。正常运行时床深 1.2 m（由溢流堰设置决定）。

为了做这些计算，我们需要 U_{mf} 和 ε_{mf} 的数值。U_{mf} 由 Wen 和 Yu（1966）公式估计，该公式适用于这两种矿石，因为它们都是 B 类粉体。在给定颗粒粒度范围和形状的情况下，ε_{mf} 可以用国井和列文斯比尔著作中提供的信息（Kunii and Levenspiel，1990，69 页，表 C1.3）估计。在流化床正常操作温度下进行的测量结果如表 16.4 所示。

表 16.4　矿石 A、B 的 U_{mf} 和 ε_{mf} 估计值

矿石	U_{mf}（m/s）	ε_{mf}
A	0.008	0.56
B	0.056	0.495

计算结果如表 16.5 所示。

表 16.5　床层压降计算结果

数值	矿石 A	矿石 B
分布板处（$L=0$）气泡尺寸（m）	0.155	0.151
床表面（$L=1.0$）气泡尺寸（m）	0.459	0.448
分布板处（$L=0$）气泡速度（m/s）	1.97	1.95
床表面（$L=1.0$）气泡速度（m/s）	3.40	3.36
平均气泡上升速度 $\overline{U}_B$（m/s）	2.68	2.65
气泡分数	0.299	0.284
平均床层密度（kg/m³）	1 234	1 446
颗粒相空隙率	0.56	0.495
床层压降（Pa）	12 107	14 181

可以看出，将矿石 A 改为矿石 B 时，床层压降的预计增加量为 2 074 Pa。实际上，增加量比预计值要多一些。原来是鼓风机的额定功率不足，使得鼓风机在许多场合接近

其上限。分析表明，矿石 A 切换为矿石 B 时床层压降增大的最可能原因是，平均床层密度增大引起床层压降增大。

那么解决方案是什么呢？一种选择是在加矿石 B 时将床压降减少 2 074 Pa。这可以通过降低溢流堰的高度使床深减小来实现。这意味着床高要降低 14.6%（2 074/14 181）。然而，这种改变会缩短矿石在床内的停留时间，可能是无法接受的。当然，可以这样改并测试产品。如果测试结果表明缩短停留时间不可接受，则必须提高鼓风机的功率，使其能够提供所需的 14 181 Pa 床层压降，并有一些余量。

16.2 实例分析 2

L 形阀的不当使用

高纯度碳酸钙很有市场，其制备方法之一是煅烧石灰石，把石灰石加热到 800～900℃，除去 CO_2，生成纯石灰，然后将其放入装有去矿质水的水箱中。富含 CO_2 的燃烧废气通过旋风分离器脱去粉尘，经冷却后，在袋式除尘器内最终净化，然后通过分布器注入装有熟石灰的水箱底，这样就得到一种高纯的 $CaCO_3$，它适合用作医药和食品添加剂。

一座新车间采用了这一工艺，设计方案为（图 16.2）：将破碎的石灰石送入流化床煅烧炉内进行煅烧，用燃烧天然气加热。生产的石灰转移到一个长矩形流态化冷却器内，由冷空气流化并冷却。煅烧炉产生的富含 CO_2 的热燃烧废气，先在旋风分离器中除尘，然后在热交换器中被空气冷却，空气也用作石灰和石灰石床的流化。冷却后的燃烧废气进入袋式除尘器。在流化床石灰冷却器中，石灰颗粒会产生一些磨损，在热空气排放到烟囱之前，夹带的石灰颗粒在另一个袋式除尘器中除去。石灰产品从远离进料点的冷却器末端连续移出，因为它的温度低于 200 ℃，可以使用回转阀以控制移出速度。热石灰颗粒从煅烧炉溢出到通往冷却器的斜槽上，但由于固体温度高（800～900 ℃），使用电动回转阀来控制流量并提供气体密封是不可能的。因此，设计者决定使用 L 形阀来密封，既能防止热气体进入流化床冷却器，又能控制固体排出速度。

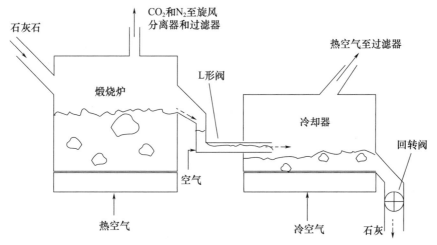

图 16.2 带有 L 形阀的煅烧炉、冷却器的原始设计

L 形阀工作原理简介

L 形阀的原理为人们所知已经很久了。第一个应用此法的专利是 ICI 集团在 20 世纪 30 年代取得的，该方法以很少的气体流量控制颗粒固体从一个容器流到另一个容器或流入管道中。随着流化床催化裂化技术的出现，人们对于控制细粉（<100 μm）在稀相输送系统中流动越来越感兴趣，但直至 20 世纪 70 年代末和 80 年代，美国的大型合成燃料研发项目才激发了人们对在高温下控制粗颗粒流动的兴趣，这导致了 L 形阀的再发明。

诺尔顿和他的同事（Knowlton and Hirsan，1978）在位于芝加哥的气体技术研究所进行了实验工作，建立了 L 形阀（有时也称为非机械阀）的一些经验性法则，但第一篇论文是由吉尔达特和琼斯（Geldart and Jones，1991）写的，论文中给出了一个循序渐进的设计程序（基于用直径 40、70 和 100 μm 砂子做实验的阀）。阿雷纳等人（Arena et al.，1998）在文献中加入了更多的数据，并证实了早期工作者的基本方法是合理的。

虽然 L 形阀看似一个非常简单的装置，但是它的流体力学原理相当复杂，下面只给出一个基本的解释。

诺尔顿和希尔桑（1978）证实，注入松动气的最佳位置是在竖腿（有时也称为下降管或立管）上距离水平腿中心线以上约 1.5 倍管道直径处。这是因为需要气体来减少弯头内拐角处颗粒与管道之间的摩擦，如果气体从水平腿中心线上或以下注入，实现这个功能的气体量较少。然后，这种气体携带着颗粒沿着水平腿上粉体床的顶部流动，以一种类似于密相气力输送的方式输送粉体。随着松动气流量的增大，粉体流的深度增大，固体质量流量增大。最终，随着固体速度从水平腿底部到顶部的增加，整个粉体床可能都变得活跃起来。

移动固体需要一个力来克服摩擦力，这个力由水平管道上的压降提供。这种压降是固体流量、管道直径以及粉体平均粒度和粉体体积密度的函数。注气点压力最大。启动固体颗粒流动的最小气体流量取决于粉体的最小流化速度 U_{mf}，当超过最小气体流量时，固体颗粒开始流动，此时的固体通量为最小可控固体通量 G。然后固体通量随比值 U_{ext}/U_{mf} 增大而线性增加，U_{ext} 是松动气的体积流量除以水平腿的横截面积。然而，可达到的固体流量的最大值是有限制的，这取决于压力平衡。如果气体发觉它更容易通过立管中的固体层向上流动，它就会向上运动，而用于水平输送固体的气体就会减少。由于颗粒在竖腿和水平腿中具有相同的特性，所以竖腿中气体流动阻力主要取决于其中粉体的深度。根据经验，竖腿的高度必须至少等于水平腿的长度。实际应用中的准则是，水平段的压降（移动固体颗粒所需的压降）除以竖腿中固体的深度，必须小于流化床中最小流化压力梯度。如果它等于或高于这个值，竖腿中的固体颗粒就可能开始流化（因为施加的压力梯度大于流化所需的压力梯度），将发生流动不稳定。其形式是固体颗粒流动中断，随后通过 L 形阀冲刷固体颗粒。

L 形阀系统操作中的一个问题是，松动气流量的微小变化会引起固体流量相当大的变化，因此需要一种控制方法，使固体的排出流量与固体进入竖腿的流量相匹配。可能采取的一种方式是，测量竖腿中的压力，并与松动气流量控制器相连。幸运的是，只要竖腿足够长，就可以在自动模式下操作 L 形阀。将松动气流量设置为某一较高的值，足以使注气点以上的固体颗粒流化，而下面的固体颗粒还处于填充床模式。如果进入竖腿的固体流量增加，竖腿内的流化固体床面上升，更多的气体向下流动，导致固体排出流量增加。如果进入的固体流量减小，立管中的固体床面下降，更多的气体向上流动，向下流动的气体减少，从而导致固体排出流量减小。

不幸的是，如图 16.2 所示的应用中，由于煅烧炉一侧的溢流堰与石灰冷却器之间可用的竖直高度有限，所安装的固体输送系统是一种不能稳定运行的 L 形阀，因为（a）竖腿比水平腿短，（b）充气点位置不在弯管中心线以上。此外，水平段出口端高于冷却器内流化床床面；阀门直径（200 mm）也太大，使得最小可控固体流量几乎是设计生产流量的 7 倍。如果将松动气流量降低至低于最小值，则固体完全不流动。因此，为了使系统正常工作，车间操作人员在水平腿中心线上加装了一条充气线，然后间歇地操作此充气系统。当煅烧炉内的床面过高，炽热的固体充满溢流槽时，将松动气全开，使短竖腿内的固体流化。这改变了系统的压力平衡，导致 L 形阀内全部物料突然冲进冷却器，为热的燃烧废气吹入冷却器床上方的空间，留下了一条畅通的通道。这有时引起着火，使袋式除尘器损毁。

解决这个问题的办法是用一个环形密封取代 L 形阀（图 16.3），它本质上是一个流化床，由竖直挡板隔开，但底部有缺口，允许固体在两个并排的床之间通过，两个床由单独的空气供应进行流化。热石灰颗粒落在靠近煅烧炉的床上，从竖直挡板下流入靠近冷却器的第二个床中，驱动颗粒流的是第一个床较高的压力。第二个床溢出的固体进入冷却器。该系统的工作原理类似于压力计的两个臂，在回路中始终存在流化固体，防止热气体直接通过进入冷却器。

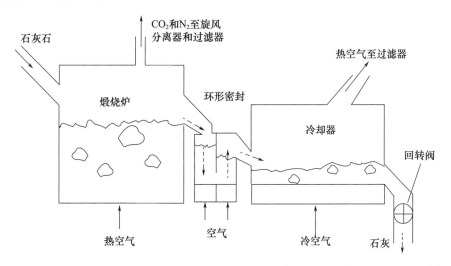

图 16.3 改进的煅烧炉和冷却器设计采用环形密封转移固体，防止气体从煅烧炉流向冷却器

16.3 实例分析 3

流化床干燥器

解决一个问题可能会导致另一个始料未及的问题出现。

水处理化学品的生产过程中，有一段工序是将立方体形的湿小颗粒送入流化床干燥器中。从平面图上看，分布板是长方形的，长约 3 m，宽 1 m，内有许多钻孔。流化空气由离心式风机提供，经过热交换器，再通过距离固体进料点约 1 m 的管道进入静压箱。流化床内的固体颗粒形成约 1 cm 深的床层。热的产品从床的另一端溢出，进入一个溜槽，由溜槽引导进入装袋机，产品被包装成 50 kg 一袋。在客户的仓库里，纸袋或塑料袋在使用前是一个压一个地堆放着的，有些袋子中产品颗粒会紧紧地粘在一起，形成一个像墓碑一样的固体块，因此颗粒无法倒出来。

虽然湿物料被连续地送入干燥器并连续取出，但在固体出口的取样表明，含水量的变化是不可接受的。在床面上方钢制膨胀段的壁面上有几个观察孔，通过它们对流化床进行的观察发现，流化很不均匀，在分布板上有大片区域存在几乎静止不动的未流化固体。

在流化效果差的流化床中，常常是未流化区和良好流化区随机地发生变化，而且可能时常出现静止区内高含水率的物料突然流动冲到床出口的情况。没有颗粒床时对空气分布板上的压降进行了测量，发现只有 5 mm 水柱（约 49 Pa），这对于纵横比（床深/床长或圆柱形床的床深/床直径）很小的系统来说太低了。顾问建议更换分布板，使其压降至少等于流化固体床的压降。

这样做后，当烘干机再次启动时，肉眼观察发现整个床的流化均匀良好。然而，发现几乎所有产品样本的含水率都不合格。事后推断，原先床中未流化区就像挡板一样，使得流化良好的颗粒沿着平板上曲折的路径移动，从而增加了它们在系统中的停留时间，使一些颗粒能彻底干燥。更换平板后确实能提供一个很好的流化床，但所有颗粒过快地流过设备，来不及使含水率降得很低。一种解决方案是在固体流动方向成直角的位置插入一系列折流板（见图 16.4），使床层运行更接近平推流，增加平均停留时间，且停留时间均匀。另一种解决方案是在固体出口插入一个堰，增加颗粒在干燥器内的平均停留时间，并依靠床的长宽比来减少与固体流动方向相反的颗粒返混，从而改善停留时间的均匀性。

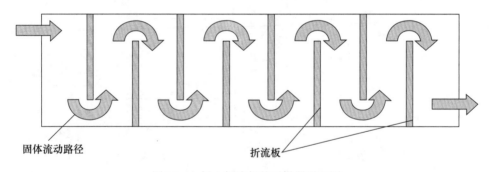

固体流动路径　　　　　　　　　　　折流板

图 16.4　插入折流板的干燥器平面图

16.4　实例分析 4

料斗充气导致煤厂气源不足

彼得·阿诺德（Peter Arnold），澳大利亚伍伦贡大学

在一座选煤厂里，三个细煤仓用普通的旋转犁式给料器（一种从料仓以一定速率向

外送料的装置）送煤。煤仓出口煤结拱使其难以稳定出煤。为了克服料斗出口的结拱问题，在出口槽上安装了复杂的松动气系统。由于煤的粒度是"－12 mm"（即煤粒通过了一个 12 mm 的筛），所以松动气系统需要大量的空气。结果是煤厂的其他地方空气匮乏，因此正在计划增加压缩空气的容量。而注入空气实际上对结拱问题几乎没有效果。这一问题是由料斗出口和给料器之间的简单不匹配造成的，这是因为有许多突出到出口区的结构柱。沿着槽口方向，隔一定间隔都有结构柱从料斗后壁伸出，妨碍犁式给料器充分激活料斗出料槽。犁片必须避开这些突出柱，因此不能将搁架宽度上的煤全部犁出，留在搁架上突出柱之间未被犁到之处的煤就轻易地堆积起来了。解决方案是实施这样的理念："如果不能让犁靠近料斗后壁，那就让料斗后壁靠近犁！"（图 16.5）。将后壁靠近犁式给料器会降低料斗壁的陡度，因此如果我们只做这些，就有可能使结拱问题进一步恶化。不过，为了克服这一潜在风险，新的料斗壁表面覆盖了不锈钢板，这比原来混凝土壁的摩擦力小得多。经过这样简单改造后，出煤量稳定了，不再需要松动气了。

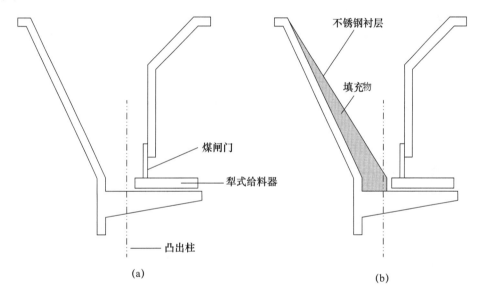

图 16.5　（a）通过料斗槽出口的剖面图，显示了造成问题的结构柱；（b）对几何形状的修改

16.5　实例分析 5

石灰石料斗加长后导致给料机超载
彼得·阿诺德（Peter Arnold），澳大利亚伍伦贡大学

对水泥厂石灰石料斗进行了复制和改造（料斗槽加长以提高输送量）。如图 16.6 所示，料斗为楔形，由板式给料机给料。料斗从给料机后部给料，给料机必需在"死料"也就是停滞材料的下面拖动这些给料，致使给料机过载。在最初尝试解决这个问题时，用大容量电机和变速箱进行了试验，结果板式给料机本身负荷过重。最后采用的解决方案是重新设计料斗给料机接口，以实现料斗出口无死区（图 16.7）。出口槽经过重新设

计，使槽口宽度沿长度方向逐渐增加。这消除了固体滞留区，减少了给料机受力，解决了板式给料机负荷过重的问题。改造后给料机所需功率小于原规定值。

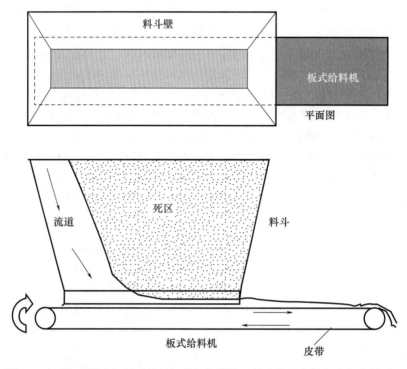

图 16.6　石灰石料斗与板式给料机的初始设计，料斗槽长度的很大部分是死区

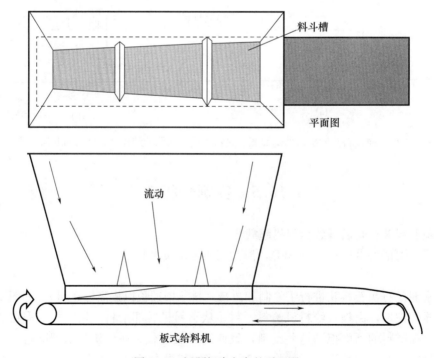

图 16.7　问题解决方案的平面图

注意，出口槽被重新设计成沿长度方向增加宽度，这样消除了死区，从而避免了板式给料机超载的问题

16.6 实例分析 6

料斗中插件的使用

林恩·贝茨（Lyn Bates），阿贾克斯设备公司，英国

在散体颗粒的流道上设置障碍物可以提供某种形式的好处，这似乎很奇怪，但实际上，在散料储存装置中使用插件可以获得广泛的操作效益。事实是，插件所造成流动路线的改变形成了新的流道形状，这些形状具有比原来流道更好的流动特性。有些改造是简单而不言自明的，比如在块状物到达并堵住筒仓出口之前，插入一个装置来捕捉它们。另一些改造则比较复杂，需要更深层次的技术能力和专业知识，尽管所涉及的原理很容易从对技术的基本了解中获知。有许多不同的原因要将插件装进存储筒仓；表16.6对主要原因作了汇总。必须指出，这不是一个生手或业余人员所能做的。保证设备所需的性能，这是很明确的任务，完成它本身就可能需要一定程度的专业知识。更重要的是，要确保这些插件不会对设备的运行或完整性、产品使用的条件或适用性、卫生、维护或其他可能减损工厂整体效率和经济效益的因素，带来不利后果。

表 16.6 给料斗安装插件的原因

在料斗出口区
帮助流动开始
保证通过小出口的可靠流动
增加流量
提高出料密度的一致性
保证小倾角壁面的质量流量
扩大流动通道
改进提取方式
减少给料机超压
节省净空间/保证更多的储存容量
抗离析
混合排放物
改善逆流气流分布
防止块状物或团聚体造成堵塞
在料斗内部
加速膨胀物料的脱气
减小压实力
改变流型
抵制"结块"倾向
在料斗入口
减少离析
减少颗粒磨损

　　在散料存储装置的原始设计阶段，在根据流动状态选择合适料斗类型时，虽然设计者会扩大整体设计的优化范围，但却很少结合插件来考虑经济效益。相比之下，改造通常受到已安装设备的制约。虽然有这些限制，人们仍然发现，插件提供了一条最有希望的途径，解决在散料存储中遇到的许多问题。

　　为了了解松散固体颗粒的流态、应力系统机制和它们的行为特征，本文提供一些背景资料，以便为特定功能选择合适的插件类型，并为其设计提供一个坚实的基础。插件的性能与料斗的几何形状、给料机或出料控制的类型、环境和操作条件相互作用。因此，对插件、料斗和给料机的设计思想需要一个整体的系统方法。除了少数例外，大多数插件技术都是由行业开发和引进的，而不是产生于基础研究。某些形式的插件被专利、注册设计或类似的限制所包含。因此，应用上设计数据的可用性受到一定制约。在不同技术的优化设计，以及为料斗形式和助流技术的选择和集成提供改进的依据方面，仍有广阔的研究空间。

　　可以看到，在料斗的出口区放置插件能带来许多益处。这是因为控制料斗内物料行为的流型是从这个区域开始的。而出口区相对较小，往上料斗壁的扩张会很快达到一定尺寸的横截面，那里流动情况不存在问题。因此，通常可以在出口上方的较大截面处安装流动改善插件，这些插件本身不会造成任何流动障碍，但能有效地改变料斗内的流型，并使其下面的区域保持好的流型。

　　本文通过实例，表明在两种状况下，如何通过相对较小的插件，就能极大地改变储存物料的整体行为。更具体地说，使排出产品的性能更符合特定要求。

减重补充

　　一种控制固体颗粒进入某一工序速率的方法称为减重给料。装有固体物料的筒仓安装在测压元件上，在排出固体时，持续监测容器中固体的重量，这样就可以知道输送量或输送速率。

　　减重给料器需要在短时间内定期补充。本例中，输送细粉料的减重给料器在重量控制下送料大约 2 min 就需要被重新填满，它由带有速动滑阀的锥形质量流料斗供料，填充要在 10 - 15 s 时间内完成。问题是重新填充启动非常缓慢；需要超过 1 min 粉体才显露出来（图 16.8）。此外，当粉体一旦露出，就被高度充气，使其冲进给料器，给下一步操作造成不利条件。显然，设备的净空间、容量、供料路线和总体结构都是固定不变的，因此只允许在现有设备的几何形状范围内改动。

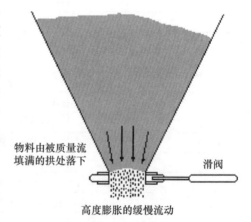

物料由被质量流填满的拱处落下　　滑阀

高度膨胀的缓慢流动

图 16.8　减重补充料斗的原始布置

　　细粉体通常具有多变的流动状态。当它们安定下来时，它们有黏聚性，并且通常很难开始流动。原因之一是颗粒之间非常接近使得各种分子间力的作用可以阻止颗粒分离。因此，随着压实度增加，细而有凝聚性的粉体可表现出明显的强度。空气通过细粉体颗粒间小空隙渗透的速度也阻碍了它们的膨胀。然而，一旦细粉体膨胀并出现流动，就充气过多，粉体可能会有效地自流化。在这种状态下，由于逸出通道细小，粉体的脱气速度缓慢，因此需要一段时间才能稳定下来。流化物没有抗变形的强度，但受到静压力的作用，又具有松散性，使其非常善于寻找流动路线。

每一个收缩形流动通道横截面上都会出现速度梯度，因为，即使在质量流通道中，出口正上方的物料向下移动，比旁边的物料对角地向出口移动容易得多。供料斗中移动较快区域造成了局部表面凹陷，与之前装进减重料斗的稳定物料相比，新粉料更容易填充这种凹陷。当这种松散物料向出口流动时，它的静压力会阻止自由流动性差的物料进入流速较快的区域，从而进一步增大流速差。由此产生小截面快速移动的流体物料迅速穿透粉体床的深度，在没有控制的状况下，从机器出口冲出。

改造任务是双重的。必须加快补料速度，使物料递送更快；同时要在更稳定状态下递送物料。首先要认识到，如果流动发生，来自质量流料斗的流量总是比来自具有相同尺寸出口的非质量流料斗的流量小。其基本原因是，在非质量流料斗中，颗粒脱离整体以"自由落体"方式从更高的动态拱处加速下落，所以它们通过出口时速度更快。还应该注意到，在无约束条件下流动的流体可以获得很高的流速，因此可以通过小孔获得大流量。要想通过相同的开口尺寸，在小膨胀条件下获得很高的流量，就需要增加初始流动出口的面积，和/或增加对沉降块的扰动，促进整体状态的初始破坏。

采用的解决方案是将速动滑阀替换为一个内置的"柱锥形"阀，该阀安装在料斗出口上方一段距离的圆锥形料斗内（图16.9）。它由一个短圆柱体上面叠加圆锥体构成，其底部边缘坐于料斗的内圆锥壁上。这个插件通过装在料斗顶部的气缸来提升。提起插件后露出一个环形间隙。该环形槽正上方的流道具有竖直的内表面和锥形的外表面。提升阀门的动作扰动了停留在竖直壁上方圆锥段上的物料体；同时圆柱形表面的移动减少了局部滑移壁面，留下了没有内侧支撑的局部楔形环状的物料体，它以极小的变形自由落下。

因为环形间隙的面积随着直径的平方而增大，所以该圆环可以提供比最终出口更大的流动面积。阀门向上运动扰动了停在料斗壁和阀门锥体底部之间的物料。因此，在这一间隙附近大块物料瞬间坍塌，并且发生在比已经暴露的流动环域更大的跨度和横截面积上，所以物料在更密集的条件下以比初始开口时快得多的速度流

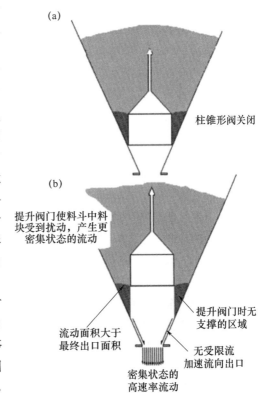

(a) 柱锥形阀关闭

(b) 提升阀门使料斗中料块受到扰动，产生更密集状态的流动

提升阀门时无支撑的区域

流动面积大于最终出口面积

无受限流加速流向出口

密集状态的高速率流动

图16.9　改进后的减重补充料斗，柱锥形阀关闭（a）和打开（b）

过。由此产生的流动集中通过料斗最终出口时实际上是无受限流，因此可以加速到某一速度，使得更高的流量可以通过，而且既不受限制，也不会过度膨胀。其结果是，在稳定的、非流体的流动条件下，散体物料在几秒钟内就向减重料斗提供了补充量。

质量流料斗中的偏析

一般认为质量流料斗可以避免偏析现象发生。其思路是，在质量流料斗填充过程中发生的任何偏析，都将在料斗排放时得到矫正，因为在排放时来自横截面内所有区域的固体颗粒都会重新混合。当物料是从筒仓柱形段提取时，质量流将恢复筒仓截面的物料混合，物料表面保持水平地均匀向下移动。但当物料水平面下降到圆锥过渡段时，问题就出现了。该处附近，由于中心速度较高，表面下沉，且其上面的中心区域不再有物料可以补充。逐步地，核心区物料被优先提取，直到排出物料的最后一部分主要由粗颗粒组成，这些粗颗粒先前停留在有最大偏析的周边区域顶部。在一个高筒仓中，这种效果在偏析的规模和强度上都不是非常显著，因为大部分储存物料都处于筒仓的主体部分。但质量流的一个特点是收缩段料斗壁相对陡峭，某些情况下收缩段所含物料量占料斗总储存量的大部分。这意味着高比例的物料容易遭遇此种形式的偏析。

一个例子涉及 20 吨细物料的储存应用，在这个应用中，要求排出的产品粒度分布在微小的范围内。料斗设计为陡壁锥形段能容纳 90% 的物料量。结果发现，虽然进入的物料流符合严格的产品规格，但最后从料斗排出的 2 吨产品中粗颗粒比例过大，因品质控制而被拒绝。事实上，供应料斗的皮带输送机上进料流截面在较低的中心处细粉比例高，而在外缘处有过多的粗颗粒，但这并不是造成这种不均匀分布的原因。

人们认识到，单点填充是造成休止斜坡偏析的主要原因，因此进行了长时间的努力将填充点分布于筒仓的横截面周围（自由流动粉体倒入堆中的偏析现象－见第 11 章）。第一阶段是在入口下方安装一个倒锥。意图是使送入圆锥中的粉体从锥体大圆周均匀地溢出进入料斗，从而避免单点填料的缺点。圆锥体有一个中心孔可以让其自动排空。所遇到的问题是，倒锥中休止的粉体堆积自然地形成了一个同心锥形堆，而不会像预期的那样，以液体堰的方式均匀地从圆形边缘溢出。人们最初以为，周向的不均匀是由填充点的偏心引起的。然而，经过细致的工作，将进料定向到精确的中心位置后，可以看到锥体休止面并不是以平稳的速度增长，而是一边增长一边发生一波又一波的径向崩塌，粉体沿阻力最小路径涌流而下。

在堆的形成阶段，每一波涌流的沉积体都增加了局部阻力，所以下一波涌流会在堆的周围找到不同的路线。可惜的是，当粉体堆填满倒锥时，最初溢出边缘的涌流并没有在当地形成高表面以产生较大的阻力，所以随后的涌流也沿着同样的偏心路线流动。

通过安装一个带有可调堰门的城墙状边缘，并对其设置不断进行"调整"，人们花了很长时间试图获得周边均匀的溢出。许多个苦不堪言、尘土飞扬的小时过后，工程师们终于承认失败了，因为他们慢慢意识到，阻力最小的那条路径总是会吸引后面的涌流沿着休止斜面的同处流下来，所以粉体从圆锥体的溢出永远不会是均匀的。

该请专家了！

因为设备的布局不允许采用可对抗偏析的高效填充的几何形状，因此把注意力放在了修改排放模式上。开发了一个插入系统（图 16.10），它提供了一个"支流"收集系统，可防止中心排放。此系统可以发展出多个流道，这些流道分布在不同的径向和周向位置，且与相关筒仓横截面成比例。这种结构的一个重要特点是，出口上方的导流板可防止来自任何扇区的粉体流优先发展。该装置包括一个三角形的角锥状插件，它有三块筋板，可以使装置自动坐在出口上方料斗的底部内圆锥面上。角锥体的壁面在底部留出三个空间，分别使三分之一的出流量从各自的开口流出。

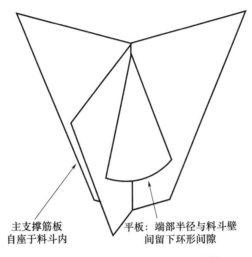

主支撑筋板
自座于料斗内

平板：端部半径与料斗壁
间留下环形间隙

图 16.10　扩展流动通道的中心插件

另有三组板放置于料斗锥上，板的下边缘靠着中心角锥插件，以便从板下卸料。这些板之间用肋条隔开，它们提供了特别的流动路线，使得物料可以从料斗截面的不同半径处流向插件给出的开口。

最初的储料表面下降模式是完全均匀的，直到表面到达圆锥段的顶部。此后，表面轮廓反映了在筒仓截面不同区域分布着多个优先提取点，但由于这些提取点代表了不同粒级分数的正确比例，因此排出物具有所要求的粒度分布。

当具有类似结构的第二个料斗被类似地改造时，更注重了详细和全面的路线审查。令人惊讶的是，初步结果并不令人满意，随着料斗内的物料接近排放完，出现了明显的偏析现象。研究发现，第一个料斗装的阀门能完全打开，而第二个料斗装的阀门不同，只能部分打开。这使得料斗内一侧的物料优先被清空，这意味着偏析再次成为一个问题，特别是最后一部分物料从料斗排出时。对阀门机构改进后解决了这一问题。

16.7　实例分析 7

罐车卸料作业中的粉尘排放问题

如图 16.11 所示，某公司在将一辆 28 m³ 公路罐车内的苏打粉气动提升至收料仓的过程中，遇到了粉尘排放问题。例如，大量的粉尘从检修门、筒仓保护装置（泄压阀）和过滤器外壳法兰中逸出。此外，筒仓偶尔被过度填充（造成更多的粉尘排放）。

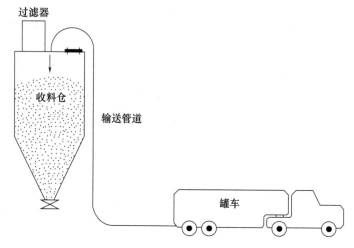

图 16.11　公路罐车气力卸料

卸料系统规格概列如下：

· 固体输送速率，$m_s = 22$ t/h；

· 空气质量流量，$m_f \approx 0.433$ kg/s（鼓风机性能曲线显示，空气密度 $\rho_f = 1.2$ kg/m³ 时，吸入体积约为 21.7 m³/min）；

· 管道内径 $D = 150$ mm；输送管道总长度 $L = 35$ m（包括竖直提升总长度，$L_v = 20$ m）；

· 最高空气温度（进入收料仓），$t \approx 70$ ℃；

· 苏打粉的粒度范围，$50 \leqslant d \leqslant 1\,000$ μm；

· 颗粒中位径，$d_{50} = 255$ μm；

· 固体颗粒密度，$\rho_s = 2\,533$ kg/m³；

· 松散倾倒的堆积密度，$\rho_{bl} = 1\,040$ kg/m³；

· 罐车体积容量 = 28 m³；

· 罐车内初始压力 = 100 kPa 表压力（即排放阀开启前压力）；

· 稳态压降 = 70 kPa（如由鼓风机所见）；

· 鼓风机安装在现场—给罐车容器增压，罐车像一个吹气罐一样工作。

现有除尘器的过滤面积为 15 m²（图 16.12），配有风扇和涤纶针织毡袋。由性能曲线可知，在 150 mmH₂O（1.5 kPa）下，风扇可以抽取的空气量约为 33.3 m³/min。乍一看，这似乎大大超过 21.7 m³/min 的鼓风机容量。然而，瞬态效应和过滤效率也必须进行评估。

卸料作业评价

粉尘排放不仅发生在循环末尾的净化过程中，而且特别发生在随后的吹扫环节（要求清扫罐车）中。注意：

· 稳态运行（即压力、空气流量、输送速率恒定）不产生粉尘排放；

· 这两个"纯空气"操作都是不可免除的（即还不能使用新的"自清洁"罐车）。

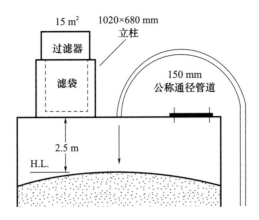

图 16.12　带现有 15 m² 过滤器的收料仓

公司被要求测量压力与时间的关系。发现罐车内压力近似线性地衰减（在两个"纯空气"操作期间），最大衰减速率≈（90 kPa−35 kPa）/（11 s）=5 kPa/s。注意，这种空气"供应"状况可能发生在循环末尾的净化过程中，因此，在 0.433 kg/s 的稳态流量基础上要增加空气流量。过滤器必须处理这个最大可能的空气流量（包括粉尘负荷）。

稳态工作条件

以下稳态参数由上述规格计算得到：

· 收料仓内空气密度 ρ_{fe} =1.028 kg/m³；

· 空气流量 m_f =0.433 kg/s；

· 入仓的空气流量，Q_{fe} =25.3 m³/min；

· 入仓的空气速度，V_{fe} =23.8 m/s。只要料仓内有足够的容量供空气膨胀，对于稀相输送苏打粉来说，此速度并不算过高；

· 现有过滤器开口面积（口径）=0.7 m²。

因此，空气进入过滤器立柱的速度 V_{up} =0.6 m/s。根据类似物料的经验和自由沉降试验的结果，认为这是完全可以接受的，粉尘负荷应当是适中的。然而，如果将料仓填充到距离顶部 2.5 m 的高度以上，那么附加湍流可能会增加过滤器的负荷—这将在后面（选择新过滤器时）进行更详细的讨论。对于当前的研究，假设达到一定高度时填充停止（即理想情况下）。采用合适的理想过滤速度值和温度、粒度、粉尘负荷等修正因子，则：

· 有效过滤速度，Eff. V_{filt} =2.0 m³/min/m² = "气布比"；

· 最小过滤面积，A_{filt} =13 m²。

因此，现有的风扇和过滤器（A_{filt} =15 m²）应该足以满足稳态运行（只要收料仓没有填充到超过其最高料位）。

纯空气操作和新过滤器

最大压力衰减=5 kPa/s（要添加到稳态流动上—最坏情况）。这相当于要增加约 1.42 kg/s 的空气流量。

因此，最大 Q_{fe} =108 m³/min＞现有的过滤器容量（即需要更大的过滤器）。

假设新过滤器面积为 45 m^2，带有风扇（150 mmH_2O＝1.5 kPa 时，108 m^3/min）。标准口径开口面积＝1.84 m^2。

这将产生 V_{up}＝1 m/s，应足以提供超过中度的粉尘负荷（特别当收料仓填充超过指定高度料位时）。同时，由于高速吹扫（和颗粒磨损），料位可能增加 5%（尤其是在 3～10 μm 范围内）。

采用适中的理想过滤速度和修正因子值，则：

·有效过滤速度，Eff.V_{filt}＝1.6 $m^3/min/m^2$；

·最小过滤面积，A_{filt}＝68 m^2（最坏情况）。

因此，至少需要 50 m^2 或最好是 60 m^2 的过滤面积（带更大容量的风扇）。但是，如果实施了以下改进，则可以选择更小的过滤器。

对过滤器和料仓的修改

为了减少粉尘负荷，提高过滤效率，建议进行以下修改。

应该为新的过滤器定制一个立柱，它具有尽可能大的口径（开口面积），例如对于 45 m^2 的过滤器，建议的口径为 2 005 mm×1 220 mm，滤袋和立柱侧壁之间应提供约 200 mm 的间隙。此外，立柱应该足够高，以确保滤袋底面与料仓顶部之间的距离最少为 1.5 m。这些改进，加上装在管道末端可以降低输送速度的较大直径的 T 型弯头，将减少粉尘负荷（降低上升流速，为颗粒沉降留出更多时间，也为新的速度剖面在立柱内形成留出空间）。这也减少了湍流对滤袋造成的损坏（由于高速颗粒流离开管道，冲击料仓内的物料表面，引起颗粒向上飞溅到过滤器表面）。

还应确定料仓的最大设计压力，以便安装合适的（和可靠的）筒仓保护装置。假设最大可能压力（即在屈服之前）比如说为 5 kPa，则筒仓保护装置应该设置为 4 kPa。注意，应该选择流量大的保护装置（例如 150 或 200 mm 公称通径）。

在上述修改的基础上，重新计算对过滤器的要求：较大口径的开口面积为 2.45 m^2。这将生成 V_{up}＝0.7 m/s（最大），这是完全可以接受的。粉尘负荷应当是适中的。

采用合适的理想过滤速度和修正因子值，则：

·有效过滤速度，Eff.V_{filt}＝2.22 $m^3/min/m^2$。

·最小过滤面积，A_{filt}＝49 m^2（最坏情况）。

因此，如果所带风扇在 150 mmH_2O（1.5 kPa）下的流量为 108 m^3/min，则 45 m^2 的过滤器应当够了，该过滤器如图 16.13 和图 16.14 所示，其中包括了前面讨论的对立柱和管道的修改。然而，如果料仓被填得过满，仍然存在物料堵塞或限制空气流动路径的可能，这会导致料仓过压（以及随后的粉尘排放）。为了缓解这种情况，必须停止或避免这种操作（例如，在罐车到达之前确保料仓有足够的容量），或者必须增加料仓的容量。

最后要考虑的是过滤材料的选择。图 16.13 所示的较大立柱，建议使用有聚四氟乙烯涂层的滤袋，这样的滤袋更能适应较高的温度，并提供更好的清洁和过滤效率。由于滤袋底部距离料仓顶部至少 1.5 m，并且假设料仓没有被填得过满，滤袋表面应该是"安全的"，不会受到颗粒撞击而损坏。

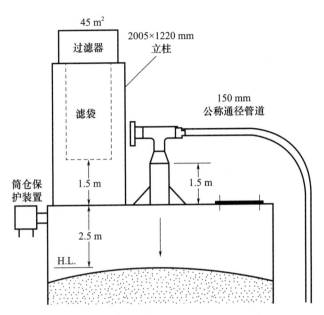

图 16.13 修改后配有新的 45 m² 过滤器的收料仓

图 16.14 管道末端的大直径 T 形弯头

结果

公司执行了上述改进和建议，彻底消除了粉尘排放。在苏打粉筒仓附近工作已不受影响（即不受罐车卸料作业影响）。这个项目非常成功，公司已将同样的原则和标准纳入新生产车间的设计中，如图 16.15 所示。

图 16.15 新生产车间的罐车气力卸料系统

16.8 实例分析 8

磨屑的气力输送和注入

氧枪常用于对钢铁厂的铁水预处理。随着为这类应用提供压缩氧气的成本不断增加，一家公司调查研究了回收磨屑（即轧制作业中产生的废料）和将其注入铁水流槽或直接注入钢水包的可能性。化学试验表明，磨屑中含有足够此用的氧。因此，需要按照以下规格设计气力输送系统：

· 磨屑（小于 10 mm；散颗粒堆积密度，$\rho_{bl} = 3\ 500$ kg/m³；颗粒密度 $\rho_s = 6\ 000$ kg/m³）；

· 每次出钢操作所需的磨屑质量 300～3 000 kg（取决于热铁水性质）；

· 每批次的量在出钢操作期间（通常 8 min）要匀速运送；

· 输送过程中产生的噪声在 1 m 距离处必须小于 80 dBA（因为工作管道必须沿着控制室旁通过）。

上述物料输送要求等同于稳态输送固体的质量流量 $m_s = 2.25～22.5$ t/h，视所需氧化程度而定。为了确定可靠的运行条件（例如最小空气流量和操作压力）并生成足够的稳态数据用于建模，对磨屑的新鲜样本进行了几次试验，使用了以下试验装置：并联式 0.9 m³ 底部排料吹气罐组（图 16.16）；低碳钢管道（管道内径 $D = 105$ mm；输送管道总长度 $L = 108$ m；竖直提升总长度 $L_v = 7$ m；90°弯管个数 $N_b = 5$）。

图 16.16　用于试验项目的并联式 0.9 m³ 吹气罐组

注意，用于本试验项目的底部排料吹气罐被认为并不适合于最终应用（例如，需要较高的空气流量来应对这种沉重的和具有涌流性的物料；进料速度控制精度不够）；但是，发现它们足以产生稳态运行条件。

在试验过程的各个阶段，还使用声级计记录了噪声水平。这些读数是在距离管道约 1 m 的实验室屋顶上的露天位置获取的，结果是 66 dBA（输送前的背景噪声）和 72 dBA（输送中）。后一噪声水平被认为对于最终应用是足够低的。

采用潘和威毕奇（Pan and Wypych，1992）所述的试验－设计程序，建立了水平直管段、竖向直管段、1m 半径 90°弯管的模型。用产生的 PCC 模型和韦伯（Weber）A4 模型（威毕奇等，1990）预测了试验装置管道的恒定 m_s 线，以及所考虑的两台埋弧炉的各种管道配置。

为了建立最佳操作条件，可以通过计量或控制进入管道的物料流量使空气流量减到最小。这也可以满足在输送速率上实现 10：1 降比的要求（即 m_s＝22.5～2.25 t/h）。还发现，图 16.17 所示的螺旋给料吹气罐（威毕奇，1995）适合这种材料和本应用。

利用上述模型和进料方法，在最大管道长度和最大通过量的极端情况下，预测了以下最佳操作条件。注意，为了使压降、空气质量流量，因而也使得输送空气速度降到最低，选用了阶梯直径管道。

D＝102/128 mm；L＝120 m；L_v＝22 m；N_b＝5；t＝20℃时 m_s＝22.5 t/h；空气质量流量 m_f＝0.46 kg/s。

管道总压降 Δp_t＝180 kPa（PCC 模型）－205 kPa（韦伯 A4 模型）。

空气表观流速 V_f＝16～38 m/s（D＝102 mm）和 24～30 m/s（D＝128 mm）。

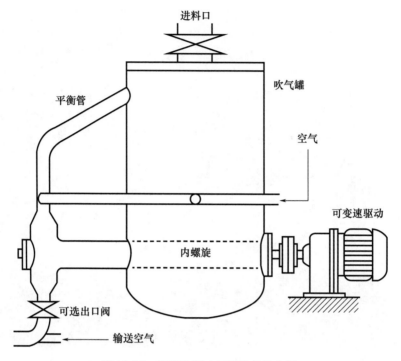

图 16.17　螺旋给料吹气罐的总体布置

基于这些方案设计参数，工厂进行了设计、安装和调试，并一直成功运行至今。操作人员确认，当选择 $m_s = 22.5$ t/h 时，对于最远的卸料点（即 $L = 120$ m），吹气罐压力达到约 200 kPa 表压。

该工厂布局示意图见图 16.18，其中一个螺旋给料吹气罐见图 16.19，选用了特殊的熔融铝锆合金弯管（图 16.20）能承受住这种密度极高且具有研磨性的材料。

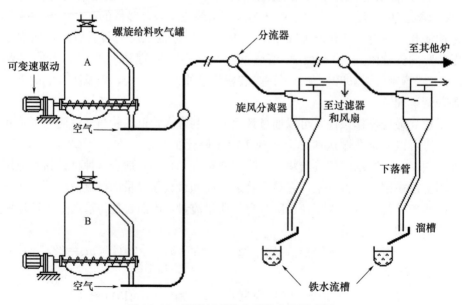

图 16.18　磨屑气动注入系统布置示意图

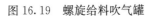

图 16.19 螺旋给料吹气罐

图 16.20 熔融铝锆合金弯管

符号表

a	式（13.19）中的指数	—
a	单位体积床中颗粒表面积	m^2
A	横截面积	
A	旋风分离器筒体长度（图9.5）	m
A	燃料-空气混合物元体表面积	m^2
A_f	流体占据的流动面积	m^2
A_p	颗粒占据的流动面积	m^2
$A\ (v)$	颗粒剂磨损速率常数	m^3/s
Ar	阿基米德数 $\left[Ar=\dfrac{\rho_f\ (\rho_p-\rho_f)\ gx^3}{\mu^2}\right]$	—
b	式（13.19）中的指数	—
B	旋风分离器圆锥段长度（图9.5）	m
B	圆形料斗出口的最小直径	m
$B_{nuc}\ (v)$	成核引起的颗粒剂生长速率	$m^{-6}s^{-1}$
c	悬浮颗粒浓度	kg/m^3
C	燃料-空气混合物中燃料浓度	m^3 燃料$/m^3$
C	旋风分离器圆柱段长度（图9.5）	m
C	颗粒体积分数	—
C	悬浮液浓度	—
C_B	高度 h 处反应物在气泡相中浓度	mol/m^3
C_B	浓密机向下流段悬浮液浓度	—
C_{BH}	离开气泡相时反应物浓度	mol/m^3
C_D	阻力系数［式（2.5）］	—
C_F	送入悬浮液浓度	—
C_{fL}	可燃性下限	m^3 燃料$/m^3$
C_{fU}	可燃性上限	m^3 燃料$/m^3$
C_g	气体比热容	$J/(kg \cdot K)$
C_H	离开反应器时反应物浓度	mol/m^3
C_L	浓密机底流悬浮液浓度	—
C_p	颗粒相中反应物浓度	mol/m^3
$C_{P_{air}}$	空气的摩尔比热容	$J/(kmol \cdot K)$
$C_{P_{fuel}}$	燃料的摩尔比热容	$J/(kmol \cdot K)$
C_S	沉积物浓度	—

符号	说明	单位
C_T	浓密机向上流段悬浮液浓度	—
C_V	浓密机溢流悬浮液浓度	—
C_0	分布板上反应物浓度	mol/m^3
C_0	悬浮液初始浓度	—
C_1	常数［式（6.22）］	s/m^6
D	床、筒体、旋风分离器（图9.5）、管道、毛细管［式（6.2）］和容器等的直径	—
d_{B_V}	气泡等效体积直径	m
$d_{B_{Vmax}}$	最大气泡等效体积直径	m
$d_{B_{VS}}$	表面处气泡等效体积直径	m
d_d	平均液滴直径	m
D_e	当量管径［式（6.3）］	m
$(dp/dt)_{max}$	粉尘爆炸时最大压力上升速度	bar/s
e	颗粒碰撞恢复系数	—
E	旋风分离器固体物出口直径（图9.5）	m
E	阿伦尼乌斯方程中的反应活化能［式（15.2）］	$J/kmol$，J/kg
$E(S^2)$	标准误差（样本方差的标准差）	—
E_T	总分离效率	—
Eu	欧拉数	—
F	筛下累积分布	—
F	送入浓密机的悬浮液体积流量	m^3/s
f^*	填充床流动摩擦系数	—
F_D	总阻力	N
ff	料斗流动因数	—
f_g	范宁摩擦系数	—
F_{gw} (F_{fw})	单位体积管道的气体-壁面摩擦力	Pa/m
F_N	单位体积管道内的颗粒数	m^{-3}
f_p	固体-壁面摩擦系数［式（8.19）］	—
f_n	n个液滴形成核的分数	—
F_p	形状阻力（压差阻力）	N
F_{pw}	每单位体积管道的固体-壁面摩擦力	Pa/m
F_s	剪切阻力（剪应力阻力）	N
F_V	颗粒施于单位体积管道壁面上的力	N/m^3
F_{VW}	一球体与一平面间的范德华力	N
f_w	壁因子，U_D/U_∞	—
f_{wet}	被喷雾液滴润湿的粉体表面分数	m^2/m^2
$f(x)$	微分粒度分布 dF/dx（频率分布或密度分布）	m^{-1}或μm^{-1}

g	重力加速度	m/s^2
G	固体质量通量＝M_p/A	$kg/(m^2 \cdot s)$
$G(v)$	包覆引起的体积生长速率常数	m^3/s
$g(x)$	权函数［式（1.5）］	—
$G(x)$	分级效率	—
$G(x)$	包覆引起的线性生长速率常数	m/s
h	采样管在表面以下深度［式（1.15）］	m
h	换热系数	$W/(m^2 \cdot K)$
h	距容器底部的界面高度	m
h	颗粒剂上液体包覆层的厚度	m
H	床层高度	m
H	容器内粉体高度	m
H	立管内固体料高度	m
h_a	颗粒剂表面粗糙度的度量	m
H_c	滤饼厚度	m
H_e	通过填充床流动路径的当量长度［式（6.3）］	m
H_{eq}	当量滤饼厚度（等介质阻力）	m
h_{gc}	气体对流换热系数	$W/(m^2 \cdot K)$
h_{gp}	气体-颗粒换热系数	$W/(m^2 \cdot K)$
H_m	过滤介质厚度	m
h_{max}	最大床-表面换热系数	$W/(m^2 \cdot K)$
H_{mf}	初始流化时床高	m
h_{pc}	颗粒对流换热系数	$W/(m^2 \cdot K)$
h_r	辐射换热系数	$W/(m^2 \cdot K)$
h_0	距容器底部的界面初始高度	m
h_1	图3.9中定义的高度	m
$H(\theta)$	由 $H(\theta)=2.0+\theta/60$［式（10.5）］给出的函数	—
j	反应级数	—
J	旋风分离器出气管长度（图9.5）	m
k	单位固体体积的反应速率常数	$mol/(m^3 \cdot s)$
K	旋风分离器入口高度（图9.5）	m
K_C	单位气泡体积的相间传质系数	s^{-1}
k_g	气体导热系数	$W/(m \cdot K)$
K_H	哈马克常数［式（13.1）］	Nm
K_h^*	分布板以上高度 h 处粒级 x_i 的淘析速率常数	$kg/(m^2 \cdot s)$
$K_{i\infty}^*$	TDH以上粒级 x_i 的淘析速率常数	$kg/(m^2 \cdot s)$
K_{St}	比例常数［式（15.6）］	$bar \cdot m/s$

K_1	常数［式（6.3）］	—
K_2	常数［式（6.5）］	—
K_3	常数［式（6.8）］	—
L	分布板以上高度	m
L	管道长度	m
L	浓密机底流悬浮液体积流量	m^3/s
L	旋风分离器入口宽度（图9.5）	m
L_H	水平管道长度	m
L_v	竖直管道长度	m
M	送至分离装置的固体质量流量	kg/s
M	床内固体质量	kg
M_B	床内固体质量	kg
m_{Bi}	床内粒级 x_i 颗粒的质量分数	—
M_C	粗产品在固体排出处的质量流量	kg/s
M_f	细产品在气体排出处的质量流量	kg/s
M_f	气体质量流量	kg/s
MOC	最低燃烧需氧量	$m^3 O_2/m^3$
M_p	固体质量流量	kg/s
n	理查森-扎基关系式中的指数［式（3.24）］	—
n	并联旋风分离器个数	—
n	样本中的颗粒数	—
N	旋风分离器出气口直径（图9.5）	m
N	系统单位体积中颗粒剂个数	—
N	分布器单位面积的孔数	m^{-2}
N	样本数	—
$N(t)$	t 时刻系统中颗粒剂总数	—
Nu	努谢尔特数（$h_{gp}x/k_g$）	—
Nu_{max}	h_{max} 对应的努谢尔特数	—
$n(v, t)$	t 时刻体积为 v 的颗粒剂个数密度	m^{-6}
p	压力	Pa
p	二元混合物中组分的比例	—
p_c	毛细管压力［式（13.2）］	Pa
Pr	普朗特数（$C_g\mu/k_g$）	—
p_s	压差［式（6.29）］	Pa
q	气体流量	m^3/s
Q	体积流量	m^3/s
Q	流入床的气体体积流量（$=UA$）	m^3/s

续表

Q	送入浓密机的悬浮液体积流量	m^3/s
Q_a	燃料-空气混合物元体的吸热速率	W
Q_f	气体或液体的体积流量	m^3/s
Q_{in}	进入造粒机的体积流量	m^3/s
Q_{input}	输入燃料-空气混合物元体的热流量	W
Q_{mf}	以速度U_{mf}流入流化床的气体体积流量（$=U_{mf}A$）	m^3/s
Q_{out}	流出造粒机的体积流量	m^3/s
Q_p	颗粒或固体的体积流量	m^3/s
Q_s	向环境的散热速率	W
r	弯曲液面半径	m
R	旋风分离器筒体半径	m
R	球体半径	m
R	通用气体常数	$J/(kmol \cdot K)$
R'	颗粒每单位投影面积的阻力	N/m^2
r_c	滤饼阻力［式（6.17）］	m^{-2}
r_1, r_2	液体表面的两个曲率半径	m
Re^*	填充床流动的雷诺数［式（6.12）］	—
Re_{mf}	初始流化时的雷诺数（$U_{mf}x_{SV}\rho_f/\mu$）	—
Re_p	单颗粒雷诺数［式（2.4）］	—
R_i	粒级x_i颗粒的夹带速率	kg/s
r_m	过滤介质阻力［式（6.24）］	m^{-2}
R_p	平均孔隙半径	m
s	颗粒剂饱和度	—
S	颗粒群总表面积	m^2
S	混合物成分的标准差估计值	—
S_V	颗粒单位体积的表面积（颗粒比表面积）	m^2/m^3
S^2	混合物成分的方差估计值	—
S_B	单位体积颗粒群的表面积	m^2/m^3
St_{def}	斯托克斯变形数	—
Stk	斯托克斯数［式（13.9）］	—
Stk^*	发生合并的临界斯托克斯数	—
Stk_{50}	对于x_{50}（切割粒度）的斯托克斯数	—
t	时间	s
t_p	液滴渗透时间	s
T	反应温度	K
TDH	输送分离高度	m
T_g	气体温度	K

T_{ig}	着火温度	K
T_s	颗粒温度	K
u	颗粒剂体积	m^3
u 和 v	两个合并颗粒的粒度（体积粒度）	m^3
U	气体表观速度（$=Q_f/A$）	m/s
U_B	平均气泡上升速度	m/s
U_c	造粒机中代表性碰撞速度	m/s
U_{CH}	壅塞速度（表观）	m/s
U_D	在直径为 D 管道中的速度	m/s
U_f	气体实际速度或在空隙中速度	m/s
U_{fH}	水平管中气体实际速度	m/s
U_{fs}	流体表观速度	m/s
U_{fv}	竖直管中气体实际速度	m/s
U_i	流体通过填充床孔隙的实际速度	m/s
U_{int}	界面速度	m/s
U_m	发生最大床层总换热系数 h_{max} 时的表观速度	m/s
U_{mb}	最小鼓泡速度	m/s
U_{mf}	最小流化速度（初始流化速度）	m/s
U_{ms}	发生腾涌的最小速度	m/s
U_p	颗粒或固体的实际速度	m/s
U_{pH}	水平管中颗粒实际速度	m/s
U_{ps}	颗粒表观速度	m/s
U_{pv}	竖直管中颗粒实际速度	m/s
U_r	气体径向速度	m/s
U_R	旋风分离器壁面气体径向速度	m/s
U_{rel}	相对速度（$=U_{slip}=U_f-U_p$）	m/s
$\|U_{rel}\|$	相对速度的绝对值	m/s
U_{rel_T}	干涉沉降速度	m/s
U_{salt}	跃变速度（表观）	m/s
U_{slip}	滑移速度（U_f-U_p）	m/s
U_T	单颗粒终端速度	m/s
$U_{T2.7}$	粒度为平均粒度 2.7 倍的单颗粒终端速度	m/s
U_{Ti}	粒度为 x_i 的单颗粒终端速度	m/s
U_θ	在半径为 r 处颗粒切向速度	m/s
$U_{\theta R}$	在旋风分离器壁面处颗粒切向速度	m/s
U_∞	在无限域流体中的速度	m/s
v	基于 D 的气体特征速度	m/s

v	颗粒剂体积	m^3
v_s	喷雾区粉体速度	m/s
V	造粒机体积	m^3
V	燃料-空气混合物元体的体积	m^3
V	通过的滤液体积	m^3
V	浓密机溢流悬浮液体积流量	m^3/s
V_{app}	颗粒剂相互接近速度	m/s
V_d	液滴体积	m^3
V_{eq}	要滤出当量厚度 H_{eq} 的滤饼必须透过的滤液体积	m^3
w	以式（13.19）定义的平均颗粒剂体积	m^3
w	以干质量为基准的液体水平	g 液体/g 干粉体
w_s	喷雾宽度	m
$w*$	发生合并的临界平均颗粒剂体积	m^3
x	颗粒剂或颗粒直径	m
$\overline{x}$	平均粒径	m
$x*$	发生合并的临界平均颗粒剂直径	m
$\overline{x}_a$	算术平均径（表1.4）	m
$\overline{x}_{aN}$	个数分布的算术平均径	m
$\overline{x}_{aS}$	表面积分布的算术平均径	m
$\overline{x}_C$	立方平均径（表1.4）	m
x_{crit}	临界分离粒度［式（9.20）］	m
$\overline{x}_g$	几何平均径（表1.4）	m
$\overline{x}_h$	调和平均径（表1.4）	m
$\overline{x}_{hV}$	体积分布的调和平均径	m
$\overline{x}_{NL}$	个数-长度平均径	m
$\overline{x}_{NS}$	个数-表面积平均径	m
$\overline{x}_p$	粉体的平均筛分粒度	m
x_p	筛分粒度	m
$\overline{x}_q$	二次方平均径即均方径（表1.4）	m
$\overline{x}_{qN}$	个数分布的均方径	m
x_S	表面积等效球径	m
x_{SV}	表面积体积等效球径（与颗粒具有相同比表面积的球径）	m
x_V	体积等效球径（与颗粒具有相同体积的球径）	m
x_{50}	切割粒度（等概率粒度）	m
y	球体和平面之间的间隙［式（13.1）］	m
Y_d	颗粒剂动态屈服应力	Pa
Y	因子［式（7.30）］	—

y_i	样本编号 i 的成分	—
z	$\log x$	—
z	液体渗入粉体的深度	m
Z	阿仑尼乌斯方程中指前因子［式（15.2）］	s^{-1}
Z'	阿仑尼乌斯方程中指前因子［式（15.5）］	mol 燃料/(m^2 燃料·s)
α_S	颗粒线性尺寸与表面积的相关因子	—
α_V	颗粒线性尺寸与体积的相关因子	—
α	显著性水平	—
β	合并核或合并速率常数	s^{-1}
β	$(U-U_{mf})/U$	—
β_0	合并速率常数［式（13.18）］	—
$\beta_1(u, v)$	合并速率常数［式（13.18）］	—
$\beta(u, v-u, t)$	t 时刻体积为 u 和 $v-u$ 两种颗粒剂的合并速率常数	s^{-1}
γ	表面张力	N/m
$\gamma\cos\theta$	黏合张力	mN/m
δ	有效内摩擦角	deg
Δp	静压降	Pa
$(-\Delta p)$	通过床层或滤饼的压降	Pa
$(-\Delta p_C)$	通过滤饼的压降	Pa
ε	颗粒孔隙率或空隙率	—
ε_b	颗粒床层孔隙率	—
ε_{min}	造粒过程中达到的最小颗粒剂孔隙率或空隙率	—
θ	液体与粉体的动态接触角	—
μ	液体黏度	Pa·s
ρ_g	颗粒剂密度	kg/m^3
ρ_l	液体密度	kg/m^3
ρ_s	固体密度	kg/m^3
ψ_a	无因次喷雾通量	—

参考文献

[1] Abrahamsen, A. R. and Geldart, D. (1980) Behaviour of gas fluidized beds of fine powder. Part 1. Homogenous Expansion, *Powder Technol.*, 26, 35.

[2] Adetayo, A. A. and Ennis, B. J. (1997) 'Unifying approach to modelling granule coalescence mechanisms', *AIChE J*, 43 (4), 927-934.

[3] Allen, T. (1990) *Particle Size* Measurement, 4th Edition, Chapman & Hall, London.

[4] Arena U., Cammmarota, A. and Mastellone, M. L. (1998)'The influence of operating parameters on the behavior of a small diameter L-valve' in *Fluidization IX*, *Proceedings of the Ninth Foundation Conference on Fluidization*, eds L. S. Fan and T. M. Knowlton, Engineering Foundation, New York, pp. 365-372.

[5] Baeyens, J. and Geldart, D. (1974)' An investigation into slugging fluidized beds', *Chem. Eng. Sci*, 29, 255.

[6] Barnes, H. A., Hutton, J. F. and Walters, K. (1989) An Introduction to Rheology, Elsevier, Amsterdam.

[7] Baskakov, A. P. and Suprun, V. M. (1972)'The determination of the convective component of the coefficient of heat transfer to a gas in a fluidized bed', *Int. Chem. Eng.*, 12, 53.

[8] Batchelor, G. K. (1977) 'The effect of Brownian motion on the bulk stress in a suspension of spherical particles, *J. Fluid Mech.*, 83, 97-117.

[9] Beverloo, W. A., Leniger, H. A. and Van de Velde, J. (1961) The Flow of Granual Solids Through Onfices', *Chem. Eng. Sci.*, 15, issues 3-4, September 1961, 260-269.

[10] Bodner, S. (1982) *Proceedings of International Conference on Pneumatic Transport Technology*, Powder Advisory Centre, London.

[11] Bond, F. C. (1952) 'The third theory of comminution', *Mining Eng. Trans.* AIME, 193, 484-494.

[12] Botterill, J. S. M. (1975) *Fluid Bed Heat Transfer*, Academic Press, London.

[13] Botterill, J. S. M. (1986) 'Fluid bed heat transfer' in *Gas Fluidization Technology*, ed. D. Geldart, Johh Wiley & Sons, Ltd, Chichester, Chapter 9.

[14] Brown, G. G, Katz, D., Foust, A. S. and Schneidewind, R. (1950) *Unit Operations*, Johh Wiley & Sons, Ltd, New York, Chapman & Hall, London.

[15] Capes, C. E. (1980) Particle Size Enlargement, Vol. 1, Handbook of Powder Technology, Elsevier, Amsterdam.

[16] Carman, P. C. (1937) Fluid flow through granular beds, *Trans. Inst. Chem. Eng.*, 15, 150-166.

[17] Chhabra, R. P. (1993) Bubbles, *Drops and Particles in Non-Newtonian Fluids*, CRC press, Boca Raton, FL.

[18] Clift, R., Grace, J. R. and Weber, M. E. (1978) Bubbles, *Drops and Particles*, Academic Press, London.

[19] Coelho, M. C. and Harnby, N. (1978)'The effect of humidity on the form of water retention in a powder', *Powder Technol.*, 20, 197.

[20] Cooke, W., Warr, S., Huntley, J. M. and Ball, R. C. (1996) 'Particle size segregation in a two- dimensional bed undergoing vertical vibration', *Phys. Rev. E*, 53 (3), 2812-2822.

[21]   Coulson, J. F. and Richardson, J. F. (1991) *Chemical Engineering*, *Volume 2: Particle Technology and Separation Processes*, 4th Edition, Pergamon, Oxford.

[22] Dalby, R. N., Tiano, S. L. and Hickey, A. J. (1996)'Medical devices for the delivery of therapeutic aerosol to the lungs'in *Inhalation Aerosols*, ed. A. J. Hickey, Vol. 94, *Lung Biology in Health and Disease*, ed. C. Lenfant, Marcel Dekker, New York, pp. 441-473.

[23] Danckwerts, P. V. " Definition and Measurement of some characteristics of Mixtures", Applied Scientific Research, VA3, N5, 1952, p385-390.

[24] Darcy, H. P. G. (1856) Les fontaines publiques de la ville de Dijon. *Exposition et application à suivre et des formules à employer dans les questions de distribution d'eau.* Victor Dalamont.

[25] Darton, R. C., La Nauze, R. D., Davidson, J. F. and Harrison, D. (1977) 'Bubble growth due to coalescence in fluidised beds', *Trans. Inst. Chem. Eng.*, 55, 274.

[26] Davidson, J. F. and Harrison, D. (1971) Fluidization, Academic Press, London.

[27]   Davies, R., Boxman, A. and Ennis, B. J. (1995), Conference Summary Paper: Control of Particulate Processes Ⅲ, *Powder Technol.* 82, 3-12.

[28] Dixon, G. (1979) 'The impact of powder properties on dense phase flow, in *Proceedings of International Conference on Pneumatic Transport*, London.

[29] Dodge, D. W. and Metzner, A. B. (1959) 'Turbulent flow of non-Newtonian systems', *AIChE J.*, 5, 89.

[30]   Duran, J., Rajchenbach, J. and Clement, E. (1993)'Arching effect model for particle size segregation', *Phys. Rev. Lett.*, 70 (16), 2431-2434.

[31] Durand, R. and Condolios, E. (1954)'The hydraulic transport of coal' in *Proceedings of Colloquim on Hydraulic Transport of Coal*, National Coal Board, London.

[32]   Einstein, A. (1906) 'Eine neue Bestimmung der Molekuldimension', *Ann. Physik*, 19, 289-306.

[33] Einstein, A. (1956) *Investigations in the Theory of the Brownian Movement*, Dover, New York.

[34] Ennis, B. J. andLitster, J. D. (1997) 'Section 20: size enlargement' in *perry's Chemical Engineers'Handbook*, 7th Edition, McGraw-Hill, New York, pp. 20-77.

[35] Ergun, S. (1952)'Fluid flow through packed columns', *Chem, Eng. Prog.*, 48, 89-94.

[36] Evans, I., Pomeroy C. D. and Berenbaum, R. (1961) The compressive strength of coal, *Colliery Eng.*, 75-81, 123-127, 173-178.

[37] Flain, R. J. (1972)'Pneumatic conveying: how the system is matched to the materials', *Process Eng.*, Nov, p 88-90.

[38] Francis, A. W. (1933) 'Wall effects in falling ball method for viscosity', *Physics*, 4, 403.

[39] Franks, G. V. and Lange, F. F. (1996)'Plastic-to-brittle transition of saturated, alumina powder compacts ', *J. Am. Ceram. Soc.*, 79 (12), 3161-3168.

[40] Franks, G. v., Zhou, Z., Duin, N. J. and Boger, D. v. (2000) 'Effect of interparticle foeces on shear thickening of oxide suspensions ', J. Rheol., 44 (4), 759-779.

[41] Fryer, C. and Uhlherr, p. H. T. (1980) *Proceedings of CHEMECA '80, the 8th Australian*

Chemical Engineering Conference, Melbourne, Australia.

[42] Geldart, D. (1973) 'Types of gas fluidisation', *Powder Technol.*, 7, 285-292.

[43] Geldart, D. (ed.) (1986) *Gas Fluidization Technology*, Johh Wiley & Sons, Ltd, Chichester.

[44] Geldart, D. (1990)'Estimation of basic particle properties for use in fluid-particle process calculations', *Powder Technol.*, 60, 1.

[45] Geldart, D. (1992) *Gas Fluidization Short Course*, University of Bradford, Bradford.

[46] Geldart, D. and Abrahamsen, A. R. (1981) 'Fluidization of fine porous powders', *Chem. Eng. Prog. Symp. Ser.*, 77 (205), 160.

[47] Geldart, D. and Jones, P. (1991) 'Behaviour of L-valves with granular powders', *Powder Technol.*, 67, 163-174.

[48] Geldart, D., Cullinan, J., Gilvray, D., Georghiades, S. and Pope, D. J. (1979) 'The effects of fines on entrainment from gas fluidised beds', *Trans. Inst. Chem. Eng.*, 57, 269.

[49] Gillies, R. G., Schaan, J., Sumner, R. J., McKibben, M. J. and Shook, C. A. (2000) 'Deposition velocities for Newtonian slurries in turbulent flow', *Can. J. Chem. Eng.*, 78, 704.

[50] Gilvary, J. J. (1961)'Fracture of brittle solids. I. Distribution function for fragment size in single fracture', *J. Appl. Phys.*, 32, 391-399.

[51] Grace, J. R., Avidan A. A. and Knowlton T. M. (eds) (1997) Circulating Fluidized Beds, Blackie Academic and Professional, London.

[52] Gregory, J. (2006) Particles in Water, Pro*perties and* Processes, CRC Press, Taylor & Francis, Boca Raton, FL.

[53] Griffith, A. A. (1921)" The phenomena of Rupture and Flow in Solids ", Philosophical Transactions of the Royal Society of London, V221, 21 Oct. 1920, p. 163-198. *Phil. Trans. R. Soc.*, 221. 163.

[54] Haider, A. and Levenspiel, O. (1989)'Drag coefficient and terminal velocity of spherical and no-spherical particles' *powder Technol.*, 58, 63-70.

[55] Hamaker, H. C. (1937) 'The London-van der Waals attraction between spherical particles', *physica*, 4, 1058.

[56] Hanks, RW. and Ricks, B. L. (1974) ''Laminar-turbulent transition in flow of pseudoplastic fluids with yield stress'', *J. Hydronautics*, 8, 163.

[57] Hapgood, K, P., Litster, J. D. and Smith, R. (2003)'Nucleation regime map for liquid bound granules', *AIChE J.*, 49 (2), 350-361.

[58] Hapgood, K, P., Litster, J. D. White, E. T. *et al*. (2004) 'Dimensionless spray flux in wet granulation: Monte-Carlo simulations and experimental validation', *powder Technol.*, 141 (1-2), 20-30.

[59] Hapgood, K, P., Iveson, S. M., Litster, J. D. and Liu, L. (2007)'Granule rate processes' in *Granulation, Handbook of powder Technology, Vol.* 11, eds A. D. Salman, M. J. Hounslow and J. P. K. Seville, Elsevier, London, p. 933.

[60] Harnby, N., Edwards, M. F. and Nienow, A. W. (1992) *Mixing in the Process Industries*, 2nd Edition, Butterworth-Heinemann, London.

[61] Hawkins, A. E. (1993) *The Shape of Powder Particle Outlines*, Research Studies Press, John Wiley & Sons, Ltd, Chichester.

[62] Hiemenz, P. C. and Rajagopalan, R. (1997) *Principles of colloid and surface Chemistry*,

3rd Edition, Marcel Dekker, New York.

[63] Hinkle, B. L. (1953) *PhD Thesis*, Georgia Institute of Technology.

[64] Holmes, J. A. (1957)'Contribution to the study of comminution - modified form of Kick's law', *Trans. Inst. Chem. Eng.*, 35, (2), 125-141.

[65] Horio, M., Taki, A., Hsieh, Y. S. and Muchi, I. (1980)'Elutriation and particle transport through the freeboard of a gas-soild fluidized bed', in *Fluidization*, eds J. R. Grace and J. M. Matsen, Engineering Foundation, New York, p. 509.

[66] Hukki, R. T. (1961)'Proposal for Solomonic settlement between the theories of von Rittinger, Kick and Bond', *Trans. AIME*, 220, 403-408.

[67] Hunter, R. J. (2001) *Foundations of Colloid Science*, 2nd Edition, Oxford University Press, Oxford.

[68] Inglis, C. E. (1913)'Stress in a plate due to the presence of cracks and sharp corners', *Proc. Inst. Nab. Arch.*

[69] Israelachvili, J. N. (1992) *Intermolecular and Surface Forces*, 2nd Edition, Academic Press, London.

[70] Iveson, S. M., Litster, J. D., Hapgood, K. P. and Ennis B. J. (2001)'Nucleation, growth and breakage phenomena in agitated wet granulation processes: a review', *Powder Technol.*, 117 (1-2), 3-39.

[71] Janssen, H. A. (1895)'Tests on grain pressure silos', *Z. Ver. Deutsch Ing.*, 39 (35), 1045-1049.

[72] Jenike, A. W. (1964)'Storage and flow of soilds', Bull. Utah Eng. Exp. Station, 53 (123), 26.

[73] Johnson, S. B., Franks, G. V., Scales, P. J. and Healy, T. W. (1999)'The binding of monovalent electrolyte ions on alpha-alumina. Ⅱ. The shear yield stress of concentrated supensions', *Langmuir*, 15, 2844-2853.

[74] Johnson, S. B., Franks, G. V., Scales, P. J. Boger, D. V. and Healy, T. W. (2000)'Surface chemistry-rheology relationships in concentrated mineral suspensions', *Int. J. Mineral Process.*, 58, 267-304.

[75] Jones, D. A. R. Leary, B. and Boger, D. V. (1991)'The rheology of a concentrated colloidal suspension of hard spheres', *J. Colloid Interface Sci.*, 147, 479-495.

[76] Jullien, R. and Meakin, P. (1992)'Three-dimensional model for particle size segregation by shaking', *Phys. Rev. Lett.*, 69, 640-643.

[77] Karra, V. K. and Fuerstenau, D. W. (1997)'The effect of humidity on the trace mixing kinetic in fine powders', *Powder Technol.*, 16, 97.

[78] Kendal, K. (1978)'The impossibility of comminuting small particles by compression', *Nature*, 272, 710.

[79] Khan, A. R. and Richardson, J. F. (1989)'Fluid-particle interactions and flow characteristics of fluidised beds and settling suspensions of spherical particles', *Chem. Eng. Commun.*, 78, 111.

[80] Khan, A. R. Richardson, J. F. (1978) in*Fluidization*, *Proceedings of the Second Engineering Foundation Conference*, eds J. F. Davidson and D. L. Keairns, Cambridge University Press, p. 375.

[81] Kick, F. (1885) *Das Gasetz der proportionalen Widerstände und seine Anwendung*, Leipzig.

[82] Klintworth, J. and Marcus, R. D. (1985)'A review of low-velocity pneumatic conveying sys-

tems', *Bulk Solids Handling*, 5, (4), 747-753.

[83] Knight, J. B. Jaeger, H. M. and Nagel, S. R. (1993)'Vibration-induced separation in granular media: the convection connection', *Phys. Rev. Lett.*, 70, 3728-3731.

[84] Knight, J. B. Ehrichs, E. E. Kuperman, V. Y., Flint, J. K., Jaeger, H. M. and Nagel, S. R. (1996)'Experimental study of granular convection', *Phys. Rev. E*, 54, 5726-5738.

[85] Knowlton, T. M. (1986)'Solids transfer in fluidized systems', in *Gas Fluidization Technology*, ed. D. Geldart, John Wiley & Sons, Ltd, Chichester, Chapter 12.

[86] Knowlton, T. M. (1997)'Standpipes and non-mechanical valves', notes for the continuing education course *Gas Fluidized Beds: Design and Operation*, Department of Chemical Engineering, Monash University.

[87] Knowlton, T. M. and Hirsan, I. (1978)'L-valves characterized for solids flow', *Hydrocarbon Process.*, 57, 149-156.

[88] Konno, H. and Saito, S. J. (1969)'Pneumatic conveying of solids through straight pipes', *Chem. Eng. Jpn*, 2, 211-217.

[89] Konrad, K. (1986)'Dense phase conveying: a review', *Powder Technol.*, 49, 1-35.

[90] Kozeny, J. (1927)''Capillary Motion of Water in Soils'', Sitzungsberichte der Akactemie der Wissenschafter in Wien, Mathematisch-Naturwissenschaftliche Klasse, V136, N 5-6, p271-306. *Sitzb Akad. Wiss.*, 136, 271-306.

[91] Kozeny, J. (1933) Z. *Pfl. -Ernahr. Dung. Bodenk*, 28A. 54-56.

[92] Krieger, I. M. and Dougherty, T. J. (1959)'A mechanism for non-Newtonian flow in suspensions of rigid spheres' Trans. Soc. Rheol., 3, 137-152.

[93] Kunii, D. and Levenspiel, O. (1969) Fluidization Engineering, John Wiley & Sons, Ltd, Chichester.

[94] Kunii, D. and Levenspiel, O. (1990) Fluidization Engineering, 2nd Edition, John Wiley & Sons, Ltd Chichester.

[95] Lacey, P. M. C. (1954) 'Developments in the theory of particulate mixing', *J. Appl. Chem.*, 4, 257.

[96] Leung, L. S. and Jones, P. J. (1978) in*Proceedings of Pneumotransport 4 Conference*, BHRA Fluid Engineering, Paper DI.

[97] Liffman, K., Muniandy, K., Rhodes, M. J., Gutteridge, D. and Metcalfe, G. A. (2001)'A general segregation mechanism in a vertically shaken bed', *Granular Matter*, 3 (4), 205-214.

[98] Litster, J. D., Hapgood, K. P., Michaels, J. N. et al. (2001) 'Liquid distribution in wet granulation: dimensionless spray flux', *Powder Technol.*, 114 (1-3), 32-39.

[99] Litster, J. D. and Ennis, B. J. (2004) *The Science and Engineering and Granulation Processes*, Kluwer Academic Publishers, Dordrecht.

[100] Liu, L. X. and Litster, J. (1993)'Coating mass distribution from a spouted bed seed coater: experimental and modelling studies', *Powder Technol.*, 74, 259.

[101] Lunn, G. (1992) *Guide to Dust Explosion, Prevention and Protection, Part I, Venting*, Institution of Chemical Engineers, Rugby.

[102] Mainwaring, N. J. and Reed, A. R. (1987)'An appraisal of Dixon's slugging diagram for assessing the dense phase transport potential of bulk solid materials', in *Proceedings of Pneumatech 3*, pp. 221-234.

[103] Mills, D. (1990) *Pneumatic Transport Design Guide*, Butterworth, London.

[104] Mobius, E., Lauderdale, B. E., Nagel, S. R. and Jaeger, H. M. (2001)'Size separation of granular particles', *Nature*, 414, 270.

[105] Newitt, D. M. and Conway-Jones J. M. (1958)'A contribution to the theory and practice of granulation', *Trans. Inst. Chem. Eng.*, 36, 422-442.

[106] Niven, R. W.,'Atomization and Nebulizers' in Inhalation Aerosols, Anthony J. Hickey, Marcel Dekker, New York, 1996-Vol. 94 of Lung Biology in Health and Disease, Ed. Claude Lenfant, pp. 273-312.

[107] Orcutt, J. C., Davidson J. F. and Pigford, R. L. (1962)''Reaction Time Distributions in Fluidized Catalytic Reactors''. *CEM Symp. Ser.*, 58 (38), 1.

[108] Palmer, K. N. (1990)'Explosion and fire hazards of powders', in *Principles of Powder Technology*, ed. M. J. Rhodes, John Wiley & Sons, Ltd, Chichester, pp. 299-334.

[109] Pan, R. and Wypych, P. W. (1992)'Scale-up procedures for pneumatic conveying design', *Powder Handling Process.*, 4 (2), 167-172.

[110] Perrin, J. (1990) *Les Atomes* 1913 (in French), *Atoms* (English translation), Ox Bow Press, Woodbridge, CT.

[111] Perry, R. H. and Green, D. (eds) (1984) *Perry's Chemical Engineers' Handbook*, 6th Edition, McGraw-Hill, New York.

[112] Poole, K. R., Taylor, R. F. and Wall, G. P. (1964) 'Mixing powders to fine-scale homogeneity: studies of batch mixing', *Trans. Inst. Chem. Eng.*, 42, T305.

[113] Punwani, D. V., Modi, M. V. and Tarman, P. B. (1976) Paper presented at the *International Powder and Bulk Solids Handling and Processing Conference*, Chicago.

[114] uemada, D. (1982) *Lecture Notes in Physics: Stability of Thermodynamic Systems*, eds J. Cases-Vasquez and J. Lebon, Springer, Berlin, p. 210.

[115] Randolph, A. D. and Larson M. A. (1971) *Theory of Particulate Processes*, Academic Press, London.

[116] Rhodes, M., Takeuchi, S., Liffman, K. and Muniandy, K. (2003) 'Role of interstitial gas in the Brazil Nut Effect', *Granular Matter*, 5, 107-114.

[117] Richardson, J. F. and Zaki, W. N. (1954) 'Sedimentation and fluidization', *Trans. Inst. Chem. Eng.*, 32, 35.

[118] Rittinger, R. P. von (1867) *Textbook of Mineral Dressing*, Ernst and Korn, Berlin.

[119] Rizk, F. (1973) *Dr-Ing. Dissertation*, Technische Hochschule Karlsruhe.

[120] Rosato, A. D., Strandburg, K. J., Prinz, F. and Swendsen, R. H. (1987) 'Why the Brazil nuts are on top: size segregation of particulate matter by shaking', *Phys. Rev. Lett.*, 58, 1038-1040.

[121] Rosato, A. D., Blackmore, D. L., Ninghua Zhang and Yidan Lan. (2002)'A perspective on vibration-induced size segregation of granular materials', *Chem. Eng. Sci.*, 57, 265-275.

[122] Rumpf, H. (1962) in*Agglomeration*, ed. W. A. Krepper, John Wiley & Sons, Ltd, New York, p. 379.

[123] Sastry, K. V. S. (1975) 'Similarity of size distribution of agglomerates during their growth by coalescence in granulation of green pelletization', *Int. J. Min. Process.*, 2, 187.

[124] Sastry, K. V. S. and Fuerstenau D. W. (1970) 'Size distribution of agglomerates in coalescing disperse systems', *Ind. Eng. Chem. Fundam.*, 9, (1), 145.

［125］　Sastry，K. V. S. and Fuerstenau，D. W. （1977）in *Agglomeration* 77，ed. K. V. S. Sastry，AIME，New York，p. 381.

［126］　Sastry，K. V. S. and Loftus K. D. （1989）'A unified approach to the modeling of agglomeration processes'，*Proceedings of the 5th International Symposium on Agglomeration*，I. Chem. E.，Rugby，p. 623.

［127］　Schiller，L. and Naumann，A. （1993）'U̇ber die grundlegenden Berechnungen der Schwerkraftaufbereitung'，*Z. Ver. Deutsch Ing.*，77，318.

［128］　Schofield，C. （1985）*Guide to Dust Explosion*，*Prevention and Protection*，*Part I*，*Venting*，I. Chem. E.，Rugby.

［129］　Schofield，C. and Abbott，J. A. （1988）*Guide to Dust Explosion*，*Prevention and Protection*，*Part II*，*Ignition Prevention*，*Containment*，*Suppression and Isolation*，I. Chem. E.，Rugby.

［130］　Shinbrot，T. and Muzzio，F. （1998）'Reverse buoyancy in shaken granular beds'，*Phys. Rev. Lett.*，81，4365-4368.

［131］　Smith，S. J. and Bernstein，J. A. （1996）'Therapeutic use of lung aerosols' in *Inhalation Aerosols* ed. A. J. Hickey，Vol. 94，*Lung Biology in Health and Disease*，ed. C. Lenfant，Dekker，New York，pp. 233-269.

［132］　Stokes，G. G. （1851）'On the effect of the internal friction of fluids on the motion of Pendulums'，*Trans. Cam. Phil. Soc.*，9，8.

［133］　Svarovsky，L. （1981）*Solid-Gas Separation*，Elsevier，Amsterdam.

［134］　Svarovsky，L. （1986）'Solid-gas separation'，in *Gas Fluidization Technology*，ed. D. Geldart，John Wiley & Sons，Ltd，Chichester，pp. 197-217.

［135］　Svarovsky，L. （1990）'Solid-gas separation'，in *Principles of Powder Technology*，ed. M. J. Rhodes，John Wiley & Sons，Ltd，Chichester，pp. 171-192.

［136］　Tardos，G. I.，Khan，M. I. and Mort，P. R. （1997）'Critical parameters and limiting conditions in binder granulation of fine powders'，*Powder Technol.*，94，245-258.

［137］　Toomey，R. D. and Johnstone，H. F. （1952）'Gas fluidization of solid particles'，*Chem. Eng. Prog.*，48，220-226.

［138］　Tsuji，Y. （1983）Recent Studies of Pneumatic Conveying in Japan *Bulk Solids Handling*，3，589- 595.

［139］　Waldie，B. （1991）'Growth mechanism and the dependence of granule size on drop size in fluidised bed granulation'，*Chem. Eng. Sci.* 46 （11），2781-2785.

［140］　Wasp，E. J.，Kenny，J. P. and Gandhi，R. L. （1977）'Solid-liquid flow-slurry pipeline transportation'，in *Series on Bulk Materials Handling*，Trans Tech Publications，Clausthal，Germany Vol. 1 （1975/77），No. 4.

［141］　Weibel，E. R. （1963）*Morphometry of the Human Lung*，Springer-Verlag，Berlin.

［142］　Wen，C. Y. and Yu，Y. H. （1966）'A generalised method for predicting minimum fluidization velocity'，*AIChE J.*，12，610.

［143］　Werther，J. （1983）'Hydrodynamics and mass transfer between the bubble and emulsion phases in fluidized beds of sand and cracking catalyst'，in *Fluidization*，eds D. Kunii and R. Toei，Engineering Foundation，New York，p. 93.

［144］　Williams，J. C. （1976）'The segregation of particulate materials: a review'，*Powder Technol.*，15，245-251.

[145] Williams, J. C. (1990) 'Mixing and segregation in powders' in *Principles of Powder Technology*, *ed.* M. J. Rhodes, John Wiley & Sons, Ltd, Chichester, Chapter 4.

[146] Wilson, K. C. (1981) 'Analysis of slip of particulate mass in a horizontal pipe', *Bulk Solids Handling*, 1, 295-299.

[147] Wilson, K. C. and Judge, D. G. (1976) 'New techniques for the scale-up of pilot plant results to coal slurry pipelines', in *Proceedings of the International Symposium on Freight Pipelines*, University of Pennsylvania, pp. 1-29.

[148] Woodcock, C. R. and Mason, J. S. (1987) *Bulk Solids Handling*, Chapman and Hall, London.

[149] Wypych, P. W. (1995) 'Latest developments in the pneumatic pipeline transport of bulk solids, in Proceedings of the 5*th International Conference on Bulk Materials Storage*, *Handling and Transportation*, IEAust, Newcastle, Vol. 1, pp. 47-56.

[150] Wypych, P. W. , Kennedy, O. C. and Arnold, P. C. (1990) 'The future potential of pneumatically conveying coal through pipelines', *Bulk Solids Handling* 10 (4), 421-427.

[151] Yagi, S. and Muchi, I. (1952) *Chem. Eng.* , (*Jpn*), 16, 307.

[152] Zabrodsky, S. S. (1966) *Hydrodynamics and Heat Transfer in Fluidized Beds*, MIT Press, Cambridge, MA.

[153] Zeng, X. M. , Martin, G. and Marriott, C. (2001) *Particulate Interactions in Dry Powder Formulations of Inhalation'*, *Taylor & Francis*, *London*.

[154] Zenz, F. A. (1964) 'Conveyability of materials of mixed particle size', *Ind. Eng. Fund.* , 3 (1), 65-75.

[155] Zenz, F. A. (1983) 'Particulate solids-the third fluid phase in chemical engineering', Chem. *Eng*, Nov, 61-67.

[156] Zenz, F. A. and Weil, N. A. (1958) 'A theoretical-empirical approach to the mechanism of particle entrainment from fluidized beds', *AIChE J*, 4, 472.

[157] Zhou, Y. , Gan, Y. , Wanless, E. J. , Jameson, G. J. and Franks, G. V. (2008) 'Influence of bridging forces on aggregation and consolidation of silica suspensions', submitted.

[158] Zhou, Z. , Scales, P J. and Boger, D. V. (2001) 'Chemical and physical control of the rheology of concentrated metal oxide suspensions', *Chem. Eng. Sci.* , 56, 2901-2920.